Stadtökosysteme

Jürgen Breuste
Stephan Pauleit
Dagmar Haase
Martin Sauerwein

Stadtökosysteme

Funktion, Management und Entwicklung

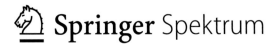 Springer Spektrum

Jürgen Breuste
Salzburg, Österreich

Stephan Pauleit
Freising, Deutschland

Dagmar Haase
Berlin, Deutschland

Martin Sauerwein
Hildesheim, Deutschland

ISBN 978-3-642-55433-9   ISBN 978-3-642-55434-6 (eBook)
DOI 10.1007/978-3-642-55434-6

Die Deutsche Nationalbibliothek verzeichnet diese Publikation in der Deutschen Nationalbibliografie; detaillierte
bibliografische Daten sind im Internet über http://dnb.d-nb.de abrufbar.

Springer Spektrum

Planung: Merlet Behncke-Braunbeck
Grafiken: Abb. 1.12, 1.13, 3.4, 3.5, 3.8, 4.5, 4.6, 4.10, 5.1, 6.4, 6.12, 7.8, 7.12 von Martin Lay, Breisach

Gedruckt auf säurefreiem und chlorfrei gebleichtem Papier.

Springer-Verlag GmbH Berlin Heidelberg ist Teil der Fachverlagsgruppe Springer Science+Business Media
(www.springer.com)

Dieses Buch ist Prof. Dr. Herbert Sukopp, dem Pionier der Stadtökologie, zu seinem 85. Geburtstag gewidmet.

In Dankbarkeit und Hochachtung
Jürgen Breuste
Dagmar Haase
Stephan Pauleit
Martin Sauerwein

Vorwort

Städte und damit Stadtökosysteme sind die bedeutendsten Lebensräume für uns Menschen. Ihre Inanspruchnahme und Ausdehnung wachsen weiter und es kann ihnen daher gar nicht genug Aufmerksamkeit zuteil werden. Die zeigt sich in einer jährlich wachsenden Zahl von internationalen Publikationen, unter denen auch zahlreiche deutschsprachige Lehrbücher sind. Ganz bewusst haben wir hier nicht erneut die noch junge Wissenschaft Stadtökologie in den Mittelpunkt der Darstellung gestellt, sondern die von ihr untersuchten Stadtökosysteme selbst. Unsere Perspektive war dabei eine stadtökologische, jedoch mit dem Fokus auf Funktionen, Management und Entwicklung, kurz gesagt, mit dem Fokus auf Natur und Mensch. Wir haben dazu acht Fragen ausgewählt, von denen wir wissen, dass sie von großer Bedeutung für die Erforschung, das Management und die Entwicklung von Städten sind. Wir erheben damit keinen Anspruch auf Vollständigkeit. Viele weitere Fragen warten auf Antworten! Wir hoffen aber, zeigen zu können, dass das Verstehen von Stadtökosystemen ein Schlüssel für eine nachhaltige, ökologisch orientierte Stadtentwicklung ist. Stadtökosysteme sind – technisch gestaltet, sozial genutzt und wirtschaftlich in Wert gesetzt – ein funktionaler Brennpunkt der Stadtentwicklung der Gegenwart und der Zukunft. Wir zielen bewusst auf eine zukunftsorientierte Stadtentwicklung, die sich gerade jetzt angesichts hoher Dynamiken weltweit auch ökologische Ziele setzt und fragen: Was können Stadtökosysteme leisten, um den menschlichen Lebensraum Stadt zu verbessern? Wo liegen *nature based solutions* durch Ökosystemdienstleistungen und grüne Infrastruktur? Wo sind ökologische und Natur-Risiken zu berücksichtigen? Wie können Städte durch Bezug zur Stadtnatur Resilienz entwickeln, um mit zukünftigen Krisen besser umgehen zu können? Die „Ökostadt" ist damit keine Utopie, sondern ein reales Ziel, das schrittweise unter Beachtung der lokalen und regionalen Kontexte gezielt angestrebt werden kann.

Wir hoffen, dass dieses Buch auf ein breites Interesse an den ökologischen Grundlagen des Lebens in der Stadt, aber auch an deren Berücksichtigung bei der Erhaltung und stetigen Verbesserung des Lebensraumes Stadt für die Stadtbewohner stoßen wird. Es leistet damit einen Beitrag zur Beschäftigung mit dem Thema „Mensch und Natur" in der Stadt.

Jürgen Breuste, Dagmar Haase, Stephan Pauleit, Martin Sauerwein
Salzburg, Berlin, München, Hildesheim, im Frühjahr 2015

Inhaltsverzeichnis

1 Urbanisierung und ihre Herausforderungen für die ökologische Stadtentwicklung... 1
Stephan Pauleit, Martin Sauerwein, Jürgen Breuste
1.1 **Die Welt ist urban** 2
1.1.1 Bevölkerungsentwicklung und Urbanisierung 2
1.1.2 Räumliche Prozesse der Stadtentwicklung 5
1.2 **Ökologische Herausforderungen für die Stadt des 21. Jahrhunderts**................... 13
1.2.1 Die lebenswerte Stadt 13
1.2.2 Die ressourcenschonende Stadt.. 14
1.2.3 Die resiliente und wandlungsfähige Stadt 18
1.3 **Stadtökologie als Forschungs- und Lösungsansatz** 20
Literatur 25

2 Welche Beziehungen bestehen zwischen der räumlichen Stadtstruktur und den ökologischen Eigenschaften der Stadt? 31
Stephan Pauleit
2.1 **Räumliche Stadtstruktur** 32
2.2 **Flächennutzung und physische Struktur als ökologische Schlüsselmerkmale der Stadt**. 35
2.3 **Ökologische Analyse der Stadtstruktur**.. 37
2.3.1 Biotop- und Strukturtypenkartierungen 37
2.3.2 Das „Patch" Modell, Landschaftsmaße und Landschaftsgradienten 51
Literatur 56

3 Was sind Stadtökosysteme und warum sind sie besonders?..................... 61
Dagmar Haase, Martin Sauerwein
3.1 **Stadtökosysteme und ihre Besonderheiten**.. 62
3.1.1 Ökosystemforschung und Stadt.. 62
3.1.2 Stadtökosysteme... 62
3.2 **Welche abiotischen Merkmale definieren Stadtökosysteme?** 65
3.2.1 Stadtklima und Strahlungsbilanz... 65
3.2.2 Wasserhaushalt 68
3.2.3 Böden als Untergrund für Stadtökosysteme... 71
3.3 **Abgrenzung, Systematik und Darstellung von Stadtökosystemen** 75
Literatur 82

4 Was sind die Besonderheiten des Lebensraumes Stadt und wie gehen wir mit Stadtnatur um?.. 85
Jürgen Breuste
4.1 **Lebensraum Stadt ist anders** 86
4.1.1 Standort- und Habitatbedingungen in der Stadt 86
4.1.2 Flora und Vegetation städtischer Lebensräume 88
4.1.3 Tiere der städtischen Lebensräume... 92

4.2 **Lebensräume in der Stadt – Zustand, Nutzung und Pflege** 96
4.2.1 Das Konzept der vier Naturarten 96
4.2.2 Stadtwälder 98
4.2.3 Stadtgewässer 103
4.2.4 Stadtgärten 106
4.2.5 Stadtbrachen 113
4.2.6 Struktur und Dynamik städtischer Lebensräume 115
4.3 **Management von Stadtnatur** 118
4.3.1 Aufgaben und Ziele des Stadtnaturschutzes 118
4.3.2 Praktischer Naturschutz in der Stadt – weltweit 119
     Literatur 124

5 **Was leisten Stadtökosysteme für die Menschen in der Stadt?** 129
     Dagmar Haase
5.1 **Urbane Ökosysteme und ihre Leistungen** 130
5.2 **Urbane Ökosystemdienstleistungen und urbane Landnutzung** 133
5.3 **Einzelbetrachtung ausgewählter wichtiger urbaner Ökosystemdienstleistungen** 138
5.3.1 Lokale Klimaregulation durch Stadtökosysteme 138
5.3.2 Wasserdargebot und Hochwasserregulation 141
5.3.3 Erholungsfunktion 144
5.3.4 Zur Luftreinhaltefunktion von Stadtbäumen 151
5.3.5 Urbane Landwirtschaft – Produktion lokaler Nahrungsmittel und soziale Kohäsion 152
5.3.6 Kohlenstoffspeicherung in der Stadt – ein Beitrag zur Minderung des urbanen Fußabdrucks? 154
5.3.7 Urban Ecosystem Disservices 156
5.3.8 Synergie- und Trade-off-Effekte 157
     Literatur 159

6 **Wie verwundbar sind Stadtökosysteme und wie kann mit ihnen urbane Resilienz entwickelt werden?** 165
     Jürgen Breuste, Dagmar Haase, Stephan Pauleit, Martin Sauerwein
6.1 **Was ist Vulnerabilität?** 166
6.2 **Verwundbarkeit von Stadtökosystemen durch offene Stoffkreisläufe** 169
6.3 **Verwundbarkeit gegenüber Naturgefahren** 170
6.4 **Auswirkungen des Klimawandels** 176
6.5 **Urbane Resilienz – der Umgang mit Krisen** 180
6.5.1 Was ist Urbane Resilienz? 180
6.5.2 Wachsende versus schrumpfende Städte 181
6.5.3 Resilienz von Stadtstrukturen im dynamischen Wandel 182
6.5.4 Kompakte Stadt versus Flächenstadt 184
6.5.5 Ist Resilienz von der Stadtgröße abhängig? 188
6.5.6 Anpassung an den Klimawandel 192
6.5.7 Stadt und Umland als resiliente Region 196
     Literatur 200

7   **Wie sieht die Ökostadt von morgen aus und welche Wege führen dahin?** 207

Jürgen Breuste

7.1   **Von der Vision zum Leitbild – Stadtentwicklung des 20. Jahrhunderts** 208

7.1.1   Das Prinzip der idealen Stadt. 208

7.1.2   Ideale Städte als Leitbilder der Moderne im 20. Jahrhundert 209

7.1.3   Nachhaltige Stadtentwicklung als Leitbild für das 21. Jahrhundert 212

7.2   **Ökostädte – Städte im Einklang mit der Natur** 218

7.2.1   Eco-Cities – Sustainable Cities. 218

7.2.2   Kriterien der Ökostadt 221

7.2.3   Die reale Ökostadt – Beispiele. 226

      Literatur 242

8   **Worum geht es bei Stadtökologie und ihrer Anwendungen in der Stadtentwicklung?** 245

Jürgen Breuste, Dagmar Haase, Stephan Pauleit und Martin Sauerwein

8.1   **Es geht um die Stadt der Zukunft!** 246

8.2   **Es geht um Stadtstruktur!** 248

8.3   **Es geht um die Besonderheit von Stadtökosystemen!** 249

8.4   **Es geht um Stadtnatur!** 249

8.5   **Es geht um Leistungen der Ökosysteme für die Menschen in der Stadt!**. 250

8.6   **Es geht um Resilienz von Stadtökosystemen!** 251

8.7   **Es geht um Ökostädte!** 252

      Literatur 253

      Serviceteil 255

      Stichwortverzeichnis 256

Urbanisierung und ihre Herausforderungen für die ökologische Stadtentwicklung

Stephan Pauleit, Martin Sauerwein, Jürgen Breuste

1.1   Die Welt ist urban – 2
1.1.1   Bevölkerungsentwicklung und Urbanisierung – 2
1.1.2   Räumliche Prozesse der Stadtentwicklung – 5

1.2   Ökologische Herausforderungen für die
         Stadt des 21. Jahrhunderts – 13
1.2.1   Die lebenswerte Stadt – 13
1.2.2   Die ressourcenschonende Stadt – 14
1.2.3   Die resiliente und wandlungsfähige Stadt – 18

1.3   Stadtökologie als Forschungs- und Lösungsansatz – 20

         Literatur – 25

J. Breuste et al., *Stadtökosysteme*,
DOI 10.1007/978-3-642-55434-6_1, © Springer-Verlag Berlin Heidelberg 2016

Städte werden durch eine hohe Konzentration menschlicher Bevölkerung, dichter Bebauung und vielfältiger menschlicher Aktivitäten geprägt. Stadtentwicklung findet ihren räumlichen Ausdruck in Flächenwachstum, baulicher Verdichtung, aber auch in dem Phänomen des „Schrumpfens". Diese räumlichen Prozesse schließen sich nicht aus, sondern können gleichzeitig stattfinden und stehen auch in Beziehung zueinander. Welche Auswirkungen haben diese Prozesse auf die ökologische Struktur und die Funktionsweisen der Stadt, und in welcher Beziehung stehen sie zu den drei großen Herausforderungen für eine ökologische orientierte Stadtentwicklung – Förderung einer hohen Lebens- und Umweltqualität in der Stadt, Verminderung des Ge- und Verbrauchs natürlicher Ressourcen durch Städte und städtische Anpassung an den Klimawandel?

1.1   Die Welt ist urban

1.1.1   Bevölkerungsentwicklung und Urbanisierung

Zu Beginn des 21. Jahrhunderts wurde nicht nur die Schwelle von sieben Milliarden Menschen auf der Erde überschritten, sondern inzwischen leben auch mehr als 50 % der menschlichen Bevölkerung in städtischen Siedlungen (UN 2010) – gegenüber 13 % zu Beginn des 20. Jahrhunderts (UN 2006). Die Tendenz zur Verstädterung der Erde wird sich über die kommenden Dekaden fortsetzen. Bereits zur Mitte dieses Jahrhunderts werden nach Prognosen der Vereinten Nationen 70 % der auf etwa 9 Mrd. Menschen anwachsenden Bevölkerung in Städten leben. Dies bedeutet einen Zuwachs von weiteren 2,8 Mrd. Menschen (UN 2010, s. a. UN Habitat 2006). In Europa und Nordamerika aber auch in Ländern anderer Kontinente, wie etwa Japan und Argentinien, leben bereits heute über 70 % der Bevölkerung in städtischen Siedlungen. Für Europa wird dennoch mit einer weiteren Zunahme der städtischen Bevölkerung von 75 % auf 80 % bis zum Jahr 2020 gerechnet (EEA 2006). Auch in Deutschland steigt der Anteil der Stadtbevölkerung noch weiter an, obwohl die Bevölkerung insgesamt abnimmt. Jedoch nicht jede Stadt wird hiervon profitieren, denn es gibt auch viele Städte, die an Bevölkerung verlieren, die

sogenannten „schrumpfenden Städte" (Oswalt und Rieniets 2006).

Megastädte wie Shanghai (Fallstudie: Vier Beispiele für unterschiedliche Stadtentwicklung) liefern besonders eindrucksvolle Bilder von der Verstädterung der Erde, aber insgesamt leben der Großteil der Stadtbevölkerung weltweit in kleinen und mittelgroßen Städten. In Europa etwa gibt es annähernd 1000 Städte mit mehr als 50.000 Einwohnern, aber nur 7 % der Bevölkerung lebt in Städten mit mehr als 5 Mio. Einwohnern (EEA 2006). In Deutschland verteilen sich etwa 31 % der Bevölkerung auf Großstädte, 28 % auf Mittelstädte und 12 % auf Kleinstädte (BMVBS 2009).

Auch das zukünftige Wachstum der Städte wird weltweit vorwiegend in kleineren und mittelgroßen Städten stattfinden, selbst wenn die Zahl der Megastädte mit mehr als 10 Mio. Einwohnern inzwischen auf 19 angewachsen ist (Seto et al. 2013). Die Zahl von Millionenstädten hat von 1800 bis heute von einer Stadt (Beijing) auf über 400 zugenommen. Allein 46 davon liegen in China.

Diese Tatsachen sind zu berücksichtigen, wenn in den nachfolgenden Kapiteln dieses Buchs von Folgen der Urbanisierung, wie beispielsweise dem Wärmeinseleffekt gesprochen wird, dessen Stärke von der Stadtgröße abhängig ist (Oke 1973). Ökologische Phänomene können also in Klein- und Mittelstädten eine andere Ausprägung besitzen als in großen Städten oder gar Megastädten und auch ihre Relevanz für die Stadtentwicklung kann unterschiedlich sein.

> **Definition**
>
> Städte sind zuerst einmal politisch definierte Territorialeinheiten. Diese Definition wird in verschiedenen Ländern unterschiedlich gehandhabt. In Deutschland werden Gemeinden mit Stadtrecht und einer Bevölkerungszahl von mindestens 2000 Einwohnern als Stadt bezeichnet, in Island liegt der Schwellenwert bei nur 200 Einwohnern, in der Schweiz dagegen bei 10.000 Einwohnern und in Japan sogar bei 50.000 Einwohnern (Gaebe 2004). Städte werden auch durch die Bevölkerungs- und Bebauungsdichte sowie die vorherrschenden Flächennutzungen definiert und von ländlichen Siedlungen unterschieden (Gaebe 2004).

Unterschiede bestehen unter anderem auch im Grad der funktions- und sozialräumlichen Differenzierung, in Siedlungs- und Wirtschaftsstrukturen oder auch in Merkmalen der Zentralität, ohne dass sich hierdurch scharfe Grenzen für Städte finden lassen. Auch die Bandbreite wissenschaftlicher Definitionen der Stadt als räumliches Strukturphänomen ist sehr groß (◘ Tab. 1.1).

◘ **Tab. 1.1** Beispiele zur Definition und Abgrenzung urbaner Räume sowie deren Stärken und Schwächen. (Nach McIntyre et al. 2000; aus Haase 2011 verändert)

Disziplin	Quelle	Definition des „Urbanen"
Ökologie	Emlen 1974, Erskine 1992	Bebautes Gebiet
Ökologie	Odum 1997	Fläche, welche pro Jahr mind. 100.000 kcal/m^2 verbraucht
Soziologie	U.S. Bureau of Census	Gebiet mit > 2500 Einwohnern*
Soziologie	UN (1968)	Gebiet mit > 20.000 Einwohnern
Ökonomie	Mills und Hamilton (1989)	Gebiet mit einer Mindestanzahl an Einwohnern und Bevölkerungsdichte
Umweltpsychologie	Herzog und Chernick (2000)	Fläche mit hohem Verkehrsaufkommen und hoher Versiegelungsrate und Gebäuden
Planung	Hendrix et al. (1988)	Alle Flächen mit einer Besiedlungsdichte von > 100 Einwohnern pro acre, inklusive Gewerbeflächen, Schnellstraßen und öffentlichen Einrichtungen

Ökologische Merkmale wie Energie- und Stoffumsatz, klimatische Merkmale oder auch die Biodiversität spielen bei den üblichen Definitionen des Begriffes Stadt anhand statistischer Merkmale keine Rolle. In den späteren Kapiteln dieses Buchs werden wir aber zeigen, dass die Stadt eine Reihe von besonderen ökologischen Eigenschaften aufweist, etwa eine charakteristische Zusammensetzung von Flora und Fauna oder besondere thermische Bedingungen (► Kap. 4). Es ist deshalb sinnvoll von einer Ökologie der Stadt (Stadtökologie) zu sprechen, auch wenn die Grenzen der Stadt niemals eindeutig zu ziehen sind.

Unabhängig davon, wie Städte konkret abgegrenzt werden, ist ein ökologisch relevantes Merkmal von Städten besonders hervorzuheben: Städte sind auf die ständige Einfuhr von Energie und Stoffen angewiesen, um das Leben ihrer Bevölkerung sicherzustellen. Das Entstehen von Städten war erst durch die Entwicklung einer Landwirtschaft möglich, die Überschüsse produzierte und es damit den Menschen in städtischen Siedlungen gestattete, von dem zu leben, was andere Menschen „auf dem Lande" produzierten (z. B. Elmqvist et al. 2013). Hierin besteht ein Paradox der Urbanisierung: je mehr Menschen in Städte zogen und sich damit vermeintlich von den Zwängen des agrarischen Lebens abkoppelten, desto abhängiger wurde das Ökosystem Stadt von der regionalen bis globalen Einfuhr von Energie und Materialien.

Aufgrund dieser Abhängigkeiten befinden sich Städte häufig in fruchtbaren Gegenden und/oder an Orten, die für den Handel und die Versorgung mit Gütern günstig waren oder sind, etwa an Flüssen und Meeren. So sehr diese Lagen auch die Entwicklung von Städten förderten, so sehr sind damit auch stadtökologische Probleme verbunden, etwa wenn es um die Ausdehnung von Siedlungsflächen auf landwirtschaftlich produktiven Böden oder den Schutz der Städte vor Naturrisiken wie Überschwemmungen an Flüssen und Meeresküsten geht (► Kap. 6).

Städte sind heute oft global mit anderen Räumen eng vernetzt (Seto et al. 2012a) und auch städtische Lebensweisen haben sich weit in vermeintlich ländliche Räume ausgebreitet. Anstelle eines scharfen Unterschieds zwischen Stadt und Land, wie er historisch einmal gegeben war (◘ Abb. 1.1), herrschen heute eher Gradienten unterschiedlicher Ausprägungen und Intensitäten der Urbanität vor (Boone et al. 2014; ► Kap. 3). Merkmale von Urbanität sind nicht nur physische Strukturen wie Bebauungsdichte, Flächenversiegelung oder stadtspezifische Naturausstattung, sondern auch städtische

1

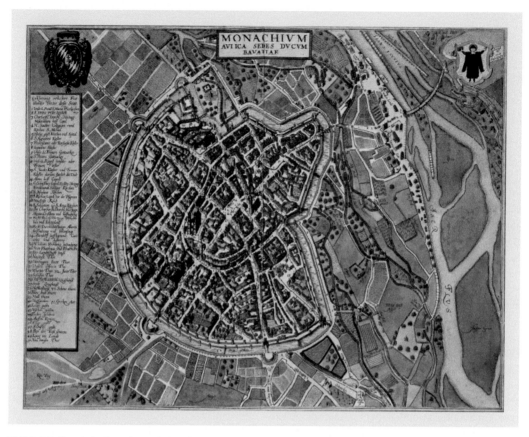

◨ **Abb. 1.1** Historische Karte der Stadt München 1623: Stadt und Umland sind scharf voneinander getrennt. (Stadtarchiv München, Plansammlung, Sammlung Birkmeyer, B 2; Digitale Signatur: PS-NL-BIRK-001)

Lebensstile und damit verbundene Konsummuster, sowie funktionale Beziehungen zwischen Städten und ihrem (globalen) Umland.

Ein eindrucksvolles Bild der Verstädterung vermitteln Satellitenbilder, welche die nächtliche Lichtabstrahlung der Städte der Erde erfassen (◨ Abb. 1.2). Während Europa und die nordöstlichen Vereinigten Staaten jeweils fast wie ein zusammenhängender Stadtbereich hell erscheinen, ist es auf dem afrikanischen Kontinent südlich der Sahara noch weitgehend dunkel. Es wäre aber falsch, aus dieser Situationsaufnahme auf die Stadtdynamik schließen zu wollen. Besonders rasante Wachstumsschübe erleben Städte nämlich gerade in den bislang weniger urbanisierten Schwellenländern wie beispielsweise in China und Indien sowie in den Entwicklungsländern des afrikanischen und asiatischen Kontinents. In China lebt inzwischen bereits über die Hälfte der Bevölkerung in den Städten. Für 2050 wird dort eine Urbanisierungsrate von 78 % erwartet (Wu et al. 2014). In Afrika soll bereits bis zum Jahr 2025 der Anteil der Bevölkerung, der in städtischen Siedlungen lebt von heute noch unter 40 % auf über 50 % ansteigen (Tibaijuka 2004; UN-HABITAT 2006). Bis zur Mitte des Jahrhunderts werden die Städte dort um voraussichtlich weitere 900 Mio. Menschen anwachsen (UN 2012). Angesichts der oft schwachen ökonomischen, institutionellen und technologischen Kapazitäten in den sich entwickelnden Ländern, ist es nur schwer vorstellbar, wie diese Verstädterung in nachhaltige Bahnen gelenkt werden kann. Dennoch wird Stadtentwicklung auch hier angestrebt, weil man sich davon ökonomisches Wachstum erwartet und die Überwindung drängender Armutsprobleme erhofft.

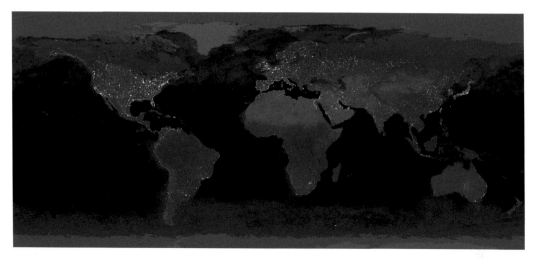

🔲 **Abb. 1.2** Nachtaufnahme der Erde. Sie zeigt die Abstrahlung des Lichts aus Siedlungen. (▶ http://earthobservatory.nasa.gov/)

1.1.2 Räumliche Prozesse der Stadtentwicklung

Städte als physisch von ihrer Umgebung unterscheidbare Räume nehmen bisher weltweit nur einen Anteil von etwa 0,2–2,4 % der terrestrischen Oberfläche der Erde ein (Seto et al. 2011). In Deutschland lag der Siedlungs- und Verkehrsflächenanteil aber im Jahr 2012 bereits bei über 13 % (Deutsches Statistisches Bundesamt 2013). Obwohl diese Angaben auf unterschiedlichen Erfassungsmethoden (global: Satellitenbildauswertungen, national: Flächennutzungsstatistiken) und anderen Definitionen von städtischen Siedlungsflächen beruhen, belegen sie doch den hohen Anteil städtisch geprägter Räume in Deutschland.

Prognosen zur globalen Expansion von Stadtflächen sind sehr unterschiedlich. Nach Angel et al. (2005) wird sich die Ausdehnung von Städten bis zum Jahr 2030 um 250 % erhöhen. Seto et al. (2011) sehen eine Zunahme der städtischen Fläche bis 2030 um ca. 1,5 Mio. km^2 als wahrscheinlichen Wert an – eine Fläche, die etwa dreimal so groß ist wie Spanien.

Stadtentwicklung wird durch unterschiedliche ökonomische, kulturelle, soziale und technologische Prozesse verursacht und beeinflusst (Gaebe 2004). Bevölkerungswachstum oder -abnahme sind das Ergebnis von natürlicher Bevölkerungsentwicklung sowie Zu- und Abwanderung. Die räumliche Ent-

wicklung von Städten steht in Beziehung zu diesen gesellschaftlichen Prozessen (Gaebe 2004), etwa wenn der pro-Kopf Bedarf an Wohnraum in Folge des demographischen Wandels und gestiegenen Wohlstands wächst.

In theoretischen Modellen werden verschiedene Phasen der Stadtentwicklung unterschieden, die z. B. einen Zyklus vom Wachstum städtischer Zentren, über das Wachstum an den Rändern, das Schrumpfen von Städten bis zum erneuten Wachstum der Zentren beschreiben (Champion 2001). Solche Prozesse können sich nach weiterer Modellannahmen phasenversetzt von großen Stadtzentren auf kleinere Städte ausbreiten (Geyer und Kontuly 1993, zitiert in: Antrop 2004). Eine neuere Untersuchung von 158 Städten in Europa deutete allerdings darauf hin, dass dieses zyklische Modell nicht überall gilt und Phasen von Re-Urbanisierung und Suburbanisierung auch gleichzeitig erfolgen können (Kabisch und Haase 2011).

Eine Satellitenbildauswertung zeigte auch global unterschiedliche Formen des Stadtwachstums (Schneider und Woodcock 2008). Sie reichen von a) langsam wachsenden Städten mit geringer baulicher Nachverdichtung, über b) schnell wachsende Städte mit ausgreifenden, fragmentierten Siedlungsmustern, und c) weit ausufernden Städten mit niedriger Bevölkerungsdichte, bis zu d) explosionsartig wachsenden Städten mit hoher Bevölkerungsdichte.

Vier Beispiele für unterschiedliche Stadtentwicklung

München (Deutschland) liegt im Zentrum einer wirtschaftlich prosperierenden Region. Die Bevölkerungszahl wird von heute 1,4 Mio. bis 2030 um weitere 200.000 Einwohner ansteigen (LH München 2011). Auf der Suche nach geeigneten Flächen für die urbane Entwicklung hat die Stadt in den letzten zwei Jahrzehnten von der Konversion ehemaliger Kasernengelände, Bahnflächen und der Verlagerung des Flughafens mit anschließender Bebauung des ehemaligen Flughafengeländes profitiert (◘ Abb. 1.3a). Diese Flächenreserven sind aber inzwischen weitgehend aufgebraucht, weswegen derzeit wieder größere Bauvorhaben am Stadtrand geplant und realisiert werden. Die Möglichkeiten und Grenzen zur weiteren baulichen Verdichtung der Stadt werden kontrovers diskutiert.

Nach der Wiedervereinigung 1989 verlor die Stadt Leipzig annähernd 100.000 Einwohner durch Abwanderung nach Westdeutschland oder ins Stadtumland. Heute steigt die Bevölkerungszahl in der auch territorial gewachsenen Kernstadt wieder

an (Stadt Leipzig 2009), weil sich die Stadt wirtschaftlich stabilisiert hat und es gelungen ist, durch Stadtsanierung die Attraktivität der Wohnviertel zu erhöhen. Der Wohnungsleerstand sank von über 69.000 Wohnungen im Jahr 2000 auf etwa 34.000 Wohnungen im Jahr 2010 (Stadt Leipzig 2011), durch den demographischen Wandel ist aber mit einem längerfristig hohen Bestand an Brachflächen zu rechnen (Stadt Leipzig 2009; ◘ Abb. 1.3b). Diese sind sowohl Risiko, als auch Chance für eine nachhaltige Stadtentwicklung (► Abschn. 1.2.2 und ► Kap. 7). Shanghai (China) ist eines der großen wirtschaftlichen Zentren Chinas. Für die Stadtregion wird ein Anwachsen von bereits knapp 24 Mio. Einwohnern auf einem Gebiet von 6341 km² (World Population Review, Stand 2013) auf 50 Mio. bis zum Jahr 2050 prognostiziert. Shanghai ist im Zentrum durch sehr dichte Hochhausbebauung gekennzeichnet (◘ Abb. 1.3c, ► Kap. 2 und 7). Die enorme Siedlungsentwicklung (◘ Abb. 1.3c), für die wertvolles Ackerland geopfert wird, sowie die Umweltbelastungen

in der Stadt stellen die Stadtplaner vor große Herausforderungen. Der neue Stadtbezirk von Dongtan war ein Versuch, mit dem Modell einer Ökostadt auf diese Herausforderungen zu reagieren (► Kap. 7).

Bei einer jährlichen Bevölkerungswachstumsrate von derzeit etwas über 5 % wird sich die Bevölkerungszahl von Daressalam von heute etwa 4 Mio. (Stand 2013) in weniger als 15 Jahren auf etwa 8 Mio. Einwohner verdoppeln. Etwa 80 % der Stadt bestehen aus sog. informellen Siedlungen, die nicht von der Stadtverwaltung geplant werden. Sie bestehen meist aus Wellblechhütten oder Lehm(ziegel)bauten (◘ Abb. 1.3d). Die infrastrukturelle Versorgung ist sehr schlecht. Das Stadtwachstum führt auch hier zu einem großen Verlust landwirtschaftlich wertvoller Böden. Die Besiedelung von Flusstälern erhöht das Risiko vieler Menschen von Überschwemmungen betroffen zu werden. Der Klimawandel wird diese Risiken noch verstärken (► Kap. 6).

Vereinfacht lassen sich aktuell drei räumliche Phänomene der Stadtentwicklung unterscheiden, die aus stadtökologischer Sicht eine große Rolle spielen:

1. **Flächenwachstum von Städten und Stadtregionen:** Global wächst die Stadtfläche etwa zwei Mal schneller als die Einwohnerzahl, d.h. pro-Kopf wird immer mehr Fläche in Anspruch genommen (Seto et al. 2011; Angel et al. 2011). In den von Angel et al. untersuchten Städten nahm die Bevölkerungsdichte insgesamt um 1,7 % jährlich ab. Sollte sich dieser Trend fortsetzen, würde sich bei einer Verdoppelung der Bevölkerungszahl bis zum Jahr 2030 ihre Stadtfläche verdreifachen.

Für Europa wurde in einer Untersuchung der Europäischen Umweltagentur anhand von 26 Stadtregionen festgestellt, dass sich ihre Fläche zwischen 1950 und 1990 um 78 % ausdehnte, die Bevölkerung im gleichen Zeitraum aber nur um 33 % wuchs (EEA 2006). Dieser Trend hat sich auch in der folgenden Dekade fortgesetzt (Jansson et al. 2009, Anhang I). In den Ländern Europas, insbesondere aber in Nordamerika, Australien und Neuseeland, führte diese Entwicklung zu einem Ausufern der Städte (*urban sprawl*), das nicht nur wegen des damit einhergehenden Flächen-„Verbrauchs" (Fläche kann kaum verbraucht, sondern nur in ihren Eigenschaften verändert werden) – also der Umwandlung von meist landwirtschaftlich genutzten Böden – von Belang ist, sondern auch aus energetischer und ökonomischer Sicht zu weniger effektiven Raumstrukturen geführt hat, etwa weil die Wege zwischen Arbeiten und Wohnen länger werden (Fahrzeiten, Energieverbrauch, ▶ Abschn. 2.2; Gayda et al. 2004; Nilsson und Nielsen 2013) und notwendige Ver- und Entsorgungsinfrastrukturen über große, relativ dünn besiedelte Flächen verteilt, bereitgestellt werden müssen. Das Flächenwachstum der Städte kann auch den Verlust von naturnahen Lebensräumen und die Fragmentierung und Degradation der verbleibenden Lebensräume zur Folge haben. Nicht zuletzt nehmen die Wegestrecken aus der Stadt in Erholungsgebiete am Stadtrand zu. Die Erreich-

barkeit mit umweltfreundlichen Verkehrsmitteln wie dem Fahrrad wird dadurch geringer.

In den Städten Nordamerikas, Australiens und Neuseelands führte das Ausufern der Städte zu Stadtstrukturen, in denen ein kleiner und stark verdichteter Stadtkern oft von einer über viele Quadratkilometer ausgedehnten Fläche von Einfamilienhausbebauung umgeben wird. Die Verfügbarkeit von billigem Öl bei gleichzeitig stark steigendem Wohlstand machte es möglich, sich den Wunsch vom Haus im Grünen zu erfüllen. Niedrigere Bodenpreise im Stadtumland, Motorisierung und die schnelle Erreichbarkeit durch den Ausbau der Verkehrsinfrastrukturen befördern die Flächenausdehnung städtischer Siedlungen. Auch Politik und Planung spielen eine wichtige Rolle durch Förderung von Eigenheimbau und Unterstützung von Autofahrten zum Arbeitsplatz, um nur zwei Beispiele zu nennen. Die Raumplanung kann grundsätzliche gesellschaftliche Entwicklungen, etwa den zunehmenden pro-Kopf Wohnraumbedarf, der sich allein von 1998 bis 2013 von durchschnittlich 39 m^2 auf 45 m^2 erhöhte (BIB 2013), nicht direkt beeinflussen, aber durch Lenkung zur Reduzierung des Flächenverbrauchs beitragen, etwa durch Konzepte für die langfristige Siedlungsentwicklung auf städtischer und regionaler Ebene mit der Priorisierung von Innenentwicklung vor Außenentwicklung, Flächenmanagement und Kooperationen zwischen Gemeinden für die gemeinsame Entwicklung von Gewerbegebieten u. a. m.

Städte dehnen sich nicht nur durch die Anlage locker bebauter Ein- und Mehrfamilienhausgebiete an ihren Rändern stark aus (Suburbanisierung), sondern sie haben sich zu häufig weit ausgedehnten Stadtregionen entwickelt, die sich aus einem Konglomerat aus städtischen Siedlungskernen, suburbanen Zonen, Gewerbe- und Einkaufszentren entlang der großen Verkehrswege, sowie land- und forstwirtschaftlich genutzten Arealen zusammensetzen. ◨ Abbildung 1.4 zeigt ein Strukturmodell für „rural-urbane Regionen" aus dem EU Forschungs-

◨ **Abb. 1.3** Vier Beispiele für Prozesse der Stadtentwicklung und ihre ökologischen Herausforderungen. **a** München: Mit der Umnutzung des ehemaligen Flughafens zur neuen Messestadt Riem wurde versucht, das Modell eines kompakten und grünen Stadtteils zu realisieren. Ein Park von 200 ha Größe ist nicht nur für die Erholung wichtig, sondern er erfüllt auch wichtige klimatische Funktionen zur Kühlung der angrenzenden Bebauung und als Durchlüftungsschneise für die Stadt. **b** Leipzig: Sind Brachen ein Zeichen des Verfalls oder Chance für den ökologischen Stadtumbau? **c** Shanghai ist durch sehr dichte Hochhausbebauung gekennzeichnet. **d** Daressalam: Die informelle Siedlung Suna liegt in einer Flussaue. Sie wird regelmäßig überschwemmt. (Fotos © S. Pauleit)

1

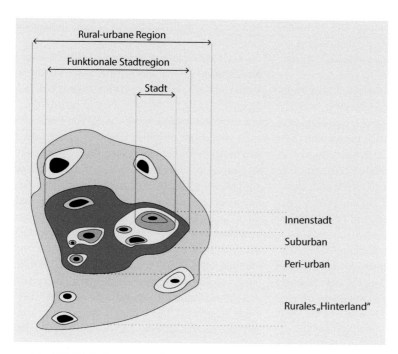

◘ Abb. 1.4 Modell der rural-urbanen Region. Zonen innerhalb der Regionen sind: Stadtzentren, innere Verdichtungszone, suburbane Zone, peri-urbane Räume, rurales Hinterland. (Nach Ravetz et al. 2013, verändert)

projekt PLUREL (Ravetz et al. 2013). Der Name „rural-urbane Region" wurde gewählt, weil sich die Einflusssphäre von Städten noch deutlich über die durch einstündige Reisezeiten definierte „Funktionale Stadtregion" (OECD 2002) erstreckt und auch ländlich geprägte Bereiche umfasst, etwa in Bezug auf die Naherholung oder die Versorgung der Stadt mit Wasser.

Es sind neue Formen von Landschaften entstanden, die der Stadtplaner T. Sieverts (1997) als Zwischenstädte bezeichnet hat, und die beides umfassen: Stadt und Land. Eine andere Bezeichnung für diesen Landschaftstypus ist „peri-urban" (Fallstudie Peri-urbanisierung im Münchner Norden). In Ländern wie Deutschland, Belgien und Großbritannien nehmen sie über ein Drittel der Landesfläche ein. In den Niederlanden sind es sogar bereits annähernd 80 % (Nilsson und Nielsen 2013).

Ergebnisse von Szenario-Modellen zur Urbanisierung in Europa deuten auch darauf hin, dass sich Städte, und damit auch die peri-urbanen Bereiche, in den kommenden Jahrzehnten noch weiter ausdehnen werden, selbst wenn von einem eher schwachen Wirtschaftswachstum ausgegangen wird (Nilsson und Nielsen 2013).

Große Stadtregionen sind entstanden, die durch Verkehrsinfrastrukturen miteinander vernetzt sind.

Für England hat Green (2008) anhand der Verkehrsverflechtungsbereiche eindrucksvoll die Größe dieser „funktionalen" Stadtregionen gezeigt. Ganz England besteht nach dieser Analyse aus nur sechs Stadtregionen, von denen London die mit Abstand größte ist. Eine besondere Herausforderung für Politik und Planung ist, dass diese Stadtregionen aufgrund ihrer Größe eine Vielzahl von mehr oder weniger selbständig planenden und entscheidenden Kommunen umfassen und sich nicht mit Planungseinheiten und schon gar nicht mit ökologischen Grenzen, etwa von Wassereinzugsgebieten oder biogeographischen Einheiten, decken.

Für die Bundesrepublik Deutschland lag die tägliche Flächeninanspruchnahme für Siedlungs- und Verkehrsflächen im Jahr 2000 bei 129 ha und zwischen 2007 und 2010 im Mittel bei 87 ha (Bundesregierung 2012). Ziel der Bundesregierung ist es in ihrer nationalen Nachhaltigkeitsstrategie, diesen Wert auf täglich 30 ha bis zum Jahr 2020 zu senken (Bundesregierung 2002). Dieses Flächenwachstum der Städte und Infrastrukturen hat eine Reihe von Auswirkungen auf die Umwelt und die ökologischen Funktionen der Landschaft.

Zunächst einmal bedeutet jede Ausdehnung von Stadt eine Veränderung der Landschaft: natürliche, sowie land- und forstwirtschaftlich genutzte Flächen

Peri-Urbanisierung im Münchner Norden

Der Begriff „Stadtregion" wurde bereits von E. Howard (1902) in seinem Buch „Garden Cities of Tomorrow" geprägt. Er verband damit die Vorstellung von geordneten zu entwickelnden städtischen Siedlungs- und Freiraumsystemen (▶ Kap. 7). Die heutige Entwicklung von Stadtregionen in Europa, insbesondere seit Beginn der Globalisierung, sieht anders aus. Die Karte des Münchner Nordens in ◘ Abb. 1.5 – nur ein kleiner Ausschnitt der gesamten Stadtregion – kann davon eine Vorstellung geben: Auto-

bahn- und S-Bahnnetze verbinden ehemals kleine Siedlungen, die seit den 1970er Jahren stark gewachsen sind. Der neue Münchner Flughafen, dessen Fläche um ein Mehrfaches größer geworden ist, als die seines Vorgängers, liegt 35 km nordöstlich des Stadtzentrums und hat zu einem gewaltigen Entwicklungsschub in den Anliegergemeinden geführt. Kleine Dörfer wurden in kurzer Zeit zu großen und wohlhabenden Standorten für Logistikunternehmen und einer Vielzahl anderer Arten von Gewerbe. Dienstleistungsbetriebe,

Hochtechnologieunternehmen, sowie Universitäten und Hochschulen prägen die Wirtschafts- und Siedlungsstruktur. Nicht zuletzt befinden sich hier Entsorgungseinrichtungen wie Mülldeponien und Kläranlagen. Eingebettet ist dies alles in eine landwirtschaftlich geprägte Landschaft. Auch das blau-grüne Band der Isar mit ihren begleitenden Wäldern, sowie für Naturschutz und Erholung wichtige naturnahe Reste von Mooren und Halbtrockenrasen, finden sich hier.

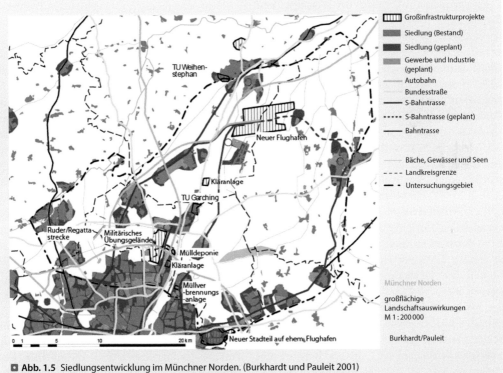

◘ Abb. 1.5 Siedlungsentwicklung im Münchner Norden. (Burkhardt und Pauleit 2001)

werden in städtisch genutzte Flächen umgewandelt. Der Vergleich von Satellitenbilddaten zur Oberflächenbedeckung in Europa für die Jahre 1990 und 2000 zeigte, dass sich in diesem Zeitraum der Anteil von sogenannten „künstlichen" Oberflächen um etwa $8000 \, km^2$ erhöhte (EEA 2006), während umgekehrt weniger als 1 % Siedlungen in land- und forstwirtschaftliche oder naturnahe Flächen umgewandelt wurden. Nach den Ergebnissen des Forschungsprojekts PLUREL ist damit zu rechnen, dass sich dieser Trend fortsetzt und bis 2025 in Großbritannien, Mitteleuropa und den Küstengegenden des

Mittelmeergebiets über 5 % der landwirtschaftlich genutzten Fläche zu Siedlungs- und Verkehrsflächen werden (Nilsson und Nielsen 2013).

Konsequenz ist der Verlust von oft wertvollen landwirtschaftlich genutzten Böden im Umland der Städte. Besonders dramatisch sind diese Bodenverluste in Ländern mit explosivem Stadtwachstum wie China oder Tansania. In Daressalam etwa, ist die Bevölkerung heute noch zu einem erheblichen Anteil auf die eigene Erzeugung von Lebensmitteln angewiesen. „Urbane Landwirtschaft" in der Stadt und am Stadtrand ist hier notwendig und dient der Ernährungssicherung, aber sie ist auch ein Wirtschaftsfaktor (Halloran und Magid 2013). Dies wird sich wohl angesichts der raschen Bevölkerungszunahme ohne entsprechendes Wirtschaftswachstum in absehbarer Zeit nicht ändern. Würde sich der derzeitige Trend der Stadtentwicklung in Daressalam fortsetzen, der überwiegend aus informellem Siedlungswachstum an der Peripherie mit niedriger Dichte besteht, dann würde sich die Siedlungsfläche bis zum Jahr 2025 um 14 % auf dann 798 km^2 ausdehnen und zum Verlust von 100 km^2 landwirtschaftlich genutzter Böden und Buschland führen (Pauleit et al. 2013; ▶ Kap. 4 und 6).

Auch naturnahe Flächen sind bedroht, die für den Erhalt der Biodiversität hohe Bedeutung besitzen. In Europa befinden sich bereits heute 13 % der städtischen Flächen in geschützten Gebieten (Seto et al. 2013). Global nehmen Städte nach Seto et al. (2012b) aktuell etwa 1 % der Fläche von sogenannten globalen Hotspots der Biodiversität ein und es ist damit zu rechnen, dass sich Städte bis 2030 in weitere 1,8 % der Hotspotflächen ausdehnen werden. Die Auswirkungen dieser Urbanisierung werden aber weit über den unmittelbaren Verlust der biologisch wertvollen Flächen hinausgehen. Betroffen werden davon besonders Hotspots und Schutzgebiete in den sich entwickelnden Ländern und Schwellenländern wie China und Brasilien sein (Seto et al. 2013; Müller et al. 2013; Güneralp et al. 2013 für ausführliche Darstellungen der Auswirkungen von Urbanisierung auf die Biodiversität).

Die Ausdehnung der Städte dezimiert nicht nur die naturnahen Flächen, sondern diese werden durch Siedlungs-, Verkehrs- und andere Infrastrukturflächen (z. B. Stromleitungstrassen) auch zunehmend zerschnitten und damit in ihrer Funktionsfähigkeit beeinträchtigt (Antrop 2004; Irwin und Bockstael

2007). Nicht zuletzt bedeutet das Näherrücken von Städten, dass die Intensität von Störungen in naturnahen Flächen größer wird, etwa durch erholungsuchende Menschen, aber auch durch vermehrte Einträge von Luftschadstoffen, Lärm, oder die Modifizierung des Kleinklimas (Güneralp et al. 2013). Die Ausdehnung der Städte hat auch starke Auswirkungen auf die Flora und Fauna, etwa durch die Einführung von nichtheimischen und invasiven Arten (McKinney 2006; Müller et al. 2013; ▶ Kap. 4).

Weitere Folgen der Ausdehnung von Stadtflächen und damit der Zunahme von bebauten oder anderweitig versiegelten Flächen sind die Veränderung der lokalklimatischen und der hydrologischen Verhältnisse (Bridgeman et al. 1995; Seto et al. 2013; ▶ Kap. 3).

Um den hier nur kurz angerissenen Problemen des Flächenwachstums von Städten zu begegnen, wird von Seiten der Politik und Planung die Forderung nach einer „kompakten" Stadtentwicklung erhoben (Westerink et al. 2013). Merkmale dieses Leitbilds sind insbesondere eine dichte Bebauung, die enge Benachbarung und die Durchmischung städtischer Flächennutzungen und Funktionen, um Fahrwege zu verkürzen, die Förderung umweltfreundlicher Verkehrsmittel wie dem Fahrrad und die Entwicklung von multifunktionalen Grünflächensystemen, die in der kompakten Stadt eine ausreichende Freiraumversorgung sicherstellen, Biodiversität fördern und wichtige regulierende Ökosystemdienstleistungen erbringen, etwa zur Verminderung des städtischen Wärmeinseleffekts. Der zweite räumliche Prozess der Stadtentwicklung, der hier angesprochen werden soll, ist deshalb die bauliche Verdichtung in Innenstädten.

2. Bauliche Verdichtung: Städte wachsen nicht nur nach außen. Zu beobachten sind gleichzeitig auch Prozesse der Innenentwicklung, die zu einer intensiveren Bodennutzung und einer baulichen Verdichtung führen. Mit strategischen Maßnahmen der Innenentwicklung wird bewusst eine intensivere Nutzung innerstädtischer Bereiche angestrebt, um Außenentwicklung zu reduzieren. Individuelle Maßnahmen von Grundstücks- und Hauseigentümern, die aus privaten Wünschen und Bedürfnissen resultieren (etwa nach Wohnungsvergrößerung), führen ebenfalls zu einer baulichen Verdichtung im Bestand.

◘ Abb. 1.6 „Am Birketweg", eine neue Siedlung auf einer Bahnbrache in München als Beispiel für doppelte Innenentwicklung. Spontanvegetation konnte erhalten und in einen neuen Grünzug als Teil der Siedlung integriert werden. (Foto © S. Pauleit)

In München etwa wurden in den letzten Jahrzehnten Militär- oder Bahnflächen in größere Wohn- und Gewerbegebiete umgewandelt (◘ Abb. 1.6). Gleichzeitig fanden vielerorts individuelle Nachverdichtungsmaßnahmen statt, etwa durch die intensivere Nutzung von Grundstücken in attraktiven Innenstadtlagen, durch die Vergrößerung von bestehenden Gebäuden oder die Neuerrichtung von Geschäftsgebäuden. In locker bebauten Einfamilienhausgebieten erfolgte eine stetige bauliche Nachverdichtung durch Vergrößerung der Wohngebäude oder die Teilung von Grundstücken mit anschließender Bebauung. Nicht zu unterschätzen sind auch Maßnahmen wie die Befestigung von Vorgärten als Stellplatz oder die Errichtung von Garagen. Als Einzelfälle sind diese Maßnahmen oft nicht besonders auffällig, insgesamt aber können sie sich über die Jahre aufaddieren und dann zu erheblichen Umweltauswirkungen und Konsequenzen für ökologische Funktionen der Stadtlandschaft führen.

In der Stadtregion von Liverpool (Merseyside, England) wurde die bauliche Nachverdichtung in elf Wohngebieten von 1975 bis 2000 untersucht (Pauleit et al. 2005). Insgesamt konnte eine Zunahme der Flächenversiegelung von etwa 5 % festgestellt werden. In keinem der elf Wohngebiete war ein Rückgang der Flächenversiegelung festzustellen, unabhängig davon, ob es sich um Villengebiete mit großen Gartengrundstücken oder um bereits 1975 dicht bebaute Wohngebiete handelte. Die Zunahme der Flächenversiegelung ging zwangsläufig zu Lasten von Grünflächen und insbesondere der Baumbestände. Eine Zunahme der versiegelten Flächen um 5 % über so einen langen Zeitraum mag nicht dramatisch erscheinen. Modellberechnungen zeigten aber, dass sie zu einer signifikanten Erhöhung besonders der sommerlichen Lufttemperaturen, des Oberflächenabflusses von Regenwasser und einer Verringerung der Qualität der Wohngebiete als Lebensraum für die Pflanzen- und Tierwelt führten. Diese Entwicklungen können nicht nur die Umweltqualität in den Städten beeinträchtigen, sondern auch ihre Anpassungsfähigkeit an den Klimawandel einschränken (Pauleit 2011; ► Abschn. 1.2.3). Das Modell der dicht bebauten Stadt wurde auch aus anderen Perspektiven, etwa mit Blick auf die soziale Nachhaltigkeit, kritisch diskutiert (Breheny 1997; Jenks und Burton 1996; Westerink et al. 2013). Unter dem Zauberwort der „Doppelten Innenentwicklung" versucht die Stadtplanung, die Erschließung innerstädtischer Nachverdichtungspotenziale mit einer angemessenen Freiraumversorgung zu verbinden und so der Kritik an der Nachverdichtung entgegenzutreten (DRL 2006; ► Kap. 8).

3. Schrumpfung: Der Begriff bezeichnet den Verlust von Wohnbevölkerung durch Abwanderung und Verlust von Arbeitsplätzen, Zunahme der Arbeitslosigkeit, den Rückgang von Kaufkraft und Realsteuerkraft (Gatzweiler und Milbert 2009). Unterschiedliche räumliche Formen des Schrumpfens können beobachtet werden, etwa Entdichtungsprozesse in

◘ **Abb. 1.7** Sogar für landwirtschaftliche Nutzungen und Wälder werden Brachen zurückgewonnen. Das Bild zeigt das Beispiel eines „Urbanen Waldes" der Stadt Leipzig, der 2010 auf dem Gelände einer ehemaligen Gärtnerei angelegt wurde. Die Bäume wurden als Forstware gepflanzt und sind daher noch klein. (Foto © I. Burkhardt) (▶ Kap. 4)

vormals sehr eng bebauten Innenstädten, Exodus-Schrumpfen mit dem Entstehen großflächiger Brachen als Folge ökonomischer Strukturkrisen oder auch das Sterben von ganzen Städten, wenn die ökonomische Existenzgrundlage nicht mehr vorhanden ist (z. B. Ölförderstädte nach Ausbeutung der Ölvorräte).

Ursachen von Schrumpfung sind, von Katastrophen abgesehen, vor allem wirtschaftliche Krisen und Strukturwandel (z. B. der Verlust der Montanindustrie im Ruhrgebiet), aber auch Suburbanisierung, die zur Abwanderung der Bevölkerung in das Stadtumland führt, sowie der allgemeine Bevölkerungsrückgang als Teil des demographischen Wandels (Oswalt und Rieniets 2006). Mit diesem Verlust gehen Wohnungsleerstände und die mangelnde Auslastung von Infrastrukturen einher. Kontraste zwischen vernachlässigten Wohnvierteln mit einer sozial schwachen Bevölkerung und gut gepflegten Wohnvierteln mit wohlhabender Bevölkerung vergrößern sich.

Das Phänomen der schrumpfenden Städte konnte in Deutschland besonders nach der Wiedervereinigung beobachtet werden, als in kurzer Zeit die Wirtschaft in den neuen Bundesländern zusammenbrach (Gatzweiler und Milbert 2009). Betroffen sind auch andere Stadtregionen, die sich in einer längerdauernden ökonomischen Krise befinden wie das Ruhrgebiet und Städte im Saarland. Schrumpfung ist aber eine globale Erscheinung. In 40 % der europäischen Städte mit mehr als 200.000 Einwohnern schrumpft die Bevölkerung (Rink 2009). Schrumpfung betrifft auch viele Städte in Nordamerika, Asien und Japan. Sie ist sogar in Afrika zu beobachten (Oswalt und Rieniets 2006).

Schrumpfende Städte sind von einem hohen Flächenanteil an Brachflächen gekennzeichnet. Ihr Anteil betrug im Jahr 2004 mit 176.000 ha immerhin 4 % der gesamten Siedlungs- und Verkehrsfläche Deutschlands (Umweltbundesamt 2008). Daher wird die Gefahr gesehen, dass Städte längerfristig „perforieren" (Lütke Daldrup 2001), d. h. dass sie ihre geschlossene Stadtstruktur verlieren und damit auch viele der Qualitäten, die man mit städtischer Dichte verbindet (Fallstudie: Vier Beispiele für unterschiedliche Stadtentwicklung: Leipzig). Brachen werden zudem von der Bevölkerung mehrheitlich als unattraktiv beurteilt und gemieden, weil man sie als unsichere und unsaubere Orte betrachtet. Durch industrielle Vornutzung können auch die Böden stark belastet sein (Hansen et al. 2012). Andererseits bieten Brachen in ehemals dicht bebauten Stadtquartieren die Möglichkeit neue Grünflächen zu schaffen und damit die Freiraumversorgung der Bevölkerung zu verbessern, sowie Biodiversität und Ökosystemdienstleistungen (▶ Kap. 5) zu fördern (z. B. Verminderung der Wärmebelastungen in dicht bebauten Innenstädten, ◘ Abb. 1.7, ▶ Kap. 5) (Hansen et al. 2012; Burkhardt et al. 2009; Bonthoux et al. 2014). Besonders bekannt geworden ist das Beispiel der Stadt Detroit in den USA, in der durch den Zusammenbruch der Automobilindustrie ein Drittel der Stadtfläche brachgefallen ist und in der jetzt sowohl individuelle, als auch im großen Maßstab kommerzielle Formen des *Urban Farming* Fuß gefasst haben (Häntzschel 2010;▶ Kap. 5).

Der Rückgang der Bevölkerungszahl bedeutet aber nicht zwangsläufig, dass auch die Stadtfläche schrumpft (Haase et al. 2013). Im Gegenteil: Die Stadt Leipzig etwa erfuhr in den letzten zwanzig Jahren trotz abnehmender Bevölkerungszahl ein kräftiges Wachstum am Stadtrand und in den Nachbargemeinden (Bauer et al. 2013). Ursache war die Entwicklung von neuen Wohngebieten, Logistik- und Einkaufszentren, sowie auch von Industrieunternehmen. Viele dieser Außenentwicklungen waren Folge der Umbrüche der politischen und gesellschaftlichen Verhältnisse nach der Wiedervereinigung der zwei deutschen Staaten. Die Zunahme des Wohnraumbedarfs, realisierbare Wunschvorstellungen vom Wohnen im Grünen und das Bemühen um die Ansiedelung von Unternehmen, für die schnell Flächen ihren Bedürfnissen entsprechend gefunden werden sollen, sind Gründe, warum auch längerfristig selbst bei abnehmender Bevölkerungszahl Flächenwachstum stattfinden kann.

1.2 Ökologische Herausforderungen für die Stadt des 21. Jahrhunderts

Städte sind Zentren des kulturellen, sozialen und ökonomischen Fortschritts. So werden heute etwa 90 % des globalen Bruttoinlandprodukts in Städten erzeugt (UN 2011). Aus ökologischer Sicht ist allerdings eine differenzierte Beurteilung erforderlich. Vor allem drei Herausforderungen gilt es für eine ökologisch orientierte Stadtentwicklung zu bewältigen:

1. Die Sicherung und Förderung der Umwelt- und Lebensqualität für die wachsende städtische Bevölkerung.
2. Die Verminderung des Ge- und Verbrauches an natürlichen Ressourcen, um die ökologische Tragfähigkeit der Erde nicht dauerhaft zu überfordern.
3. Die Förderung der Anpassungsfähigkeit an den Klimawandel.

Diese Aufgaben können für Städte von unterschiedlicher Bedeutung sein. Umweltprobleme wie die Versorgung mit sauberem Trinkwasser oder die Versorgung mit Lebensmitteln sind sicherlich besonders drängend in Städten der sich entwickelnden Länder. In Städten der hochentwickelten Länder sind solche Probleme gelöst oder doch zumindest wesentlich geringer, während hier zunehmend Fragen der Lebensqualität und gesunder Lebensstile an Bedeutung gewinnen. Die Möglichkeit zum Abbau von Stress, sowie die Förderung von physischen Aktivitäten in attraktiven Freiräumen, werden zu wichtigen Zielen der Stadtentwicklung. Welche Rolle spielt in diesem Zusammenhang die Möglichkeit zur Naturerfahrung (▶ Kap. 5)? In Städten der hochentwickelten Industrieländer, aber auch der Großstädte der Schwellenländer, ist die starke Verminderung des Bedarfs an natürlichen Ressourcen und der Treibhausgasemissionen ein zusätzliches Ziel.

1.2.1 Die lebenswerte Stadt

Umweltbelastungen, wie verunreinigte Luft, schlechte Trinkwasserqualität oder unzureichende Abwasserentsorgung, sind Probleme, die Städte begleiten, seit es sie gibt. Stadtentwicklung führt auch zu mehr oder weniger schwerwiegenden Eingriffen in den Naturhaushalt (Sukopp und Wittig 1998; Bridgeman et al. 1995; ▶ Kap. 2 und 5). Bebauung und befestigte Flächen ersetzen teilweise die Vegetation, und Oberflächengewässer werden verändert. In Städten wie München oder Leipzig sind 30–50 % der Oberfläche (Pauleit 1998; Haase 2009; Artmann 2013) versiegelt. In den am dichtesten bebauten Stadtteilen steigt der Anteil versiegelter Flächen sogar auf über 80 %. Das Entfernen von belebten Oberflächen hat Auswirkungen auf die biologische Vielfalt, die ökologische Funktionsfähigkeit von Stadtböden, den Wasserhaushalt und das Klima in der Stadt. Ausführlicher wird dies in ▶ Kap. 2, 4 und 5 dargestellt.

Besonders drängend wurde die Lösung von Umweltproblemen in Europa mit dem Einsetzen des starken Stadtwachstums zu Zeiten der Industriellen Revolution im 19. Jahrhundert. Die Entwicklung der Kanalisation und anderer technischer Infrastrukturen waren innovative Leistungen der Stadtentwicklung und des technischen Umweltschutzes, der zu dieser Zeit entwickelt wurde. Der Erfolg dieser Maßnahmen führte aber auch zu einem Vertrauen in technische und dirigistische Lösungsansätze „von oben", die nicht in einem ganzheitlichen Verständnis des „Ökosystems" Stadt begründet sind und Probleme oft nicht oder nur kurzzeitig lösten oder nur verlagerten, etwa die Müll- und Abwasserentsorgung.

Diese und andere Infrastrukturen fußen letztlich auf der freien Verfügbarkeit von natürlichen Ressourcen, von Wasser etwa, und ständig verfügbarer billiger Energie. Sie haben dazu geführt, dass sich Städte immer mehr aus der Abhängigkeit von ihren lokal gegebenen natürlichen Grundlagen lösen konnten und Stadt-„Landschaft" in erster Linie unter ästhetischen Gesichtspunkten gestaltet worden ist, nicht jedoch als eine notwendige Lebensgrundlage der Stadt.

Grenzen dieser Ansätze sind heute vielfach zu sehen, etwa wenn die Kanalnetze den im Zeichen des Klimawandels zunehmenden Starkregenereignissen nicht mehr gewachsen sind und immer häufiger überlaufen. Versuche, diesen Problemen durch eine weitere Vergrößerung der Kapazität der technischen Infrastrukturen zu begegnen, sind aus ökonomischen und technischen Gründen immer schwieriger zu realisieren. Zunehmend wird deshalb nach Ansätzen gesucht, die natürliche Prozesse als Teil der Lösung sehen, etwa durch die Förderung von Regenwasserrückhaltung, -versickerung und -verdunstung in Grünflächen. Diese Techniken des lokalen Regenwassermanagements können auch die Qualität von Grünflächen durch offene Wasserflächen oder ansprechende Bepflanzungen steigern. Solche Ansätze werden u. a. unter dem Begriff „Grüne Infrastrukturen" zunehmend diskutiert (Pauleit et al. 2011).

Neben den physischen Leistungen der Freiräume, etwa der Kühlung der Stadt an heißen Sommertagen, geht es ganz besonders auch um den Zugang zu Erholungs- und Naturerfahrungsräumen für die Stadtbevölkerung. Umweltpsychologische Untersuchungen deuten auf Unterschiede in der emotionalen Wahrnehmung von „künstlicher" und „natürlicher" Umwelt hin, die sich z. B. durch Messung von Gehirnströmen und Herzschlagfrequenzen belegen lassen (zusammenfassend in Flade 2010). Der regelmäßige Kontakt mit der „Natur" und die Möglichkeit, sich in Grünflächen zu bewe-

gen, fördern die Gesundheit und das menschliche Wohlbefinden (Flade 2010; Rittel et al. 2014, ▶ Exkurs „Gesellschaftlicher Wandel – Rahmenbedingung für die Stadtökologie, ▶ Kap. 4).

Wie ist die Stadtlandschaft insgesamt und speziell ihre „Grüne Infrastruktur" zu planen, um den Naturhaushalt und seine Leistungen für den Menschen zu verbessern? Welche Freiräume werden in welcher Qualität und welcher Ausprägung benötigt und wie sind sie anzuordnen? Wie sind einzelne Grünflächen zu gestalten und zu pflegen, um möglichst viele der angesprochenen Ökosystemdienstleistungen bereitzustellen und Gesundheit und Wohlbefinden der Menschen so gut wie möglich zu fördern (▶ Kap. 5)?

1.2.2 Die ressourcenschonende Stadt

Städte können aus ökologischer Sicht wegen ihres konzentrierten Ressourcenverbrauchs als „Parasiten" bezeichnet werden (Haber 2013; Elmqvist et al. 2013; ◻ Abb. 1.8). Stadtökosysteme haben im Unterschied zu den terrestrischen naturbestimmten Ökosystemen eine nur vergleichsweise geringe pflanzliche und tierische Biomasseproduktion (Endlicher 2012). Während die letztgenannten Ökosysteme in ihrem Energiehaushalt nahezu ausschließlich die Sonnenstrahlung als unmittelbare Energiequelle verwenden, wird in Stadtökosystemen/urban-industriellen Ökosystemen in großem Umfang Energie aus fossilen Energieträgern eingesetzt. Der Umsatz an Sekundärenergie erreicht einen Umfang, der im Allgemeinen bei 25 bis 50 % der eingestrahlten Sonnenergie liegt und in stark verstädterten Gebieten das Vierfache davon betragen kann (Endlicher 2012; Kuttler 1993). Stoffflüsse schließen sich kaum zu Kreisläufen, so dass sowohl die urbanen Ökosysteme als auch ganz besonders jene der Umgebung, in hohem Maße mit Abfallstoffen verschiedenster Art belastet werden (▶ Kap. 3).

Erste Ansätze, den Metabolismus der Stadt zu erfassen, stammen aus den 1960er und 1970er Jahren (Wolman 1965; Duvigneaud 1974). Der Metabolismus-Ansatz wurde in Form von Energie- und Material- bzw. Stoffbilanzanalysen weiterentwickelt

Gesellschaftlicher Wandel – Rahmenbedingung für die Stadtökologie

Bis 2060 könnte die Bevölkerungszahl in Deutschland von derzeit etwas unter 82 Mio. Einwohnern auf etwa 65–70 Mio. Einwohner absinken (Deutsches Statistisches Bundesamt 2009). Im Jahr 2060 wird etwa ein Drittel der Bevölkerung 65 Jahre oder älter sein (2008: 20 %). Der Anteil von Menschen mit eingeschränkter Mobilität und gesundheitlichen Vorbelastungen wird steigen.

Eine wachsende Zahl von Menschen – vor allem kinderreiche Familien mit geringem Einkommen, Alleinerziehende und deren Kinder, zunehmend Migranten und Migrantinnen, Personen mit geringer Qualifikation und Langzeitarbeitslose – lebt in finanziell prekären Verhältnissen. Sozial benachteiligten Bevölkerungsschichten steht meist weniger „Stadtnatur" (▶ Kap. 4) von geringerer Qualität zur Verfügung, ihre Möglichkeit zu Erholung und Naturerfahrung ist folglich geringer und sie sind höheren Umweltbelastungen ausgesetzt (Claßen et al. 2012). In Los Angeles (USA) etwa ist die Grünflächenversorgung in Stadtvierteln mit weißer Bevölkerung 20-mal höher als in Quartieren mit afro-amerikanischer Bevölkerung (Wolch et al. 2002). Auch die Vielfalt von Pflanzen- und Vogelarten ist mit dem sozioökonomischen Status von Wohngebieten korreliert (Kinzig et al. 2005). Aufgrund der unterschiedlichen Ausstattung und Qualität des Wohngrüns stellten beispielsweise Irvine et al. (2010) für Sheffield (Großbritannien) fest, dass die Vogelartenzahlen in sozial benachteiligten Stadtquartieren niedriger sind.

Familienformen wie Einpersonenhaushalte und Patchwork-Familien, unterschiedliche Wohnbedürfnisse, neue Erwerbsmuster (z. B. ungeregelte Beschäftigungsformen, räumliche und zeitliche Flexibilisierung der Erwerbstätigkeit, die sich mit dem Privatleben vermischt), und geändertes Freizeit- und Konsumverhalten, prägen unsere Gesellschaft. Es wird viel Zeit mit sitzenden Tätigkeiten verbracht (insbesondere vor dem Computer,) und weniger im Freien. Durch die steigende Zahl von Übergewichtigen sowie von Stressbelastungen ist mit einer Zunahme von „Zivilisationskrankheiten" wie Herz-Kreislauf-Erkrankungen und Diabetes sowie psychischen Erkrankungen zu rechnen (Flade 2010; Rittel et al. 2014). Es gibt inzwischen vielfältige Belege, dass der Zugang zu Grünflächen, die dadurch geförderten physischen Aktivitäten, aber auch die damit verbundene Naturerfahrung die Gesundheit und das Wohlbefinden des Menschen positiv beeinflussen. Sie sind nicht zuletzt für die Kindheitsentwicklung sehr wichtig (s. z. B. Flade 2010). Die gesundheitsfördernde Wirkung von Grünflächen und die Schaffung von besserem Zugang zu Stadtnatur, um größere „Umweltgerechtigkeit" zu erreichen (Claßen et al. 2012), werden in der Freiraumplanung daher an Bedeutung gewinnen (▶ Kap. 7). Das Freiraumverhalten wird andererseits durch neue Aktivitätsformen geprägt. Ein Vergleich des Nutzerverhaltens von Stadtwäldern um München zwischen den 1980er Jahren und heute zeigte beispielsweise, dass sich der Anteil der Fahrradfahrer in den Wäldern deutlich erhöht hat (Lupp et al. 2014), ebenso haben sportliche Aktivitäten wie Joggen zugenommen. Hingegen ist die durchschnittliche Verweildauer im Wald kürzer und liegt derzeit bei etwa zwei Stunden. Auswirkungen von Trendsportarten wie Mountainbiking können zu Konflikten mit Schutzgütern im Wald führen (Heuchele et al. 2014).

Die Pluralisierung der sozialen Milieus und die Individualisierung der Lebensstile stellen die städtische Freiraumplanung und den Naturschutz vor weitere Herausforderungen. Als „Soziale Milieus" werden „Gruppierungen von Menschen mit ähnlichen Werthaltungen, Mentalitäten und Lebensstilen und einer geteilten räumlich-sachlichen Umwelt (wie Stadtviertel, Region, Beruf, Bildung und Erziehung, Politik, Kultur)" bezeichnet (Müller 2012). Wiederholten Studien des Bundesamts für Naturschutz, in denen das Naturbewusstsein von zehn unterschiedlichen sozialen Milieus untersucht wurden, zeigen, dass sich Milieus, wie etwa das „Konservativ-Etablierte Milieu", das „Milieu der Performer", das „Sozialökologische Milieu" oder die „Hedonisten", in Bezug auf ihre Werthaltungen, aber auch ihre Informationsbedürfnisse und ihre Interessen am Naturschutz (Kleinhückelkotten et al. 2012) voneinander unterscheiden. Keines der zehn sozialen Milieus umfasste mehr als 15 % der Gesamtbevölkerung. Der Schutz der Natur hat beispielsweise für sozial-ökologisch orientierte Menschen einen sehr hohen Stellenwert. Sie sind über Naturschutzthemen oft bereits gut informiert und setzen sich auch aktiv für den Naturschutz ein. Für die Hedonisten als „spaß- und erlebnisorientierte moderne Unterschicht/untere Mittelschicht" (ebd., S. 16) spielt Naturschutz dagegen eine geringe Rolle. Sie interessieren sich wenig für einen natur- und umweltverträglichen Konsum und sind kaum bereit, sich für den Naturschutz einzusetzen.

Die skizzierten gesellschaftlichen Entwicklungen hängen ihrerseits eng mit dem technologischen Wandel zusammen, ausgelöst durch die revolutionäre Entwicklung der Informationstechnologien. Das „Leben im Schwarm" (z. B. Lause und Wippermann 2012) führt zu einem fundamentalen Wandel im Verhältnis von Produzenten und

1

(Fortsetzung)

Konsumenten. Letztere wollen eine zunehmend aktivere Rolle bei der Gestaltung von Produkten spielen – auch in Bezug auf Freiräume (Wippermann 2013). Phänomene wie „urbanes Gärtnern" deuten diesen Wandel an (▶ Kap. 5 und 8). Welche Auswirkungen solche Entwicklungen für die Ökologie der Stadt haben, ist noch schwer abzuschätzen. Sie stellen aber Anforderungen an die Entwicklung von neuen Formen des Miteinanders von Bürgern, Verwaltung und Politik in der Freiraumentwicklung durch partizipative bzw. kommunikative Ansätze von Freiraumplanung, -gestaltung und -management.

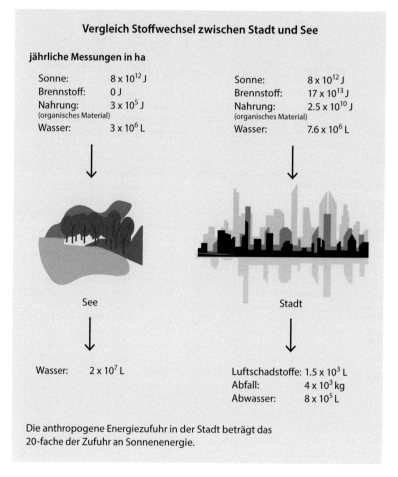

■ Abb. 1.8 Vergleich des Metabolismus einer Stadt mit dem eines Sees. (Nach Odum 1975, verändert)

Vergleich Stoffwechsel zwischen Stadt und See

jährliche Messungen in ha

Sonne: 8×10^{12} J
Brennstoff: 0 J
Nahrung: 3×10^{5} J
(organisches Material)
Wasser: 3×10^{6} L

Sonne: 8×10^{12} J
Brennstoff: 17×10^{13} J
Nahrung: 2.5×10^{10} J
(organisches Material)
Wasser: 7.6×10^{6} L

See

Stadt

Wasser: 2×10^{7} L

Luftschadstoffe: 1.5×10^{3} L
Abfall: 4×10^{3} kg
Abwasser: 8×10^{5} L

Die anthropogene Energiezufuhr in der Stadt beträgt das 20-fache der Zufuhr an Sonnenenergie.

(Baccini und Brunner 2012; Ngo und Pataki 2008; Pincetl et al. 2012). In den 1970er Jahren wurde im Rahmen des UNESCO Forschungsprogramms Man and Biosphere (MaB) eine Quantifizierung der Energie- und Stoffströme von Hongkong durchgeführt (Newcombe et al. 1978; Boyden et al. 1981). Eine etwas neuere Studie zeigte die enormen Materialimporte und -exporte dieser Metropole (Warren-Rhodes und Koenig 2001; Daten aus dem Jahr 1997; ■ Abb. 1.9). Jährlich wurden Materialien im Umfang von 46,5 Mio. t eingeführt (7027 kg pro Einwohner). Baumaterialien nahmen allein über die Hälfte der Importe ein, gefolgt von fossilen Brennstoffen, Lebensmitteln und anderen Gütern und Waren. Nur 41 % dieser Materialien waren lokalen Ursprungs. In der Stadt fielen 14 Mio. t feste Abfallstoffe an (2081 kg pro Einwohner), davon waren 66 % Baumüll und -abfall.

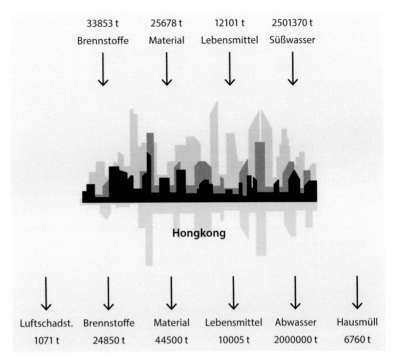

Abb. 1.9 Wesentliche
Materialflüsse in und durch die
Stadt Hongkong für das Jahr
1997 (Die Angaben stammen
aus Warren-Rhodes und Koenig
(2001) und wurden aggregiert.
Sie stellen nur einen Teil der
tatsächlichen Material- und
Stoffflüsse dar. Es fehlen
beispielsweise die quantitativ
sehr bedeutsame Nutzung von
Meerwasser für Kühlzwecke
und die Verdunstung von
Wasser)

Das Konzept des „ökologischen Fußabdrucks" setzt den Ge- und Verbrauch natürlicher Ressourcen in Bezug zur ökologischen Kapazität der Erde. Bezogen auf Städte ist damit die Fläche gemeint, die für ihre Versorgung mit allen notwendigen Ressourcen sowie der Assimilation ihrer Abfallprodukte durch die Natur benötigt würde (Wackernagel et al. 1997). Für die Sieben-Millionen-Stadt Hongkong, mit durchschnittlich 58.000 Einwohnern pro Quadratkilometer eine der am dichtesten besiedelten Städte der Erde, wurde beispielsweise ein ökologischer Fußabdruck von 6,0 ha pro Einwohner ermittelt (Warren-Rhodes und Koenig 2001). Dieser Wert liegt weit über den 2,0–2,2 ha produktiver Land- und Seefläche, die jedem Menschen auf der Erde theoretisch höchstens zur Verfügung steht (Wackernagel et al. 1997). Der ökologische Fußabdruck von London beträgt sogar das 254-fache ihrer Stadtfläche (Girardet 1994). Diese Fläche wäre weit größer als ganz Großbritannien. Weltweit betrachtet ist ein Konsum dieser Größenordnung nicht tragfähig bzw. nur durch eine ungerechte Verteilung von Ressourcen möglich. In der Reduzierung des Ressourcenverbrauchs besteht eine der größten Herausforderungen für die ökologisch orientierte Stadtentwicklung des 21. Jahrhunderts. Festzuhalten ist aber:

1. Nicht die gebaute Stadt an sich, sondern die in der Stadt ausgeübten Aktivitäten und die Lebensstile der städtischen Bevölkerung führen zu dem hohen Ge- und Verbrauch natürlicher Ressourcen. Das Konsumniveau der Bevölkerung ist dabei wohlstandsabhängig. In den Ländern der westlichen Welt ist der ökologische Fußabdruck der Stadtbevölkerung oft geringer als der Landesdurchschnitt, weil ihr pro-Kopf Verbrauch von Energie unter dem der Landbevölkerung liegt (z. B. Dodman 2009). Eine neuere finnische Untersuchung zeigte allerdings, dass die Treibhausgasemissionen der Einwohner Helsinkis mit 10,9 t deutlich über denen der Einwohner sogenannter semi-urbaner Gebiete (9,6 t) und ländlicher Gemeinden (8,9 t) lag. Erklärt wurde dies mit dem höheren Konsumniveau der wohlhabenderen Städter, dem höheren Angebot an Dienstleistungen, mehr Freizeitaktivitäten und häufigeren Flugreisen (Heinonen et al. 2013).

2. Mit zunehmender Dichte einer Stadt nimmt der Energiebedarf vor allem wegen der kürzeren Wegstrecken ab, mit abnehmender Dichte nimmt er entsprechend zu. In Wirklichkeit sind die Beziehungen zwischen der Form einer Stadt und ihrem Energieverbrauch sicherlich kom-

plexer (Baker et al. 2010) und wie angedeutet, können die Effizienzgewinne kompakter Stadtformen durch die Verhaltensweisen der Städter neutralisiert werden.

3. Städte lassen sich heute mehr denn je nur noch als Teil eines globalen Systems der Energie-, Waren- und Stoffströme verstehen. Entscheidungen, die in einer Stadt getroffen werden, etwa zum Konsumverhalten, haben weltweite Auswirkungen auf andere Städte und ländliche Räume. Die Grenzen zwischen Stadt und Land verschwimmen nicht nur innerhalb der rural-urbanen Region sondern auch global. Auch die Lebensstile von Menschen in scheinbar ländlichen Räumen können urban sein („hidden urbanization", van den Vaart 1991; Antrop 2000). Die ökologische Forschung wird sich daher auch mit dem Verständnis dieser Fernbeziehungen beschäftigen müssen (englisch „Teleconnections", Seto et al. 2012a). Die Forschung steckt hierzu aber noch in den Anfängen (Boone et al. 2014).

Nicht zuletzt tragen Städte erheblich zum globalen Klimawandel bei. Die Internationale Energieagentur (IEA 2008) schreibt ihnen über 70 % der durch Energieverbrauch verursachten globalen Treibhausgasemissionen zu. In erster Linie sind die Städte der Industrie- und der Schwellenländer für diese Emissionen verantwortlich. Für Shanghai wurden die Treibhausgasemissionen von Hoornweg et al. (2011) auf 11,7 t CO_2-Äquivalente pro Einwohner geschätzt. Für Katmandu (Nepal) lag der entsprechende Wert bei 0,12 t CO_2-Äquivalenten, also um das Hundertfache niedriger. Die Höhe der Treibhausgasemissionen hängt, neben dem Wohlstandsniveau, auch stark von den klimatischen Gegebenheiten (Anzahl der Heiz- und Kühltage), dem Anteil von erneuerbaren Energien an der Energieversorgung, der Bedeutung der Städte als Verkehrsknotenpunkte, aber auch von der Bevölkerungsdichte der Stadt ab (Kennedy et al. 2009). Das dicht bebaute Barcelona schnitt daher bei Hoornweg et al. (2011) deutlich günstiger ab, als nordamerikanische Städte wie Los Angeles, Denver oder Toronto.

Der Klimaschutz ist in Städten also eine weitere, eng mit dem Metabolismus verknüpfte Herausforderung für eine ökologisch orientierte Stadtentwicklung (▶ Kap. 8). Gerade wegen ihres hohen Ressourcen- und Energieverbrauchs und den daraus resultierenden Treibhausgasemissionen sind Städte nicht nur als Ursache von lokalen bis globalen Umweltproblemen, sondern auch als möglicher Schlüssel zu ihrer Lösung zu begreifen. Wie bereits angesprochen, wird es dabei allerdings nicht nur um Fragen der zukünftigen Form der Stadt gehen, sondern insbesondere um die Änderung städtischer Lebensstile.

1.2.3 Die resiliente und wandlungsfähige Stadt

Städte sind nicht nur Mitverursacher des Klimawandels, sondern auch von den Auswirkungen betroffen. Neben den langfristigen Änderungen der durchschnittlichen Klimaverhältnisse sind Städte besonders durch die Zunahme von Extremereignissen wie Dürren, Starkregenereignissen, Hitzewellen und Stürmen gefährdet, wie viele Katastrophen der jüngeren Zeit belegen – etwa die Hurrikane Katrina und Sandy, die New Orleans und New York trafen, die Hitzewellen im Sommer 2003 mit bis zu 70.000 zusätzlichen Toten in Europa (Robine et al. 2008) oder die Überschwemmungen im Sommer 2013 in Deutschland (womit nicht behauptet werden soll, dass diese Ereignisse durch den Klimawandel bedingt waren). Alle diese Unwetterereignisse hatten den Verlust von Menschenleben und große ökonomische Schäden zur Folge.

Inwieweit Städte vom Klimawandel betroffen sein werden, hängt ganz wesentlich von ihrer Verwundbarkeit („Vulnerabilität") ab (▶ Kap. 6). Städte in den sich entwickelnden Ländern, die bisher aufgrund ihrer geringen Emission von Treibhausgasen kaum zum Klimawandel beitragen, werden aufgrund ihrer geringen ökonomischen und institutionellen Kapazitäten, der ungeregelten Siedlungsentwicklung und der infrastrukturellen Defizite besonders unter dem Klimawandel leiden. Die Anpassungsfähigkeit der Städte an unvermeidliche klimatische Änderungen ist daher zu stärken. Der Schutz und die Erhöhung der Leistungsfähigkeit des Naturhaushalts spielen in diesem Zusammenhang eine wichtige Rolle, etwa wenn Mangrovenwälder an den Küsten erhalten werden, die vor Sturmfluten schützen, innerstädtische Flussauen renaturiert werden, um die Rückhaltefähigkeit bei Hochwasser zu stärken, und

◘ Tab. 1.2 Strategien zum Umgang mit Unsicherheit im Klimawandel und zur Stärkung der städtischen Resilienz. (Nach Hallegatte 2009; Ahern 2011)

Strategien	Merkmale/Beispiele/Erläuterungen
„No-regret"-Strategien, die unabhängig davon, ob Klimawandel eintritt oder nicht, auf jeden Fall zu einem „Gewinn" führen	– Energieeinsparung durch verbesserte Wärmedämmung von Gebäuden – Höhere Attraktivität und Umweltqualität in einer Stadt durch Grünflächen
Reversible Strategien	– (Vorläufiger) Verzicht auf Bebauung in zukünftig vielleicht überschwemmungsgefährdeten Bereichen
Strategien zur Erhöhung der Flexibilität	– Multifunktionale Raumstrukturen – Redundanz, d. h. Sicherung scheinbar „überflüssiger" Strukturen (z. B. Schutz von mehreren Biotopflächen eines Lebensraumtyps) – Diversität, z. B. von biologischer Vielfalt mit Arten, die möglicherweise unter den zukünftigen klimatischen Verhältnissen besser angepasst sind. – Modularität (z. B. Kombination von Kanalisation mit lokaler Regenwasserinfiltration), um Schadenshäufigkeit und -höhe räumlich und zeitliche begrenzen zu können. – Konnektivität auf unterschiedlichen Maßstabsebenen, z. B. zwischen Lebensräumen, um das Wandern von Arten in zukünftig geeignete Lebensräume zu ermöglichen. Bewahrung von grünen Korridoren, um große Regenwassermengen zurückzuhalten und aus bebauten Bereichen zu leiten
Erhöhung der Sicherheitsgrenzwerte	– z. B. höhere Standards bei neuen Kanalnetzwerken oder Deichen. Es ist kostengünstiger diese bereits jetzt größer zu dimensionieren, als sie nachträglich anzupassen
„Weiche" Strategien vor „harte" Strategien	– Einführung von Frühwarnsystemen – Steuerung von Entwicklungen durch Versicherungspolicen (z. B. höhere Tarife für Versicherungspolicen in überschwemmungsgefährdeten Bereichen) – Standards, etwa zur Anpassung von Gebäuden an den Klimawandel
„Adaptive" Planung	– Institutionalisierung langer Planungs- bzw. Prognosehorizonte (> 25 Jahre), um mögliche Klimafolgen, die erst in 25, 50 oder 100 Jahren eintreten werden, bereits mit zu berücksichtigen – Monitoring zur zyklischen Anpassung der Pläne auf Grundlage neuer Erkenntnisse und Rahmenbedingungen – Verbindung von strategischer Planung mit projektbasierter Vorgehensweise („Learning by doing") – Sektorübergreifende und partizipative Planungsansätze
Interventionen mit kürzeren Investitionszeiträumen und Lebenszyklen	– Bevorzugung von modular aufgebauten und schrittweise ersetz- bzw. anpassbaren Infrastrukturen vor großtechnischen Einrichtungen, die nur als Ganzes ersetzt werden können und lange Amortisationszeiträume aufweisen

auf eine gute Durchgrünung der Stadtteile geachtet wird, um Hitzewellen zu lindern und das Wasser von Starkregenereignissen zu versickern.

Eine besondere Herausforderung für die Stadtentwicklung sind dabei die Unsicherheiten von Klimaszenarien und gesellschaftlichen Entwicklungen. Worauf sollen sich Städte wie München und Leipzig vorbereiten, wenn das Klima am Ende des 21. Jahrhunderts entweder dem heutigen von Städten wie Bordeaux oder Neapel ähneln könnte, die in unterschiedlichen Klimazonen liegen (Hallegatte et al. 2007)? Wie werden sich die Gesellschaft und Technologien weiterentwickeln, und was bedeutet das für die Verwundbarkeit der Stadt der Zukunft (► Kap. 6)? In der Diskussion, wie man mit Unsicherheiten in der Planung umgehen soll, wird eine Reihe von Prinzipien genannt (Ahern 2011; Hallegatte 2009; Pauleit 2011; ◘ Tab. 1.2). Auf Erkenntnissen der Ökosystemforschung beruht die Forderung, die „Resilienz" der Städte zu erhöhen,

■ **Abb. 1.10** Ökologisch orientierte Stadtentwicklung im Spannungsfeld zwischen den Zielen der kompakten, ressourcenschonenden und klimaschützenden Stadt einerseits und der lebenswerten, grünen und klimawandelangepassten Stadt andererseits. (Nach Nilsson 2009, verändert; Foto © I. Burkhardt)

d. h. ihre Fähigkeit, auch nach katastrophalen Ereignissen grundlegende Funktionen zu erhalten (z. B. Wu und Wu 2013; zur Anwendung in der Planung Ahern 2011). Resilienz ist dabei nicht als Beharrungsvermögen zu verstehen, sondern soll im Gegenteil die Wandlungs- und Lernfähigkeit des Ökosystems Stadt erhöhen. Wie müsste die Stadtlandschaft beschaffen sein, um Anpassung an den Klimawandel und resilientes Verhalten zu ermöglichen? Wie lassen sich die erkennbaren Zielkonflikte zwischen der kompakten, dicht bebauten und daher ressourcenschonenden und klimaschützenden Stadt und der grünen und resilienten Stadt mit einer hohen Lebensqualität lösen (■ Abb. 1.10)? In ▶ Abschn. 6.5 werden wir die Themen Resilienz und Klimawandelanpassung weiter vertiefen.

1.3 Stadtökologie als Forschungs- und Lösungsansatz

Unter Ökologie wird die Wissenschaft von den Wechselwirkungen der Organismen untereinander und mit ihrer unbelebten Umwelt verstanden. Der ursprünglich von Ernst Haeckel geprägte Begriff beschreibt in seinem Ursprung die Lehre vom Haushalt der Natur. Demzufolge sind bereits in der klassischen Ökologie neben der Erforschung der Organismen das Verständnis und die Verknüpfung der gesamten Lebensgemeinschaften (Biozönose) und ihrer Lebensräume (Biotop) von zentraler Bedeutung. Ökologie kann somit zwar als biologische Disziplin verstanden werden, sie schließt jedoch

notwendigerweise die Untersuchung der abiotischen Umweltkompartimente mit ein. Dies setzt Wissen zu z. B. Klimatologie, Hydrologie und Bodenkunde voraus(■ Abb. 1.11). Die Landschaftsökologie erweitert diese Betrachtungsweise noch einmal um die räumliche Dimension.

Mit Blick auf den Untersuchungsgegenstand der Ökologie von Städten kommt der Ökosystemforschung eine große Bedeutung zu. Wenngleich es auch in Städten um die Betrachtung von Individuen einer Art (Autökologie), von Populationen (Populationsökologie) oder von Lebensgemeinschaften (Synökologie) gehen kann, steht in vielen Studien die Erforschung von Lebensgemeinschaften in ihrer Umwelt – eben die Ökosystemforschung – im Mittelpunkt (Wittig und Streit 2004).

Deshalb bietet es sich an, zum einen Stadtökologie aus Sicht der Ökologie in einem engeren Sinne, zum anderen aus heutiger Sicht mit dem Blick auf einer nachhaltigen Entwicklung auch in einem weiteren Sinne zu definieren (■ Abb. 1.12). In der englischsprachigen Literatur wurde in den letzten Jahren das Begriffspaar „Ecology in the City" vs. „Ecology of the City" häufiger verwendet, um diese beiden Konzeptionen von stadtökologischer Forschung zu unterscheiden (Cadenasso und Pickett 2013). Untersuchungen zur „Ökologie in der Stadt" beschäftigen sich mit den Auswirkungen der durch den Menschen veränderten Lebensbedingungen auf die verschiedenen Organismen, den Populationen und Lebensgemeinschaften. Menschliche Handlungen werden in diesen Untersuchungen nur als ein externer Faktor betrachtet, der auf die Orga-

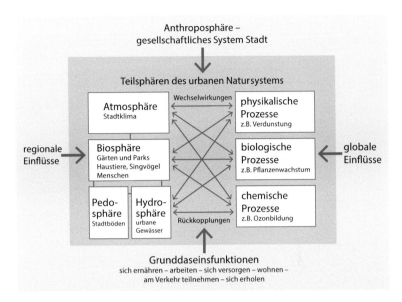

◻ Abb. 1.11 Teilsphären im urbanen Ökosystem. (Breuste et al. 2011)

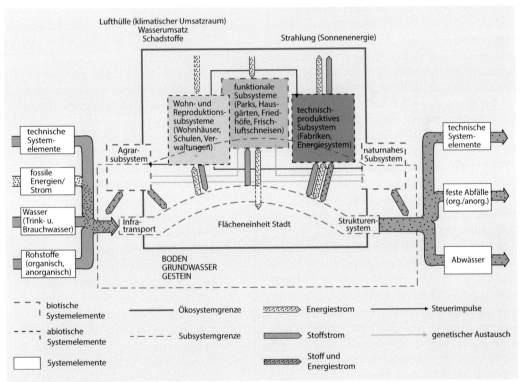

◻ Abb. 1.12 Modellvorstellung eines Stadtökosystems. (Sauerwein 2006)

nismen oder Lebensgemeinschaften einwirkt, etwa durch Luftschadstoffimmissionen. Auf der anderen Seite stehen Forschungsansätze, die den Menschen als Bestandteil des Ökosystems auffassen und sich für die Wechselwirkungen zwischen Menschen und anderen Lebewesen und Lebensgemeinschaften interessieren (◻ Abb. 1.13). Die Stadt wird in diesem Sinne auch als sozial-ökologisches System

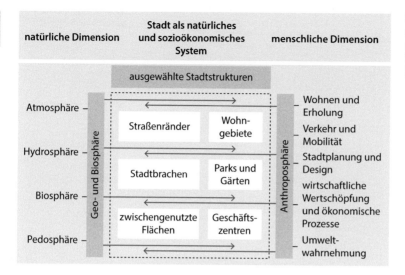

Abb. 1.13 Die Stadt als natürliches und sozioökonomisches System mit Geo-, Bio- und Anthroposphäre. (Endlicher 2012, S. 21)

bezeichnet (Ecology of the City; Cadenasso und Picket 2013; Wu 2014). Ingenieurs-, Gesellschafts-, Geistes- und Kulturwissenschaften wie Medizin und Psychologie, Anthropologie und Ethnographie sind dazu je nach Fragestellung in die stadtökologische Forschung einzubeziehen, denn die Stadt ist ja das „Produkt" der menschlichen Gesellschaft.

Die Diskussionen zur Lokalen Agenda 21 und die aktuellen Umweltanalysen unter dem Aspekt der Nachhaltigkeit haben dazu geführt, dass auch die Stadtplanung zunehmend unter ökologischen Gesichtspunkten betrachtet wird. Als Wegbereiter dazu ist Wolfgang Haber (1994, 1999) zu nennen. Stadtökologie muss daher auch die verschiedenen Interessengruppen – von Politik und Verwaltung, Verbänden und anderen Organisationen bis zum einzelnen Bürger – samt ihren Erfahrungen miteinbeziehen, um Strategien und Maßnahmen für die ökologisch orientierte Stadtentwicklung zu konzipieren, die auch umgesetzt werden. Es geht dabei nicht nur um die Förderung einer ökologisch orientierten Planung „von oben herab", sondern auch um den Einbezug von Bottom-up-Initiativen der Zivilgesellschaft, etwa für „urbanes Gärtnern" oder für die „Transition Town"-Bewegung, die eine Hinwendung zu ökologisch orientierten Lebensstilen fördern (▶ Kap. 5 und 7).

Seit Ende des vergangenen Jahrhunderts wird Stadtökologie somit aus zwei Perspektiven verstanden: Zum einen ist sie eine grundlagenforschungsbezogene Wissenschaft, zum andern liefert sie wichtige Beiträge zur nachhaltigen Entwicklung. In beiden Perspektiven ist sie immer noch eine Wissenschaft im Aufbau und in Entwicklung (s. Definition Stadt).

Was ist Stadtökologie?

Stadtökologie kann – durchaus kontrovers – auf mehreren Ebenen charakterisiert werden.

1. Stadtökologie im engeren Sinne ist diejenige Teildisziplin der Ökologie, die sich mit den städtischen Biozönosen, Biotopen und Ökosystemen, ihren Organismen und Standortbedingungen sowie mit Struktur, Funktion und Geschichte urbaner Ökosysteme beschäftigt.

2. Stadtökologie im weiteren Sinne ist ein integriertes Arbeitsfeld mehrerer Wissenschaften unterschiedlicher Bereiche mit dem Ziel, Grundlagen für die Verbesserung der Lebensbedingungen und einer dauerhaft umweltgerechten Stadtentwicklung zu entwickeln (Sukopp und Wittig 1998).

3. Nicht zuletzt wird Stadtökologie auch als politisches Handlungsfeld verstanden. „Stadtökologie in diesem Sinne ist nicht Beschreibung einer naturwissenschaftlichen Regel, sondern Programmatik und Illusion zugleich" (Koenigs 1994); „sie … ist zugleich Handlungs- und Stadtgestaltungsprogramm" (Trepl 1994).

Entwicklung der Stadtökologie global

Stadtökologie hat als Wissenschaft eine noch recht kurze Entwicklungsgeschichte aufzuweisen (Sukopp und Wittig 1998). Im deutschsprachigen Raum besteht eine besondere Tradition der Stadtökologie, etwa durch die Erforschung der Stadt Berlin durch Prof. Sukopp und viele Mitarbeiter an der TU Berlin (Sukopp 1990). Parallel dazu, häufig aber auch erst daran anschließend, entwickelte sich die Stadtökologie auch in anderen Ländern, etwa in den USA und England. In den USA werden Städte seit einiger Zeit in langfristig angelegten Forschungsprogrammen erforscht, die zu wesentlichen neuen Vorgehensweisen und Erkenntnissen zur Ökologie von Städten geführt haben (Cadenasso und Pickett 2013). In China entwickelt sich die Stadtökologie seit ca. 2000 heute besonders dynamisch, während Afrika (mit Ausnahme von Südafrika) noch am Anfang steht (Cilliers et al. 2013). In Lateinamerika organisieren sich stadtökologische Forschergruppen mit deutlichem Anwendungsbezug bereits in Brasilien, Argentinien, Kolumbien und anderen Ländern. Heute ist Stadtökologie also eine wachsende Disziplin, die auch auf wissenschaftlichen Tagungen international präsent ist, sich in der internationalen „Society for Urban Ecology" (SURE, ▶ www.society-urban-ecology.org) vernetzt und ihre Ergebnisse vielfältig publiziert.

Auswahl von neueren wissenschaftlichen Büchern zum Thema Stadtökologie (in alphabetischer Reihenfolge)

Adler FR, Tanner CJ (2013) Urban Ecosystems. Cambridge University Press, Cambridge, Mass.

Alberti M (2008) Advances in Urban Ecology – Integrating Humans and Ecological Processes in Urban Ecosystems. Springer, New York. S. 93–131.

Breuste J, Feldmann H, Uhlmann O (Hrsg) (1998) Urban Ecology. Springer, Berlin.

Douglas I, Goode D, Houck MC, Wang R (Hrsg) (2011) The Routledge Handbook of Urban Ecology Routledge, London.

Endlicher W (2012) Einführung in die Stadtökologie: Grundzüge des urbanen Mensch-Umwelt-Systems. UTB Taschenbücher, Verlag Ulmer, Stuttgart.

Forman RTT (2008) Urban Regions. Cambridge University Press, Cambridge.

Forman RTT (2014) Urban Ecology. Science of Cities. Cambridge University Press, Cambridge.

Gaston K (2010) Urban Ecology. Cambridge University Press, Cambridge.

Henninger S (Hrsg) (2011) Stadtökologie. Schöningh UTB, Paderborn.

Leser H (2008) Stadtökologie in Stichworten. 2., völlig neu bearbeitete Aufl. Gebrüder Borntraeger, Berlin, Stuttgart.

Marzluff JM, Bradley G, Shulenberger E, Ryan C, Endlicher W, Simon U, Alberti M, Zum Brunnen C (Hrsg) (2008) Urban Ecology. Springer Verlag, New York.

McDonnell M, Hahs A, Breuste J (Hrsg) (2009) Ecology of Cities and Towns. Cambridge University Press, Cambridge.

Müller N, Werner P, Kelcey JG (2010) Urban Biodiversity and Design. Wiley-Blackwell, Chichester.

Niemelä J (Hrsg) (2011) Handbook of Urban Ecology. Oxford University Press, Oxford.

Richter M, Weiland U (2008) Applied Urban Ecology: A Global Framework. Wiley & Sons.

Sukopp H, Wittig R (Hrsg) (1998) Stadtökologie. 2. Aufl., G. Fischer Verlag, Stuttgart.

Definition

Stadtökosysteme sind Funktionseinheiten eines realen Ausschnitts der Biogeosphäre. Sie repräsentieren neben Geosystem und Biosystem als Teilsysteme auch das sie prägende Anthroposystem (Wirtschaft, Soziales, Politik und Planung). Während Geo- und Biosystem durch naturbürtige Faktoren, jedoch anthropogen (also durch das Anthroposystem) geregelt und gesteuert, gebildet werden, gibt das Anthroposystem die Regelungs- und Steuerziele vor, um den menschlichen Lebensraum Stadt möglichst optimal zu gestalten. In einer ganzheitlichen Betrachtung lassen sich die drei Subsysteme in ihren gegenseitigen Wechselwirkungen nicht mehr trennen. In diesem Sinne sind Städte die wichtigsten Habitate (Lebensräume) der Menschen. Städte können als Stadtökosysteme betrachtet werden (▶ Kap. 3). Sie bestehen aber insgesamt aus einem Mosaik von völlig unterschiedlichen, aber wechselseitig meist funktional verbundenen (Teil-)Stadtökosystemen, in deren Zusammenwirken sich erst die Stadt als Ökosystem erschließt. Diese Stadtökosysteme, wie z. B. Parks, Industrieanlagen, Stadtwälder und Wohngebiete, bilden zusammen eine ökologische Struktur der Stadt (▶ Kap. 2). Um die Gestaltung dieser ökologischen Struktur der Stadt unter Berücksichtigung ihrer ökologischen Funktionalität und der Bedürfnisse ihrer Bewohner (▶ Kap. 3) muss es gehen, wenn die Gestaltung der Zukunftsstadt das Ziel ist (s. a. Leser 2008; Adler und Tanner 2013).

„Das Stadtökosystem ist die Realität der Stadt" (Leser 2008:15). Als Modell kann es jedoch in unterschiedlicher Ausprägung, Detailierung und Maßstäblichkeit analysiert und konzipiert werden. Als „Realität der Stadt" kommt dem Stadtökosystem jedoch eine Schlüsselbedeutung zu, wenn es darum geht, die Prozesse und Strukturen der Stadt zu verstehen, zu analysieren, zu bilanzieren, zu bewerten und zu gestalten. Diese sind längst nicht mehr, wie in natürlichen Ökosystemen, nur Naturprozesse oder gar Naturstrukturen. Insofern sind Stadtökosysteme als vom Menschen gestaltete Ökosysteme keine unabhängigen Ökosysteme, die sich selbst erhalten. Gleichwohl aber sind sie Lebensgrundlage und Lebensraum der urban lebenden Menschen, auch wenn das Bewusstsein dafür erst wieder aufgebaut werden muss. Dies gilt übrigens nicht nur für das Bewusstsein der Stadtbewohner, sondern auch für das der Stadtplaner und -gestalter. Dieser Herausforderung, daran mitzuwirken, verpflichtet sich dieses Buch.

Schlussfolgerungen

Städte sind in sozialer, kultureller und ökonomischer Sicht sehr erfolgreiche Siedlungssysteme. Durch die Konzentration von Bevölkerung bestehen größere Chancen, den Ressourcenverbrauch effizienter zu organisieren, als bei einer Verteilung der gleichen Bevölkerung über große Flächen in anderen Siedlungsformen. Sie sind daher der Schlüssel zu globalen Lösungen für eine nachhaltigere und klimaschonendere Entwicklung. Das gilt auch für Entwicklungsländer, trotz der enormen Probleme der gegenwärtig zu beobachtenden rasanten Urbanisierung, denn in Städten bestehen größere Chancen, geringes Kapital sinnvoll zu konzentrieren und effizient einzusetzen.

Allerdings stehen die gegenwärtigen Lebensstile der Bevölkerung in hochentwickelten Ländern den möglichen Effizienzgewinnen der Stadt entgegen. Strategien für eine ökologisch orientierte Stadtentwicklung können sich daher nicht auf Fragen der Stadtform beschränken, sondern sie müssen auch auf wesentliche Änderungen der Verhaltensweisen der städtischen Bevölkerung, ebenso wie der Wirtschaftsunternehmen, Verwaltung und Politik wirken.

Städte – und damit die für ihre Entwicklung verantwortlichen Politiker und Verwaltungen, aber auch alle anderen Akteure, die zur Entwicklung der Stadt beitragen – von der Wirtschaft über Umweltorganisationen bis hin zum einzelnen Bürger –, benötigen dazu gründliches Wissen, um jeweils die „richtigen" Entscheidungen fällen zu können. Stadtökologie hat die Aufgabe, die Entscheidungsfindung mit den notwendigen Informationen zu unterstützen, aber auch an der Konzeption von Lösungsansätzen mitzuwirken (▶ Kap. 7).

❓ 1. Nennen Sie die drei wesentlichen räumliche Prozesse der Stadtentwicklung!
   2. Welche negativen ökologischen Auswirkungen hat Urban Sprawl?
   3. Welche Chancen und Risiken für die ökologisch orientierte Stadtentwicklung sehen Sie in Brachen?
   4. Nennen Sie drei Gründe, die für eine dicht bebaute Stadt sprechen und drei Argumente dagegen!
   5. Was bedeutet der gesellschaftliche Wandel für die Freiraumplanung?
   6. Nennen Sie drei Strategien für den Umgang mit Unsicherheit im Klimawandel und zur Erhöhung städtischer Resilienz!

✅ **ANTWORT 1**
- Flächenwachstum (*Urban Sprawl*), d.h. die Ausdehnung der Städte in das Umland.
- Nachverdichtung, d.h. die zusätzliche Erhöhung der baulichen Dichte in der Stadt.
- Schrumpfung, d.h. durch Bevölkerungsverlust entstehende Gebäudeleerstände und Brachflächen in der Stadt.

✅ **ANTWORT 2**
Urban Sprawl führt zu
- Flächenverbrauch und damit dem Verlust oft landwirtschaftlich genutzter Böden,
- Zerstörung, Fragmentierung und Degradation von naturnahen Lebensräumen,
- Veränderungen der lokalklimatischen und der hydrologischen Verhältnisse,
- energetisch und ökonomisch wenig effektiven Raumstrukturen, insbesondere wegen der längeren Fahrwege,
- erhöhter Abhängigkeit vom PKW, damit einem höheren Verkehrsaufkommen, längeren Fahrtzeiten und höherer Luftverschmutzung,
- weniger Freiräumen für die Erholungsnutzung und längeren Wegen zu den

Erholungsgebieten am Stadtrand, die mit umweltfreundlichen Verkehrsmitteln wie dem Fahrrad weniger gut zu erreichen sind.

✓ **ANTWORT 3**

Chancen:

- Neue Grünflächen können in ehemals dicht bebauten Stadtteilen entstehen, auf denen auch neue Nutzungen, wie etwa urbanes Gärtnern, Platz finden können.
- Erhöhung der städtischen Biodiversität.
- Brachen können wichtige Ökosystemdienstleistungen erbringen, z. B. Klimaregulationsleistungen.

Risiken:

- Zu viele Brachen können zu einer Fragmentierung der Stadt führen.
- Brachen werden häufig als unattraktiv und als Zeichen des Verfalls empfunden.
- Brachen können kontaminiert sein.

✓ **ANTWORT 4**

Für eine dichte Stadt sprechen

- die größere Dichte städtischer Funktionen wie z. B. sozialer und kultureller Einrichtungen,
- die geringere Flächeninanspruchnahme am Stadtrand,
- die höhere Energieeffizienz durch kompakte Baustrukturen und kurze Wege.

Gegen eine dichte Stadt sprechen

- die hohe Flächenversiegelung und der geringe Grünflächenanteil,
- die Erhöhung der Temperaturverhältnisse, der Oberflächenabfluss von Regenwasser und eine Verringerung der Qualität der Wohngebiete als Lebensraum für die Pflanzen- und Tierwelt,
- die geringere Anpassungsfähigkeit an den Klimawandel.

✓ **ANTWORT 5:**

- Die steigende Notwendigkeit, sozialräumlich bedingte Unterschiede im Zugang zu Stadtnatur auszugleichen.
- Die Diversifizierung der Freiraumansprüche durch Pluralisierung der sozialen Milieus und Individualisierung der Lebensstile.

- Die zunehmende Bedeutung von Grünflächen für Gesundheit und Wohlbefinden der Stadtbevölkerung.

Der wachsende Wunsch nach Partizipation in der Gestaltung und Pflege von Grünflächen, etwa in Form von urbanem Gärtnern.

✓ **ANTWORT 6**

- „No-regret"-Strategien, die unabhängig davon, ob Klimawandel eintritt oder nicht, auf jeden Fall zu einem „Gewinn" führen.
- Strategien zur Erhöhung der Flexibilität.
- „Adaptive" Planung.

Literatur

Verwendete Literatur

Adler FR, Tanner CJ (2013) Urban Ecosystems. Cambridge University Press, Cambridge, Mass.

Ahern J (2011) From fail-safe to safe-to-fail: Sustainability and resilience in the new urban world. Landscape and Urban Planning 100(4):341–343

Alberti M (2008) Advances in Urban Ecology – Integrating Humans and Ecological Processes in Urban Ecosystems. Springer, New York, S 93–131

Angel S, Sheppard SC, Civco DL (2005) The Dynamics of Global Urban Expansion. Transport and Urban Development Department. The World Bank, Washington, DC

Angel S, Parent J, Civco DL, Blei A, Potere D (2011) The dimensions of global urban expansion: Estimates and projections for all countries, 2000–2050. Progress in Planning 75(2):53–107

Antrop M (2000) Changing patterns in the urbanized countryside of Western Europe. Landscape Ecology 15:257–270

Antrop M (2004) Landscape change and the urbanization process in Europe. Landscape and Urban Planning 67:9–26

Artmann M (2013) Spatial dimensions of soil sealing management in growing and shrinking cities – A systemic multiscale analysis in Germany. Erdkunde 67:249–264

Baccini P, Brunner PH (2012) Metabolism of the Anthroposphere, 3. Aufl. MIT Press, Cambridge, MA

Baker K, Lomas KJ, Rylatt M (2010) Energy use. In: Jenks M, Jones C (Hrsg) Dimensions of the Sustainable Cit. Future City Series, Bd 2. Springer, Dordrecht, S 129–143

Bauer A, Röhl D, Haase D, Schwarz N (2013) Leipzig-Halle: Ecosystem Services in a Stagnating Urban Region in Eastern Germany. In: Nilsson K, Pauleit S, Bell S, Aalbers C, Nielsen TS (Hrsg) Periurban futures: Scenarios and models for land use change in Europe. Springer, Heidelberg, S 209–240

BIB (2013) Pro-Kopf-Wohnfläche erreicht mit 45m2 neuen Höchstwert. Pressemitteilung Nr. 9/2013 vom 24.07.2013. http://www.bib-demografie.de/SharedDocs/Publikationen/DE/Download/Grafik_des_Monats/2013_07_pro_kopf_wohnflaeche.pdf?__blob=publicationFile&v=3

BMVBS (Bundesministerium für Verkehr, Bau und Stadtentwicklung) (Hrsg) (2009) Stadtentwicklungsbericht 2008. Neue urbane Lebens- und Handlungsräume. Berlin

Bonthoux S, Brunc M, Di Pietro F, Greulichb S, Bouché-Pillon S (2014) How can wastelands promote biodiversity in cities? A review. Landscape and Urban Planning 132:79–88

Boone CG, Redman CL, Blanco H, Haase D, Koch JAM, Lwasa S, Nagendra H, Pauleit S, Pickett STA, Seto KC, Yokohari M (2014) Reconceptualizing Urban Land Use. In: Seto K, Reenberg A (Hrsg) Rethinking Global Land Use in an Urban Era. Strüngmann Forum Reports, Bd 14. MIT Press, Cambridge, MA., S 313–330

Boyden S, Millar K, Newcombe K, O'Neill B (1981) The ecology of a city and its people. Australian National University Press, Canberra

Breheny M (1997) Urban compaction: Feasible and acceptable? Cities 14(4):209–217

Breuste J, Feldmann H, Uhlmann O (Hrsg) (1998) Urban Ecology. Springer, Berlin

Breuste J, Endlicher W, Meurer M (2011) Stadtökologie. In: Gebhardt H, Glaser R, Radtke U, Reuber P (Hrsg) Geographie – Physische Geographie und Humangeographie, 2. Aufl. Elsevier, München, S 628–638

Bridgeman H, Warner R, Dodson J (1995) Urban Biophysical Environments. Oxford University Press, Oxford.

Bundesregierung (2012) Perspektiven für Deutschland. Unsere Strategie für eine nachhaltige Entwicklung. http://www.bundesregierung.de/Content/DE/_Anlagen/Nachhaltigkeit-wiederhergestellt/perspektiven-fuer-deutschland-langfassung.pdf?__blob=publicationFile&v=2. Zugegriffen: 25. Dezember 2013

Burkhardt I, Dietrich R, Hoffmann H, Leschnar J, Lohmann K, Schoder F, Schultz A (2009) Urbane Wälder. In: Bundesamt für Naturschutz (Hrsg) Naturschutz und Biologische Vielfalt, Bd 63. Bonn-Bad Godesberg, S 214

Burkhardt I, Pauleit S (2001) A Biosphere Reserve in the North of Munich as a Model Concept for Biodiversity Preservation in Large Urban Agglomerations. unpubl. Presentation given at Saint Petersburg State Forest Technical Academy & Danish Forest and Landscape Research Institute's Conference 'Urban Greenspace in the 21st Century – Urban Greening as a Development Tool'. 28–31 May 2001, Saint Petersburg, Russia

Cadenasso ML, Pickett STA (2013) Three Tides: The Development and State of the Art of Urban Ecological Science. In: Picket STA, Cadenasso ML, McGrath B (Hrsg) Resilience in Ecology and Urban Design: Linking Theory and Practice for Sustainable Cities. Future City, Bd 3. Springer, Dordrecht, S 29–46

Champion T (2001) Urbanization, suburbanisation, counterurbanisation and reurbanisation. In: Paddison R (Hrsg) Handbook of Urban Studies. Sage, London, S 143–161

Cilliers S, Cilliers J, Lubbe R, Siebert S (2013) Ecosystem services of urban green spaces in African countries – perspectives and challenges. Urban ecosystems 16:681–702

Claßen T, Heiler A, Brei B (2012) Urbane Grünräume und gesundheitliche Chancengleichheit – längst nicht alles im „grünen Bereich". In: Bolte G, Bunge C, Hornberg C, Köckler H, Mielck A (Hrsg) Umweltgerechtigkeit. Verlag Hans Huber, Hogrefe AG, Bern, S 113–133

Deutsches Statistisches Bundesamt (2009) Bevölkerung Deutschlands bis 2060. 12. koordinierte Bevölkerungsvorausberechnung. Begleitmaterial zur Pressekonferenz am 18. November 2009 in Berlin. Statistisches Bundesamt, Wiesbaden

Deutsches Statistisches Bundesamt (2013) Fachserie 3 Reihe 5.1: Land- und Forstwirtschaft, Fischerei. Bodenfläche nach Art der tatsächlichen Nutzung. Statistisches Bundesamt, Wiesbaden

Dodman D (2009) Blaming cities for climate change? An analysis of urban greenhouse gas emissions inventories. Environment and Urbanization 21(1):185–201

Douglas I, Goode D, Houck MC, Wang R (Hrsg) (2011) The Routledge Handbook of Urban Ecology. Routledge, London

DRL (Deutscher Rat für Landespflege) (2006) Durch doppelte Innentwicklung Freiraumqualitäten erhalten. Schriftenreihe d Deutschen Rates für Landespflege 78:5–39

Duvigneaud P (1974) L'écosystème "Urbs". Mémoires de la Société royale Botanique de Belgique 6:5–36

EEA (European Environment Agency) (2006) Urban sprawl in Europe. The ignored challenge. EEA report, Bd 10/2006. Kopenhagen

Elmqvist T, Redman CL, Barthel S, Costanza R (2013) History of Urbanization and the Missing Ecology. In: Elmqvist T, Fragkias M, Goodness J, Güneralp B, Marcotullio PJ, McDonald RI, Parnell S, Schewenius M, Sendstad M, Seto KC, Wilkinson C (Hrsg) Urbanization, Biodiversity and Ecosystem Services: Challenges and Opportunities. Springer, Dordrecht, S 13–30

Emlen JT (1974) An urban bird community in Tucson, Arizona: Derivation, structure, regulation. Condor 76:1184–1197

Endlicher W (2012) Einführung in die Stadtökologie. UTB Taschenbücher, Verlag Ulmer, Stuttgart

Erskine AJ (1992) Urban area, commercial and residential. American Birds 26:1000

Flade A (2010) Natur psychologisch betrachtet. Huber, Bern

Forman RTT (2008) Urban Regions. Cambridge University Press, Cambridge

Forman RTT (2014) Urban Ecology. Science of Cities. Cambridge University Press, Cambridge

Gaebe W (2004) Urbane Räume. Ulmer UTB, Stuttgart

Gaston K (2010) Urban Ecology. Cambridge University Press, Cambridge

Gatzweiler HP, Milbert A (2009) Schrumpfende Städte wachsen und wachsende Städte schrumpfen. Informationen zur Raumentwicklung, (7):443–455

Gayda S, Boon F, Schaillée N, Batty M, Besussi N, Chin N, Haag G, Binder J, Martino A, Lautso K, Noel C, Dormois RN (2004) SCATTER project-sprawling cities and transport: from evaluation to recommendations. www.casa.ucl.ac.uk/scatter/download/ETC_scatter_gayda.pdf. Zugegriffen: 26. Dezember 2013

Geyer HS, Kontuly TM (1993) A theoretical foundation for the concept of differential urbanization. International Regional Science Review 15:157–177

Girardet H (2004) CitiesPeoplePlanet. Wiley Academic, Chichester

Green N (2008) City-states and the spatial in-between. Town & Country Planning 77:224–231

Güneralp B, McDonald RI, Fragkias M, Goodness J, Marcotullio PJ, Seto KC (2013) Urbanization Forecasts, Effects on Land Use, Biodiversity, and Ecosystem Services. In: Elmqvist T, Fragkias M, Goodness J, Güneralp B, Marcotullio PJ, McDonald RI, Parnell S, Schewenius M, Sendstad M, Seto KC, Wilkinson C (Hrsg) Urbanization, Biodiversity and Ecosystem Services: Challenges and Opportunities. Springer, Dordrecht, S 437–452

Haase D (2009) Effects of urbanisation on the water balance – A long-term trajectory. Environmental Impact Assessment Review 29:211–219

Haase D (2011) Urbane Ökosysteme IV-1.1.4. Handbuch der Umweltwissenschaften. VCH Wiley, Weinheim

Haase D, Kabisch N, Haase A (2013) Endless Urban Growth? On the Mismatch of Population, Household and Urban Land Area Growth and Its Effects on the Urban Debate. PLOS online 8(6):1 (e66531)

Haber W (2013) Ökologische Fakten zum Stadt-Land-Verhältnis. Kurzvortrag im bdla-Planerforum „Stadt und Landschaft, Zukunft denken" am 20. 09. 2013 in Berlin (100 Jahre BDLA). Unveröff. Mskr. 3 S.

Haber W (1999) Nachhaltigkeit als Leitbild einer natur- und sozialwissenschaftlichen Umweltforschung. In: Daschkeit A, Schröder W (Hrsg) Umweltforschung quergedacht: Perspektiven integrativer Umweltforschung und -lehre. Springer, Berlin, S 127–146

Haber W (1994) Nachhaltige Nutzung: Mehr als nur ein Schlagwort? Raumforschung & Raumordnung 3:169–173

Hallegatte S (2009) Strategies to adapt to an uncertain climate change. Global Environmental Change 19:240–247

Hallegatte S, Hourcade JC, Ambrosi P (2007) Using climate analogues for assessing climate change economic impacts in urban areas. Climatic Change 82:47–60

Halloran A, Magid J (2013) Planning the unplanned: incorporating agriculture as an urban land use into the Dar es Salaam master plan and beyond. Environment and Urbanization 25:541–558

Hansen R, Heidebach M, Kuchler F, Pauleit S (2012) Brachflächen im Spannungsfeld zwischen Naturschutz und (baulicher) Wiedernutzung. BfN-Skript, Bd 324. Bundesamt für Naturschutz, Bonn – Bad Godesberg

Häntzschel J (2010) Die größte städtische Farm der Welt. Die Zukunft der alten Autobauerstadt Detroit liegt nun in der Rückkehr zum Ackerbau. Süddeutsche Zeitung Nr. 252 Samstag/Sonntag/Montag, 30./31. Oktober/1. November 2010, S. 14

Heinonen JJ, Mikko Jalas M, Juntunen JK, Ala-Mantila S, Junnila S (2013) Situated lifestyles: I. How lifestyles change along with the level of urbanization and what the greenhouse gas implications are – a study of Finland. Environmental Research Letters 8:1–13

Hendrix WG, Fabos JG, Price JE (1988) An ecological approach to landscape planning using geographic information system technology. Landscape and Urban Planning 15:211–225

Henninger S (Hrsg) (2011) Stadtökologie. Schöningh UTB, Paderborn

Herzog TR, Chernick KK (2000) Tranquility and danger in urban and natural settings. Journal of Environmental Psychology 20:29–39

Heuchele L, Renner C, Syrbe RU, Lupp G, Konold W (2014) Nachhaltige Entwicklung von Tourismusregionen im Kontext von Klimawandel und biologischer Vielfalt. Culterra, Schriftenreihe der Professur für Landespflege der Albert-Ludwigs-Universität Freiburg, Bd 64., S 182

Hoornweg D, Sugar L, Trejos Gómez CL (2011) Cities and greenhouse gas emissions: moving forward. Environment and Urbanization 23:207–226

Howard E (1902) Garden cities of tomorrow. Swan Sonnenschein, London

IEA (International Energy Agency) (2008) World Energy Outlook 2008. IEA, Paris

Irvine KN, Fuller RA, Devine-Wright P, Tratalos J, Payne SR, Warren PH, Lomas KJ, Gaston KJ (2010) Ecological and Psychological Value of Urban Green Space. In: Jenks M, Jones C (Hrsg) Dimensions of the Sustainable City. Future City, Bd 2. Springer Verlag, Dordrecht, S 215–237

Irwin EG, Bockstael NE (2007) The evolution of urban sprawl: Evidence of spatial heterogeneity and increasing land fragmentation. PNAS 104(52):20672–20677

Jansson T, Bakker M, Hasler B, Helming J, Kaae B, Lemouel P, Neye S, Ortiz R, Nielsen TS, Verhoog D, Verkerk H (2009) Baseline scenario storylines. In: Helming K, Wiggering H (Hrsg) SENSOR Report Series, Bd 2009/2. ZALF, Germany (http://tran.zalf.de/home_ip-sensor/products/SENSOR_rep_2009_2_SIATModelChain.pdf, Zugegriffen: 26 Dezember 2013)

Jenks M, Burton E (Hrsg) (1996) The Compact City: A Sustainable Urban Form? E. & F.N. Spon, London

Kabisch N, Haase D (2011) Diversifying European Agglomerations: Evidence of Urban Population Trends for the 21st Century. Population Space Place 17:236–253

Kennedy C, Steinberger J, Gasson B, Hansen Y, Hillman T, Havráned M, Pataki D, Phdungsilp A, Ramaswami O, Villalba Mendez G (2009) Greenhouse gas emissions from global cities. Environmental Science and Technology 43:7297–7302

Kinzig AP, Warren P, Martin C, Hope D, Katti M (2005) The effects of human socioeconomic status and cultural characteristics on urban patterns of biodiversity. Ecology and Society 10(1):23 (http://www.ecologyandsociety.org/vol10/iss1/art23/ Zugegriffen: 17 August 2015)

Kleinhückelkotten S, Neitzke HP, Borgstedt S, Christ T (2012) Naturbewusstsein 2011 Bevölkerungsumfrage zu Natur und biologischer Vielfalt. Bundesministerium für Umwelt, Naturschutz und Reaktorsicherheit (BMU), Berlin (und Bundesamt für Naturschutz, Bonn)

Koenigs T (1994) Stadt-Natur statt Natur-Stadt. In: Wittig R (Hrsg) Stadtökologie in Frankfurt a. Main. Geobotanisches Kolloquium. Natur & Wissenschaft, Bd 10., Solingen, S 3–6

Kuttler W (Hrsg) (1993) Handbuch zur Ökologie. Analytica Verlag, Berlin

Lause MR, Wippermann P (2012) Leben Im Schwarm. Red Indians Publishing, Reutlingen

Leser H (2008) Stadtökologie in Stichworten, 2. Aufl. Gebr. Bornträger, Berlin, Stuttgart

LH München, Referat für Stadtplanung und Bauordnung (2011) Demografiebericht München – Teil 1. http://www.muenchen.de/rathaus/Stadtverwaltung/Referat-fuer-Stadtplanung-und-Bauordnung/Stadtentwicklung/Grundlagen/Bevoelkerungsprognose.html. Zugegriffen: 23 Dezember 2013

Lupp G, Weber G, Pauleit S (2014) Integrating multiple societal demands into urban forestry for the future: the case of Munich (Germany). In: Reimann M, Sepp K, Pärna E, Tuula R (Hrsg) The 7th International Conference on Monitoring and Management of Visitors in Recreational and Protected Areas (MMV) – Local Community and Outdoor Recreation, Conference Proceedings, S 238–239

Lütke Daldrup E (2001) Die perforierte Stadt – eine Versuchsanordnung. Stadtbauwelt 150(1):40–45

Marzluff JM, Bradley G, Shulenberger E, Ryan C, Endlicher W, Simon U, Alberti M, Zum Brunnen C (Hrsg) (2008) Urban Ecology. Springer, New York

McDonnell M, Hahs A, Breuste J (Hrsg) (2009) Ecology of Cities and Towns. Cambridge University Press, Cambridge

McIntyre NE, Knowles-Yánez K, Hope D (2000) Urban ecology as an interdisciplinary field: differences in the use of "urban" between the social and natural sciences. Urban Ecosystems 4:5–24

McKinney ML (2006) Urbanization as a major cause of biotic homogenization. Biological Conservation 127(3):247–260

Mills ES, Hamilton BW (Hrsg) (1989) Urban Economics, 4. Aufl. HarperCollins, Glenview, IL, USA

Müller HP (2012) Werte, Milieus und Lebenstile. Begreiffsdefinitionen. In: Bundeszentrale für politische Bildung (Hrsg) Dossier Deutsche Verhältnisse. Eine Sozialkunde (http://www.bpb.de/politik/grundfragen/deutsche-verhaeltnisse-eine-sozialkunde/138453/begriffsdefinitionen. Zugegriffen: 05.05.15.)

Müller N, Werner P, Kelcey JG (2010) Urban Biodiversity and Design. Wiley-Blackwell, Chichester

Müller N, Ignatieva M, Nilon CH, Werner P, Zipperer WC (2013) Patterns and Trends in Urban Biodiversity and Landscape Design. In: Elmqvist T, Fragkias M, Goodness J, Güneralp B, Marcotullio PJ, McDonald RI, Parnell S, Schewenius M, Sendstad M, Seto KC, Wilkinson C (Hrsg) Urbanization, Biodiversity and Ecosystem Services: Challenges and Opportunities. Springer, Dordrecht, S 149–200

Newcombe K, Kalma JD, Aston AR (1978) The metabolism of a city. The case of Hong Kong. Ambio 7:3–15

Ngo NS, Pataki DE (2008) The energy and mass balance of Los Angeles County. Urban Ecosystems 11:121–139

Niemelä J (Hrsg) (2011) Handbook of Urban Ecology. Oxford University Press, Oxford

Nilsson K (2009) Compact Green Cities: From an Oxymoron to a Target. Presentation given at EC Sustainable development seminar – May 2009, unpubl.

Nilsson K, Nielsen TS (2013) The Future of the Rural Urban Region. In: Nilsson K, Pauleit S, Bell S, Aalbers C, Nielsen TS (Hrsg) Peri-urban futures: Scenarios and models for land use change in Europe. Springer Verlag, Heidelberg, S 415–442

Nilsson K, Pauleit S, Bell S, Aalbers C, Nielsen TS (2013) Peri-urban futures: Scenarios and models for land use change in Europe. Springer Verlag, Heidelberg

Odum EP (1997) Ecology: A Bridge Between Science and Society. Sinauer, Sunderland, MA, USA

Odum EP (1975) Ecology: The Link Between the Natural and the Social Sciences, 2. Aufl. Holt, Rinehart and Winston, London

OECD (2002) Redefining territories: the functional regions. Organisation for economic co-operation and development (OECD). OECD, Paris

Oke TR (1973) City size and the urban heat island. Atmospheric Environment 7(8):769–779

Oswalt P, Rieniets T (Hrsg) (2006) Atlas of shrinking cities. Hatje, Ostfildern

Pauleit S (1998) Das Umweltwirkgefüge städtischer Siedlungsstrukturen. Darstellung des städtischen Ökosystems durch eine Strukturtypenkartierung zur Bestimmung von Umweltqualitätszielen für die Stadtplanung. Schriftenreihe „Landschaftsökologie Weihenstephan". Verlag Freunde der Landschaftsökologie Weihenstephan e. V., Freising, S 151

Pauleit S (2011) Stadtplanung im Zeichen des Klimawandels: nachhaltig, grün und anpassungsfähig. In: Böcker R (Hrsg) Die Natur der Stadt im Wandel des Klimas 4. Conturec Konferenz, Hohenheim. Schriftenreihe des Kompetenznetzwerkes Stadtökologie. Darmstadt, S 5–26

Pauleit S, Golding Y, Ennos R (2005) Modeling the environmental impacts of urban land use and land cover change – a study in Merseyside, UK. Landscape and Urban Planning 71(2–4):295–310

Pauleit S, Liu L, Ahern J, Kazmierczak A (2011) Multifunctional green infrastructure planning to promote ecological services in the city. In: Niemelä J (Hrsg) Handbook of Urban Ecology. Oxford University Press, Oxford, S 272–285

Pauleit S, Printz A, Buchta K, Wafa El Abo H, Renner F (2013) Recommendations for green infrastructure planning in selected case study cities. EU FP project CLUVA "CLimate change and Urban Vulnerability in Africa" Grant agreement no: 265137, Deliverable D2.9 (mit Beiträgen von Yeshitela K, Kibassa D, Shemdoe R, Kombe W). http://www.cluva.eu/deliverables/ CLUVA_D2.9.pdf. Zugegriffen: 25. Dezember 2013

Pincetl S, Bunje P, Holmes T (2012) An expanded urban metabolism method: Toward a systems approach for assessing urban energy processes and causes. Landscape and Urban Planning 107:193–202

Ravetz J, Fertner C, Nielsen TS (2013) The dynamics of peri-urbanisation. In: Nilsson K, Pauleit S, Bel S, Aalbers C, Nielsen

TS (Hrsg) Peri-urban futures: Scenarios and models for land use change in Europe. Springer Verlag, Heidelberg, S 13–44

Richter M, Weiland U (2008) Applied Urban Ecology: A Global Framework. Wiley & Sons, Blackwell, Oxford

Rink D (2009) Wilderness: The Nature of Urban Shrinkage? The debate on urban restructuring and renaturation in eastern Germany. Nature and Culture 4(3):275–292

Rittel K, Bredow L, Wanka EV, Hokema D, Schuppe G, Wilke T, Nowak D, Heiland S (2014) Grün, natürlich, gesund: Die Potenziale multifunktionaler städtischer Räume. BfN-Skripten, Bd 371. Bundesamt für Naturschutz, Bonn

Robine JM, Cheung SL, Le Roy S, Van Oyen H, Herrmann SR (2008) Report on excess mortality in Europe during summer 2003. EU Community Action Programme for Public Health, Grant Agreement 2005114. http://ec.europa.eu/health/ph_projects/2005/action1/docs/action1_2005_a2_15_en.pdf. Zugegriffen: 28. Dezember 2013

Sauerwein M (2006) Urbane Bodenlandschaften – Eigenschaften, Funktionen und Stoffhaushalt der siedlungsbeeinflussten Pedosphäre im Geoökosystem. Habil.schr. Univ. Halle.

Schneider A, Woodcock C (2008) Compact, dispersed, fragmented, extensive? A comparison of urban expansion in twenty-five global cities using remotely sensed, data pattern metrics and census information. Urban Studies 45:659–692

Seto KC, Reenberg A, Boone CG, Fragkias M, Haase D, Langanke T, Marcotullio P, Munroe DK, Olahi B, Simon D (2012a) Urban land teleconnections and sustainability. Proceedings of the National Academy of Sciences of the United States of America, Bd 109.20. National Academy of Sciences, United States of America, S 7687–7692

Seto KC, Güneralp B, Hutyra LR (2012b) Global forecasts of urban expansion to 2030 and direct impacts on biodiversity and carbon pools. Proceedings of the National Academy of Sciences of the United States of America, Bd 109.40., S 16083–16088

Seto KC, Parnell S, Elmqvist T (2013) A global outlook on urbanization. In: Elmqvist T, Fragkias M, Goodness J, Güneralp B, Marcotullio PJ, McDonald RI, Parnell S, Schewenius M, Sendstad M, Seto KC, Wilkinson C (Hrsg) Urbanization, Biodiversity and Ecosystem Services: Challenges and Opportunities. Springer, Dordrecht, S 1–12

Seto KC, Fragkias M, Güneralp B, Reilly MK (2011) A meta-analysis of global urban land expansion. PLoS ONE 6:e23777

Sieverts T (1997) Zwischenstadt. Zwischen Ort und Welt, Raum und Zeit, Stadt und Land. Vieweg, Braunschweig

Stadt Leipzig (2009) Leipzig 2020. Integriertes Stadtentwicklungskonzept (SEKo). Blaue Reihe. Beiträge zur Stadtentwicklung. Stadt Leipzig, S 50

Stadt Leipzig (2011) Monitoringbericht Wohnen. http://www.wohnungsmarktbeobachtung.de/kommunen/teilnehmer/h-l/leipzig/monitoringbericht-wohnen-der-stadt-leipzig-2011/Leipzig_Monitoringbericht_Wohnen_2011.pdf. Zugegriffen: 26.12.2013

Sukopp H (Hrsg) (1990) Stadtökologie. Das Beispiel Berlin. Reimer, Berlin

Sukopp H, Wittig R (1998) Stadtökologie. 2. Aufl. Fischer, Jena

Tibaijuka AK (2004) Africa on the Move: An Urban Crisis in the Making: A submission to the Commission for Africa. United Nations Human Settlements Programme, Nairobi, Kenya. http://www.preventionweb.net/files/1703_46268 3992GC202120Africa20on20the20Move.pdf. Zugegriffen: 22.09.2013

Trepl L (1994) Geschichte der Ökologie. Vom 17. Jahrhundert bis zur Gegenwart. Zehn Vorlesungen. Beltz-Verlag, Frankfurt/M. – Weinheim

Umweltbundesamt (2008) Schutz der biologischen Vielfalt und Schonung von Ressourcen – Warum wir mit Flächen sorgsam und intelligent umgehen müssen. Umweltbundesamt, Berlin, S 23

UN (United Nations) (1968) Demographic Handbook for Africa. United Nations Economic Commission for Africa, Addis Ababa, Ethiopia. UN (United Nations), New York

UN (United Nations) (2006) World urbanization prospects: The 2005 revision. United Nations, New York

UN (United Nations) (2010) World Urbanization Prospects: The 2009 Revision. United Nations Department of Economic and Social Affairs, Population Division, New York, USA

UN (United Nations) (2011) National Accounts Main Aggregates Database. United Nations Statistics Division, New York (http://unstats.un.org/unsd/snaama/. Zugegriffen: 23. November 2013)

UN (United Nations) (2012) World Urbanization Prospects: The 2011 Revision. United Nations Department of Economic and Social Affairs, Population Division, United Nations, New York (ESA/P/WP/224)

UN-HABITAT (2006) State of the World's Cities 2006/7. United Nations Human Settlements Programme. www.unhabitat.org. Zugegriffen: 22. September 2013

U.S. Bureau of the Census (2016) http://www.census.gov/population/censusdata/urdef.txt. Zugegriffen: 18. Januar 2016

Van den Vaart JHP (1991) Conversion of farmsteads: Hidden urbanisation or a changing rural system? In: van Oort GMRA, van den Berg LM, Groenendijk JG, Kempers HHM (Hrsg) Limits to Rural Land Use Proceedings of an International Conference Organised by the Commission on Changing Rural Systems of the International Geographical Union, Amsterdam, Netherlands, 21–25 August 1990.

Wackernagel M, Onisto L, Linares AC, López Falfán IS, Méndez García J, Suárez Guerrero AI, Suárez Guerrero MA (1997) Ecological footprint of nations. Report from the 'Rio+5 Forum' and Earth Council, Costa Rica. http://www.ucl.ac.uk/dpu-projects/drivers_urb_change/urb_environment/pdf_Sustainability/CES_footprint_of_nations.pdf. Zugegriffen: 17. August 2015

Warren-Rhodes K, Koenig A (2001) Ecosystem appropriation by Hong Kong and its implications for sustainable development. Ecological Economics 39:347–359

Westerink J, Haase D, Bauer A, Ravetz J, Jarrige F, Aalbers CBEM (2013) Dealing with Sustainability Trade-Offs of the Compact City in Peri-Urban Planning Across European City Regions. European Planning Studies 21(4):473–497

Wippermann P (2013) Das Grün der Stadt der Netzwerkgesellschaft. Weihenstephaner Forum 2013, Freising, 11.10.2013, unveröff. Vortrag.

Wittig R, Streit B (2004) Ökologie. Ulmer, Stuttgart

Wolch J, Wilson JP, Fehrenbach J (2002) Parks and Park Funding in Los Angeles: An Equity Mapping Anaylsis. University of California Sustainable Cities Program and GIS Research Laboratory, Los Angeles (http://biodiversity.ca.gov/Meetings/archive/ej/USC.pdf, Zugegriffen: 25. Juli 13)

Wolman A (1965) The metabolism of cities. Scientific America 213(3):179–190

World Population Review (2013) http://worldpopulationreview.com/world-cities/shanghai-population, Zugegriffen: 22. Dezember 2013

Wu J (2014) Urban ecology and sustainability: The state-of-the-science and future directions. Landscape and Urban Planning 125:209–221

Wu J, Wu T (2013) Ecological Resilience as a Foundation for Urban Design and Sustainability. In: Picket STA, Cadenasso ML, McGrath B (Hrsg) Resilience in Ecology and Urban Design: Linking Theory and Practice for Sustainable Cities. Future City, Bd 3. Springer, Dordrecht, S 211–229

Wu J, Xiang W-N, Zhao J (2014) Urban ecology in China: Historical developments and future directions. Landscape and Urban Planning 125:222–233

LH München, Referat für Stadtplanung und Bauordnung (2010) Fortschreibung Perspektive München 2010 – Entwurf, Stand Dezember 2010. Landeshauptstadt München, München

McGranahan G, Balk D, Anderson B (2007) The rising tide: assessing the risks of climate change and human settlements in low elevation coastal zones. Environment and Urbanization 19(1):17–37

Mostafavi M, Doherty G (2010) Ecological Urbanism. Lars Müller Publ, Baden

Newman P, Kenworthy JR (1989) Sustainability and Cities: overcoming automobile dependence. Island Press, Washington D.C.

Newman P, Beatley T, Boyer H (2009) Resilient Cities. Island Press, Washington D.C.

Register R (2006) Ecocities. New Society Publishers, Gabriola Island

Schmidt-Eichstaedt G, Stadtökologie. Lebensraum Großstadt. Meyers Forum, 39, Bibliographisches Institut & F.A: Brockhaus, Mannheim

Weiterführende Literatur

Amend J, Jacobi P, Kiango S (2000) Urban agriculture in Dar es Salaam: providing for an indispensable part of the diet. In: Bakker N, Dubbeling M, Guendel S, Sabel Koschella U, de Zeeuw H (Hrsg) Growing Cities, Growing Food, Urban Agriculture on the Policy Agenda. Deutsche Stiftung für Internationale Entwicklung (DSE), Deutschland, S 99–117

Angel S (2012) Planet of Cities: Country Estimates and Projections of Urban Land Cover, 2000–2050. Lincoln Institute of Land Policy, Cambridge, Mass

Beatley T (2011) Biophilic Cities. Island Press, Washington D.C.

Beatley T (2000) Green Urbanism. Learning from European Cities. Island Press, Washington D.C.

Dunn RR, Gavin MG, Sanchez MC, Solomon JN (2006) The Pigeon Paradox: Dependence of Global Conservation on Urban Nature. Conservation Biology 20(6):1814–1816

Heiland S (2007) Natur in der Stadt – demografischer Wandel als Chance? Denkanstöße 5:28–42 (Hrsg: Stiftung Natur und Umwelt Rheinland-Pfalz)

IPCC (Intergovernmental Panel for Climate Change) (2013) Working Group I Contribution to the IPCC Fifth Assessment Report Climate Change 2013: The Physical Science Basis. Final Draft Underlying Scientific-Technical Assessment. www.ipcc.ch. Zugegriffen: 29.12.2013

Lee-Smith D, Prain G (2006) Understanding the links between agriculture and health. Focus 13. IFPRI, Washington DC

Lehmann S (2010) The principles of green urbanism. Earthscan, London

LH München, Referat für Stadtplanung und Bauordnung (2005) Bericht zur Stadtentwicklung 2005. http://www.zukunft-findet-stadt.de/openscale/images/Perspektive_Muenchen.pdf. Zugegriffen: 21. Juli 2014

Welche Beziehungen bestehen zwischen der räumlichen Stadtstruktur und den ökologischen Eigenschaften der Stadt?

Stephan Pauleit

2.1   Räumliche Stadtstruktur – 32

2.2   Flächennutzung und physische Struktur als
         ökologische Schlüsselmerkmale der Stadt – 35

2.3   Ökologische Analyse der Stadtstruktur – 37
2.3.1   Biotop- und Strukturtypenkartierungen – 37
2.3.2   Das „Patch" Modell, Landschaftsmaße und
         Landschaftsgradienten – 51

         Literatur – 56

J. Breuste et al., *Stadtökosysteme*,
DOI 10.1007/978-3-642-55434-6_2, © Springer-Verlag Berlin Heidelberg 2016

Die räumliche Form und die ökologischen Eigenschaften der Stadt stehen in einer engen Beziehung. Biodiversität, Stadtböden und -klima, die Hydrologie, aber auch die Energie- und Stoffflüsse der Stadt werden in unterschiedlicher Weise von dem Gefüge unterschiedlicher Flächennutzungen, der Bebauung, dem Versiegelungsgrad und dem Anteil und der Art der Grünflächen und weiteren Faktoren beeinflusst. Ihre Erfassung durch Ansätze wie Biotop- und Strukturtypenkartierungen sowie von Gradientenansätzen ist daher ein Schlüssel zum ökologischen Verständnis der Stadt und Stadtregion für eine ökologisch orientierte Stadtentwicklung.

2.1   Räumliche Stadtstruktur

Größe und räumliche Form der Stadt beeinflussen wesentlich ihre ökologischen Eigenschaften. Als Beispiel wurde bereits in ▶ Kap. 1 auf die Untersuchungen zum Verhältnis von Einwohnerdichte und Energieverbrauch von Newman und Kenworthy (1989) verwiesen. Klimatische Untersuchungen haben auch gezeigt, dass die Stärke der städtischen Wärmeinsel, also der erhöhten Lufttemperaturen in der Stadt gegenüber dem Umland, in einer Beziehung zur Größe einer Stadt steht (Oke 1973). In Megastädten wie London, können die Jahresdurchschnittstemperaturen um 2 bis 3 °C über denen des Umlandes liegen, in kleineren Städten sind sie dagegen nur geringfügig erhöht. Auch die Anzahl der spontan vorkommenden Pflanzenarten nimmt mit ihrer Größe zu (Pyšek 1998). Die Auswertung von floristischen Daten für 21 deutsche Städte zeigte einen logarithmischen Zusammenhang von Bevölkerungszahl und Anzahl der Gefäßpflanzenarten (Werner 2008). Eine Erklärung für die Zunahme der Artenvielfalt ist, dass sich mit zunehmender Stadtgröße auch die Vielfalt an Flächennutzungen erhöht, die jeweils unterschiedliche Lebensräume für die Pflanzen- und Tierwelt bieten (▶ Kap. 5 zu weiteren die Artenvielfalt beeinflussenden Faktoren).

Aus der Luft betrachtet, erscheinen Städte wie ein Mosaik von Flächen, die sich anhand der Art der Bebauung und zugehöriger Freiräume unterscheiden lassen, etwa durch dichte innerstädtische Bebauung, Einfamilienhausgebiete oder Gewerbegebiete, aber auch durch grüne Bereiche wie Parkanlagen und Wälder (◘ Abb. 2.1). Bei noch höherer Auflösung werden Elemente der Bebauung wie einzelne Gebäude und Garagen sowie Freiraumelemente wie Straßen, Parkplätze, Hinterhöfe, Vor- und Hausgärten erkennbar, die wiederum aus einzelnen Bäumen, Sträuchern, Hecken, Rasen und Blumenbeeten bestehen können.

> ### Stadtform
>
> Die Form einer Stadt kann als die räumliche Anordnung von bestimmten Elementen, wie etwa unterschiedlichen Siedlungstypen, definiert werden (Andersson et al. 1996, zit. in Dempsey et al. 2010). Unter verwandten Begriffen wie „räumliche Stadtstruktur" oder „Stadtmorphologie" werden ebenfalls die physischen Eigenschaften der Stadt bzw. ihre räumliche Konfiguration beschrieben. Der Geograph Conzen (2004) unterschied drei Komponenten der Stadtlandschaft: das räumliche Muster von Bebauung und Freiräumen, die Bauformen und die Nutzungsmuster. Die Stadtform kann aber nicht nur für die Stadt, sondern auch auf detaillierteren Maßstabsebenen beschrieben werden, bis zu den Baumaterialien, Fassadentypen u. a. m. (◘ Abb. 2.2).
> Stadtform kann bei weitergehenden Definitionen aber nicht nur die physische Struktur der Stadt meinen, sondern auch sozio-ökonomische Faktoren berücksichtigen, wie etwa die Bevölkerungsdichte und -verteilung (Schwarz 2010).

Die Topographie, insbesondere Berge bzw. Hügel sowie Still- und Fließgewässer und Küsten, können die Stadtstruktur und ihre ökologischen Eigenschaften ganz erheblich prägen. Auch ökologische Standortunterschiede, die vielleicht auf den ersten Blick nicht leicht zu erkennen sind, können wesentlichen Einfluss auf die Stadtentwicklung haben (▶ Fallstudie „Einfluss von natürlichen Standortfaktoren auf die Stadtentwicklung und die Grünstruktur von München"). Gerade diese natürlichen Merkmale machen die Städte und insbesondere die räumliche Struktur und Ausprägung ihrer Grünflächen (nachfolgend „Grünstruktur") oft unver-

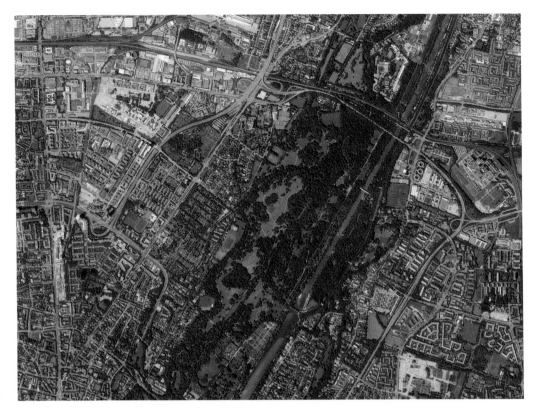

🔲 **Abb. 2.1** Aus der Luft gesehen ist die Stadt ein heterogenes Mosaik von bebauten Bereichen und Freiräumen
Datenquelle: Bayerische Vermessungsverwaltung ► www.geodaten.bayern.de)

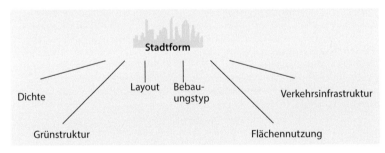

🔲 **Abb. 2.2** Elemente der Stadtstruktur (nach Dempsey et al. 2010, verändert): *Dichte*: z. B. Bevölkerungsdichte, Bebauungs-
dichte; *Bebauungstyp*: verschiedene Typen der Wohnbebauung (z. B. Einfamilienhaus-, Reihenhaus-, Geschoßbebauung,
Gewerbebebauung); *Layout*: räumliche Anordnung von Gebäuden, Straßen und Freiräumen; *Flächennutzung*: z. B. Wohnen,
Gewerbe, Industrie, öffentliche Grünanlagen; *Verkehrsinfrastruktur* und *Zugänglichkeit* (z. B. Reisezeiten zwischen Wohn- und
Arbeitsort); *Grünstruktur & natürliche Merkmale*: z. B. Topographie, Still- und Fließgewässer und Küsten

wechselbar (🔲 Abb. 2.3). Obwohl sie in der Siedlungsentwicklung häufig stark überprägt werden,
bilden sie als „Freiraumstruktur" neben der „Bebauungsstruktur" die Stadtstruktur. Diese, oft auch als
„Stadtlandschaft" bezeichnet, ist somit das Ergebnis
eines besonders intensiven und komplexen Wechsel-

spiels von natürlichen und menschlichen Prozessen
(🔲 Abb. 2.4).

Klassische geographische Modelle der Stadtstruktur beschreiben Stadtstrukturen und deren
Entstehung durch sozio-ökonomische Prozesse
auf einem hohen Abstraktionsniveau und unter-

◨ **Abb. 2.3** Die Grashaiden am nördlichen Stadtrand Münchens sind ein prägender Bestandteil der Grünstruktur in diesem städtischen Verdichtungsraum. (Foto © S. Pauleit)

Einfluss von natürlichen Standortfaktoren auf Stadtentwicklung und Grünstruktur von München

München liegt in der Naturraumeinheit Münchner Ebene. Diese ist von Süden nach Norden geneigt und durch Schotterablagerungen aus der letzten Eiszeit (Würmeiszeit) geprägt. Die mittelalterliche Stadt wurde auf einer späteiszeitlichen Flussterrasse gebaut. So lag die Stadt zwar nahe am Wasser, war aber gleichzeitig auch vor den Hochwassern der wilden Isar geschützt. Seine ursprüngliche Bedeutung verdankt München der Lage an einem Übergang über die Isar, an dem sich wichtige Handelsstraßen kreuzten. Seit dem 19. Jahrhundert wurde die Isar wasserbaulich stark reguliert. Die in der Aue angelegten Parks, einschließlich des Englischen Gartens, wurden bereits im 18. und 19. Jahrhundert geschaffen. Im Jahr 2012 wurde ein umfangreiches Projekt zur Flussrenaturierung an der südlichen Isar abgeschlossen, um die Erhöhung des Hochwasserschutzes mit der Verbesserung des ökologischen Zustands und der Freiraumqualität zu verbinden (▶ Kap. 8).

Am westlichen Rand der Altstadt befindet sich eine weitere Terrassenkante. Sie bildet den Übergang von der Flussterrasse der Altstadtstufe zur würmeiszeitlichen Niederter-

rasse. Gut erkennbar ist sie am Westrand der Theresienwiese, auf der jährlich das Oktoberfest stattfindet. Auf der anderen, östlichen Seite der Isar begrenzt die Flussaue unmittelbar ein steiler Hang, der von einem das ganze Stadtgebiet von Süd nach Nord durchquerenden Waldstreifen gesäumt wird, den sogenannten „Leitenwäldern". Hier befinden sich auf der Hangkante Brauereien, die ihre Bierkeller in den zutage tretenden Nagelfluhschottern anlegten und das Quellwasser nutzten (Sommerhoff 1987). Auf der Ostseite der Isar blieb auch eine Altmoräne der vorletzten Eiszeit (Risseiszeit) erhalten. Sie überragt um wenige Meter die Niederterrasse und ist von Lösslehmen bedeckt, die den Rohstoff für die Ziegelbauten der Münchner Altstadt lieferten. Die Schotterablagerungen der Niederterrassen dünnen nach Norden hin aus und sind etwas weniger stark geneigt als die darunterliegenden, wasserstauenden Schichten. Einige Kilometer nördlich der Altstadt erreicht das Grundwasser die Oberfläche. Obwohl die Geländeunterschiede sehr gering sind, markierte der Übergang von der „trockenen", grundwasserfernen zur „nassen" Münchner Ebene

lange Zeit eine scharfe Grenze für die Besiedelung, die noch heute zu erkennen ist. Auf trockenen Standorten mit besonders mageren Böden etablierten sich durch jahrhundertelange Schafbeweidung artenreiche Magerrasen. Von diesen sogenannten Haiden sind noch größere Reste erhalten geblieben. Teilweise blieben sie durch ihre Nutzung als militärisches Übungsgelände „geschützt". Sie sind nicht nur sehr wertvolle Biotope, sondern heute auch bedeutende Erholungsgebiete. In den Niedermoorbereichen sind dagegen durch die Intensivierung der Landwirtschaft nur noch kleine Reste naturnaher Streuwiesen vorhanden.

Diese Beispiele zeigen den großen Einfluss der naturräumlichen Bedingungen auf die Stadtentwicklung und Grünstruktur Münchens – und dies, obwohl die Stadt scheinbar auf einer weitgehend gleichmäßigen Ebene liegt. Prägende Grünstrukturen wie die Isarauen, die angrenzenden „Leitenwälder" oder die Niedermoore am Stadtrand, sind naturräumlich bedingt und tragen mit ihrer jeweils besonderen Pflanzen- und Tierwelt zur Identität der Stadt bei.

Betriebsmerkmale   Siedlungsstruktur   Natürliche Grundlagen

◪ **Abb. 2.4** Die Stadtlandschaft als Ergebnis der Überlagerung von naturräumlichen Gegebenheiten, Siedlungs- und Infrastruktur. (Pauleit 1998, verändert)

scheiden z. B. zwischen dem konzentrischen Zonenmodell, dem Sektorenmodell und dem Mehrkernmodell (Gaebe 2004). Wenn es darum geht, stadtökologische Phänomene wie die Verbreitung von Pflanzen- und Tierarten in der Stadt oder die klimatischen Verhältnisse in der Stadt zu erklären (▶ Kap. 5 und 6), sind aber höherauflösende Strukturmodelle unter Einbezug weiterer erklärender Variablen erforderlich.

2.2 Flächennutzung und physische Struktur als ökologische Schlüsselmerkmale der Stadt

---

Definition ⌐

Als **Flächennutzung** wird die aktuelle Inanspruchnahme einer Fläche für menschliche Zwecke wie Wohnen, Arbeiten, Bildung, Gesundheit, Erholung, Erzeugung von Lebensmitteln, aber auch Naturschutz bezeichnet. Als Elemente der **physischen Struktur** können beispielsweise Gebäude, Straßen, Vegetation, Gewässer unterschieden werden. Die Erfassung der physischen Struktur kann beispielsweise durch die Auswertung von Satelliten- oder Luftbildern erfolgen. Sie weisen unterschiedliche räumliche und spektrale Auflösungen auf. Einen Überblick über die Anwendungsmöglichkeiten der Fernerkundung im städtischen Räumen geben beispielsweise Taubenböck und Dech (2010).

Flächen werden durch die jeweilige menschliche Nutzung geprägt. Die Nutzung einer Fläche ist also kein statischer Zustand, sondern ein Prozess der Aneignung von Land, der zu einer Veränderung ihrer Oberfläche führt (Breuste 1994). Anordnung und Ausprägung dieser verschiedenen Flächennutzungen sind nicht zufällig. Sie werden besonders durch ökonomische Faktoren, die nicht zuletzt in den Bodenpreisen zum Ausdruck kommen, sowie durch Regelungssysteme wie das Planungs-, Boden- und Steuerrecht beeinflusst (Gaebe 2004; Jones et al. 2010).

Dieselbe Flächennutzung kann auf mehreren Flächen eine unterschiedliche Ausprägung der physischen Strukturmerkmale aufweisen. Die Wohnbebauung umfasst z. B. Einfamilienhaus-, Reihenhaus-, Geschosswohnungsbauten und weitere Formen. Umgekehrt kann eine bestimmte Art der Bebauung auch verschiedene Nutzungen beherbergen, etwa Wohnungen, Geschäfte und Büros. Flächennutzung und Merkmale der physischen Struktur sollten daher getrennt erfasst werden.

Die Flächennutzung prägt zwar die jeweilige physische Ausprägung einer Fläche, etwa durch Bebauung, welche sich aber oft deutlich langsamer verändert als die Flächennutzung, die sich wandeln, intensivieren oder extensivieren kann. In den Wohnhäusern der Altstadtgebiete etwa, den dichtbebauten Stadtquartieren der Gründerzeit, aber auch in den Villenhausgebieten aus jener Zeit, können die Häuser äußerlich noch weitgehend dieselben sein, obwohl sich ihre Nutzung geändert hat. Die Einwohnerdichte hat sich beispielsweise in Wohngebieten der Zwischenkriegszeit meist stark geändert. Wo früher kinderreiche Familien in kleinen Wohnungen lebten, finden sich heute vielfach alleinstehende ältere Menschen. Die Einwohnerdichte als ein Maß für die Nutzungsintensität, ist in diesen Wohngebieten daher stark gefallen, obwohl die Gebäude äußerlich

2

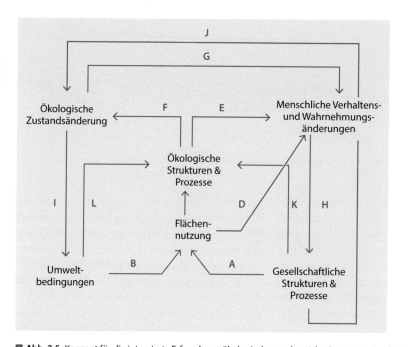

◨ **Abb. 2.5** Konzept für die integrierte Erforschung ökologischer und sozialer Systeme in Städten. Variablen befinden sich innerhalb der dargestellten Teilsysteme; Beziehungen und Rückkopplungen werden durch *Pfeile* dargestellt: *A)* die Umwelt setzt den Rahmen für die möglichen Arten der Flächennutzung und physischen Strukturen; *B)* Gesellschaftliche Entscheidungen und menschliches Verhalten (einschließlich ihrer Determinanten) sind die direkten Antriebskräfte für Flächennutzungsänderungen; *C)* Das städtische Flächennutzungsgefüge (unabhängig von seinen Ursachen) bestimmt ökologische Strukturen und Prozesse; *D)* Menschen nehmen Flächennutzungsänderungen wahr und reagieren darauf (unabhängig von den Umweltauswirkungen); *E)* Menschen nehmen auch ökologische Strukturen und Prozesse wahr und reagieren darauf; *F)* Durch diese Wechselbeziehungen führt der Einfluss von Landnutzungsänderungen auf die ökologischen Prozesse zu einer Änderung der Umweltverhältnisse; *G)* Diese Änderungen der Umweltverhältnisse können zu Änderungen im Verhalten führen (auch wenn bis dahin die Bedeutung von ökologischen Strukturen und Prozesse ignoriert wurde). Die veränderten Umweltverhältnisse können als Verbesserung oder Verschlechterung beurteilt werden; *H)* Wahrnehmungs- und Verhaltensänderungen wirken zurück auf das Gesellschaftssystem und sie beeinflussen Entscheidungen, wodurch der dargestellte Kreislauf von neuem beginnt; *I)* In einigen Fällen können lokale Umweltveränderungen zur großräumigen Änderung der Umweltbedingungen führen (Beispiel: Wärmeinseleffekt); *J)* Wenn gesellschaftliches Handeln aufgrund veränderter Umweltverhältnisse als erforderlich angesehen wird, kann die Gesellschaft versuchen, die Umweltverhältnisse direkt zu verändern oder *K)* Einfluss auf die ökologischen Strukturen und Prozesse zu nehmen, die das Problem verursachen. Schließlich beeinflussen die Umweltbedingungen ökologische Prozesse unabhängig von der Flächennutzung (*L*). (Grimm et al. 2000, verändert; Urheberrecht beim Verlag der Originalveröffentlichung)

weitgehend gleich geblieben sind. In anderen Stadtteilen mit großen alten Stadtvillen haben sich häufig Anwaltskanzleien und andere Dienstleistungen angesiedelt. Dieser Nutzungswandel führt wiederum zu Anpassungen der physischen Struktur, etwa wenn (Vor-)Gärten in diesen Villengebieten in Parkplätze für die Mitarbeiter und Kunden umgewandelt werden und damit eine Erhöhung der Flächenversiegelung einhergeht (Pauleit et al. 2005).

Flächennutzung und physische Struktur der Fläche haben als Steuerungsgrößen entscheidende Bedeutung für die Stadtökologie (Richter 1984; Breuste

1987, 1994; Pauleit 1998). Aus ökologischer Sicht bestimmen sie wesentlich das jeweils vorherrschende „Störungsregime", das die ökologische Struktur, Funktion und Dynamik der Flächen prägt (Cadenasso et al. 2013). Die Zusammensetzung von Flora und Fauna, die Ausprägung klimatischer und hydrologischer Merkmale, oder auch die Eigenschaften von Stadtböden, können sich zwischen den einzelnen Flächennutzungen deutlich unterscheiden (z. B. Gehrke et al. 1977; Henry und Dicks 1987; Gilbert 1989; Sukopp und Wittig 1998; Breuste 1994; Pauleit 1998; Sauerwein 2004; Stewart und Oke 2012;

▶ Kap. 3, 5 und 6). Die Ausprägung der physischen Struktur, die über Merkmale wie z. B. die Bebauungsdichte, die Flächenversiegelung u. a. m. gemessen werden kann, steht beispielsweise in enger Beziehung mit hydrologischen und klimatischen Eigenschaften der verschiedenen Flächennutzungen (▶ Kap. 6).

Art und Intensität der Flächennutzungen und der physischen Struktur beeinflussen auch die Energie- und Stoffströme einer Stadt ("Metabolismus", ▶ Kap. 1). Der Gesamtenergieverbrauch eines überwiegend zu Wohnzwecken genutzten Stadtquartiers etwa, kann mit der Einwohnerdichte und Art der Bebauung korrelieren – soziale, kulturelle und ökonomische Faktoren spielen aber möglicherweise eine noch größere Rolle (Baker et al. 2010).

Flächennutzung und physische Struktur bedingen und beeinflussen sich gegenseitig. Beide werden, wie in ◘ Abb. 2.5 angedeutet, durch gesellschaftliche Prozesse und Umweltprozesse beeinflusst und vice versa. Diese Abbildung illustriert den theoretischen Ansatz, der für die integrierte Erforschung des Ökosystems Stadt im Rahmen von großangelegten stadtökologischen Forschungsprogrammen in den amerikanischen Städten Baltimore und Phoenix (sogenannte *Long-term Ecological Research Programs*, LTER, Grimm et al. 2000) gewählt wurde.

2.3 Ökologische Analyse der Stadtstruktur

2.3.1 Biotop- und Strukturtypenkartierungen

In statistischen Erhebungen in Gemeinden, etwa zu der Flächennutzung, werden Informationen zur ökologischen Charakterisierung der Stadt nicht gezielt erfasst. Zu ihrer Erfassung sind daher eigene Untersuchungen erforderlich. Geeignete Ansätze zur ökologischen Analyse und Bewertung der Stadtlandschaft sollten dabei nach Breuste (2006, verändert) folgende Anforderungen erfüllen:

- Bereitstellung von flächendeckenden Informationen,
- schnelle und kostengünstige Datenerhebung,
- Erkenntnisse über die Beziehungen zwischen Umweltqualität und Stadtstruktur, -funktion und -dynamik,

- Bezug auf Planungsinstrumente und -hierarchien,
- Möglichkeit zur Entwicklung und Anwendung von Bewertungsverfahren.

Stadtökologische Raumgliederungen werden in der Bundesrepublik Deutschland im Zuge der Erfassung von Lebensräumen für die Pflanzen- und Tierwelt (sogenannte Stadtbiotopkartierungen) seit den 1970er Jahren erstellt. Für mehr als 200 deutsche Städte wurden Biotopkartierungen durchgeführt (Werner 2008). Diese Biotopkartierungen bilden eine wichtige Informationsgrundlage für den städtischen Naturschutz, für Naturschutzprogramme und -pläne (z. B. städtische Arten- und Biotopschutzprogramme, Landschafts- und Grünordnungsplanung), oder sie dienen auch als Grundlage für die Beurteilung der Auswirkungen von menschlichen Eingriffen in die Natur und den Naturhaushalt bei Planungsvorhaben. Verschiedene Vorgehensweisen werden angewendet, von der gezielten Erfassung der als schutzwürdig erachteten Lebensräume ("selektive" Erhebungen), bis zu flächendeckenden Erhebungen. Die Arbeitsgruppe "Methodik der Biotopkartierung im besiedelten Bereich" bemühte sich um die Standardisierung dieser Vorgehensweisen (Schulte et al. 1993; ▶ Kap. 5).

Die Flächennutzung wird in diesen Erhebungen als wesentliche ökologische Determinante für die städtische Pflanzen- und Tierwelt betrachtet (Sukopp et al. 1980, S. 565), um auf dieser Grundlage die Stadt in Lebensraumtypen zu unterteilen (Fallstudie "Biotoptypenkarte von Berlin"). Da eine vollständige Erfassung der vorkommenden Pflanzen- und Tierarten in Großstädten für die vielen Raumeinheiten nicht möglich ist, werden vertiefende Untersuchungen auf ausgewählte Flächen beschränkt, um von hier auf die Gesamtheit aller Flächen des selben Typs zu schließen (sog. flächendeckend-repräsentative Biotopkartierungen).

Stadtstrukturtypenkartierungen stellen einen ähnlichen Ansatz dar. Unterschieden werden Flächen, die bezüglich ihrer Bebauungs- und Grünstruktur einheitlich geprägt sind, und daher auch jeweils charakteristische ökologische Eigenschaften aufweisen sollen. Entwicklung und Anwendung dieses Ansatzes erfolgten parallel in der damaligen Bundesrepublik Deutschland und der Deutschen

Demokratischen Republik in den 1980er Jahren (Richter 1984; Duhme und Lecke 1986; Breuste 1987). Im Unterschied zu den Biotopkartierungen ist hier allerdings das Ziel, nicht „nur" die Lebensräume für die Pflanzen- und Tierwelt zu erheben, sondern eine umfassende landschaftsökologische Analyse des Stadtökosystems, einschließlich seiner Energie- und Stoffflüsse, zu ermöglichen (◘ Abb. 2.7).

Für Strukturtypenkartierungen gibt es verschiedene Beispiele, etwa aus Halle, Leipzig, München, Linz, Sofia, Manchester, Daressalam und Addis Abeba (Duhme und Lecke 1986; Breuste 1987; Pauleit 1998; Terzijski 2004; Gill et al. 2008; Henseke 2013; Cavan et al. 2013). In mehreren Untersuchungen wurden auch der Bebauungs- und Flächenversiegelungsgrad, der Grünflächenanteil oder auch Angaben zur Freiraumnutzung und Nutzungsintensität für die verschiedenen Strukturtypen erhoben (Duhme und Lecke 1986; Pauleit 1998; Gill et al. 2008; Cavan et al. 2013), um die Beziehungen zwischen diesen Merkmalen und den klimatischen und hydrologischen Verhältnissen in den Strukturtypen zu analysieren. Das nachfolgende Beispiel der Strukturtypenkartierung für die Stadt München illustriert diesen Ansatz.

Der hier kurz vorgestellte Ansatz der Strukturtypenkartierung zeichnet ein Bild der Stadtlandschaft, wie es aus gewöhnlichen Flächennutzungskartierungen oder auch der Erfassung öffentlicher Grünflächen sonst nicht erkennbar wird. Erkennbar wird aus den Erhebungen in München etwa die Verbreitung von bedeutsamen Lebensräumen für die Pflanzen- und Tierwelt und ihr Zustand (◘ Tab. 2.2). Eine wesentliche Erkenntnis solcher Erhebungen ist, dass es sich dabei meist nicht um öffentliche Grünanlagen handelt, sondern um Reste naturnaher Flächen wie Wälder und Heideflächen. Auch viele Brachen finden sich darunter, die aus Nutzungsaufgaben (z. B. Industriebetriebe, Bahnanlagen) oder auch aus angefangenen und später aufgegebenen Bauvorhaben heraus entstanden sind. Landwirtschaftlich genutzte Flächen und

Biotoptypenkarte von Berlin

Nach einer ersten umfassenden Biotopkartierung für Westberlin, die als wichtige Grundlage für das Artenschutzprogramm der Stadt Berlin diente (AG Artenschutzprogramm Berlin 1984), und u. a. zu einer Karte der ökologischen Raumeinheiten Berlins führte (Sukopp 1990), wurde von 2003 bis 2008 eine neue, die Gesamtstadt umfassende Biotopkartierung erstellt, die auch digital verfügbar ist (► http://www.stadtentwicklung.berlin.de/natur_gruen/naturschutz/biotopschutz/de/biotopkartierung/karte.shtml). Alle Wald-, Forstflächen, Natura-2000-Gebiete, Naturschutzgebiete sowie andere bereits als naturschutzfachlich besonders wertvoll bekannte Gebiete Berlins wurden durch Begehung der Flächen erfasst. Die bebauten Bereiche wurden unter Nutzung vorhandener Informationen zu baulichen Strukturtypen und einem Grünflächenkataster in Biotoptypen verschlüsselt. Der Biotoptypenschlüssel umfasst insgesamt nicht weniger als 7483

Biotoptypen, die wiederum 22 Biotoptypengruppen zugeordnet wurden. ◘ Abb. 2.6 zeigt einen Ausschnitt der Biotoptypenkarte für einen Bereich der Innenstadt. Vorherrschend sind hier „Wohn- und Mischbebauung", „Gewerbe- und Dienstleistungsflächen" sowie die als „Verkehrsflächen" bezeichneten Straßenzüge. Erkennbar sind auch verschiedene Grünflächen mit dem Tiergarten im Zentrum. Die Biotoptypenkartierung liefert ein differenziertes Bild der Ausprägung dieser Grünflächen. So werden etwa auf dieser aggregierten Ebene der Biotopgruppen im Tiergarten „Wälder und Forsten", „Grün- und Freiflächen", „Feucht- und Frischgrünland, Zier- und Trittrasen", sowie „Standgewässer" unterschieden. Der Kartenausschnitt weist auch „Rohbodenstandorte" und „Ruderalfluren" längs von Gleisanlagen und „Fließgewässer" auf. Die Biotoptypen dienen beispielsweise als Grundlage, um bei Eingriffen nach dem Bundesna-

turschutzgesetz den Umfang von Ausgleichs- und Ersatzmaßnahmen zu ermitteln (Köppel et al. 2013). Die Bestimmung des Biotopwerts der verschiedenen Lebensraumtypen basiert auf einer Einschätzung ihrer Naturnähe (sog. „Hemerobiestufen", ► Kap. 4) und weiteren wertbestimmenden Merkmalen wie dem Vorkommen seltener oder geschützter Arten, der Vielfalt der Pflanzen- und Tierwelt (soweit in Felderhebungen erfasst), einer Beurteilung der Seltenheit des Biotoptyps, des Zeitraums, der zur Wiederherstellung des Biotoptyps benötigt wird, und des Risikos, dass die Wiederherstellung gelingt. Auf diese Weise liefert die Erfassung der ökologischen Grundstruktur Berlins durch die Biotoptypenkartierung in Verbindung mit weiteren Erhebungen die Grundlagen für die Landschaftsplanung, die Anwendung der Eingriffsregelung, für Umweltberichte und Umweltverträglichkeitsprüfungen.

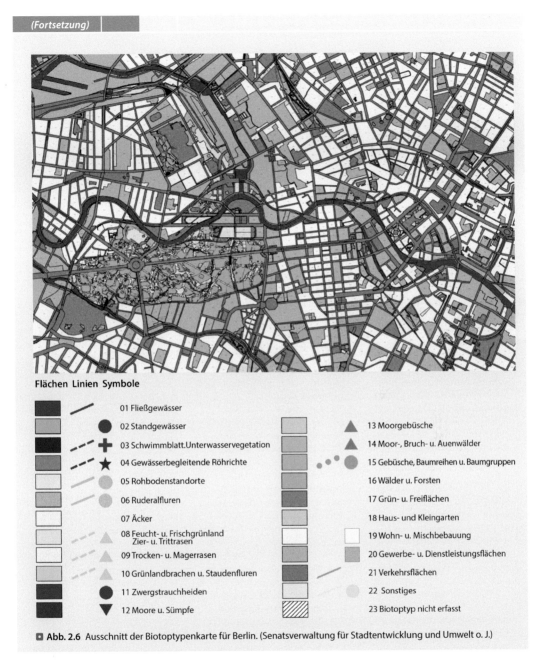

Flächen Linien Symbole

01 Fließgewässer

02 Standgewässer

03 Schwimmblatt.Unterwasservegetation

04 Gewässerbegleitende Röhrichte

05 Rohbodenstandorte

06 Ruderalfluren

07 Äcker

08 Feucht- u. Frischgrünland
Zier- u. Trittrasen

09 Trocken- u. Magerrasen

10 Grünlandbrachen u. Staudenfluren

11 Zwergstrauchheiden

12 Moore u. Sümpfe

13 Moorgebüsche

14 Moor-, Bruch- u. Auenwälder

15 Gebüsche, Baumreihen u. Baumgruppen

16 Wälder u. Forsten

17 Grün- u. Freiflächen

18 Haus- und Kleingarten

19 Wohn- u. Mischbebauung

20 Gewerbe- u. Dienstleistungsflächen

21 Verkehrsflächen

22 Sonstiges

23 Biotoptyp nicht erfasst

▣ **Abb. 2.6** Ausschnitt der Biotoptypenkarte für Berlin. (Senatsverwaltung für Stadtentwicklung und Umwelt o. J.)

Forsten, die den Stadtrand prägen, gehören ebenfalls zur Grünstruktur einer Stadt. Die Bedeutung dieser Grünstrukturen für Ökosystemdienstleistungen und den Naturschutz wird in den ▶ Kap. 5 und 6 noch weiter ausgeführt.

Auch die ökologischen Leistungen von oder die Belastungen durch städtische Flächennutzungen wie den unterschiedlichen Formen von Wohnbebauung, Gewerbe- und Industriegebieten oder auch Verkehrsinfrastrukturen wie Gleisanlagen lassen sich so analysieren. Wichtig ist hierzu die Erfassung von Merkmalen der physischen Oberflächenstruktur wie dem Flächenversiegelungsgrad, dem Vegetations- und dem Gehölzanteil.

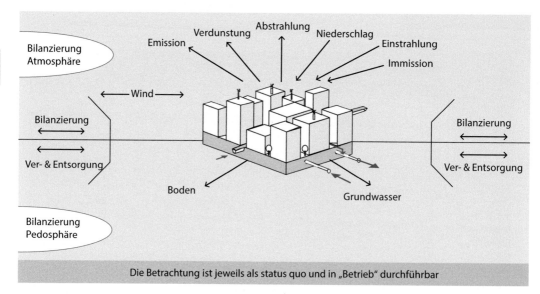

◘ Abb. 2.7 Struktureinheiten und -typen als räumlich-integratives Bezugssystem für die Analyse des Stadtökosystems. (Pauleit 1998, verändert)

Biotop- und Strukturtypenkartierung in München

Die erste Biotopkartierung für München erfasste die als schutzwürdig beurteilten Lebensräume für die Pflanzen- und Tierwelt (LÖK 1983). Sie war Grundlage für ein Naturschutzkonzept für die Stadt München (Duhme und Pauleit 1992).

Der ganz überwiegende Teil von seltenen oder gefährdeten Arten wurde in schutzwürdigen Biotopen gefunden, die aber nur etwa 10 % der Stadtfläche ausmachten und stark zersplittert waren. Sie repräsentierten nur einen kleinen Teil der unterschiedlichen städtischen Flächennutzungen sowie auch der landwirtschaftlich genutzten Stadtrandgebiete. Um für die Stadtplanung und den Naturschutz auch mit vertretbarem Aufwand grundlegende Informationen zu den ökologischen Eigenschaften und Werten der baulich geprägten Siedlungsflächen bereitzustellen, wurde eine Strukturtypenkartierung durchgeführt, in der durch Auswertung von Luftbildern die verschiedenen Nutzungsstruktureinheiten unter-

schieden und in Typen kategorisiert wurden (◘ Abb. 2.8).

Für jede Einzelfläche wurden Merkmale der Bebauung und Freiräume mit aufgenommen, wie der Flächenanteil von überbauten Flächen, asphaltierten oder gepflasterten Flächen, von Bäumen, Sträuchern, Wiesen und Rasenflächen und Rohböden. Der jeweilige Flächenanteil wurde durch eine visuelle Auswertung der Luftbilder geschätzt. Diese Merkmale wurden erhoben, weil sie a) in direktem ursächlichem Zusammenhang mit Ökosystemdienstleistungen wie der Temperaturregulation oder der Niederschlagsversickerung stehen, und weil b) ihre Ausprägung über die Instrumente der Stadtplanung beeinflusst werden können, etwa durch Festsetzungen der Bebauungsdichte oder Grünausstattung in Bebauungsplänen.

Die Erhebungen ermöglichten eine detaillierte Darstellung der Stadtstrukturtypen, einschließlich der Grünstrukturen der Stadt, sowie eine Analyse ihrer Bedeutung

für den Naturschutz (◘ Tab. 2.1). Zonierungen der Stadt mit jeweils eigenen ökologischen Merkmalen werden erkennbar (◘ Tab. 2.2), von der dicht bebauten Innenstadt mit einem hohen Versiegelungsgrad und entsprechend geringen Vegetations- und Gehölzanteilen und inselförmigen Grünflächen über Zonen von dichter und aufgelockerter Wohnbebauung, in denen sich insgesamt der größte Anteil der Vegetation und der Gehölzbestände befindet, bis zu Gewerbe- und Industriezonen mit einem höheren Anteil von Brachflächen. Während der Innenstadtbereich vergleichsweise homogen von Altstadt- und Blockbebauung geprägt wird, ist der umgebende Gürtel der Wohn-, Gewerbe- und Industriegebiete durch eine hohe Durchmischung unterschiedlicher Strukturtypen geprägt, die kleinere oder größere Flächen einnehmen. Auch große historische Parkanlagen und Friedhöfe sind in diese Zone eingebettet. Der land- und forstwirtschaftlich geprägte Stadtrandbereich ist demgegenüber

wieder weniger vielfältig und die einzelnen Flächen sind deutlich größer. Auch große zusammenhängende Grünstrukturen wie die Isar und ihre angrenzenden Wälder und Parkanlagen sind zu erkennen (◘ Tab. 2.2).
Die Karten der Flächenversiegelung und der Gehölzanteile (◘ Abb. 2.9 und 2.10) zeigen Eigenschaften der Stadtstruktur, die in enger Beziehung zur Biodiversität und regulierenden Ökosystemdienstleistungen wie der Verminderung des Regenwasserabflusses von befestigten Flächen in die Kanalisation

und Verminderung der thermischen Belastungen an Hitzetagen stehen (◘ Abb. 2.11; Pauleit 1998; Pauleit und Duhme 2000).
Die genannten Stadtzonen haben alle spezifische Eigenschaften, Potenziale und Defizite, die daran angepasste Ziele und Maßnahmen für die ökologisch orientierte Stadtentwicklung erfordern. In der dicht bebauten Innenstadt etwa werden Maßnahmen zur Erhöhung des Vegetationsbestands vordringlich sein. Aber wie geht das, wenn der Platz begrenzt ist? Wo können zusätzliche Bäume gepflanzt wer-

den? Wo sind Potenziale, um dazu Flächen zu entsiegeln? Wie viel Grün kann durch Dach- und Fassadenbegrünung geschaffen werden, und reicht es aus, um die Ökosystemdienstleistungen in den Innenstädten wesentlich zu erhöhen? In gut durchgrünten Wohngebieten stellt sich dagegen häufig – vor allem in wachsenden Städten wie München – die Frage, wie der Grünbestand mit seinen wichtigen Ökosystemdienstleistungen erhalten werden kann. Wie lassen sich etwa die alten Baumbestände bei Nachverdichtung sichern?

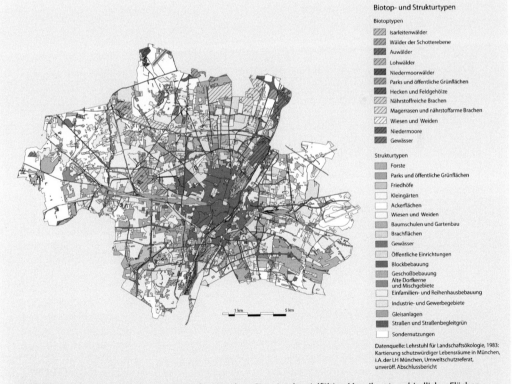

◘ Abb. 2.8 Biotop- und Strukturtypenkarte für München. Sie zeigt das vielfältige Mosaik unterschiedlicher Flächennutzungs- und Grünstrukturen, aus denen Städte bestehen. (LÖK et al. 1990)

2

(Fortsetzung)

◻ **Tab. 2.1** Alte Villengebiete und das Stadtzentrum haben sehr unterschiedlichen ökologische Eigenschaften (nach Breuste 2009, verändert; Fotos: © S. Pauleit)

	Alte Villengebiete	Stadtzentrum
Flächennutzung	Wohnen	Wohnen mit Gewerbe, Dienstleistungen und Büros
Stadtstrukturtyp	Einzelhausbebauung	Dichte Blockbebauung
Bebauungsgrad	20–30 %	> 70 %
Freiflächentypen	Ausgedehnte Hausgärten	Kleine Hinterhöfe, Plätze, Straßen
Art der Vegetation	Hoher Vegetationsanteil, insbes. Baumanteil	Sehr geringer Vegetationsanteil
Flächenversiegelung	< 40 %	> 70 %

◻ **Tab. 2.2** Grünstrukturen der Stadt München. (Quelle: Pauleit 2005)

Fließgewässer: Isar als bedeutendster Grünzug mit naturnahen Lebensräumen	Niedermoore: Nur noch kleine Reste naturnaher Feuchtwiesen (*Pfeile*) (*grau*: ursprüngliche Ausdehnung der Niedermoore)	Wälder: Unterschiedliche naturnahe Waldtypen, stark fragmentiert	Magerrasen: Reste ehemals ausgedehnter Heideflächen. Brachen in Gewerbe und Industriezonen und entlang von Bahnanlagen. Starke Verluste durch Siedlungsentwicklung

(Fortsetzung)

◼ **Tab. 2.2** *(Fortsetzung)*

Parks: Zerstreut im bebauten Bereich. Alte Parkanlagen mit wichtigen Lebensraumstrukturen	Lockere Wohnbebauung: Größter Grünflächenanteil innerhalb der Bebauung. Ältere Villengärten mit bedeutenden Gehölzbeständen	Landwirtschaft: Intensiv bewirtschaftete Flächen, nur über Wege zugänglich	Gleisanlagen: Teilweise bedeutende Verbundfunktion für Magerrasenlebensräume

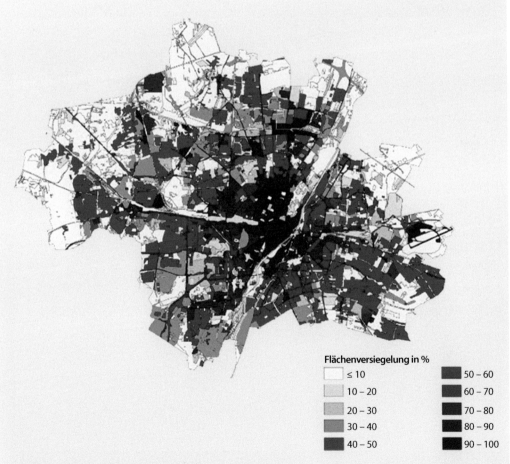

Flächenversiegelung in %

☐ ≤ 10		■ 50 – 60
10 – 20		■ 60 – 70
20 – 30		■ 70 – 80
30 – 40		■ 80 – 90
40 – 50		■ 90 – 100

◼ **Abb. 2.9** Flächenversiegelungskarte für München. (LÖK et al. 1990)

(Fortsetzung)

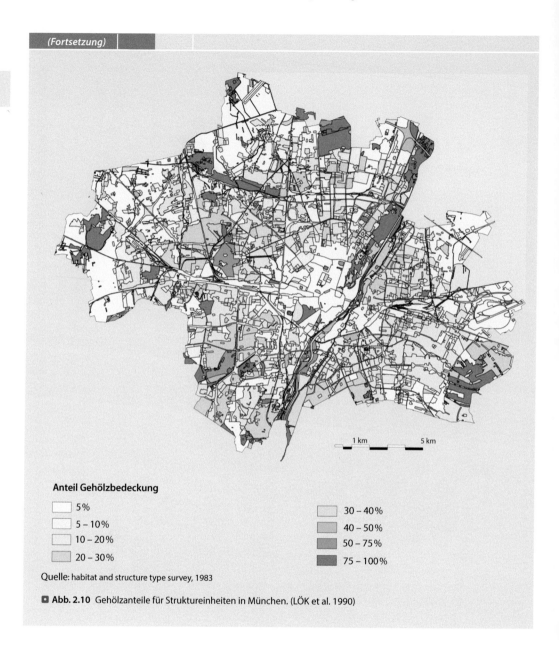

Anteil Gehölzbedeckung

- [ ] 5 %
- [ ] 5 – 10 %
- [ ] 10 – 20 %
- [ ] 20 – 30 %

- [ ] 30 – 40 %
- [ ] 40 – 50 %
- [ ] 50 – 75 %
- [ ] 75 – 100 %

Quelle: habitat and structure type survey, 1983

◘ **Abb. 2.10** Gehölzanteile für Struktureinheiten in München. (LÖK et al. 1990)

(Fortsetzung)

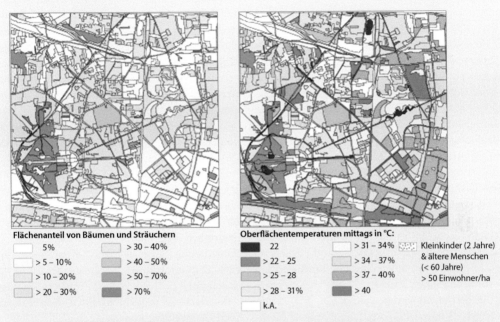

Flächenanteil von Bäumen und Sträuchern

5 %	> 30 – 40 %
> 5 – 10 %	> 40 – 50 %
> 10 – 20 %	> 50 – 70 %
> 20 – 30 %	> 70 %

Oberflächentemperaturen mittags in °C:

22	> 31 – 34 %
> 22 – 25	> 34 – 37 %
> 25 – 28	> 37 – 40 %
> 28 – 31 %	> 40
k.A.	

Kleinkinder (2 Jahre)
& ältere Menschen
(< 60 Jahre)
> 50 Einwohner/ha

◘ **Abb. 2.11** Gehölzanteile und Oberflächentemperaturen in einem Münchner Untersuchungsgebiet. (Pauleit 1998)

Definition

Mit Flächenversiegelung ist die dauerhafte Überbauung oder Befestigung der Bodenoberfläche (z. B. durch Asphalt) durch mehr oder weniger luft- und wasserundurchlässige Materialien gemeint (Wessolek 2010 und Prokop et al. 2011 mit weiteren Definitionen).

Die Flächenversiegelung ist ein ökologisches Schlüsselmerkmal in Städten. Sie bedeutet die Beeinträchtigung oder den vollständigen Verlust von belebter Bodenoberfläche sowie der Bodenfunktionen (▶ Kap. 3). Die Flächenversiegelung ist in Städten abhängig von der jeweiligen Art der Bebauung und der Grünflächenstruktur. Im Münchner Stadtgebiet sind 36 % der Flächen versiegelt (Artmann 2013). In der dicht bebauten Innenstadt werden aber Versiegelungsanteile von über 70 % der Fläche erreicht. Die Wohnbebauung weist sehr unterschiedliche Versiegelungsanteile von 20–60 % auf (◘ Abb. 2.9, ◘ Tab. 2.3). Große Gewerbe- und Industriegebiete können ebenfalls einen Versiegelungsgrad von bis

zu 80 % oder in Einzelfällen noch darüber aufweisen. Die Flächenversiegelung am land- und forstwirtschaftlich geprägten Stadtrand liegt dagegen deutlich unter 20 %.

◘ Tabelle 2.3 zeigt aus einer Untersuchung für ein Teilgebiet der Stadt München die durchschnittlichen Flächenversiegelungsgrade von Stadtstrukturtypen sowie weitere Flächenmerkmale wie den Vegetations- und den Gehölzanteil (Pauleit 1998). Auch Durchschnittswerte für wichtige ökologische Eigenschaften der Strukturtypen wie die Oberflächentemperaturen und der zur Versickerung gelangende Anteil der Niederschläge werden angegeben. Eine Zunahme der Flächenversiegelung um 10 % korreliert beispielsweise mit einer Erhöhung der Oberflächentemperatur um 1,0 °C (ebd.). Nach einer anderen Untersuchung in München erhöht sich die Lufttemperatur bei einer zehnprozentigen Zunahme der Flächenversiegelung von Freiräumen um durchschnittlich 0,7 °C (Bründl et al. 1986). Die Umweltauswirkungen der Flächenversiegelung sind auch aus anderen Untersuchungen belegt (z. B. Haase and Nuissl 2007; Scalenghe und Marsan 2009).

Die Erfassung von Grünflächen-, Vegetations- und Gehölzanteilen bieten weitere Informationen zur ökologischen Stadtstruktur. Der Anteil von Grün- und Gewässerflächen reicht in europäischen Städten von weniger als 2 % bis annähernd 50 % (Fuller und Gaston 2009). Erfasst werden konnten in dieser Erhebung allerdings nur Grün- und Wasserflächenflächen, die sich auf Landsat-Satellitenbildern mit einer Auflösung von 25 m als einzelne Flächen unterscheiden ließen, nicht aber die vegetationsbedeckten Flächen innerhalb von Wohngebieten, Gewerbe- und Industriegebieten. Städte in Süd- und Osteuropa wiesen durchschnittlich geringere Grünflächenanteile pro Einwohner auf, als Städte in Nord- und Nordwesteuropa. Der Grünflächenanteil stieg interessanterweise mit der Flächenausdehnung der Städte bei gleicher Bevölkerungsdichte an. Erwartungsgemäß nahm der Grünflächenanteil pro Einwohner demgegenüber mit zunehmender Bevölkerungsdichte stark ab.

Insgesamt 58 % der Fläche des Münchner Stadtgebiets waren 1982 vegetationsbedeckt (LÖK 1983). In dieser Zahl sind die Vegetationsbestände der Wohnbebauung, Gewerbegebiete, Verkehrsinfrastrukturen, aber auch der landwirtschaftlich geprägte Stadtrandbereich eingeschlossen. Der Vegetationsanteil kann zwischen den Strukturtypen aber sehr stark variieren (◘ Tab. 2.3), von unter 20 % Flächenanteil in der dichten Blockbebauung der Innenstadt und Gewerbe- und Industriebebauung bis zu über 60 % in der Einfamilienhausbebauung.

Untersuchungen in anderen Städten Mittel- und Nordeuropas zum Anteil der vegetationsbedeckten Flächen kommen zu ähnlichen Ergebnissen. In Manchester beispielsweise liegt der Anteil vegetationsbedeckter Flächen insgesamt bei 72 % und im besiedelten Bereich (d. h. ohne die landwirtschaftlich genutzten Stadtrandbereiche) bei 59 % (Gill et al. 2007). In Linz liegt er für das gesamte Stadtgebiet, einschließlich der land- und forstwirtschaftlich geprägten Stadtrandbereiche bei 53 % (Henseke 2013).

Während sich bei der Strukturtypenkartierung Vegetationsanteile und Flächenversiegelung gegenüberstehen, liefert die Karte zu den von Bäumen und Sträuchern bedeckten oder überschirmten Flächen (◘ Abb. 2.10) neue Informationen. Erkennbar wird jetzt die unterschiedliche Qualität der Vegetations-bestände in den verschiedenen Flächennutzungsstrukturen. Wälder und Gehölzbestände (Bäume und Sträucher) haben eine hohe Bedeutung für das Stadtbild, die Erholungseignung von Freiräumen und Ökosystemdienstleistungen wie die Verringerung der Lufttemperaturen und des oberflächlichen Wasserabflusses nach Starkregenereignissen. Hohen Wert als Lebensraum für die Pflanzen- und Tierwelt weisen vor allem dichte, alte Gehölzbestände auf. Ihre Rolle als Kohlenstoffspeicher ist im Zuge des Klimawandels ebenfalls zu erwähnen (Nowak 2002; Tyrväinen et al. 2005).

Der Gehölzanteil lag in München 1982 bei 17 % (eine neuere Erhebung lag nicht vor). Er ist damit etwa gleich hoch, wie der Anteil bebauter Flächen, der 1982 bei 18 % lag. Nicht zu Unrecht wird die Gesamtheit der städtischen Gehölzbestände in Nordamerika daher auch als „Urban Forest" bezeichnet (Nowak 2002). Erwartungsgemäß ist der Gehölzanteil hoch in Wäldern und großen alten Parkanlagen mit waldähnlichen Gehölzbeständen. Auch alte Friedhöfe können einen dichten Gehölzbestand aufweisen. In aufgelockerter Wohnbebauung kann der Gehölzanteil aber ebenfalls hoch sein. Durchschnittlich werden durch Baumkronen und Sträucher in der Einfamilienhausbebauung in München immerhin 24 % der Gesamtfläche überschirmt (◘ Tab. 2.3). Der Gehölzanteil kann in Villengebieten aber noch deutlich darüber liegen und einen hohen Anteil alter, großkroniger Bäume aufweisen. Ornithologische Erhebungen zeigten für München, dass sich Vogelarten wie etwa der Waldlaubsänger, die sonst nur in Wäldern im Stadtgebiet nachgewiesen wurden, auch in diesen Villengebieten brüteten (LÖK 1990). Wohngebieten mit Gehölzbeständen dieser Qualität wurden deshalb als Korridore für den Lebensraumverbund der Wälder bewertet.

Auch in anderen Städten wurde die besondere Bedeutung von Grünflächen in der Wohnbebauung festgestellt. Nach Loram et al. (2007) befinden sich beispielsweise in fünf britischen Städten zwischen 22–27 % aller vegetationsbedeckten Flächen in Hausgärten. Im Großraum Manchester befinden sich ca. 20 % aller vegetationsbedeckten Flächen und sogar 30 % aller Gehölzbestände in der Wohnbebauung (Gill 2006).

Für amerikanische Städte wurde der Flächenanteil von Gehölzbeständen („Urban Forest") und

◩ **Tab. 2.3** Merkmale der physischen Struktur und Ökosystemdienstleistungen (▶ Kap. 5) von Strukturtypen in München. (Quelle: Pauleit und Duhme 2000)

Geordnet nach der Flächenversiegelung	Fallzahl	Flächenversiegelung[a]	Anteil bebauter Flächen	Vegetationsflächenanteil[b]	Gehölzanteil[c]	Oberflächentemperaturen[d]	Niederschlagsversickerung[e]	Oberflächenabfluss[f]
		In %	In %	In %	In %	in °C	In %	l/m^2
Straßen	76	88,7	0	9,5	4,3	37,4	10,5	33,0
Blockbebauung	54	85,4	45,2	13,9	6,1	36,6	10,3	30,1
Geschoss- und Hallenbebauung	56	81,3	38,2	9,3	3,7	38,6	12,0	28,4
Parkplätze	9	69,6	5,2	13,7	7,5	39,2	19,0	18,7
Sonderbauten	4	54,2	23,5	36,6	11,3	34,7	19,4	13,0
Geschossbebauung	219	52,3	28,5	43,5	14,9	34,1	19,5	18,2
Hallenbebauung	43	50,4	27,0	23,3	6,7	37,1	23,4	15,9
Reihenhausbebauung	25	49,1	26,7	49,9	19,9	33,6	19,4	20,1
Mischbebauung	11	43,6	26,6	52,6	26,1	33,6	20,4	16,5
Einzelhausbebauung	83	35,2	16,5	62,0	23,9	32,9	23,4	13,1
Sportanlagen	30	24,3	7,4	65,4	12,0	32,8	28,6	4,0
Sonderkulturen	32	22,3	16,3	71,4	6,3	32,7	30,9	14,3
Kleingärten	35	18,2	12,9	72,3	22,4	30,4	30,0	6,3

Die Daten beziehen sich auf ein Untersuchungsgebiet, das etwa 15 % der Stadtfläche einnimmt. Landwirtschaftlich geprägte Stadtrandbereiche sind unterrepräsentiert

Anmerkung: Die Summe versiegelter und vegetationsbedeckter Flächen ist kleiner als 100 %. Die restlichen Flächen sind offene Kiesflächen (z. B. auf Bahnanlagen) und Wasserflächen

[a]Flächenversiegelung = Gebäude, Asphalt- und Pflasterflächen

[b]Vegetation = Baum-, Strauch-, Wiesen-, Rasen-, Kraut-, Beet- und Ackerflächen

[c]Gehölzanteil = Baumüberschirmte und strauchbedeckte Flächen

[d]Aus einer Thermalbefliegung vom 08/07/1982, 12.30–14.00 Uhr (Baumgartner et al. 1985)

[e]Als prozentualer Anteil der jährlichen Niederschlagsmenge von 948 mm(Station München-Riem). Berechnung: s. Pauleit 1998

[f]Bei einem einstündigen Niederschlag von 40 mm (Wiederkehrhäufigkeit 10 Jahre). Berechnung: s. Pauleit 1998

■ **Tab. 2.3** *(Fortsetzung)*

Geordnet nach der Flächenver- siegelung	Fallzahl	Flächenver- siegelung[a] In %	Anteil bebauter Flächen In %	Vege- tations- flächen- anteil[b] In %	Gehölz- anteil[c] In %	Ober- flächen- tempe- raturen[d] in °C	Nieder- schlags- versicke- rung[e] In %	Ober- flächen- abfluss[f] l/m²
Hecken	46	18,1	1,0	77,2	55,3	27,1	22,2	7,2
Kiesflächen	28	14,2	5,8	15,5	5,1	37,5	41,7	5,0
Parks	100	8,8	1,0	81,2	25,5	29,9	31,2	18,1
Gleisanlagen	10	6,1	1,8	5,6	0,5	40,1	55,0	2,0
Fließgewäs- ser	23	4,3	0,1	40,6	22,2	22,7	15,0	0
Friedhöfe	3	3,0	2,8	84,7	44,3	25,9	32,8	1,1
Brachen	55	2,8	1,0	80,2	22,6	31,2	33,8	0,7
Wiesen	18	1,9	0,1	94,1	3,8	28,3	34,2	0,2
Ackerflächen	37	1,0	0,1	97,3	1,2	28,5	38,9	1,0
Wälder	24	0,9	0,2	94,7	86,4	24,1	21,8	1,0
Stillgewässer	7	0	0	0	0	20,7	0	0
Gesamt/ Durchschnitt	1028	42,3	18,2	45,0	16,9	33,8	23,1	16,1

Die Daten beziehen sich auf ein Untersuchungsgebiet, das etwa 15 % der Stadtfläche einnimmt. Landwirtschaftlich geprägte Stadtrandbereiche sind unterrepräsentiert

Anmerkung: Die Summe versiegelter und vegetationsbedeckter Flächen ist kleiner als 100 %. Die restlichen Flächen sind offene Kiesflächen (z. B. auf Bahnanlagen) und Wasserflächen

[a]Flächenversiegelung = Gebäude, Asphalt- und Pflasterflächen

[b]Vegetation = Baum-, Strauch-, Wiesen-, Rasen-, Kraut-, Beet- und Ackerflächen

[c]Gehölzanteil = Baumüberschirmte und strauchbedeckte Flächen

[d]Aus einer Thermalbefliegung vom 08/07/1982, 12.30–14.00 Uhr (Baumgartner et al. 1985)

[e]Als prozentualer Anteil der jährlichen Niederschlagsmenge von 948 mm(Station München-Riem). Berechnung: s. Pauleit 1998

[f]Bei einem einstündigen Niederschlag von 40 mm (Wiederkehrhäufigkeit 10 Jahre). Berechnung: s. Pauleit 1998

versiegelten Flächen für sämtliche als städtisch klassifizierten Gebiete für das Jahr 2005 ermittelt (Nowak und Greenfield 2012). Der durchschnittliche Flächenanteil von Bäumen und großen Sträuchern lag bei 35 % und reichte von 9–67 % in den urbanen Bereichen der unterschiedlichen Bundesstaaten. Eine Auswertung von Luftbildern verschiedener Jahre zeigte für 20 amerikanische Städte, dass der Baumbestand jährlich durchschnittlich um etwa 0,3 % abnahm, während sich der Anteil versiegelter Flächen entsprechend erhöhte (Nowak und Greenfield 2012). Für europäische Städte liegen bislang keine vergleichbaren Angaben zu den Anteilen und der Dynamik der Gehölzbestände vor.

Die Bedeutung des Gehölzanteils für regulierende Ökosystemdienstleistungen wird in

◘ Abb. 2.11 am Beispiel der Oberflächentemperaturen verdeutlicht. Eine Zunahme des Gehölzanteils um 10 % bedeutet nach dieser Studie eine Senkung der Oberflächentemperaturen um 1,4 °C (Pauleit 1998), während eine zehnprozentige Erhöhung des Gesamtanteils der vegetationsbedeckter Flächen (Bäume, Sträucher, Wiesen und Rasen) zu einer Verminderung der Oberflächentemperaturen um „nur" 1,0 °C führte (▶ Kap. 6 zu ähnlichen Ergebnissen anderer Untersuchungen). Grund für die besondere Effektivität von Bäumen zur Klimaregulierung oder auch zur Reduktion des oberflächlichen Regenwasserabflusses ist ihre dreidimensionale Struktur und die hohe Blattoberfläche. Maße für das Vegetationsvolumen oder der sogenannte Blattflächenindex werden daher auch als Parameter verwendet, um die Ökosystemdienstleistungen von Gehölzbeständen zu ermitteln bzw. zu simulieren (z. B. mit dem i-Tree Tool des US Forest Service, Nowak et al. 2008; King et al. 2014; s. a. Hardin und Jensen 2007). Fernerkundungsmethoden wie LiDAR werden zukünftig eine flächendeckende Erhebung und regelmäßige Fortschreibung solcher Bestandsdaten ermöglichen (MacFaden et al. 2012).

Die Untersuchung der Flächennutzungs- und Grünstruktur von Daressalam, Tansania

Die Fallstudie Daressalam soll einen kleinen Einblick in die Flächennutzung und Grünstruktur einer Stadt geben, die sich von europäischen Städten wie München oder Berlin ganz grundlegend unterscheidet (▶ Kap. 1). Die folgenden Angaben stammen aus einem von der EU finanzierten Forschungsprojekt CLUVA (Climate Change and Urban Vulnerability in Africa). Eine Strukturtypenkartierung war eine wichtige Grundlage für dieses Projekt (◘ Abb. 2.12, Cavan et al. 2013). Daressalam wurde erst in der Kolonialzeit gegründet. Besonders in den letzten Jahrzehnten hat sie sich fast explosionsartig entwickelt und weist heute über vier Mio. Einwohner auf. Bei einem anhaltenden jährlichen Bevölkerungszuwachs von etwa 5 % würde sich die Bevölkerungszahl bis 2030 verdoppeln. Stadtwachstum findet in Daressalam überwiegend informell statt, das heißt, dass die Siedlungen nicht von der Stadtverwaltung geplant werden und keinen rechtlich gesicherten Status besitzen. Der dicht bebaute, aber im Verhältnis zur gesamten Siedlungsfläche kleine Stadtkern Daressalams wird daher von ausgedehnten Siedlungen niedriger Bebauung umgeben, die sich vorwiegend entlang von großen Ausfallstraßen entwickeln (◘ Abb. 2.13).

Wichtige übergeordnete Grünstrukturen sind in der Stadt die Flusstäler, in denen sich ebenfalls informelle Siedlungen ausgebreitet haben. Die Flüsse sind durch Müllablagerungen und Abwässer stark belastet (◘ Abb. 2.14). Parkanlagen und andere öffentliche Grünflächen wurden in Daressalam nur in sehr geringem Umfang angelegt. Eine der größten Grünflächen in der Innenstadt ist ein Golfplatz, der nicht öffentlich zugänglich ist. Ein bedeutender Teil des Grüns befindet sich in locker bebauten Siedlungen. Allein in den Streusiedlungen am Stadtrand, die insgesamt 25 % der Stadtfläche einnehmen, befinden sich 20 % der vegetationsbedeckten Flächen.

Urbane Landwirtschaft und urbanes Gärtnern finden in vielfältigen Formen in den informellen Siedlungen, in den Flusstälern und weiteren unbebauten Bereichen im Stadtgebiet statt und besitzen große Bedeutung für die Selbstversorgung der Bevölkerung (Afton und Magid 2013). Die Siedlungsfläche und der Anteil von versiegelten Flächen nahmen von 2002 bis 2008 um 2 % zu. Der rasanten Siedlungsentwicklung am Stadtrand fielen etwa 5000 ha landwirtschaftlich genutzte Flächen zum Opfer – die Nahversorgung der Bevölkerung durch urbane Landwirtschaft wird durch diese Entwicklung gefährdet. Die Ausdehnung von Wäldern, Buschland und Feuchtgebieten verringerte sich um ein Drittel. Auch in der Stadt verschwanden viele Grünflächen durch die bauliche Verdichtung der Siedlungen. Der jährliche Verlust von Gehölzbeständen war mit 11 % ihrer Fläche besonders groß. Als Folge verringern sich die Ökosystemdienstleistungen der Grünstruktur dramatisch und die Vulnerabilität gegenüber klimawandelbedingten Naturgefahren wie Überschwemmungen erhöht sich weiter. Die Anwendung eines räumlichen Szenarienmodells im Forschungsprojekt CLUVA zeigte, dass die Verdichtung bereits bestehender Siedlungen einen wesentlichen Beitrag zur Sicherung der stadtnahen Landwirtschaft leisten würde (Pauleit et al. 2013). Die Sicherung bzw. Wiedergewinnung der Flusstäler als grüne Korridore ist eine weitere Schlüsselaufgabe für die ökologisch orientierte Stadtentwicklung. Die Umsetzung solcher Ziele würde aber eine wesentliche Stärkung der Stadtplanung erfordern.

2

(Fortsetzung)

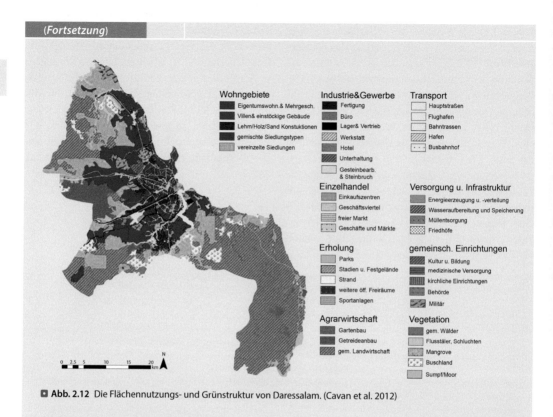

Wohngebiete
- ▮ Eigentumswohn.& Mehrgesch.
- ▮ Villen& einstöckige Gebäude
- ▮ Lehm/Holz/Sand Konstuktionen
- ▮ gemischte Siedlungstypen
- ▮ vereinzelte Siedlungen

Industrie&Gewerbe
- ▮ Fertigung
- ▮ Büro
- ▮ Lager& Vertrieb
- ▨ Werkstatt
- ▮ Hotel
- ▨ Unterhaltung
- ▯ Gesteinbearb. & Steinbruch

Transport
- ▯ Hauptstraßen
- ▯ Flughafen
- ▯ Bahntrassen
- ▨ Hafen
- ⋯ Busbahnhof

Einzelhandel
- ▮ Einkaufszentren
- ▮ Geschäftsviertel
- ▤ freier Markt
- ⋯ Geschäfte und Märkte

Versorgung u. Infrastruktur
- ▮ Energieerzeugung u. -verteilung
- ▨ Wasseraufbereitung und Speicherung
- ▮ Müllentsorgung
- ▨ Friedhöfe

Erholung
- ▯ Parks
- ▨ Stadien u. Festgelände
- ▯ Strand
- ▮ weitere öff. Freiräume
- ▮ Sportanlagen

gemeinsch. Einrichtungen
- ▨ Kultur u. Bildung
- ▬ medizinische Versorgung
- ▥ kirchliche Einrichtungen
- ▮ Behörde
- ▨ Militär

Agrarwirtschaft
- ▮ Gartenbau
- ▮ Getreideanbau
- ▨ gem. Landwirtschaft

Vegetation
- ▮ gem. Wälder
- ▨ Flusstäler, Schluchten
- ▨ Mangrove
- ▨ Buschland
- ▮ Sumpf/Moor

0 2.5 5   10   15   20
km   N

▪ **Abb. 2.12** Die Flächennutzungs- und Grünstruktur von Daressalam. (Cavan et al. 2012)

▪ **Abb. 2.13** Strukturtypen in Daressalam: **a** dicht bebaute Innenstadt, **b** Flusstal mit informeller Siedlung im Hintergrund, **c** informelle Siedlung am Stadtrand. (Fotos: a, b: © S. Pauleit, c: © A. Printz)

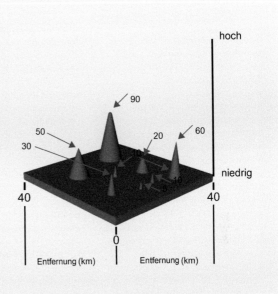

(*Fortsetzung*)

□ **Abb. 2.14** Schematische Darstellung von komplexen Urbanitätsgradienten in der Stadtregion. Die Höhe der Berge symbolisiert dabei die Intensität der Urbanität. (Nach McDonnell und Hahs, unveröff. Powerpointpräsentation, Urban Ecology Workshop, Duluth, 18.–20. Mai 2006)

2.3.2 Das „Patch" Modell, Landschaftsmaße und Landschaftsgradienten

Das landschaftsökologische „*Patch-Corridor-Matrix Modell*" (Forman und Godron 1986; Forman 1995) eröffnet eine weitere Perspektive auf die Stadtlandschaft, da es das Augenmerk auf die räumlichen Beziehungen ihrer Elemente legt.

Landschaften können demnach als ein Gefüge von unterschiedlichen „Patches" (= Fleck, Flicken) aufgefasst werden, die jeweils durch ökologische Standortunterschiede und/oder bestimmte „Störungsregimes" erzeugt werden. Die räumliche Heterogenität von Landschaften beeinflusst wesentlich ökologische Prozesse wie etwa die Stoffflüsse oder auch Verbreitung von Pflanzen- und Tierarten (Pickett und White 1985). „Corridors" (= Korridore) sind dabei gewissermaßen die Transportwege für Energie und Stoffe sowie die Verbreitungswege von Pflanzen und Tieren. „Patches" und „Korridore" sind wiederum in die Matrix eingebunden, die insgesamt die ökologischen Eigenschaften der Landschaft bestimmt (z. B. „Wald"-Landschaft, „Agrar"-Landschaft, „Stadt"-Landschaft).

Dieser Ansatz kam im *Long-term Ecological Research* Forschungsprojekt in Baltimore zur Verwendung (Pickett et al. 2009; Cadenasso et al. 2007). Mit „Hercules" (*High Ecological Resolution Classification for Urban Landscapes and Environmental Systems*) wurde in Baltimore ein Ansatz zur Anwendung des „Patch" Modells in der Stadt entwickelt. Nicht anders als in den bereits vorgestellten Strukturtypenkartierungen wurden Flächen abgegrenzt und typisiert, die sich voneinander aufgrund ihrer Konfiguration der Bebauung und der Freiräume unterscheiden lassen (Cadenasso et al. 2013). Ebenso wurden die Flächenanteile von Merkmalen der physischen Struktur wie die überbaute Fläche, befestigte Fläche, Gehölzfläche und Fläche der krautigen Vegetation geschätzt.

Neben der physischen Struktur bestimmen auch Merkmale wie die Größe und Form die ökologischen Eigenschaften der „Patches". Die Flächengröße kann beispielsweise die Qualität als Lebensraum für die Pflanzen- und Tierwelt beeinflussen. Für kleine Waldvogelarten, etwa den Pirol oder den Waldlaubsänger, scheint beispielsweise eine Mindestgröße der Wälder von etwa 10 ha für ihr Vorkommen notwendig zu sein (van Dorp und Opdam 1987). Auch die klimatischen Eigenschaften von Grünflächen sind größenabhängig. Der Unterschied zwischen der durchschnittlichen Lufttemperatur in Grünflächen und ihrer baulich geprägten

2

Analyse der räumlichen Struktur und Dynamik von Wäldern von Kwangju, Südkorea

Kwangju ist eine schnellwachsende Stadt in Südkorea mit 1,4 Mio. Einwohnern (2002). Sie liegt eingebettet in eine Gebirgslandschaft, die überwiegend bewaldet sind, während die Talbereiche meist für den Reisanbau genutzt werden. Das starke Wachstum der Stadt, landwirtschaftliche Intensivierung im Stadtumland, aber auch die zunehmende touristische Erschließung der Berge führen zum Verlust und zur Zerschneidung von Waldflächen und Gehölzbeständen.

In vier Landschaftstypen, die einen Gradienten von der Berglandschaft, über die landwirtschaftlich geprägte Zone, den Stadtrandbereich bis in die Innenstadt repräsentieren, wurden der Landschaftswandel und seine Auswirkungen auf die Wälder mittels Landschaftsmaßen analysiert, von denen drei nachfolgend vorgestellt werden sollen (Kim und Pauleit 2009).

1. Der „Waldflächenform"-Index ist eine dimensionslose Zahl, die das Verhältnis zwischen Umfang und Fläche der Wälder angibt. Biotope mit komplexeren Formen und einem höherem Anteil an Randbereichen können eine höhere Biodiversität aufweisen. Da aber auf den Waldinnenbereich spezialisierte Pflanzen- und Tierarten in kleinen Wäldern mit hohem Anteil von Randbereichen nicht vorkommen können, wurde

der Index zusätzlich nach der Flächengröße gewichtet;

2. der „Mittlere Abstand zur nächsten Waldfläche" ist ein Maß für die Entfernung zwischen Waldlebensräumen, um ihre Isolation zu ermitteln; und

3. „Waldflächendichte"-Index (Anzahl von Wäldern pro 100 ha) als ein Maß für die räumliche Heterogenität bzw. Konnektivität der Landschaft (McGarigal et al. 2002). Zusätzlich wurde auch die Veränderung der Oberflächenbedeckung in der jeweiligen Landschaftsmatrix analysiert, da sie die Möglichkeit zur Verbreitung von Arten beeinflussen kann.

Insgesamt gingen zwischen 1976 und 2002 knapp 14 % des Waldbestandes in der Stadtregion von Kwangju verloren. Die Landschaftsmaße (◘ Tab. 2.4) zeigen die sehr unterschiedliche Beschaffenheit und die spezifische Dynamik der Waldbestände auf dem Gradienten von der Innenstadt über die Stadtrandbebauung und Agrarlandschaft bis zu den Bergen. In der Innenstadt war der Waldanteil insgesamt am niedrigsten, die einzelnen Wälder durchschnittlich am kleinsten und ihre geometrische Form am einfachsten. Zwischen 1976 und 2002 reduzierte sich die Anteil der Waldfläche in der Innenstadt um fast die Hälfte, was zu einem weiteren Rückgang der Dichte führte. Ihre

Isolation nahm nicht weiter zu, weil die verbleibenden Wälder vor allem in zwei Teilbereichen der Innenstadt erhalten blieben. In der Stadtrandzone waren die Wälder auf den steilen Hügeln noch eng benachbart. Ihre geometrische Form war deutlich komplexer als die der Wälder in der Innenstadt. Die Stadtrandlandschaft wies aber aufgrund des starken Stadtwachstums nach der Innenstadt die zweitgrößten Verluste an Wäldern und Waldfläche auf. Der durchschnittliche Abstand zu anderen Wäldern nahm in der Stadtrandlandschaft am stärksten zu. Die intensiv landwirtschaftlich geprägte Landschaft wies einen vergleichsweise niedrigen Anteil und überwiegend kleine Wälder auf. Die Verluste an Waldfläche waren ähnlich hoch wie am Stadtrand, aber die Anzahl der Wälder blieb gleich. In den Bergen herrschten die besten Lebensraumbedingungen für die Pflanzen- und Tierwelt der Wälder. Allerdings führte die touristische Erschließung der Berglandschaft zwischen 1976 und 2002 zu den größten absoluten Flächen-verlusten von Wäldern und zu einer deutlichen Zunahme ihrer Fragmentierung. Auf Grundlage dieser Analyse konnten jeweils unterschiedliche Schutz- und Entwicklungsziele vorgeschlagen werden (Kim und Pauleit 2009).

Umgebung unterschied sich beispielsweise in einer Untersuchung in Berlin erst ab einer Größe von etwa 3 ha (Stülpnagel 1987). Neben der Flächengröße spielt aber auch die geometrische Form der einzelnen „Patches" eine Rolle für ihre ökologischen Eigenschaften, etwa durch die formbedingte Größe der Rand- und Störungsbereiche.

Merkmale der Flächenform können durch verschiedene sogenannte Landschaftsmaße beschrieben werden. Alberti (2008) etwa unterscheidet Strukturmaße für die „Form" (= räumliche Konfi-

guration), Dichte (z. B. Bevölkerungsdichte, Bebauungsdichte), Heterogenität (Vielfalt unterschiedlicher physischer Strukturen) und Konnektivität (z. B. von Grünverbindungen). Für eine klimatische Charakterisierung der Stadtstruktur wurden auch Maße wie „Porosität", „Kompaktheit" der Bebauung und „Oberflächenrauigkeit" verwendet (Adolphe 2001; Steemers et al. 2004). Als Beispiel für die Anwendung von Landschaftsmaßen zeigt die folgende Fallstudie für die südkoreanische Stadtregion Kwangju wie sich die Auswirkungen des Stadtwachstums und

Tab. 2.4 Analyse der Walddynamik im Verdichtungsraum Kwangju, Südkorea. (Quelle: Kim und Pauleit 2009)

Landschaftstyp	Jahr	Flächennutzung (Anteil an der Gesamtfläche in %)				Waldmerkmale					
		Siedlung	Landwirtschaft	Wälder	Sonstiges	Waldfläche (ha)	Anzahl der Wälder	Durchschnittliche Größe der Wälder (ha)	Flächengewichteter Mittlerer Flächenform-Index (AWMPSI)	Mittlerer Abstand zur nächsten Waldfläche (MNND) (m)	Waldflächendichte (PD) (Anzahl der Waldflächen pro 100 ha)
Stadt	1976	77,9	12,3	8,9	0,9	80,5	41,0	1,9	1,66	263	4,4
	2002	87,0	7,8	4,3	0,9	38,7	13,0	2,9	1,44	264	1,5
Stadtrand	1976	33,8	29,6	32,8	3,8	195,3	32,0	6,1	2,62	188	5,3
	2002	48,1	21,0	27,1	3,8	161,0	28,0	5,7	2,66	287	4,9
Landwirtschaft	1976	5,6	75,7	12,1	6,6	121,3	97,0	1,2	1,70	182	9,7
	2002	6,7	76,4	10,3	6,6	103,1	96,0	1,0	1,67	185	9,6
Bergland	1976	5,6	48,1	44,5	1,8	706,3	86,0	8,2	3,81	232	5,3
	2002	12,3	44,8	41,1	1,8	652,0	91,0	7,1	3,63	221	5,9

damit in Zusammenhang stehende Prozesse der Intensivierung der Landwirtschaft und der Erschließung der umgebenden Berge für den Tourismus auf die Struktur der Wälder auswirken. Die ökologische Relevanz solcher Landschaftsmaße ist allerdings selten durch unabhängig erhobene Daten zur Flora und Fauna oder auch zu Ökosystemdienstleistungen überprüft worden (Leitão und Ahern 2002; Li und Wu 2004; Corry und Nassauer 2005).

Wie das Beispiel aus Südkorea bereits andeutet, können mit Landschaftsmaßen auch Stadt-Land-Gradienten beschrieben werden. Ziel von solchen Untersuchungen ist es, die Auswirkungen von unterschiedlich stark ausgeprägter Urbanisierung auf ökologische Prozesse zu analysieren (z. B. Mc-Donnell et al. 1997; Luck und Wu 2002; Hahs und McDonnell 2006; Pickett et al. 2009; Alberti 2008). Für Leipzig wurde beispielsweise die Entwicklung der Flächenversiegelung entlang eines urban-ruralen Gradienten von 1870 bis 2006 untersucht und die Auswirkungen auf die Hydrologie analysiert (Haase und Nuissl 2010). In anderen Studien wurden Auswirkungen der Urbanisierung (z. B. der Wärmeinseleffekt, Nutzungseinflüsse und andere anthropogen verursachte „Störungen" (McDonnell et al. 1997)) auf die Biodiversität, Sukzessionsverläufe oder die Nährstoffkreisläufe in Wäldern von der Innenstadt über den Stadtrand bis zu ländlich geprägten Räumen analysiert. Der Gradientenansatz wurde weiterentwickelt, um auch polyzentrale Stadtstrukturen und die vielschichtige Überlagerung von natürlichen und anthropogenen Gradienten zu analysieren (◻ Abb. 2.14).

Das größte Potenzial des Gradientenansatzes für die stadtökologische Forschung besteht vielleicht darin, dass er (a) nicht von vorgefassten Vorstellungen ausgeht, was als Stadt und Land zu gelten hat – eine Unterscheidung, die in heutigen Stadtregionen mit ihren großen peri-urbanen Bereichen und weitausgreifenden funktionalen Verflechtungen nicht mehr anwendbar ist, und (b) den Blick dafür schärft, dass Urbanitätsgradienten das Ergebnis verschiedener physisch-struktureller, sozio-demographischer und ökonomischer Faktoren sind, die in ihrer jeweils spezifischen Zusammenwirken die ökologischen Eigenschaften der Stadtlandschaft prägen (► Kap. 1; Boone et al. 2014).

Schlussfolgerungen

Die räumliche Struktur von Städten wird von einem besonders intensiven und komplexen Wechselspiel von natürlichen Prozessen und menschlichen Handlungen geprägt. Die naturräumlichen Ausgangsbedingungen, insbesondere die Topographie, die Lage an Flüssen oder Küsten, aber auch klimatische Faktoren wie die vorherrschende Windrichtung beeinflussen die Form der Stadt und insbesondere die Grünstruktur.

Die Stadtlandschaft ist als Ergebnis dieser Entwicklung ein vielfältiges Mosaik unterschiedlicher Flächennutzungen und Grünstrukturen. Biotop- und Strukturtypenkartierungen und die Erfassung von Merkmalen wie Flächenversiegelung und Gehölzanteil sowie Landschaftsmaße ermöglichen die Analyse der Beziehungen zwischen der räumlichen Stadtstruktur, Biodiversität und Ökosystemdienstleistungen (► Kap. 5 und 6).

Stadtstrukturtypen sind auch durch eine bestimmte Bevölkerungsstruktur mit jeweils unterschiedlichen sozio-ökonomischen Merkmalen gekennzeichnet. Sie sind daher geeignete räumliche Schnittstellen für die Verknüpfung und integrative Betrachtung von ökologischen, sozialen und ökonomischen Eigenschaften der Stadtlandschaft. Die Beziehungen zwischen diesen sozio-ökonomischen Merkmalen, etwa den Einkommensverhältnissen und der Quantität und Qualität von Grünflächen, Biodiversität und Ökosystemdienstleistungen wurde in verschiedenen Untersuchungen gezeigt (z. B. Iverson und Cook 2000; Hope et al. 2003; Strohbach et al. 2009). Ansätze wie die hier vorgestellten Biotop- und Strukturtypenkartierungen ermöglichen es daher auch, eine ökologische mit einer sozialräumlichen Betrachtung zu verknüpfen und damit beispielsweise Fragen nach der „Umweltgerechtigkeit" (► Kap. 1) der Stadtentwicklung zu beantworten.

Ganz besonders aber sind sie Werkzeuge, die helfen, ökologische Informationen für die Stadtplanung aufzubereiten (◻ Abb. 2.15). Die Stadtplanung kann mit Instrumenten wie Stadtentwicklungsplan, Flächennutzungsplan und Bebauungsplan auf unterschiedlichen Maßstabsebenen die räumliche Struktur der Stadt steuern und damit auch ihre ökologischen Eigenschaften beeinflussen. Die Anordnung von unterschiedlichen Flächennutzungen mit ihren jeweiligen physischen Merkmalen, etwa dem Grünflächenanteil, können beispielsweise die Biodiversität oder die Ausprägung des Wärmeinseleffekts in der Stadt

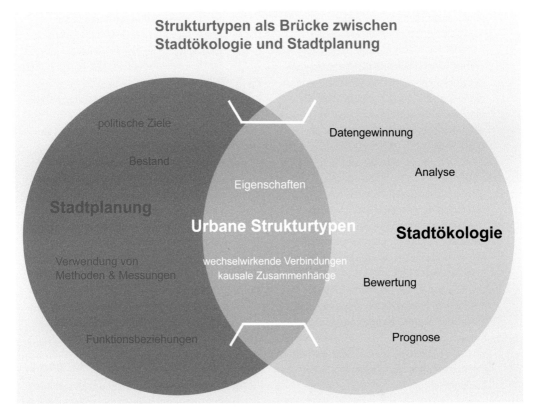

□ Abb. 2.15 Strukturtypen als Brücke zwischen Stadtökologie und Stadtplanung. (Nach Breuste 2006, verändert)

beeinflussen. Festsetzungen auf detaillierteren Maßstabsebenen, etwa dem Bebauungsplan zur Anzahl und Anordnung der Bäume können das Kleinklima beeinflussen.

Das Verständnis für die ökologischen Eigenschaften der Flächennutzungen und ihrer physischen Struktur ist daher eine Voraussetzung, um jeweils an die unterschiedlichen stadtstrukturellen Typen angepasste Strategien zur ökologisch orientierten Stadtentwicklung zu konzipieren und umzusetzen. Die Förderung von Stadtnatur, das lokale Regen- und Brauchwassermanagement oder die Anpassungsmaßnahmen an den Klimawandel erfordern die gesamtheitliche Betrachtung der Stadtlandschaft. Der Schutz der städtischen Biodiversität etwa kann sich nicht auf die wenigen verbliebenen naturnahen Lebensräume beschränken, sondern muss die oft hohe Bedeutung von städtischen Flächennutzungsstrukturen wie etwa Hausgärten mit alten Gehölzbeständen oder Gewerbegebieten und bahnbegleitenden Brachen als Lebensräume und Verbreitungskorridore für die Pflanzen- und Tierwelt

mitberücksichtigen (▶ Kap. 4). Dies gilt auch für Strategien zur Förderung von Ökosystemdienstleistungen (▶ Kap. 5) in multifunktionalen grünen Infrastrukturen. Sie müssen die Stadtnatur in ihrer ganzen Vielfalt und mit ihren verschiedenen Leistungen einbeziehen, von Parkanlagen und Wäldern, über Hausgärten, Straßenbäumen bis zur Dachbegrünung (▶ Kap. 7).

❓ 1. Was sind Schlüsselmerkmale der ökologischen Stadtstruktur und warum?
   2. Nennen Sie wenigstens drei wichtige Anforderungen, die an raumbezogene Ansätze zur ökologischen Analyse und Bewertung der Stadt zu stellen sind!
   3. Was ist Flächenversiegelung? Nennen Sie ökologische Auswirkungen von Flächenversiegelung in der Stadt!
   4. Warum sind Gehölzbestände ein besonders wichtiges Element von städtischen Grünstrukturen?

2

5. Welchen Aspekt bringt das „Patch-Corridor-Matrix" Modell in die stadtökologische Analyse?
6. Warum bilden Stadtstrukturtypenkartierungen geeignete räumliche Schnittstellen für die Verknüpfung und integrative Betrachtung von ökologischen, sozialen und ökonomischen Eigenschaften der Stadtlandschaft?

✅ **ANTWORT 1**
- Flächennutzung, also die aktuelle Inanspruchnahme einer Fläche für menschliche Zwecke wie Wohnen, Arbeiten und Erholung, steht besonders mit funktionalen Merkmalen wie Energie- und Stoffströmen in Beziehung.
- Die Ausprägung der physischen Struktur, die über Merkmale wie z. B. die Bebauungsdichte, die Flächenversiegelung u. a. m. gemessen werden kann, beeinflusst beispielsweise die hydrologischen und klimatischen Eigenschaften der verschiedenen Flächennutzungen.

✅ **ANTWORT 2**
- Bereitstellung von flächendeckenden Informationen.
- Schnelle und kostengünstige Datenerhebung.
- Erkenntnisse über die Beziehungen zwischen Umweltqualität und Stadtstruktur, -funktion und -dynamik.
- Bezug auf Planungsinstrumente und -hierarchien.
- Möglichkeit zur Entwicklung und Anwendung von Bewertungsverfahren.

✅ **ANTWORT 3**
Mit Flächenversiegelung ist die dauerhafte Überbauung oder Befestigung der Bodenoberfläche (z. B. durch Asphalt) durch mehr oder weniger luft- und wasserundurchlässige Materialien gemeint. Flächenversiegelung kann zu
- einer Beeinträchtigung oder den vollständigen Verlust von belebter Bodenoberfläche,
- Verlust an Lebensräumen für die Pflanzen- und Tierwelt,

- Erhöhung der Lufttemperaturen und
- einem verstärkten oberflächlichen Abfluss von Niederschlagswasser führen.

✅ **ANTWORT 4**
Gehölzbestände (Bäume und Sträucher) haben eine hohe Bedeutung für
- das Stadtbild & die Erholungseignung von Freiräumen,
- die Pflanzen- und Tierwelt als Lebensraum (vor allem dichte, alte Gehölzbestände),
- Ökosystemdienstleistungen wie die Verringerung der Lufttemperaturen und des oberflächlichen Wasserabflusses nach Starkregenereignissen und die Kohlenstoffspeicherung.

✅ **ANTWORT 5**
Bedeutung von räumlicher Form für funktionale Eigenschaften und Beziehungen zwischen verschiedenen Stadtstrukturen („Patches").

✅ **ANTWORT 6**
Stadtstrukturtypen ermöglichen auch sozial-räumliche Betrachtungen und die Analyse der Wechselwirkungen mit ökologischen Eigenschaften der Stadt. Es konnten beispielsweise klare Beziehungen zwischen dem Anteil und der Qualität der Grünflächen in Wohngebieten und ihrem sozio-ökonomischem Status gezeigt werden.

Literatur

Verwendete Literatur

Adolphe L (2001) A simplified model of urban morphology: application to an analysis of the environmental performance of cities. Environment and Planning B: Planning and Design 28:183–200

Afton H, Magid J (2013) Planning the unplanned: incorporating agriculture as an urban land use into the Dar es Salaam master plan and beyond. Environment and Urbanization 25:541–558

AG „Artenschutzprogramm Berlin" (1984) Grundlagen für das Artenschutzprogramm Berlin: Fachbereich Landschaftsentwicklung, TU Berlin. Landschaftsentwicklung und Umweltforschung, Berlin (3 Bde)

Alberti M (2008) Landscape signatures. In: Alberti M (Hrsg) Advances in Urban Ecology – Integrating Humans and

Ecological Processes in Urban Ecosystems. Springer, New York, S 93–131

Andersson WP, Kanargoglou PS, Miller E (1996) Urban Form, Energy and the Environment: A Review of Issues, Evidence and Policy. Urban Studies 33:17–35

Artmann M (2013) Spatial dimensions of soil sealing management in growing and shrinking cities – A systemic multi-scale analysis in Germany. Erdkunde 67(3):249–264

Baker K, Lomas KJ, Rylatt M (2010) Energy use. In: Jenks M, Jones C (Hrsg) Dimensions of the Sustainable City. Future City Series, Bd 2. Springer, Dordrecht, S 129–143

Baumgartner A, Mayer H, Noack E-M (1985) Stadtklima Bayern. Abschlußbericht zum Teilprogramm „Thermalkartierungen". Studie i. A. des Bayerischen Staatsministeriums für Landesentwicklung und Umweltfragen, München, unveröff.

Boone CG, Redman CL, Blanco H, Haase D, Koch JAM, Lwasa S, Nagendra H, Pauleit S, Pickett STA, Seto KC, Yokohari M (2014) Reconceptualizing Urban Land Use. In: Seto K, Reenberg A (Hrsg) Rethinking Global Land Use in an Urban Era. Strüngmann Forum Reports, Bd 14. MIT Press, Cambridge, MA, S 313–330

Breuste J (1987) Methodische Aspekte und Problemlösungen bei der urbanen Erfassung der Landschaftsstruktur und ihrer ökologischen und landeskulturellen Bewertung unter Berücksichtigung von Untersuchungen in Halle/ Saale. Dissertation B, Fakultät für Naturwissenschaften, Universität Halle-Wittenberg, Halle, 214 S

Breuste J (1994) Flächennutzung als stadtökologische Steuergröße und Indikator. Geobotanisches Kolloquium, Bd 11. Natur & Wissenschaft, Solingen, S 67–81

Breuste J (2006) Urban Development and Urban Environment in Germany. The Geographer, Delhi 49(2):1–14

Breuste J (2009) Structural analysis of urban landscape for landscape management in German cities. In: McDonnell M, Hahs A, Breuste J (Hrsg) Ecology of Cities and Towns: A Comparative Approach. Cambridge University Press, Cambridge, S 355–379

Bründl W, Mayer H, Baumgartner A (1986) Stadtklima Bayern – Abschlußbericht zum Teilprogramm „Klimamessungen München". Bayerisches Staatsministerium für Landesentwicklung und Umweltfragen, München (Materialien, Nr. 43)

Cadenasso ML, Pickett STA, Schwarz K (2007) Spatial heterogeneity in urban ecosystems: reconceptualizing land cover and a framework for classification. Frontiers in Ecology and Environment 5:80–88

Cadenasso ML, Pickett STA, McGrath B, Marshall V (2013) Ecological Heterogeneity in Urban Ecosystems: Reconceptualized Land Cover Models as a Bridge to Urban Design. In: Pickett STA, Cadenasso ML, McGrath B (Hrsg) Resilience in Ecology and Urban Design: Linking Theory and Practice for Sustainable Cities. Future City, Bd 3. Springer, Dordrecht, S 107–129

Cavan G (2012) Green infrastructure maps for selected case studies and a report with an urban green infrastructure mapping methodology adapted to African cities. EU FP project CLUVA "CLimate change and Urban Vulnerability in Africa" Grant agreement no: 265137, deliverable D2.7 (mit Beiträgen von Lindley S, Roy M, Woldegerima T, Tenkir E, Yeshitela K, Kibassa D, Shemdoe R, Pauleit S, Renner F). http://www.cluva.eu/deliverables/CLUVA_D2.7.pdf. Zugegriffen: 26. Juli 2015

Cavan G, Lindley S, Roy M, Woldegerima T, Tenkir E, Yeshitela K, Kibassa D, Shemdoe R, Pauleit S, Renner F (2012) Green infrastructure maps for selected case studies and a report with an urban green infrastructure mapping methodology adapted to African cities. EU FP project CLUVA "CLimate change and Urban Vulnerability in Africa" Grant agreement no: 265137, deliverable D2. http://www.cluva.eu/deliverables/CLUVA_D2.7.pdf Zugegriffen: 25. Dezember 2013

Corry RC, Nassauer JI (2005) Limitations of using landscape pattern indices to evaluate the ecological consequences of alternative plans and designs. Landscape and Urban Planning 72:265–280

Dempsey N, Brown C, Raman S, Porta S, Jenks M, Jones C, Bramley G (2010) Elements of Urban Form. In: Jenks M, Jones C (Hrsg) Dimensions of the Sustainable City. Future City Series, Bd 2. Springer, Dordrecht, S 21–51

Duhme F, Lecke T (1986) Zur Interpretation der Nutzungstypenkartierung München. Landschaft + Stadt 18(4):174–185

Duhme F, Pauleit S (1992) Naturschutzprogramm für München. Landschaftsökologisches Rahmenkonzept. Geographische Rundschau 44(10):554–561

Forman RTT (1995) Land mosaics. The ecology of landscapes and regions. Cambridge University Press, Cambridge, Massachussetts, USA

Forman RTT, Godron M (1986) Landscpe Ecology. Whiley, New York

Fuller RA, Gaston KJ (2009) The scaling of green space coverage in European cities. Biology Letters 2009:4 doi:10.1098/rsbl.2009.0010

Gaebe W (2004) Urbane Räume. Ulmer UTB, Stuttgart

Gehrke A, Nübler W, Weischet W (1977) Oberflächen- und Lufttemperatur in Abhängigkeit von der Baukörperstruktur (Beispiel Freiburg i.Br.). Annalen der Meteorologie (N F) 12:193–196

Gilbert O (1989) Urban Ecology. Chapman & Hall, London

Gill S, Handley J, Ennos R, Pauleit S (2007) Adapting cities for climate change: the role of the green infrastructure. Journal Built Environment 33(1):115–133

Gill S, Handley J, Pauleit S, Ennos R, Theuray N, Lindley S (2008) Characterising the urban environment of UK cities and towns: a template for landscape planning in a changing climate. Landscape and Urban Planning 87:210–222

Gill, SE (2006) Climate Change and Urban Greenspace. unveröff Dissertation, School of Environment and Development, University of Manchester, Manchester

Grimm NB, Grove JM, Pickett STA, Redman CL (2000) Integrated Approaches to Long-Term Studies of Urban Ecological Systems. BioScience 50(7):571–584

Haase D, Nuissl H (2007) Does Urban Sprawl Drive Changes in the Water Balance and Policy? the Case of Leipzig (Germany) 1870–2003. Landscape Urban Planning 80:1–13

Haase D, Nuissl H (2010) The urban-to-rural gradient of land use change and impervious cover: a long-term trajectory for the city of Leipzig. Land Use Science 5(2):123–142

Hahs AK, McDonnell MJ (2006) Selecting independent measures to quantify Melbourne's urban–rural gradient. Landscape and Urban Planning 78(4):435–448

Hardin PJ, Jensen RR (2007) The effect of urban leaf area on summertime urban surface kinetic temperatures: A Terre Haute case study. Urban Forestry & Urban Greening 6:63–72

Henry JA, Dicks SE (1987) Association of urban temperatures with land use and surface materials. Landscape and Urban Planning 14:21–29

Henseke, A (2013) Die Bedeutung der Ökosystemdienstleistungen von Stadtgrün für die Anpassung an den Klimawandel am Beispiel der Stadt Linz. Dissertation, Universität Salzburg, unveröff.

Hope D, Gries C, Zhu W, Fagan WF, Redman CL, Grimm NB, Nelson AL, Martin C, Kinzig A (2003) Socioeconomics drive urban plant diversity. PNAS 100:8788–8792

Iverson LR, Cook EA (2000) Urban forest cover of the Chicago region and its relation to household density and income. Urban Ecosystems 4:105–124

Jones C, Leishman C, MacDonald C, Orr A, Watkins D (2010) Economic Viability. In: Jenks M, Jones C (Hrsg) Dimensions of the Sustainable City. Future City, Bd 2. Springer, Dordrecht, S 145–162

Kim K-H, Pauleit S (2009) Woodland changes and their impacts on the landscape structure in South Korea, Kwangju city region. Landscape Research 34(3):257–277

King K, Johnson S, Kheirbek I, Luc JWT, Matte T (2014) Differences in magnitude and spatial distribution of urban forest pollution deposition rates, air pollution emissions, and ambient neighborhood air quality in New York City. Landscape and Urban Planning 128:14–22

Köppel J, Reisert J, Geißler G, Kelm M, Ball E, Hoppenstedt A (2013) Verfahren zur Bewertung und Bilanzierung von Eingriffen im Land Berlin. Senatsverwaltung für Stadtentwicklung und Umwelt, Berlin (http://www.stadtentwicklung. berlin.de/umwelt/landschaftsplanung/bbe/download/ bbe_leitfaden.pdf, Zugegriffen: 08. Februar 2014)

Leitão AB, Ahern J (2002) Applying landscape ecological concepts and metrics in sustainable landscape planning. Landscape and Urban Planning 59:65–93

Li H, Wu J (2004) Use and misuse of landscape indices. Landscape Ecology 19:389–399

Loram A, Tratalos J, Warren PH, Gaston KJ (2007) Urban domestic gardens (X): the extent & structure of the resource in five major cities. Landscape Ecology 22:601–615

Luck M, Wu J (2002) A gradient analysis of urban landscape pattern: a case study from the Phoenix metropolitan region, Arizona, USA. Landscape Ecology 17:327–339

LÖK (Lehrstuhl für Landschaftsökologie, TU München) (19839 Kartierung schutzwürdiger Lebensräume in München. Schlußbericht i. A. des Umweltschutzreferats, LH München, Freising, 117 S., unveröff.

LÖK (Lehrstuhl für Landschaftsökologie, TU München), Büro Aßmann & Banse, Büro Haase & Söhmisch (1990) Landschaft-

sökologisches Rahmenkonzept Landeshauptstadt München. Studie i. A. des Umweltschutzreferats, LH München, 2 Bd, 142 + 402 S. u. ein Kartenband, Freising, unveröff

MacFaden SW, O'Neil-Dunne JPM, Royer AR, Lu JWT, Rundle AG (2012) High-resolution tree canopy mapping for New York City using LiDAR and object-based image analysis. Journal of Applied Remote Sensing 6(1) (http://dx.doi. org/10.1117/1.JRS.6.063567. Zugegriffen: 17 August 2015)

McDonnell MJ, Pickett STA, Groffman P, Bohlen P, Pouyat RV, Zipperer WC, Parmelee RW, Carreiro MM, Medley K (1997) Ecosystem processes along an urban-to-rural gradient. Urban Ecosystems 1:21–36

Newman P, Kenworthy JR (1989) Sustainability and Cities: overcoming automobile dependence. Island Press, Washington DC

Nowak DJ (2002) The effects of urban forests on the physical environment. In: Randrup TB, Konijnendijk CC, Christophersen T, Nilsson K (Hrsg) COST Action E12 Urban Forests and Urban Trees. Office for Official Publications of the European Communities, Luxembourg, S 22–42

Nowak DJ, Greenfield EJ (2012) Tree and impervious cover change in U.S. cities. Urban Forestry & Urban Greening 11:21–30

Nowak DJ, Crane DE, Stevens JC, Hoehn RE, Walton JT, Bond J (2008) A ground-based method of assessing urban forest structure and ecosystem services. Arboriculture and Urban Forestry 34(6):347–358

Oke TR (1973) City size and the urban heat island. Atmospheric Environment 7(8):769–779

Pauleit S (1998) Das Umweltwirkgefüge städtischer Siedlungsstrukturen. Darstellung des städtischen Ökosystems durch eine Strukturtypenkartierung zur Bestimmung von Umweltqualitätszielen für die Stadtplanung. Dissertation, TU München. Landschaftsökologie Weihenstephan, Bd 12. Verlag Freunde der Landschaftsökologie Weihenstephan e. V., Freising, S 151

Pauleit S (2005) Munich. In: Werquin AC, Duhem B, Lindholm G, Oppermann B, Pauleit S, Tjallingii S (Hrsg) Green Structure and Urban Planning. Final Report. COST Action C11. Office for Official Publications of the European Communities, Luxembourg, S 177–183

Pauleit S, Duhme F (2000) Assessing the Environmental Performance of Land Cover Types for Urban Planning. Journal of Landscape and Urban Planning 52(1):1–20

Pauleit S, Golding Y, Ennos R (2005) Modeling the environmental impacts of urban land use and land cover change – a study in Merseyside, UK. Landscape and Urban Planning 71(2–4):295–310

Pauleit S, Printz A, Buchta K, Abo El Wafa H, Renner F, Yeshitela K, Kibassa D, Shemdoe R, Kombe W (2013) Recommendations for green infrastructure planning in selected case study cities. EU FP project CLUVA "CLimate change and Urban Vulnerability in Africa" Grant agreement no: 265137. Deliverable D2.9. http://www.cluva.eu/deliverables/CLUVA_ D2.9.pdf

Pickett STA, White PS (1985) The Ecology of Natural Disturbance and Patch Dynamics. Academic Press, New York

Pickett STA, Cadenasso ML, Mcdonnell MJ, Burch WR (2009) Frameworks for urban ecosystem studies: gradients, patch dynamics and the human ecosystem in the New York metropolitan area and Baltimore, USA. In: McDonnell MJ, Hahs AK, Breuste JH (Hrsg) Eclogy of Cities and Towns: A Comparative Approach. Cambridge University Press, Cambridge, USA, S 25–50

Prokop G, Jobstmann H, Schönbauer A (2011) Report on best practices for limiting soil sealing and mitigating its effects. European Commission, DG Environment, Technical Report-2011-50. , Brussels, Belgium

Pyšek P (1998) Alien and native species in Central European urban floras: a quantitative comparison. Journal of Biogeography 25:155–163

Richter H (1984) Structural Problems of Urban Landscape Ecology. In: Brandt J, Aggers P (Hrsg) Proceedings of the first international seminar of the International Association of Landscape Ecology (IALE) October 15–19, 1985. Bd 1. Roskilde University Centre, Roskilde, Denmark, S 29–41

Sauerwein M (2004) Urbane Bodenlandschaften – Eigenschaften, Funktionen und Stoffhaushalt der siedlungsbeeinflussten Pedosphäre im Geoökosystem. Habilitationsschrift, Martin-Luther-Universität Halle-Wittenberg, Halle. http://sundoc.bibliothek.uni-halle.de/habil-online/05/08H116/index.htm. Zugegriffen: 08.02.2014

Scalenghe FA, Marsan R (2009) The anthropogenic sealing of soils in urban areas. Landscape and Urban Planning 90:1–10

Schulte W, Sukopp H, Werner P (1993) Flächendeckende Biotopkartierung im besiedelten Bereich als Grundlage einer am Naturschutz orientierten Planung. Arbeitsgruppe „Methodik der Biotopkartierung im besiedelten Bereich". Natur und Landschaft 10:491–526

Schwarz N (2010) Urban form revisited–Selecting indicators for characterising European cities. Landscape and Urban Planning 96:29–47

Sommerhoff G (1987) Stadtökologie und Umweltprobleme in München. In: Geipel R, Heinritz G (Hrsg) München. Ein sozialgeographischer Exkursionsführer. Münchener Geographische Hefte, Bd 55/56. Verlag Miachel Lassleben, Kallmünz/ Regensburg, S 171–212

Steemers KA, Ramos MC, Sinou M (2004) Stadtmorphologie. In: Nikolopoulou M (Hrsg) Freiraumplanung unter Berücksichtigung des Bioklimas. Bericht des Projekts RUROS – Rediscovering the Urban Realm and Open Spaces – coordinated by CRES. Department of Buildings, Cambridge, UK, S 19–23 (http://alpha.cres.gr/ruros. Zugegriffen 11. Dezember 2013)

Stewart DI, Oke TR (2012) Local climate zones for urban temperature studies. Bulletin of the American Meteorological Society 93:1879–1900

Strohbach MW, Haase D, Kabisch N (2009) Birds and the city: urban biodiversity, land use, and socioeconomics. Ecology and Society 14(2):31

Stülpnagel A von (1987) Klimatische Veränderungen in Ballungsgebieten unter besonderer Berücksichtigung der Ausgleichswirkung von Grünflächen, dargestellt am Beispiel von Berlin (West). Dissertation, TU Berlin, Berlin

Sukopp H (Hrsg) (1990) Stadtökologie. Das Beispiel Berlin. Reimer, Berlin

Sukopp H, Wittig R (Hrsg) (1998) Stadtökologie, 2. Aufl. Fischer Verlag, Stuttgart

Sukopp H, Kunick W, Schneider C (1980) Biotopkartierung im besiedelten Bereich von Berlin (West): Teil II: Zur Methodik von Geländearbeit. Garten und Landschaft 7:565–569

Taubenböck H, Dech S (2010) Fernerkundung im urbanen Raum. WBG (Wissenschaftliche Buchgesellschaft), Darmstadt

Terzijski G (2004) The Impact of Urbanisation on Biodiversity. A Comparative Study in Bolton, UK, and Sofia, Bulgaria. Unveröff. Doktorarbeit, University of Manchester, Manchester

Tyrväinen L, Pauleit S, Seeland K, de Vries S (2005) Benefits and uses of urban forests and trees: A European perspective. In: Konijnendijk CC, Nilsson K, Randrup TB, Schipperijn J (Hrsg) Urban Forests and Trees in Europe – A Reference Book. Springer-Verlag, New York, S 81–114

Van Dorp D, Opdam PFD (1987) Effects of patch size, isolation and regional abundance on forest bird communities. Landscape Ecology 1:59–73

Werner P (2008) Stadtgestalt und biologische Vielfalt. CONTUREC 3:59–67

Wessolek G (2010) Bodenüberformung und -versiegelung. In: Blume H-P, Horn R, Thiele-Bruhn S (Hrsg) Handbuch des Bodenschutzes. Wiley-VCH, Weinheim, S 155–169

Weiterführende Literatur

Blume H-P (1998) Böden. In: Sukopp H, Wittig R (Hrsg) Stadtökologie, 2. Aufl. Fischer Verlag, Stuttgart, S 154–171

Breuste J, Keidel T, Meinel G, Münchow B, Netzband M, Schramm M (1996) Erfassung und Bewertung des Versiegelungsgrades befestigter Flächen. UFZ-Bericht, Leipzig

Cilliers S (2010) Social Aspects of Urban Biodiversity – an Overview. In: Müller N, Werner P, Kelcey JG (Hrsg) Urban Biodiversity and Design. Blackwell, Oxford, S 81–100

Colding J (2011) The Role of Ecosystem Services in Contemporary Urban Planning. In: Niemelä J (Hrsg) Handbook of Urban Ecology. Oxford University Press, Oxford, S 228–237

Kinzig AP, Warren P, Martin C, Hope D, Katti M (2005) The effects of human socioeconomic status and cultural characteristics on urban patterns of biodiversity. Ecology and Society 10(1):23 (http://www.ecologyandsociety.org/vol10/iss21/art23. Zugegriffen: 17 August 2015)

Lindley S, Gill S (2013) A GIS based assessment of the urban green structure of selected case study areas and their ecosystem services. EU FP project CLUVA "CLimate change and Urban Vulnerability in Africa" Grant agreement no: 265137. Deliverable D2.8 (mit Beiträgen von: Yeshitela K, Woldegerima T, Nebebe A, Pavlos A, Kibassa D, Shemdoe R, Renner F, Buchta K, Pauleit S, Printz A, Abo El Wafa H, Cavan G, Feumba RA, Kandél, Zogning MOM, Tonyé E, Ambara G, Samari BS, Sankara BT, Ouédraogo Y, Sall F, Coly A, Garcia A, Kabano P, Roy M, Koome DN, Lyakurwa JR). http://www.cluva.eu/deliverables/CLUVA_D2.8.pdf. Zugegriffen: 8. Februar 2014

2

Senatsverwaltung für Stadtentwicklung und Umwelt (o. J.)
    Projekt Biotoptypenkarte Berlin. http://www.stadtent-
    wicklung.berlin.de/natur_gruen/naturschutz/biotop-
    schutz/de/biotopkartierung/karte.shtml.   Zugegriffen:
    18. August 2015
Steinrücke M, Dütemeyer D, Hasse J, Rösler C, Lorke V (2010)
    Handbuch Stadtklima. Ministerium für Umwelt und Natur-
    schutz, Landwirtschaft und Verbraucherschutz des Landes
    Nordrhein-Westfalen, Düsseldorf
Tratalos J, Fuller RA, Warren PH, Davies RG, Gaston KJ (2007)
    Urban form, biodiversity potential and ecosystem services.
    Landscape and Urban Planning 83:308–317

Was sind Stadtökosysteme und warum sind sie besonders?

Dagmar Haase, Martin Sauerwein

3.1   Stadtökosysteme und ihre Besonderheiten – 62
3.1.1   Ökosystemforschung und Stadt – 62
3.1.2   Stadtökosysteme – 62

3.2   Welche abiotischen Merkmale definieren
          Stadtökosysteme? – 65
3.2.1   Stadtklima und Strahlungsbilanz – 65
3.2.2   Wasserhaushalt – 68
3.2.3   Böden als Untergrund für Stadtökosysteme – 71

3.3   Abgrenzung, Systematik und Darstellung
          von Stadtökosystemen – 75

          Literatur – 82

J. Breuste et al., *Stadtökosysteme,*
DOI 10.1007/978-3-642-55434-6_3, © Springer-Verlag Berlin Heidelberg 2016

3

▶ Kapitel 3 definiert Stadtökosysteme und arbeitet die Besonderheiten von diesen gegenüber anderen Ökosystemen, insbesondere Agrar- oder Forstsystemen, in Bezug auf ihre Eigenschaften und prinzipielle Funktionsfähigkeit heraus. Die abiotischen Grundlagen und Eigenschaften von Stadtökosystemen werden detailliert beschrieben. Ebenso werden verschiedene Wege der Abgrenzung von Stadtökosystemen sowie deren Vor- und Nachteile diskutiert. Außerdem stellt ▶ Kap. 3 verschiedene Konzepte von Stadtökosystemen vor und würdigt diese kritisch. Informationsboxen informieren über aktuelle Themen, Methoden und Fallstudien.

3.1 Stadtökosysteme und ihre Besonderheiten

3.1.1 Ökosystemforschung und Stadt

Unter Ökologie werden die Wechselwirkungen der Organismen sowohl untereinander als auch mit ihrer unbelebten Umwelt verstanden. Der ursprünglich von Ernst Haeckel geprägte Begriff beschreibt in seinem Ursprung die Lehre vom Haushalt der Natur. Demzufolge sind bereits in der klassischen Ökologie neben der Erforschung der Organismen das Verständnis und die Verknüpfung der gesamten Lebensgemeinschaften (Biozönose) und ihrer Lebensräume (Biotop) von zentraler Bedeutung. Ökologie kann somit als Disziplin verstanden werden, die notwendigerweise die Untersuchung der abiotischen Umweltkompartimente im Wechselverhältnis mit Organismen einbezieht. Mit Blick auf den Untersuchungsgegenstand, also auf die Ökologie von Städten und damit das urbane oder Stadtökosystem, kommt der Ökosystemforschung eine große Bedeutung zu. Obgleich es auf organismischer Ebene in Städten auch um die Betrachtung von Individuen einer Art (Autökologie), von Populationen (Populationsökologie) oder von Lebensgemeinschaften (Synökologie) gehen kann, steht in vielen Studien die Erforschung von Lebensgemeinschaftenn in ihrer abiotischen und biotischen Umwelt – eben die Ökosystemforschung – im Mittelpunkt. Dies steht auch in enger Beziehung zum Menschen selbst samt seinen Umweltansprüchen. Diese durch die Beschreibung und das Verständ-

nis von Stoff- und Energieflüssen gekennzeichnete Betrachtungsweise erfordert bei den vielfältigen Fragestellungen das Wissen benachbarter Wissenschaften wie z. B. der Hydrologie, Geologie, Pedologie, Chemie, Physik oder auch der Statistik. Gerade zur Ökologie von Städten ist darüber hinaus die Integration der Gesellschafts-, Geistes-, Sozial- und Kulturwissenschaften wie auch der Ökonomie von zentraler Bedeutung, denn die Stadt ist ja das „Produkt" und die Projektionsfläche der menschlichen Gesellschaft.

Daher bietet es sich an, Stadtökologie und Stadtökosysteme zum einen aus Sicht der Ökologie in einem engeren Sinne, zum anderen aber aus heutiger Sicht auch in einem weiteren Sinne mit Blick auf eine nachhaltige Entwicklung zu definieren.

3.1.2 Stadtökosysteme

Stadtökosysteme sind Ökosysteme, welche vom Menschen geschaffen sind und stark von ihm geprägt werden (Sukopp und Wittig 1998; Endlicher 2012) (Definition Stadtökosysteme s. ▶ Kap. 1). Verschiedene Autoren sprechen auch von urban-industriell geprägten Ökosystemen, in deren Wirkungsgefüge die natürlichen biotischen und abiotischen Geofaktoren von anthropogenen Komponenten dominiert werden (Leser 2008). Ein derartig „künstliches System" ist daher auf einen intensiven Stoff- und Energieeintrag und -austausch mit dem Umland (z. B. Abwärme- und Abfallentsorgung, Drink- und Frischwasser- und Frischluftzufuhr, Versorgung mit Energie und Nahrungsmitteln) angewiesen. Im Unterschied zu Ökosystemen der Forst- und Agrarlandschaft sind geschlossene Stoff- und Energiekreisläufe in Stadtökosystemen so gut wie nicht vorhanden (Haase 2011). Ebenso fehlt zu großen Teilen eine natürliche Regelung der Ökosystemfunktionen und -prozesse in der Stadt (Elmqvist et al. 2013). An Stelle der natürlichen Ökosystemfunktionen treten verschiedene anthropogen geprägte wirtschaftliche, politische, planerische und soziale Steuerungs- und Regulationsmechanismen wie die Energieversorgung, die nächtliche Beleuchtung, verschiedene Verkehrssysteme, der Wohnungsmarkt oder das Gesundheitssystem, um nur einige zu nennen (Haase 2014).

Urban Ecology

„For more than a century, urban theorists have struggled to understand urban systems and their dynamics. During the second half of the last century, ecological scholars started to recognize the subtle human-natural interplay governing the ecology of urbanizing regions. Both social and natural scientists concur that assessing future urban scenarios will be crucial in order to make decisions about urban development, land use, and infrastructure so we can minimize their ecological impact. But to fully understand the interactions between urban systems and ecology, we will have to redefine the role of humans in ecosystems and the relationships between urban planning and ecology" (Alberti 2008:28).

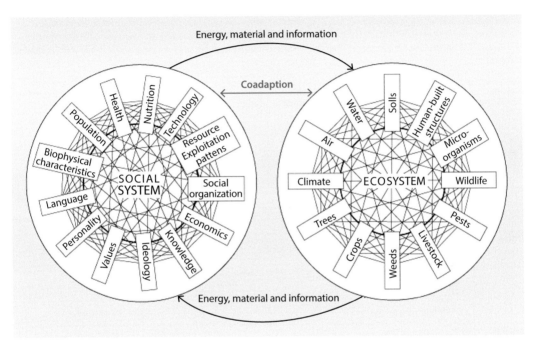

■ **Abb. 3.1** Die beiden Seiten unserer Umwelt, welche das Stadtökosystem als sozial-ökologisches System vereint. (Nach Marten 2001)

Stadtökosysteme sind einzigartig in ihrer engen Verflechtung und den Wechselwirkungen zwischen natürlichen und menschgemachten Strukturen; und dadurch auch außerordentlich komplex:

Die Vielzahl der Faktoren in Stadtökosystemen – geologischer Untergrund, Böden, Landbedeckung durch künstliche Oberflächen, verschiedene Wohnstrukturen, Einzelhandelsstrukturen, Industrie- und Gewerbeparks und deren ökonomische Werte, Stadtbäume, Parks, Stadtgewässer, Flora, Fauna und die Stadtbewohner, um nur einige wichtige zu nennen – und ihre Wechselwirkungen sind in verschiedenen raumzeitlichen Hierarchien verknüpft, bieten viele Lebensraumnischen und sind Raum für Emergenz (z. B. das Entstehen an den urbanen Raum angepasster Arten, Massenbewegungen bzw. -schwärme und Kommunikationsnetze, oder das spezifische Mikroklima urbaner Matrizen aus biotischen, abiotischen und Bebauungskomponenten) (■ Abb. 3.1und 3.2).

Stadtökosysteme besitzen aufgrund der dichten Bebauung und flächenhaften Versieglung, der Verdrängung von Flora und Fauna in Nischen sowie der sauren und toxischen Emissionen als Folge von Industrie und Verkehr ein eigenes typisches Stadtklima (■ Abb. 3.3), welches wiederum die Ausbildung einer typischen Stadtflora (▶ Kap. 4) beeinflusst (beispielsweise Ruderalflächen und andere ökologische Nischen, Anpassung sowie Mutationen und damit sogar die Entstehung neuer Arten).

Abb. 3.2 Drei verschiedene rural-urbane Gradienten aus drei Kontinenten: das kompakte Leipzig (515.000 Einwohner), Deutschland (**a**), Tokio (9,2 Mio. Einwohner), Japan (**b**), und die Metropole Tirana (420.000 Einwohner), Albanien (**c**). Die drei Fotos zeigen, wie unterschiedlich Stadtstrukturen und -dichten entlang der drei rural-urbanen Gradienten sein können, und wie hoch die Dichte urbaner Systeme gegenüber Offenlandsystemen ist, trotz bestehender innerstädtischer Freiflächen. (Fotos © Haase)

Landnutzung / Einfluss auf …	Plantage	Halde	Schutthalde	Bahngelände	Einfamilienhaussiedlung	Reihenhäuser	Zentren und dichte Bebauung	Kleingärten	Deponie
Klima	Luftverschmutzung (←———— über alle Typen ————→); wärmer, geringere Luftfeuchte; verminderte Luftzirkulation								
Wasserhaushalt	Eutrophierung (←————→); Bodenverdichtung, verminderte Grundwasserneubildung, erhöhter Oberflächenabfluss; Grundwasserkontamination (←————→)								
Relief		Aufltrag	Auftrag / Abtrag		Auftrag / Nivellierung				
Flora ruderal / Neophyten	Pflanzung <5%	>18%	eliminiert 5-12%	degradiert 5-12%	eliminiert oder verändert 12-18%		>18%	Pflanzung 5-12%	
Fauna Vögel* / Säugetiere**	<57 / <38	32 / 15-20	8-15 / ?		<31 / <21	8-18 / 6-8		<36 / <23	<41 / 20-25

Abb. 3.3 Urbane Landnutzungen und ihre Ökosystemeigenschaften. (Nach Weiland und Richter 2009; modifiziert in Haase 2011)

Untersucht wird das Stadtökosystem seit ca. 50 Jahren von der noch jungen Wissenschaftsdisziplin der Stadtökologie (► Kap. 1). Ganz aktuell befasst sich der *Cities and Biodiversity Outlook* (CBO) mit zahlreichen Facetten von Städten und wachsender Urbanisierung weltweit, urbanen Ökosystemen in Kleinstädten und Megacitys, entsprechenden urbanen Ökosystemfunktionen und -dienstleistungen sowie urbaner Biodiversität (Elmqvist et al. 2013; ► http://www.cbobook.org).

Stadtökosysteme als integrative sozial-ökologische Systeme, also kurz der „Lebensraum Stadt", lassen sich auf unterschiedlichen Organisations- und Maßstabsebenen am besten betrachten, auf der gesellschaftlichen Seite von der Wohnung bzw. dem Einzelhaushalt oder -gebäude bis zu einer ganzen Stadtregion ebenso wie auf der ökologischen Seite von der Einzelpflanze bis zur urbanen Wärmeinsel entlang eines rural-urbanen Gradienten (**Abb. 3.2**). Stadtökosysteme zeichnen sich durch kleinräumig variierende, häufig im Vergleich zum Umland extreme biotische und abiotische Faktoren, z. B. Oberflächentemperaturen > 80 °C oder wenige Zentimeter mächtige saure oder basische Substrate, aus. Diese Faktoren erzeugen völlig neue Ökosysteme, die oft nur noch wenig mit ursprünglichen Ökosystemen im Offenland, aus denen sie entstanden sind, gemeinsam haben (◘ Abb. 3.3).

3.2 Welche abiotischen Merkmale definieren Stadtökosysteme?

3.2.1 Stadtklima und Strahlungsbilanz

Die Charakteristika von Stadtökosystemen haben Folgen (◘ Abb. 3.3): Im Durchschnitt ist die Bodenoberfläche zu 75 % (das kann stark variieren zwischen 40 % in Einfamilienhaussiedlungen und bis zu 90 % in Gewerbegebieten) mit künstlichen Baumaterialien bedeckt und stark verdichtet (Haase 2011; Haase und Nuissl 2010). Dies hat Folgen sowohl für das Mikroklima in Städten als auch für den lokalen Wasserhaushalt: Der direkte Abfluss ist stark erhöht (bis 500 % bei Niedrigwasser) gegenüber dem Zwischen- und Basisabfluss; der Widerstand gegen oberflächliche Überflutung ist folglich gering, ebenso die Luftfeuchte aufgrund fehlender Evapotranspiration (▶ Kap. 5). Gebäude, die in aller Regel dicht stehen, haben einen starken Einfluss auf die Sonneneinstrahlung (geringer) und die Albedo (spezifisches Rückstrahlvermögen von Oberflächen). Durch die Verwendung von Beton und Steinen für den Bau der Gebäude ist das Wärmespeichervermögen städtischer Oberflächen höher und die Fähigkeit, Feuchtigkeit zurückzuhalten gegenüber der freien Landschaft geringer (Schwarz et al. 2011). Städte haben daher auch eine mittlere Tagestemperatur, die um 1–2 K höher liegt als in ihrem Umland (Haase 2011). In Städten sind große Anteile der Böden versiegelt und hoch verdichtet (Haase 2009). Deshalb und aufgrund gezielter Entwässerungsmaßnahmen sind urbane Böden trockener als die der freien Landschaft. Damit ist auch das Mikroklima in Städten trockener als im Umland (Stewart und Oke 2012). Die dichte Bebauung vermindert die Windgeschwindigkeiten und somit den Austausch der Luftmassen.

Die durch Städte aufkommenden klimatischen Veränderungen entstehen immer in Abhängigkeit vom Großklima, sind aber in Bodennähe vielmehr den zahlreichen, kleinräumig differenzierten mikroklimatischen Einflüssen ausgesetzt. Das Stadtklima ist also ein besonderes Kleinraumklima oder Lokalklima, das unter dem Einfluss der städtischen Bebauung unter- und oberhalb einer Höhe der Luftschicht von zwei Metern entsteht (Henninger 2011).

Im Vergleich zur ländlichen Umgebung zeichnet sich in Mitteleuropa das Stadtklima vor allem durch höhere Temperaturen und stärkere Trockenheit aus (▶ Kap. 4). Hohe bauliche Dichte und wechselnde Bauhöhen bewirken eine vergrößerte Oberfläche und eine erhöhte Rauigkeit der Erdoberfläche, so dass das Strömungshindernis Stadt die bodennahen Windgeschwindigkeiten zwischen 10–30 %, in Einzelfällen sogar bis 50 %, reduziert. Verglichen mit dem Umland kommt es zu 5–20 % mehr Windstillen und ebenso viel weniger Böen in der Stadt (◘ Tab. 3.1).

Es werden dadurch Luftaustauschprozesse verringert oder gar ganz unterbunden, was nicht nur eine Anreicherung von Luftschadstoffen, sondern auch eine Ansammlung und Stauung der warmen Luftmassen in der Stadt zur Folge hat. Sind die Oberflächen jedoch durch den Wechsel von Straßen und Parks etc. und vor allem durch unterschiedliche Haushöhen sehr uneinheitlich, so entstehen über der Stadt wesentlich mehr Turbulenzen, was einer mangelhaften oder fehlenden Durchlüftung und erhöhten Temperaturen entgegenwirken kann.

Der wohl wichtigste Aspekt betrifft die Baukörpermaterialien. Sie weisen in der Regel eine niedrigere Albedo auf als die natürliche Umgebung, was in bebauten Gebieten zu einer geringeren Reflexion der Sonnenstrahlen und dies wiederum zu einer höheren Wärmespeicherung in den Baumassen führt. Die warmen Luftmassen, die durch eine erhöhte Wärmespeicherfähigkeit und verzögerte Wärmeabgabe des städtischen Baukörpers mit seinen zahlreichen Materialien und Formen sowie durch eine Strahlungsmodifikation durch Emissionen, Hausbrand und andere anthropogene Energiezufuhr entstehen, sorgen in der Nacht für eine verzögerte Abkühlung der Luft und in den frühen Morgenstunden zu einem ebenfalls verzögerten Temperaturanstieg

3

◻ **Tab. 3.1** Eigenschaften des Klimas urbaner Ökosysteme im Vergleich zu Offenlandökosystemen. (Zusammengestellt und verändert nach Leser 2008 und Kuttler 2000)

Klimaelemente	Veränderungen gegenüber dem unbebauten Offenland
Globalstrahlung	$\leq -10\%$ (in Frühphasen der Industrialisierung in Europa und Stadtregionen in Entwicklungsländern heute z. T. deutlich $> -10\%$ Reduktion)
Albedo (und Emissionskoeffizient)	$+/-$ je nach Art der Oberfläche und Exposition (z. B. Wiesen besitzen eine Albedo von 0,15–0,25, Laubwälder von 0,15–0,2 Asphalt besitzt eine Albedo von 0,05–0,2 und Ziegel von 0,2–0,4)
Atmosphärische Gegenstrahlung	$\leq 10\%$
UV-Strahlung (Sommer und Winter)	$\leq -5\%$
Sonnenscheindauer	$\leq -8 \ldots 10\%$
Wärme Fühlbare Wärme (L) Latente Wärme (V) Bowen-Verhältnis ($Bo = L/V$)	$\leq 50\%$ $\leq -50\%$ > 1 (im Mittel)
Wärmespeicherung	$\leq 40\%$
Lufttemperatur Jahresmittel Winterminima	$+2\,K$ $+10\,K$ (in Einzelfällen bis $+15\,K$)
Windgeschwindigkeit **Windstille**	$\leq -20\%$ $\leq 13\%$
Luftfeuchtigkeit	$+/-$
Nebel Großstadt Kleinstadt	Weniger Mehr
Niederschlag Regen Schnee	Mehr Weniger
Verdunstung	$-60 \ldots -30\%$
Bioklima Vegetationsperiode für den Menschen	~ 10 Tage belastend für Herz-Kreislauf-System
Frostperiode	$\leq -10 \ldots 25\%$
Luftverschmutzung CO, NO$_x$, AVOC[a], PAN[b] O$_3$	Mehr Weniger (allerdings Konzentrationsspitzen)
Globalstrahlung	$\leq -10\%$ (in Frühphasen der Industrialisierung in Europa und Stadtregionen in Entwicklungsländern heute z. T. deutlich $> -10\%$ Reduktion)
Albedo (und Emissionskoeffizient)	$+/-$ je nach Art der Oberfläche und Exposition (z. B. Wiesen besitzen eine Albedo von 0,15–0,25 Laubwälder von 0,15–0,2 Asphalt besitzt eine Albedo von 0,05–0,2 und Ziegel von 0,2–0,4)
Gegenstrahlung	$\leq 10\%$
UV-Strahlung (Sommer und Winter)	$\leq -5\%$

[a]anthropogene Kohlenwasserstoffe, [b]Peroxyacetylnitrat

(Lauer 1999). Der Zunahme der Lufttemperatur folgen auch eine erhöhte Konvektion und eine vermehrte Wolkenbildung über der Stadt.

Im Mittel ist eine Stadt um 1–3 k wärmer als das Umland (abhängig von der Größe der Stadt), doch variiert dieser Wert je nach Makroklima, Größe und Lage der Stadt, Dichte der Überbauung, Jahres- und Tageszeit und in Abhängigkeit von den Windgeschwindigkeiten. So kann der Temperaturunterschied bei zunehmender Windstärke komplett

---

Strahlungs- und Wärmebilanz

Strahlungsbilanz: $Q^* = K\downarrow - K\uparrow + L\downarrow - L\uparrow - L\uparrow_{refl}$
Wärmebilanz: $Q^* + Q_{anthr} + Q_{Met} + Q_H + Q_E + Q_B = 0$
mit
Q^*: Strahlungsbilanz,
$K\downarrow$: direkte und diffuse Globalstrahlung,
$K\uparrow$: kurzwellige Reflexion,

$L\downarrow$: langwellige atmosphärische Gegenstrahlung,
$L\uparrow$: langwellige Ausstrahlung,
$L\uparrow_{refl}$: langwellige Reflexion,
ε: langwelliger Emissionsgrad,
α: kurzwelliger Albedo
sowie:
Q_{anthr}: anthropogene Wärmeflussdichte,

Q_{Met}: metabolische Wärmeflussdichte,
Q_H: turbulente fühlbare Wärmeflussdichte,
Q_E: turbulente latente Wärmeflussdichte (Verdunstung),
Q_B: Bodenwärmeflussdichte.
(alle Einheiten in W/m^2, α und ε sind dimensionslos)

---

verschwinden oder aber bei Windstille sein Maximum erreichen, das in Millionenstädten nicht selten bei 10 °C liegt. Doch schon in wesentlich kleineren Städten oder auch Stadtteilen kann eine beträchtliche Überhitzung entstehen, sofern das Gros der Gebäude aus hohen Bauwerken besteht. Denn da es bei jeder Reflexion der Sonneneinstrahlung immer auch zur Absorption eines Teils der Strahlung kommt, führen Vielfachreflexionen an Hochhäusern entsprechend zu einer größeren Energieabsorption und damit zu einer größeren Wärmestrahlung. Die Stadt wird deshalb auch als Wärmeinsel bezeichnet oder „Wärme-Archipel" bezeichnet bzw. als „mehrkernige Wärmeinsel, da es bei räumlich differenzierter Analyse zu einer Auflösung in mehrere kleinere Wärmezentren kommt (Lauer 1999).

Mit der Erhöhung des Temperaturniveaus in Städten geht auch eine Änderung der relativen Luftfeuchte einher; sie bleibt stets unter der des Umlands und weist genauso wie das Mosaik der Wärme-Inseln eine Variation über dem Stadtgebiet auf. Zur allgemeinen Trockenheit in den Städten tragen ganz wesentlich die starke Versiegelung mit mehr oder weniger wasserundurchlässigen Oberflächen bei. Denn durch Abwässer- und Drainagesysteme wird der Niederschlag nicht infiltriert, und durch den schnellen Abfluss und die Verringerung der transpirierenden Pflanzendecke wird die Evapotranspiration erheblich reduziert. Die Folge herabgesetzter Verdunstung ist eine reduzierte Umwandlung von Wärme in latente Energie und eine geringere Luftfeuchte in der Stadt.

Die Überwärmung in der Stadt tritt vor allem im Sommer und dann besonders in den Nächten deutlich auf. Diese Zeit kann für den Menschen zu einer großen Belastung werden, da erst eine nächtliche Abkühlung bis unter 18 °C einen physiologisch erholsamen Schlaf gewährleistet. Ein weiterer gesundheitlicher Druck entsteht bei solchen kräftigen Überwärmungsphasen, wenn sie in Verbindung mit einem hohen Wasserdampfdruck (> 14 mmHg) auftreten. Dann kommt es zu Schwüle, die sich nicht nur tagsüber, sondern auch während der Nachtstunden („tropische Nächte" mit > 20 °C) einstellt. Sie beeinträchtigt in den mittleren Breiten auch bei gesunden Menschen die Kreislauftätigkeit, verursacht Schlafstörungen und nachlassende Leistungs- und Konzentrationsfähigkeit. In extrem ausgeprägten Schwülephasen kann es sogar zu einer erhöhten Anfälligkeit gegenüber Infektionskrankheiten kommen (Fellenberg 1999). Die in der Stadtluft enthaltenen Spurenstoffe, die unterschiedlichsten Quellen entstammen, beeinflussen den urbanen Energiehaushalt, der sich aus der Strahlungsbilanz und der Wärmebilanz zusammensetzt.

Insgesamt zeichnet sich die urbane Strahlungsbilanz dadurch aus, dass sich in Abhängigkeit von der Luftverschmutzung die kurzwelligen Strahlungsflussdichten im Vergleich zum Umland verringern, diejenigen im langwelligen Bereich jedoch erhöhen. Daraus resultieren etwas niedrigere Werte für den versiegelten und für den nicht versiegelten Bereich. Zugleich ist die kurzwellige Albedo der oft durch dunkle Oberflächen und Mehrfachreflexionen im dreidimensionalen Baukörper geprägten Stadt geringer.

Die urbane Wärmebilanz wird durch QH und QB dominiert, im unbebauten Umland dominiert hingegen QE. Da die Verdunstung im urbanen Raum eingeschränkt ist, sind die latenten Wärmeströme QE meist niedrig, wodurch Bowen-Verhältnisse (Bo = QH/QE) von durchschnittlich > 1 erreicht werden. Daraus resultiert eine im Vergleich zum unbebauten Umland wärmere Stadtatmosphäre, die o. g. städtische Wärmeinsel.

3

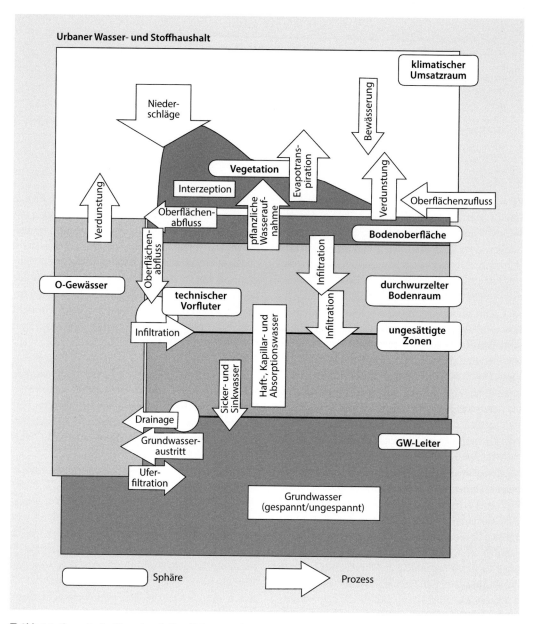

Urbaner Wasser- und Stoffhaushalt

◨ **Abb. 3.4** Elemente des Wasserhaushaltes. (© Sauerwein)

3.2.2   Wasserhaushalt

Die Bodenversiegelung bzw. Art und Intensität der Versiegelung verändern das Abflussregime und die Infiltration im Umfeld der versiegelten Flächen ebenso wie die ökosystemaren Eigenschaften der Böden. Durch diese Veränderungen werden wichtige Regelungsgrößen des Bodenwasser- und Grundwasserhaushaltes wie Evapotranspiration, Wasserspeicherung, Grundwasserneubildung, kapillarer Aufstieg, oberirdischer Abfluss und Stoffverlagerung beeinflusst (Renger 1998). Besonders der immer noch steigende Anteil der Versiegelungsflächen und der damit verbundene Bau von Kanalisationen führen zu einer Verminderung der Grundwasserneubildung und der Evapotranspira-

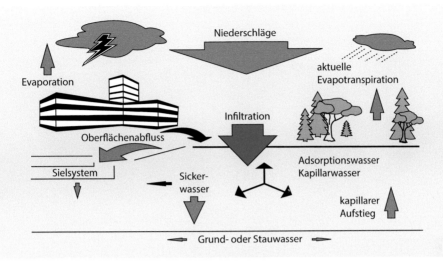

⬛ **Abb. 3.5** Infiltration und Bodenwasserhaushalt in Stadtböden. (Nach Burghardt 1996; © Sauerwein)

tion, zu einer Veränderung des Wärmehaushaltes und der Verstärkung des Hochwasserabflusses in Vorflutern. Durch den raschen Abfluss finden kaum noch Reinigungsprozesse statt, was zu einer zusätzlichen Verschmutzung der Gewässer führt (⬛ Abb. 3.4).

Im städtischen Wasserhaushalt spielen Infiltration und Oberflächenabfluss die entscheidenden Rollen (⬛ Abb. 3.5).

Dabei geschieht im Vergleich mit den nichturbanen Räumen zum einen eine Erhöhung bzw. Kon-

zentration von Infiltration auf den verbleibenden nicht oder nur schwach versiegelten Flächen. Dies wiederum hat zur Folge, dass durch die erhöhte Infiltration auch eine erhöhte Schadstofflast in die Böden eingetragen werden kann. Zum anderen wird z. T. lokal mit verschiedenen Sielsystemen ein Teil des Oberflächenabflusses aufgefangen, um so Niederschläge versickern und nicht in die Kanalisation kommen zu lassen. Aber auch damit sind konzentriert stoffliche Einträge in die Böden dieser Standorte festzustellen.

Reliefveränderung in der Großsiedlung Halle-Neustadt

Halle-Neustadt wurde ab 1965 – geplant als damals größte Großsiedlung der DDR – in mehreren Abschnitten (sog. Wohnkomplexe) mit einer Bewohnerzahl 1989 von fast 100.000 erbaut. Prä-urban wurde das Gebiet überwiegend als Acker genutzt. Als quasi-natürliche Böden hatten sich je nach Ausgangssubstrat in den Saaleaue-Bereichen großflächig Auenton-Vegas, auf den lössüberprägten Buntsandsteinen bzw. Muschelkalken hauptsächlich Decklöß-Schwarzerden/Deck-Sandlehm-Schwarzerden bzw. Schwarzstaugleye entwickelt. Aufgrund

der relativ jungen, dokumentierten und i. d. R. nur einmaligen Überbauung ist es möglich, sowohl Aussagen über die (horizontale) Bodenverbreitung als auch über die vertikale Verteilung einzelner Stoffhaushalts- und Schadstoffparameter bzw. deren Veränderungen zu machen.

Im Zuge der Baumaßnahmen wurden Nivellierungsmaßnahmen des Reliefs vorgenommen. Dabei zeigen sich deutlich Bereiche, die aufgeschüttet wurden ebenso wie solche, in denen eine z.T. flächenhafte Abtragung erfolgte. Die größte Klasse mit 37,6 % bilden die

Flächen, die als nahezu unverändert bezeichnet werden, d. h. deren Reliefveränderung mittels der verwendeten Methode nicht nachweisbar ist (plus/minus einen halben Meter). Dass die Aufschüttungen netto gegenüber den Abtragungen überwiegen, ist mit dem anfallenden Material des Keller-/Fundamentaushubs und der Versorgungsleitungen (inklusive der z.T. unterirdischen S-Bahn) zu begründen. 5,7 % der Fläche erfuhren eine Reliefveränderung um mehr als 2,50 m (Sauerwein 1998; ⬛ Abb. 3.6).

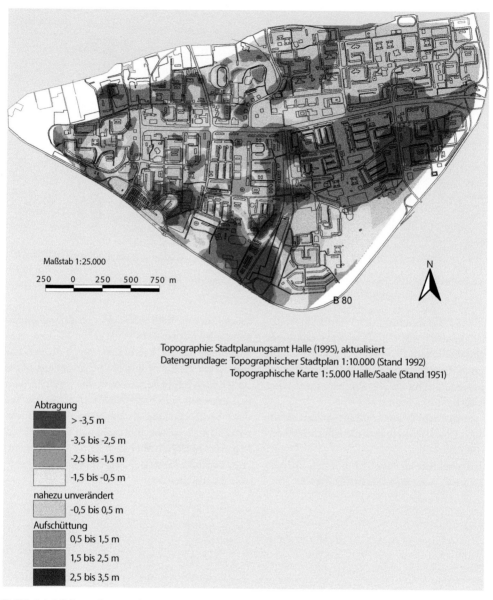

Maßstab 1:25.000

250   0   250   500   750 m

N

B 80

Topographie: Stadtplanungsamt Halle (1995), aktualisiert
Datengrundlage: Topographischer Stadtplan 1:10.000 (Stand 1992)
Topographische Karte 1:5.000 Halle/Saale (Stand 1951)

Abtragung

■ > -3,5 m

■ -3,5 bis -2,5 m

□ -2,5 bis -1,5 m

□ -1,5 bis -0,5 m

nahezu unverändert

□ -0,5 bis 0,5 m

Aufschüttung

■ 0,5 bis 1,5 m

■ 1,5 bis 2,5 m

■ 2,5 bis 3,5 m

■ **Abb. 3.6** Reliefveränderung in der Großsiedlung Halle-Neustadt. (© Sauerwein)

3.2.3 Böden als Untergrund für Stadtökosysteme

Böden in Siedlungsgebieten unterscheiden sich in der Regel gravierend von den Böden, welche die Siedlungen umgeben. Dies trifft insbesondere für urbane Landschaften zu, da es in ihnen durch meist lang anhaltende, vielfältige und intensive anthropogene Überprägung zu einer markanten Veränderung der bodenbildenden Faktoren kommt (Burghardt 1996). Die Stadtbodenforschung ist eine vergleichsweise junge Wissenschaftsrichtung. Die ersten Bodenkartierungen in urbanen Räumen erfolgten Anfang der 1980er Jahre (Blume 1982). Bislang hat sich sowohl national als auch international noch kein einheitliches Kartierungskonzept etablieren können. Dies führte zu einer Vielzahl von Ansätzen zur Klassifizierung und Typisierung der Böden in urbanen Räumen und zu einer entsprechenden Unübersichtlichkeit. Sowohl die deutsche als auch die internationale Klassifizierung ist bislang unbefriedigend (Sauerwein und Geitner 2008). Erstaunlich ist, dass Böden im Siedlungsbereich in den meisten deutschsprachigen Lehrbüchern zu den Themenfeldern Bodengeographie, Bodenkunde, Stadt- und Landschaftsökologie nicht oder kaum behandelt werden.

> **Urbane Böden**
>
> In Anlehnung an Blume et al. (2010) können urbane Böden (oftmals synonym: urban-industrielle Böden, Böden städtisch-industrieller Verdichtungsräume, Stadtböden, Siedlungsböden) definiert werden als „Gesamtheit aller Böden der urban genutzten Flächen. Es sind (z. T. kleinräumig vergesellschaftete) Bodeneinheiten natürlicher, anthropogen umgelagerter natürlicher und technogener Substrate, die durch die anthropogene Überprägung (wie z. B. die Versiegelung) durch intensive Nutzung insbesondere eine Veränderung ihrer Eigenschaften aufweisen" (Sauerwein 2006).

Bei den globalen Typisierungs- bzw. Klassifizierungsansätzen von Böden werden die Funktionen und die Bedeutung der Böden als Teil des städtischen Ökosystems gar nicht oder nicht ausreichend berücksichtigt. Dies bedeutet, dass zwar eine Differenzierung der Böden in urbanen Landschaften auf unterschiedliche Weise möglich ist, die bisherigen Ansätze jedoch nicht zu einer auf der Ökosystemtheorie begründeten, nachvollziehbaren und ökosystemar raumwirksamen Kategorisierung führen.

Mit der Entwicklung von Stadtökosystemen sind die natürlichen Standortbedingungen in vielfältiger Art und Weise abgewandelt oder gar gänzlich verändert worden. Dies trifft im Besonderen für die Böden-Substrat-, aber auch für die Reliefverhältnisse zu (s. o.). Dadurch wurden in solchen anthropogen stark geformten Ökosystemen auch die für den Stoff- und Energiehaushalt wesensbestimmenden Speicher und Regler (im Sinne von Leser 1997) verschiedenartig beeinflusst und abgewandelt. Diese Veränderungen spiegeln sich besonders deutlich im Horizont- und Substrataufbau wider. Im Vergleich zu kaum oder nicht anthropogen beeinflussten Standorten weisen städtische Böden eine wesentlich höhere horizontale und vertikale Heterogenität auf (Pietsch und Kamieth 1991; Burghardt et al. 1997). Diese wird bestimmt durch den zeit- und raumdifferenzierten Verlauf der Stadtentwicklung, aber auch durch die natürlichen, d. h. „prä-urbanen" Relief-, Substrat- und Bodenwasserverhältnisse.

In städtisch-industriellen Verdichtungsräumen sind folgende drei Grundgruppierungen von Böden zu unterscheiden: (a) veränderte Böden natürlicher Entwicklung, (b) Böden anthropogener Aufträge natürlicher Substrate, technogener Substrate oder Mischungen derselben, und c) versiegelte Böden.

Die bodenbildenden Substrate in Stadtökosystemen sind sowohl autochthoner als auch allochthoner (natürlicher und künstlicher) Genese. Sie bestimmen nicht nur die Art, Intensität und Geschwindigkeit der Pedogenese, sondern zu wesentlichen Teilen auch das ökologische Potential dieser Standorte. Dieses lässt sich besonders deutlich an den Bodenwasser- und Nährstoffhaushaltseigenschaften belegen. Deren Dimensionierung und räumliche (wie auch zeitliche) Varianz entscheiden z. B. nicht nur über Erfolg oder Misserfolg verschiedener „Freiflächennutzungsvarianten", sondern regeln auch andere über den Boden ablaufenden, stofflichen und energetischen Prozesse in Stadtöko-

◘ Abb. 3.7 Beispiele urbaner Böden. (Fotos © Sauerwein)

systemen (u. a. Infiltrations- und Grundwasserneu-
bildungspotential) (◘ Abb. 3.7).

Ein besonderes „Charakteristikum" urbaner
Böden ist, dass sie oft kleinflächig vorkommen und
deshalb in Bodenkarten mittlerer Maßstäbe kaum
separat, sondern nur als Bodenkomplexe, dargestellt
werden können. Die genannte große horizontale,
aber auch die vertikale Heterogenität haben beträchtliche Einflüsse auf die ökologische Qualität
dieser Böden, was sich in einem z. T. sprunghaften
Wechsel der wesensbestimmenden Standortmerk-
male (Humusgehalt, pH-Wert, Bodenfeuchtere-
gime, Wasserdurchlässigkeit etc.) niederschlägt.

Neben den Veränderungen des (ehemals natürlichen) Bodenaufbaus werden auch der Stoff- und
Energiehaushalt in „Stadtböden" verändert. Diese
(direkten oder indirekten) Einwirkungen auf den
Stadtboden und die hieraus erwachsenden Ab-
wandlungen der pedo-ökologischen Eigenschaften
bzw. Bodenfunktionen sind dabei teilweise gewollt,
teilweise treten sie aber auch als ungewollte, i. d. R.
Negativwirkung hervor. Sie betreffen insbesondere
den Wärme-, vor allem aber den Bodenwasserhaushalt. Letzteres trifft in starkem Maße für (bewusste)
Grundwasserabsenkungen zu, die häufig bei Stadt-

entwicklungen in oder am Rande von größeren
Flussauen auftreten (◘ Tab. 3.2 und 3.3).

Ein besonderes Problem städtischer Böden ergibt sich aus ihrer Funktion als „Stoffsenke". Obwohl dies auch für (quasi-)natürliche Böden zutrifft,
werden die ökologischen Eigenschaften der Böden
von Stadtökosystemen oftmals durch eine, in Abhängigkeit von den Immissionsbedingungen mehr
oder weniger starke, (Schad-)Stoffbelastung beeinträchtigt. Diese erfolgt sicherlich zu großen Teilen –
insbesondere in der jüngeren Vergangenheit – über
den Eintrag aus der Atmosphäre. Daneben treten
zudem andere, zusätzliche stoffliche, aber auch
energetische Belastungswirkungen auf den Boden-
Substrat-Komplex auf. So sind in nicht wenigen
Fällen schon durch die Beimischung allochthoner,
vor allem anthropogen entstandener Substratkom-
ponenten mit einer erhöhten Schadstoffgrundlast,
starke Beeinträchtigungen der standortökologi-
schen Verhältnisse zu verzeichnen.

Die angesprochenen (Schad-)Stoffakkumulati-
onen in Böden sind im Unterschied zu den Um-
weltmedien Luft und Wasser, zumindest in den
Anfangsstadien, vom Menschen kaum spür-, d. h.
fühl- oder sichtbar. Oftmals sind diese Belastungs-

◻ **Tab. 3.2** Stoffliche Beeinflussungen der städtischen Pedosphäre

Stoffbestand	Feststoffaufträge von natürlichen und technogenen Substraten oder Gemengen aus diesen, Stoffeinträge: gasförmig, gelöst oder fest aus der Atmosphäre, Produktions- und Siedlungsstätten, Verkehr, Infrastruktureinrichtungen, Schadstofftransfer, Humusbildung und Grundwasserabsenkung
Stoffaustausch zwischen den Sphären	Klimaveränderung, Bodenverdichtung und Versiegelung, Wassereinzugsgebietsveränderungen und Veränderungen des Abstandes Bodenoberfläche-Grundwasser
Überprägung natürlicher Merkmals- und Prozessstrukturen	Anthropogene Raummuster, vertikale und horizontale Heterogenisierung, anthropogen gesteuerter Reliefwandel
Zeitraum ihrer Bildung und Häufigkeit des Flächennutzungswandels	
Veränderung der Speicher- und Transferfunktionen der Böden für Schadstoffe	

◻ **Tab. 3.3** Art und Weise der Beeinflussung der urbanen Bodenbildung

	Bodentyp
Humusanreicherung	Regosole (kalkfrei) und Pararendzinen (kalkhaltig)
Karbonatanreicherung	Vorwiegend aus Bauschutt, Entstehung von Pararendzinen
Mischung von Substraten technischen Ursprungs mit natürlichem Boden	Phyrolithe
Ablagerungen von Substraten technischen Ursprungs (Bauschutt, Aschen, etc.)	Technolithe

wirkungen erst dann merkbar, wenn der sogenannte *point of no return* überschritten ist und eine Schädigung der Böden bzw. eine Aufrechterhaltung der Bodenfunktionen kaum noch gewährleistet ist (Scheffer und Schachtschabel 2010). Da eine natürliche Dekontamination, z. B. bei Schwermetallbelastungen, kaum wirksam wird und eine technische Reinigung nur eingeschränkt möglich, aber sehr kostenaufwendig ist, ist das ökologische Potenzial

unter diesen Bedingungen als überaus problematisch anzusehen.

Es sind jedoch nicht nur die unmittelbaren Beeinträchtigungen der (in-situ-)Standorteigenschaften, die das „Bodenproblem" in Stadtökosystemen so brisant erscheinen lassen. Einschränkungen oder sogar völliges Außerkraftsetzen der (natürlichen) Bodenfunktionen in Städten führt auf Grund der integralen Stellung der Böden innerhalb einer Landschaft – auch innerhalb einer Stadtlandschaft – über Modifikationen ihrer Speicher-, Steuer- und Reglerfunktionen nicht nur zu unmittelbaren Verringerungen des ökologischen Potentials an der „Verursacherstelle", sondern auch zu (negativen) Auswirkungen auf den Stoff- und Energiehaushalt des gesamten Stadtökosystems. Oftmals zeigt sich hierbei sogar eine über das unmittelbare Stadtgebiet hinausreichende „ökologische Fernwirkung". In der Literatur sind diesbezügliche Beispiele u. a. an der Beeinträchtigung des Versickerungs- bzw. Grundwasserneubildungspotentials, der mikroklimatischen Einflüsse oder des Lebensraumes für die städtische Vegetation und Fauna vielfältig belegt (Sukopp und Wittig 1998).

Da Böden als das „Gedächtnis" einer Landschaft fungieren, sind auch aus den städtischen Standorten Informationen zur Bodenentwicklung bzw. -belas-

Eigenschaften urbaner Böden kurz gefasst

Zusammenfassend kann man die Eigenschaften urbaner Böden wie folgt charakterisieren (Sauerwein 2006): Es handelt sich um ein kleinräumiges Bodenmosaik der städtischen Siedlungsfläche, das von Meter zu Meter sehr stark differieren kann. Bei fortschreitender Urbanisierung nehmen die Eingriffe in die Bodenstruktur besonders durch bauliche Maßnahmen, mechanische Belastungen sowie Fremd- und Schadstoffeinträge zu, und es kommt zum Rückgang der oberflächenbildenden Böden bzw. offenen Freiflächen.

tung und ihrer Ursachen zu entnehmen. Dies ist zweifelsohne in einem Großteil unserer teilweise über mehrere Jahrhunderte gewachsenen Städte ein sehr schwieriges Anliegen, da es hier i. d. R. nicht nur zu einer einmaligen Überprägung der prä-urbanen Bodenverhältnisse kam. Teilweise lagern mehrere, verschiedenartig zusammengesetzte und durch unterschiedliche pedo-ökologische Verhältnisse geprägte (fossilierte) Böden oder deren Reste übereinander. Nicht selten bilden jedoch deren Aufarbeitungsprodukte oder (neu hinzugekommene) allochthone Substrate das Ausgangsmaterial der heutigen Oberflächenböden.

Das präurbane Relief spielte hierbei eine, wie auch in der „normalen" Pedogenese, wichtige Steuer- bzw. Reglerfunktion. Im „Interesse" der Stadtentwicklung wurde versucht, „ungünstige" Reliefeigenschaften auszugleichen, d. h. Nivellierungstendenzen durch Boden-/Substratkappung oder -auffüllung durchzuführen. Die damit einhergehenden pedo-ökologischen Veränderungen sind oftmals für aktuelle Fragestellungen nur noch dann relevant, wenn sie auch heute noch oberflächenwirksam werden. Gewisse Ausnahmen stellen z. B. durch den historischen Siedlungsgang bedingte und im heutigen – tieferen – Unterboden auftretende physiologische Sperrschichten oder gravierende Schadstoffanreicherungen dar, welche die Grundwasserneubildungsrate – oder den kapillaren Aufstieg – quantitativ oder qualitativ beeinträchtigen.

Auf den offenen Freiflächen (Vor-, Haus-, Kleingärten, Grünanlagen) ist die Spannbreite von humusarmen Schütt- und Aufschüttungsböden bis zu dunklen humus- und nährstoffreichen Substraten (durch intensive, künstliche Düngung) sehr hoch. Dabei ist die Mehrzahl der Stadtböden humusarm, was durch die Beseitigung des Laubs und der Streu (Humusbildner) durch intensive Pflegemaßnahmen

auf den Grünflächen (insbesondere der Parkanlagen) begründet ist.

Die wichtigste physiko-chemische Kenngröße – der pH-Wert – liegt bei der Mehrzahl der Stadtböden als Folge von kalkreichen Bauschuttresten und aufgewehtem Staub im neutralen Bereich, Werte über 7,5 findet man beispielsweise in den Pararendzinen der Ruderalflächen auf Trümmerschutt.

Die Reduktion des Porenvolumens senkt zugleich die Wasserspeicherkapazität der Böden, so dass plötzlich auftretende große Wassermengen (durch Starkregen und aufgrund der Versiegelung erhöhten Oberflächenabfluss) nur z. T. im Boden versickern können. Die feinmaterialreichen, oberflächlich abfließenden Wässer verschlämmen zusätzlich den Oberboden.

Die Belastung der Stadtböden kann durch Schadstoffeinträge aus der Luft, durch Regen-/ Taufall, durch Hochwässer (insbesondere die Auenböden), durch Altlasten, Auftausalze, Leitungsleckagen, Havarien, unsachgemäßer Lagerung von umweltgefährdenden Stoffen oder Überdüngung erfolgen. Belastungsarten können dabei eine erhöhte Säurebelastung durch sauren Regen sein oder eine Stoffbelastung durch stadttypische Schwermetalle (Blei, Kupfer, Zink, Nickel, Mangan, Cadmium) und organische Schadstoffe (PAK, PCB), die sich über Jahre zu erheblichen Mengen anreichern. Die Gruppe der persistenten, d. h. im Boden nicht oder nur in langen Zeiträumen abbaubaren, problematischen Stoffe bildet so ein wachsendes Gefahrenpotenzial. Die Anreicherung kann zu latenten, bei Überschreiten bestimmter Belastungsgrenzen deutlichen Beeinträchtigungen von Bodenflora und Bodenfauna und bis hin zu akuten Gefährdungen auch des Menschen durch direkten Kontakt bzw. über die Nahrungskette und das Grundwasser führen. Gefährdungspfade für Bodenschadstoffe zum Schutzgut Mensch sind (◼ Abb. 3.8):

Abb. 3.8 Böden als Belastungsquelle für den Menschen. (© Sauerwein und Scholten 2011)

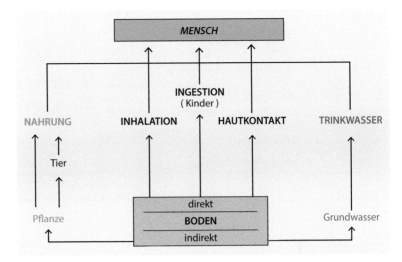

- Belastungspfad Boden-Luft-Mensch (pulmonale/direkte Aufnahme),
- Belastungspfad Boden-Mensch (orale/direkte Aufnahme),
- Belastungspfad Boden-Mensch (kutane/direkte Aufnahme),
- Belastungspfad Boden-Grundwasser-Trinkwasser-Mensch (orale/indirekte Aufnahme),
- Belastungspfad Boden-Pflanzen-Nahrung-Mensch (orale Aufnahme über die Nahrungskette).

Hinsichtlich der Funktionen städtischer Böden im urbanen Ökosystem ist es von entscheidender Bedeutung, dass eine Stadt den Boden nicht nur als Standort für Infrastruktureinrichtungen benötigt, sondern der Boden als offenes System den Durchsatzraum für eine Vielzahl von Stoffen darstellt und der urbane Wasserhaushalt eng mit dem des Bodens verknüpft ist. Insgesamt können urbane Böden als stark gestört angesehen werden, mit lediglich eingeschränkter Erfüllung von Bodenfunktionen.

Städtische Siedlungen sind meist Komplexe aus Wohnquartieren, Gewerbe- und Industriegebieten, aber auch Park-, Wald- und Wasserflächen (Haase 2014). Insbesondere von Wohn-, Industrie- und Verkehrsflächen gehen spezifische Emissionen bzw. Abfälle wie Schwermetalle, Streusalze, polyzyklische aromatische Kohlenwasserstoffe (PAK), Harn- und Moschusstoffe, Medikamentenrückstände etc. aus. Der dichte Straßenverkehr in Städten erzeugt Lärm und Abgase, die ihrerseits Einflüsse auf die Tier- und Pflanzenwelt sowie auf den Menschen haben (Leser 2008).

3.3 Abgrenzung, Systematik und Darstellung von Stadtökosystemen

Die abiotische Umwelt, welche in der Stadt teilweise vom Menschen geschaffen wird (z. B. Gebäude, Straßen, Halden, Aufschüttungen, Teiche), wirkt sich wesentlich auf den Lebensraum der Tier- und Pflanzenwelt in Städten aus (▶ Kap. 4). Städte weisen eine geringe Pflanzenmasse und -bedeckung bei gleichzeitig hoher Bodenversiegelung als Offenlandökosysteme auf. Die daraus resultierende geringere Menge an Evaporation und Transpiration wirkt ebenfalls in Richtung eines trockneren Mikroklimas. Die Bodenversiegelung erschwert zudem die Ansiedlung von Pflanzen. Das chemische Milieu von Stadtböden und Stadtluft ist in Städten verändert, entweder hin zum Sauren (durch SO_x/NO_x-Emissionen) oder durch alkalische Flugaschen aus der Kohleverbrennung zum Basischen, wobei letzteres ein abnehmender Trend infolge von gas-, öl- und von regenerativen Energien betriebenen Heizungen ist.

In Städten sind bestimmte, in der freien Landschaft weniger häufig vorkommende Pflanzengesellschaften zu finden wie z. B. Trittgesellschaften

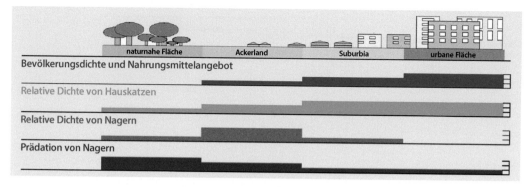

Abb. 3.9 Ein typischer rural-urbaner Gradient der Einwohnerdichte, Hauskatzen- und Nagerdichte. (Gilot-Fromont et al. 2012)

Die urbane Landschaft

„Fundamentally, a landscape defined as urban shows some effects of human influence. Taken literally, this could mean that most remote sites could be called urban simply because humans have influenced a portion of their area at some point in time. (…) Clearly, this description of urban is too broad to be very useful, and it confounds the differences between human dominated and truly urban ecosystems. There is thus an evident need to remove the uncertainty with which ecologists define urban ecosystems and to correct oversights regarding definitions (or lack thereof) of what it means to be urban" (Ravetz 2000:85).

(an häufig betretenen Orten), Ruderalfluren (im Bereich von Bauschuttanhäufungen, in Schienen und Industriebrachen, auf Deponien), Schnittrasen (in Parks), Pflanzen an Mauern (in Mauerspalten, auch Kletterpflanzen), Pflanzengesellschaften der Pflasterritzen (Sukopp und Wittig 1998; Marzluff et al. 1997; Grimm et al. 2008). Diese spielen vor allem in Parks, auf Friedhöfen, in Kleingartensiedlungen, begrünten Innenhöfen, Villenvierteln und teilweise auch in botanischen Gärten eine wichtige Rolle (▶ Kap. 5). In Bezug auf die Landbedeckung, den Baum- und Grünflächenanteil weisen viele Städte einen deutlichen urban-ruralen Gradienten auf, d. h. die Gründichte nimmt nach außen zu (◻ Abb. 3.9 und ◻ Abb. 3.10). Allerdings zeigen neue Studien zur Kohlenstoffspeicherung in Bäumen und zur Brutvogeldiversität in Städten, dass auch innenstadtnahe, „stabil" bebaute Bereiche mit vielen Nischenlebensräumen und altem Baumbestand, z. B. typische Altbaugebiete, vergleichsweise hohe Holzbiomassen und Artenreichtum aufweisen.

Daher ist es für Stadtökologen von großer Bedeutung, das interessierende System abzugrenzen. Stadtökosysteme und entsprechend auch Städte

werden allerdings zweckbedingt sehr unterschiedlich definiert und abgegrenzt. In ◻ Tab. 3.4 und ◻ Abb. 3.11 werden verschiedene Sichtweisen auf die Frage „Was ist eine urbane Landschaft oder was ist ein urbanes Ökosystem?" vorgestellt. Urbane Landschaften sind städtisch bzw. urban geprägte Räume, in welchen es zu einer Überlappung, Konkurrenz und Interaktion der drei Dimensionen Soziales, Ökonomie und Umwelt kommt (Ravetz 2000). Stadtökosysteme zeichnen sich durch eine hohe Dichte und Konkurrenz verschiedener Landnutzungen – Wohnen, Arbeiten, Transport, Erholung, Kommunikation etc. – aus, welche häufig zu einer extremen Beanspruchung natürlicher Ressourcen wie Luft, Wasser, Boden und Biodiversität führen.

Schlussfolgerungen

Zusammenfassend kann man sagen, dass eine große Anzahl wissenschaftlicher Aufsätze aus verschiedenen Wissenschaftsdisziplinen zur Frage der Definition eines Stadtökosystems zum Schluss kommen, dass der hohe Anteil bebauter bzw. versiegelter Fläche sowie die hohe Bevölkerungsdichte zwei wesentliche Merkmale urbaner Systeme im Vergleich zu ruralen Syste-

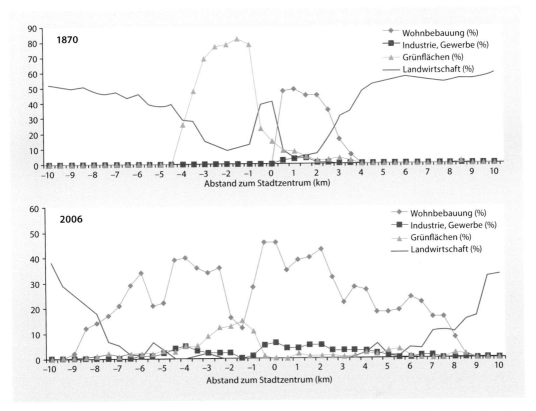

◻ Abb. 3.10 Raum-zeitliche Veränderung des rural-urbanen Landnutzungsgradienten am Beispiel der Stadt Leipzig über einen Zeitraum von 140 Jahren. Festzustellen ist eine deutliche Abnahme der Kompaktheit der bebauten Flächen, welche auf Kosten einer Ausdehnung des Stadtgebietes vonstattengeht. (Haase und Nuissl 2010)

men sind. ◻ Tabelle 3.4 zeigt zudem die Vielseitigkeit der Definitionen und Verständnisse des „Urbanen" bzw. eines Stadtökosystems aus der Sicht verschiedener Wissenschaftsdisziplinen.

Aus ◻ Abb. 3.11 wird deutlich, dass es verschiedene Dimensionen, Systematiken und Sichtweisen auf die Stadt aus ökologischer Sicht gibt. Gemeinsam ist allen Systematiken bzw. Schemata zu urbanen Landschaften, dass ein urbanes System abiotische sowie biotische Elemente beinhaltet und dass es vom Menschen dominiert wird. Seine Komponenten sind stark untereinander vernetzt (Leser 2008).

Eine hohe Bevölkerungsdichte (vgl. Bevölkerungsdichten weltweit, ◻ Abb. 3.12) sowie ein hoher Anteil versiegelten Bodens werden mit „Stadt" oder „dem Urbanen" assoziiert. Dabei gibt es keinen abrupten Übergang von Stadt zu Land, sondern eher einen rural-urbanen Gradienten (Haase und Nuissl 2010). Ein urbanes Ökosystem wird von Ravetz (2000) beispielsweise

als ein großer Metabolismus gesehen, welcher eine Art „Stoff- und Informationsumsatz" über eine Reihe von Input- und Output-Größen vollzieht. Grimm et al. (2008) sowie Langner und Endlicher (2007) betonen eher den integrativen Charakter urbaner Ökosysteme, welche durch eine Fülle von Wechselbeziehungen und Rückkopplungen zwischen Natur und Gesellschaft sowie natürlicher und „gebauter" Umwelt charakterisiert sind.

Wie in ◻ Abb. 3.11 dargestellt, beeinflussen die durch die städtischen Siedlungsräume erzeugten energetischen, stofflichen und biotischen Austauschprozesse die ökologischen Prozesse aller anderen Räume wesentlich mit, und zwar nicht nur lokal oder regional, sondern auch global (Ravetz 2000). Immer wichtiger wird auch der Prozess der Kommunikation, welcher Informationen und Wissen, u. a. auch über ökologische Prozesse in Städten, Grenzwertüberschreitungen und Risikosituationen (Smog, Hochwasser) innerhalb der

◻ Tab. 3.4 Beispiele zur Definition und Abgrenzung urbaner Räume sowie deren Stärken und Schwächen. (Nach McIntyre et al. 2008; und Haase 2009, modifiziert)

Disziplin	Definition des „Urbanen"	Stärken der Definition	Schwächen der Definition
Ökologie	Bebautes Gebiet	Sehr kurz	Bezieht die Bevölkerungsdichte nicht ein
Ökologie	Bebautes Gebiet	Sehr kurz	Vage
Ökologie	Fläche, welche pro Jahr mind. 100.000 kcal/m² verbraucht	International sehr gut vergleichbar	Schwierig zu messen
Soziologie	Gebiet mit > 2500 Einwohner	Präzise und bezieht die Bevölkerungsdichte mit ein	Beliebig
Soziologie	Gebiet mit > 20.000 Einwohner	Präzise	Beliebig und vernachlässigt die Dichte
Ökonomie	Gebiet mit einer Mindestanzahl an Einwohner und Bevölkerungsdichte	Bezieht beides ein, Bevölkerungszahl und -dichte	Definiert keine Minimaldichte
Umweltpsychologie	Fläche mit hohem Verkehrsaufkommen und hoher Versiegelungsrate und Gebäuden	Bezieht explizit den Verkehrssektor und die bebaute Fläche mit ein	Vernachlässigt den Menschen und die Bevölkerungsdichte
Regionalforschung und Landschaftsplanung	Bevölkerungszahl und Anteil an residentieller Landnutzung	Auf alle Regionen weltweit anwendbar; bezieht Bevölkerung und Landnutzung ein	Datenverfügbarkeit ist essentiell; bei nicht verfügbaren Daten nicht anwendbar
Planung	Alle Flächen mit einer Besiedlungsdichte von > 100 Einwohner pro Acre, inklusive Gewerbeflächen, Schnellstraßen und öffentlichen Einrichtungen	Bezieht die komplexen Angebots- und Nachfragebeziehungen mit ein sowie die Siedlungsdichte	Abgrenzung schwierig

Stadt und zwischen Städten austauscht. Dabei ist die „eigentliche Fläche", welche eine Stadt für die Herstellung der benötigten Nahrungsgüter und Energie (ver)braucht, wenn sie sich autark versorgen müsste, um das Vielfache größer als der heutige Stadtraum. Diese Fläche wird auch als „ökologischer Fußabdruck" bzw. *ecological footprint* bezeichnet (Elmqvist et al. 2013; ▶ Kap. 1).

Die Dynamik städtischer Entwicklungen erzwingt immer wieder neue Anpassungsprozesse zwischen den anthropogen bestimmten sozialen und ökonomischen Systemen und den natürlichen Systemen der Landschaft mit den unterschiedlichsten umweltbeeinträchtigenden Folgen (Elmqvist et al. 2013). Viele Umweltprobleme und der hohe Ressourcenverbrauch auf der Erde sind mehr oder minder an die städtisch dominierten Gesellschaftsform und die städtischen Siedlungen gekoppelt, denn bereits heute leben über 50 % aller Menschen in Städten und Prognosen rechnen in der Mitte des 21. Jahrhunderts mit einer urbanen Bevölkerung von 75 % (Kabisch und Haase 2011). Werden diese Probleme nicht gelöst, können sie zu schwerwiegenden und teilweise irreversiblen Folgen für die Menschheit führen (Beispiele hierfür sind der anthropogen induzierte Klimawandel, Naturkatastrophen wie Hitzewellen in Paris im August 2003, Hangrutschungen wie in Brasiliens Küsten-Megacitys Rio de Janeiro und São Paulo oder Überflutungen mittelalterlich angelegter Städte wie Passau oder Dresden an der Elbe 2002, 2006 und 2013 oder 2015 in der philippinischen Stadt Tacloban). Ökologische Forschungen über und in städtischen Siedlungsräu-

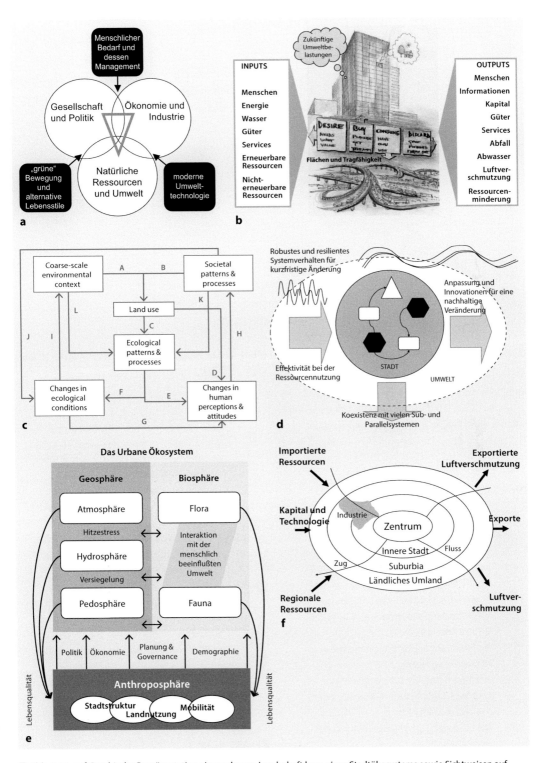

◘ Abb. 3.11 a–f Graphische Repräsentation einer urbanen Landschaft bzw. eines Stadtökosystems sowie Sichtweisen auf dieses. (Eigener Entwurf basierend auf den genannten Quellen)

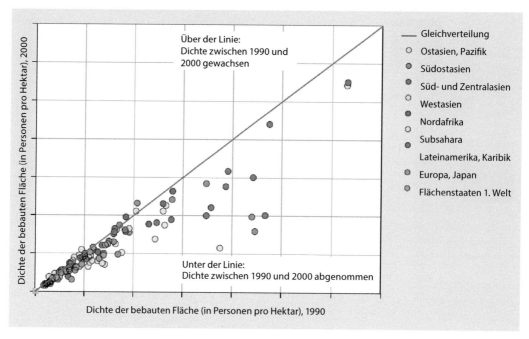

Über der Linie:
Dichte zwischen 1990 und 2000 gewachsen

Unter der Linie:
Dichte zwischen 1990 und 2000 abgenommen

Dichte der bebauten Fläche (in Personen pro Hektar), 1990

Dichte der bebauten Fläche (in Personen pro Hektar), 2000

- Gleichverteilung
- Ostasien, Pazifik
- Südostasien
- Süd- und Zentralasien
- Westasien
- Nordafrika
- Subsahara
- Lateinamerika, Karibik
- Europa, Japan
- Flächenstaaten 1. Welt

◻ Abb. 3.12 Bevölkerungsdichte von 120 Städten einer globalen Stichprobe im Zeitraum von 1990 bis 2000. (Angel et al. 2011)

men, also stadtökologische Forschungen, stellen ein grundlegendes Fundament dar, um die genannten ökologischen Folgen und die damit einhergehenden Risiken analysieren und bewerten zu können (Haase 2011, 2014; Meeus und Gulinck 2008).

❓ 1. Wie unterscheiden sich Stadtökosysteme von Offenlandökosystemen?
2. Wie kann man eine Stadt beschreiben oder abgrenzen?
3. Was ist ein typischer rural-urbaner Gradient und verändert dieser sich über die Zeit?
4. Stimmt folgende Aussage: Städte besitzen einen höheren Oberflächenabfluss gegenüber Offenlandökosystemen? Begründen Sie Ihre Antwort!
5. Wo finden wir in Städten die höchsten Versiegelungsraten?
6. Welche Städte haben eine höhere pro-Kopf-Versiegelungsrate: kompakte oder zersiedelte Städte?
7. Wie lassen sich urbane Geoökosysteme kennzeichnen?
8. Welche Phasen der Stadtentwicklung seit der Industrialisierung und welche Leitbilder

kennzeichnen die Mehrzahl mitteleuropäischer Städte?
9. Was sind typische Eigenschaften und Charakteristika des urbanen Energiehaushaltes?
10. Wie wirkt sich urbane Überbauung auf den Wasserhaushalt aus?
11. Was sind die Folgen der anthropogenen Veränderung des natürlichen Reliefs und der natürlichen Böden?
12. Welche Bedingungen bestimmen die lokalen ökologischen Auswirkungen auf Städte?

✓ ANTWORT 1
– Stadtökosysteme sind gekennzeichnet durch eine hohe Bevölkerungs- und Bebauungsdichte.
– Ihre Böden sind stärker versiegelt als Offenlandökosysteme.
– Stadtökosysteme sind Quelle verschiedener Schadstoffemissionen aus Industrie und Verkehr.

✓ ANTWORT 2
– Es gibt verschiedene Kriterien, wie man Städte von ihrem Umland abgrenzen kann –

z. B. durch Bevölkerungsdichte, Bebauungsdichte (morphologische Struktur), Pendler-
verflechtungen, aber auch einfach durch
die administrativen Grenzen der Gemeinde
„Stadt".

✓ ANTWORT 3

- Urban-rurale Gradienten kennzeichnen die
  Veränderung von Parametern mit zunehmender Entfernung vom Stadtzentrum:
  Versiegelung nimmt häufig ab, die Bevölkerungsdichte auch, Offenlandanteile als auch
  der Anteil an Ackerland oder Forst nehmen
  zu. Häufig sind urban-rurale Gradienten aber
  nicht kontinuierlich; so nimmt in dichten
  peri-urbanen Siedlungen die Wohn- und Bevölkerungsdichte oft nach geringeren Werten
  im äußeren Stadtbereich noch einmal zu.

✓ ANTWORT 4

- Das ist allgemein richtig, allerdings gibt es
  auch in Städten gering versiegelte Bereiche
  mit geringem Oberflächenabfluss ebenso
  wie es auch im peri-urbanen und ruralen
  Raum hochversiegelte Gewerbeflächen mit
  sehr hohem Oberflächenabfluss gibt.

✓ ANTWORT 5

- Am höchsten versiegelt sind Verkehrsflächen und Gewerbeflächen.

✓ ANTWORT 6

- Häufig haben zersiedelte Städte und Städte
  mit viel *urban sprawl* höhere pro-Kopf-Ver-
  siegelungsraten, da die Versiegelung/Dichte
  in kompakten Städten in den zentralen Bereichen zwar sehr hoch ist, insgesamt aber
  weniger Fläche versiegelt ist. In zersiedelten
  Städten und Stadtregionen sind auch Bereiche mit deutlich geringerer Bevölkerungsdichte versiegelt, und insgesamt nimmt der
  (teil-)versiegelte Bereich viel mehr Raum ein.

✓ ANTWORT 7

- Überprägung des natürlichen Energie-,
  Stoff- und Wasserhaushaltes.
- Komplexe Steuerungsgröße ist die Versiege-
  lung (Art und Intensität).

✓ ANTWORT 8

- Typische Phasen der jüngeren Stadtentwicklung in Mitteleuropa sind gründerzeitli-
  che Stadterweiterungen, Bau von Arbeiter-
  wohnsiedlungen, Gartenstadtbewegung,
  Charta von Athen, Suburbanisierung.
- Leitbilder in chronologischer Reihenfolge:
  moderne, funktionale Stadt – Urbanität
  durch Dichte – autogerechte und massen-
  verkehrsgerechte Stadt – kompakte Stadt
  – Zwischenstadt – nachhaltige Stadtentwicklung.

✓ ANTWORT 9

- Im Vergleich zum Umland ist es in Städten
  wärmer (Wärme-Insel).
- In Abhängigkeit von der Luftverschmutzung sind in Städten die kurzwelligen Strahlungsflussdichten geringer als im Umland,
  die langwelligen jedoch erhöht.

✓ ANTWORT 10

- Art und Intensität der Versiegelung verändern das Abflussregime, die Infiltration in
  die Böden und den Grundwasserhaushalt.
- In der Folge kommt es zu einer Verstärkung
  des Hochwasserabflusses und einer zusätzlichen Verschmutzung der Gewässer.

✓ ANTWORT 11

- Im Zuge von Baumaßnahmen Nivellierung
  des Reliefs und vielerorts Aufschüttungen.
- Überprägung natürlicher Böden bis hin zur
  Entstehung anthropogener Böden mit z. T.
  erheblichen Schadstoffbelastungen.

✓ ANTWORT 12

- Zum einen die regionalen Lagebedingungen (Klimazone),
- darüber hinaus lokale physisch-geographi-
  sche Lagebedingungen (Beispiel: Lage am
  Meer) sowie innere Struktur, Alter, Anteil
  informeller Strukturen und Dynamik.

Literatur

Verwendete Literatur

Alberti M (2008) Advances in urban ecology. Integrating humans and ecological processes in urban ecosystems. Springer, New York

Angel S, Parent J, Civco DL, Blei AM (2011) Making Room for a Planet of Cities. Lincoln Institute of Land Policy. Lincoln Institute of Land Policy. community-wealth.org. Zugegriffen: 15. August 2015

Blume H-P (1982) Böden des Verdichtungsraumes Berlin. Mit Dt Bodenk Ges 33:269–280

Blume H-P, Horn R, Thiele-Bruhn S (Hrsg) (2010) Handbuch des Bodenschutzes: Bodenökologie und -belastung / Vorbeugende und abwehrende Schutzmaßnahmen. Wiley-VCH Verlag, Weinheim

Burghardt W et al (1997) Skelettgehalte von Böden aus technogenen Substraten. Mitt Dt Bodenk Ges 85(III):1115–1118

Burghardt W (1996) Boden und Böden in der Stadt. In: Arbeitskreis Stadtböden der Deutschen Bodenkundlichen Gesellschaft (Hrsg) Urbaner Bodenschutz. Springer, Berlin u. a., S 7–21

Elmqvist T, Fragkias M, Goodness J, Güneralp B, Marcotullio PJ, McDonald RI, Parnell S, Schewenius M, Sendstad M, Seto KC, Wilkonson C (Hrsg) (2013) Global Urbanisation, Biodiversity and Ecosystem Services: Challenges and Opportunities. A global assessment. Springer, Dordrecht, Heidelberg, New York, London

Endlicher W (2012) Einführung in die Stadtökologie. Grundzüge des urbanen Mensch-Umwelt-Systems. Ulmer, Stuttgart (= UTB 3640)

Fellenberg G (1999) Umweltbelastungen: eine Einführung. Stuttgart/Leipzig

Gilot-Fromont E, Lélu M, Laure Dardé M-L, Richomme C, Aubert D, Afonso E, Mercier A, Gotteland C, Villena I (2012) The Life Cycle of Toxoplasma gondii in the Natural Environment. In: Toxoplasmosis – Recent Advances. Chapter 1. In: InTec. http://dx.doi.org/10.5772/48233. www.intechopen.com/download/pdf/38939. Zugegriffen: 15. August 2015

Grimm NB, Faeth SH, Golubiewski NE, Redman CL, Wu J, Bai X (2008) Global change and the ecology of cities. Science 319(5864):756–760

Haase D (2011) Urbane Ökosysteme IV-1.1.4. Handbuch der Umweltwissenschaften. VCH Wiley, Weinheim

Haase D (2009) Effects of urbanisation on the water balance – a long-term trajectory. Environment Impact Assessment Review 29:211–219

Haase D (2014) The Nature of Urban Land Use and Why It Is a Special Case. In: Seto K, Reenberg A (Hrsg) Rethinking Global Land Use in an Urban Era. Strüngmann Forum Reports, Bd 14. MIT Press, Cambridge, MA (Lupp J, series editor)

Haase D, Nuissl H (2010) The urban-to-rural gradient of land use change and impervious cover: a long-term trajectory for the city of Leipzig. Land Use Science 5(2):123–142

Henninger S (Hrsg) (2011) Stadtökologie. UTB, Stuttgart

Kabisch N, Haase D (2011) Diversifying European agglomerations: evidence of urban population trends for the 21st century. Population, Space and Place 17:236–253

Langner M, Endlicher W (Hrsg) (2007) Shrinking Cities: Effects on Urban Ecology and Challenges for Urban Development. Lang Verlag, Frankfurt a. M

Lauer W (1999) Klimatologie. Westermann, Braunschweig

Leser H (1997) Landschaftsökologie : Ansatz, Modelle, Methodik, Anwendung. UTB, Stuttgart

Leser H (2008) Stadtökologie in Stichworten. Berlin, Stuttgart

Marzluff J, Shulenberger E, Endlicher W, Alberti M, Bradley G, Ryan C, Simon U, ZumBrunen C (1997) Urban Ecology. An International Perspective on the Interaction Between Humans and Nature. Springer, New York

McIntyre NE, Knowles-Yánez K, Hope D (2008) Urban Ecology as an Interdisciplinary Field: Differences in the use of "Urban" Between the Social and Natural Sciences. In: Marzluff JM, Shulenberger E, Endlicher W, Alberti M, Bradley G, Ryan C, Simon U, ZumBrunen C (Hrsg) Urban ecology. An international perspective on the interaction between humans and nature. Springer, New York, NY, S 49–65

Meeus SJ, Gulinck H (2008) Semi-Urban Areas in Landscape Research: A Review. Living Rev Landscape Res 2 (http://www.livingreviews.org/lrlr-2008-3. Zugegriffen: 01. Juli.2015)

Pietsch J, Kamieth H (1991) Stadtböden. Entwicklungen, Belastungen, Bewertung und Planung. Blottner, Taunusstein

Ravetz J (2000) City region 2020: Integrated Planning for a Sustainable Environment. Earthscan, London

Renger W (1998) Wasserhaushalt. In: Sukopp H, Wittig R (Hrsg) Stadtökologie. Ein Fachbuch für Studium und Praxis. Gustav Fischer Verlag, Stuttgart

Sauerwein M (2006) Urbane Bodenlandschaften – Eigenschaften, Funktionen und Stoffhaushalt der siedlungsbeeinflussten Pedosphäre im Geoökosystem. Habil. Schr. Univ. Halle.

Sauerwein M (1998) Geoökologische Bewertung urbaner Böden am Beispiel von Großsiedlungen in Halle und Leipzig – Kriterien zur Ableitung von Boden-Umweltstandards für Schwermetalle und PAK. UFZ-Bericht, Bd 19/98. Umweltforschungszentrum, Leipzig (Diss. Univ. Halle)

Sauerwein M, Geitner C (2008) Urbane Böden – Charakterisierung, Schadstoffbelastung und Bedeutung im städtischen Ökosystem. CONTUREC 3:117–130

Scheffer F, Schachtschabel P (201016) Lehrbuch der Bodenkunde. Spektrum Akademischer Verlag.

Schwarz N, Bauer A, Haase D (2011) Assessing climate impacts of local and regional planning policies – Quantification of impacts for Leipzig (Germany). Environmental Impact Assessment Review 31:97–111

Stewart ID, Oke TR (2012) Local Climate Zones for urban temperature studies. Bulletin of the American Meteorological Society 93:1879–1900

Sukopp H, Wittig R (Hrsg) (1998) Stadtökologie. Ein Fachbuch für Studium und Praxis. Gustav Fischer Verlag, Stuttgart

Weiland U, Richter M (2009) Lines of Tradition and Recent Approaches of Urban Ecology, Focussing on Germany and the USA. GAIA 18(1):49–57

Weiterführende Literatur

Baccini P, Bader H-P (1996) Regionaler Stoffhaushalt. Spektrum Verlag, Heidelberg

Beckmann KJ (Hrsg) (2008) Die Europäische Stadt – Auslaufmodell oder Kulturgut und Kernelement der Europäischen Union? 2. Aufl. Difu-Impulse, Dortmund

Bick H (1998) Grundzüge der Ökologie. Spektrum Verlag, Stuttgart

Breuste J, Endlicher W, Meurer M (2011) Stadtökologie. In: Gebhardt H, Glaser R, Radtke U, Reuber P (Hrsg) Geographie. Spektrum, Heidelberg

Breuste, J (2008) Einführung in die Stadtökologie. Unveröffentlichtes Kursmaterial. Univ. Leipzig

Costanza R (2000) Social Goals and the Valuation of Ecosystem Services. Ecosystems 2(3):4–10

Daschkeit A (1998) Umweltforschung quergedacht: Perspektiven integrativer Umweltforschung und -lehre. Springer, Berlin

Duvigneaud P (1974) L'écosystème urbs. Mémoires Soc Royale Bot Belgique Mémoire 6:1

Endlicher W (2012) Einführung in die Stadtökologie. UTB, Stuttgart

Fränzle O (Hrsg) (1986) Geoökologische Umweltbewertung. Wissenschaftstheoretische und methodische Beiträge zur Analyse und Planung. Kieler Geogr. Schr., S 64

Friedrichs J (1983) Stadtanalyse. Soziale und räumliche Organisation der Gesellschaft. Westdeutscher Verlag, Opladen

Friedrichs J, Hollaender K (Hrsg) (1999) Stadtökologische Forschung: Theorie und Anwendungen. Stadtökologie, S 6

Fürst F, Himmelbach U, Potz P (1999) Leitbilder der räumlichen Stadtentwicklung im 20. Jahrhundert – Wege zur Nachhaltigkeit? Ber. Raumplanung, Bd 41. Univ. Dortmund, Dortmund

Haase D (1997) Urban ecology in the new federal countries of Germany. Contamination of upper soil and urban atmosphere with heavy metals in Leipzig. Archive for Nature 37:1–11

Haber W (1994) Nachhaltige Nutzung: Mehr als nur ein Schlagwort? Raumforschung & Raumordnung 3:169–173

Haber W (1999) Nachhaltigkeit als Leitbild einer natur- und sozialwissenschaftlichen Umweltforschung. In: Daschkeit A, Schröder W (Hrsg) Umweltforschung quergedacht: Perspektiven integrativer Umweltforschung und -lehre. Springer, Berlin, S 127–146

Heineberg H (2006) Stadtgeographie. UTB, Stuttgart

Jessel B, Tobias K (2002) Ökologisch orientierte Planung: eine Einführung in Theorien, Daten und Methoden. Gustav Fischer Verlag, Stuttgart

Kausch E, Felinks B (2012) Dünen, Heiden, Trockenrasen – Neue Vegetationsbilder für städtische Freiflächen. Turfgrass Science 43(3):43–49

Kraas F (2011) Megastädte. In: Gebhardt H, Glaser R, Radtke U, Reuber P (Hrsg) Geographie. Spektrum, Heidelberg

Kraas F, Nitzschke U (2006) Megastädte als Motoren globalen Wandels. Neue Herausforderungen weltweiter Urbanisierung. Internationale Politik 11(61):18–29

Küpfer C (2011) Flächeninanspruchnahme durch Siedlung und Verkehr in Wachstums- und Schrumpfungsregionen. BfN-Skripten 303:26–36

Kuttler W (Hrsg) (1993) Handbuch zur Ökologie. Analytica, Berlin

Lautensach H (1952) Der Geographische Formenwandel. Studien zur Landschaftssystematik. Colloquium, Geographicum, S 3

Leser (1991) Landschaftsökologie, 3. Aufl. Ulmer, Stuttgart (= Uni-Taschenbücher 521)

Lichtenberger E (1986) Stadtgeographie – Perspektiven. Geogr Rundschau 38(7–8):388–394

McCall GJH (1996) Geoindicators of rapid environmental change: The urban setting. In: Berger AR, Iams WJ (Hrsg) Geoindicators – Assessing rapid environmental changes in earth systems. Bookfield, Rotterdam, S 311–318

McIntyre NE, Knowles-Yanez K, Hope D (2000) Urban ecology as an interdisciplinary field: differences in the use of "urban" between the social and natural sciences. Urban Ecosystems 4(1):5–24

Meurer M (1997) Stadtökologie. Eine historische, aktuelle und zukünftige Perspektive. Geogr Rundschau 49(10):548–555

Niemelä J (Hrsg) (2011) Urban Ecology. Patterns, Processes and Applications. Oxford University Press,

Nuissl H, Haase D, Wittmer H, Lanzendorf M (2009) Environmental impact assessment of urban land use transitions – A context-sensitive approach. Land Use Policy 26(2):414–424

Revilla Diez J, Schiller D, Meyer S, Liefner I, Brömer C (2008) Agile Firms and their Spatial Organisation of Business Activities in the Greater Pearl River Delta. Die Erde 139(3):251–269

Ripl W, Hildmann C (1996) Zwei in einem Boot: Die Beziehung zwischen Stadt und Umland unter dem Aspekt der Nachhaltigkeit. Politische Ökologie 40:31–34

Sauerwein M, Scholten T (2011) Anthropogene Böden. In: Gebhardt H, Glaser R, Radtke U, Reuber P (Hrsg.): Geographie. Spektrum. S 396–397

Schulte G (1995) Der naturwissenschaftliche Zugang zur Stadtökologie. In: Ritter EH (Hrsg) Stadtökologie. Zeitschr. Angew. Umweltforsch, Sonderh. Analytica. Analytica, Berlin, S 295–317 (6/1995)

Siebel W (Hrsg) (2004) Die europäische Stadt. Suhrkamp, Frankfurt

Sieverts T (1992) Zwischenstadt zwischen Ort und Welt, Raum und Zeit, Stadt und Land. Vieweg, Wiesbaden

Sitte C (1889) Der Städtebau nach seinen künstlerischen Grundsätzen. Wien

Skupin T (2010) Die postwendezeitliche Stadtentwicklung und ihre Auswirkungen auf das urbane Ökosystem – dargestellt am Beispiel der Städte Halle (Deutschland) und Poznań (Polen). Dissertation, Martin-Luther-Universität Halle-Wittenberg

Sukopp H, Wittig R (Hrsg) (1998) Stadtökologie. Fischer, Stuttgart

Vollrodt S, Frühauf M, Haase D, Strohbach M (2012) Das CO2-Senkenpotential urbaner Gehölze im Kontext postwendezeitlicher Schrumpfungsprozesse. Die Waldstadt-Silberhöhe (Halle/Saale) und deren Beitrag zu einer kli-

3

mawandelgerechten Stadtentwicklung. Hallesches Jahrb
Geowissenschaften 34:71–96

Werheit M (2000) Operationalisierung des Leitbilds einer nachhaltigen Entwicklung auf kommunaler Ebene: der Entwurf
eines indikatorgestützten Qualitätsziel- und Monitoring-
systems auf der Basis von Stadtstrukturtypen in Halle
(Saale). Dissertation, Univ. Dortmund

Wittig R, Sukopp H (1998) Was ist Stadtökologie? In: Sukopp H,
Wittig R (Hrsg) Stadtökologie. Ein Fachbuch für Studium
und Praxis. Fischer, Stuttgart, S 1–12

Was sind die Besonderheiten des Lebensraumes Stadt und wie gehen wir mit Stadtnatur um?

Jürgen Breuste

4.1   Lebensraum Stadt ist anders – 86
4.1.1   Standort- und Habitatbedingungen in der Stadt – 86
4.1.2   Flora und Vegetation städtischer Lebensräume – 88
4.1.3   Tiere der städtischen Lebensräume – 92

4.2   Lebensräume in der Stadt – Zustand,
          Nutzung und Pflege – 96
4.2.1   Das Konzept der vier Naturarten – 96
4.2.2   Stadtwälder – 98
4.2.3   Stadtgewässer – 103
4.2.4   Stadtgärten – 106
4.2.5   Stadtbrachen – 113
4.2.6   Struktur und Dynamik städtischer Lebensräume – 115

4.3   Management von Stadtnatur – 118
4.3.1   Aufgaben und Ziele des Stadtnaturschutzes – 118
4.3.2   Praktischer Naturschutz in der Stadt – weltweit – 119

          Literatur – 124

J. Breuste et al., *Stadtökosysteme,*
DOI 10.1007/978-3-642-55434-6_4, © Springer-Verlag Berlin Heidelberg 2016

In diesem Kapitel wird die Besonderheit des Lebensraums Stadt für Pflanzen und Tiere, unsere gewollten und ungewollten städtischen Mitbewohner und lebendigen Begleiter, dargestellt. Stadt ist ein außergewöhnlicher, differenzierter Lebensraum mit vielen Sonderangeboten, aber auch mit Restriktionen für Tiere und Pflanzen. Flora und Fauna der Stadt und ihre Lebensräume sind in vielerlei Hinsicht besonders. Ihre Entstehung und ihre ökologischen Grundlagen werden dargestellt und durch Beispiele illustriert.

Die Betrachtung der Natur in der Stadt wird anhand einer einfachen Gliederung in vier Naturarten erläutert. Ausgewählte Lebensräume, die diese vier Naturarten repräsentieren, wie urbane Wälder, Gewässer, Stadtgärten und Stadtbrachen werden mit ihren ökologischen Eigenschaften und mit Bezug zu ihrer Nutzung überblicksartig dargestellt, woraus sich ein facettenreiches Bild des Lebensraums Stadt, der Stadtnatur, und unseres Umgangs mit ihr ergibt. Dabei werden auch traditionelle und neue Formen des Managements von Natur in der Stadt vorgestellt. Für deren Verständnis sind neben ökologischen, vor allem kulturelle und ökonomische Aspekte wichtig. Es zeigt sich, dass unser Verhältnis von Stadtnatur von außerstädtischen Erfahrungen und Vorstellungen geprägt ist, aber auch völlig Neues als Stadtnatur oder im Umgang mit ihr entsteht und schrittweise akzeptiert wird.

4.1   Lebensraum Stadt ist anders

4.1.1   Standort- und Habitatbedingungen in der Stadt

In Stadtgebieten, insbesondere in deren Randbereichen oder in besonderen Reliefpositionen, z. B. Berge oder Flussauen in der Stadt, gibt es Standortbedingungen, die auch außerhalb von Städten in der agrarisch-forstlichen Kulturlandschaft vorzufinden sind (◻ Abb. 4.1 und 4.2).

Trotzdem sind die überwiegenden Standorte in Städten Besonderheiten, die im Offenland außerhalb von Städten so nicht vorkommen. Ökologische Steuergrößen wie Temperatur, Feuchte und Wasserhaushalt, Licht, Luftchemismus, Bodenzustand, Konkurrenz und Störung sind im Unterschied zum Umland der Städte häufig stark verändert. Ihre vielfältigen, kleinteilig begrenzten, oftmals abrupt wechselnden Zustände und Merkmalskombinationen machen die Vielfalt der städtischen Standort- und Habitatbedingungen aus und erklären die Besonderheiten städtischer Biodiversität.

Wie überall, sind für Pflanzen in der Stadt das Klima (Wasserversorgung, Energieversorgung durch Licht, Temperatur, chemisches Milieu, zum Teil auch Nährstoffversorgung durch Staub und Niederschläge) und die Böden (Mineralstoffversorgung, Wasserversorgung, chemisches Milieu) die wichtigsten Standortfaktoren. Die wichtige Wasserversorgung ist von Klima und Boden abhängig. Die zwischenartliche Konkurrenz, in die der Mensch durch Nutzung, Pflege und Pflanzung tiefgehend eingreift, ist letztlich maßgebend für die Zusammensetzung der Vegetation (Wittig 1998).

Die Standorte der Stadt sind für Pflanzen im Vergleich mit Umlandstandorten meist ungünstiger:

- Das chemische Milieu des Bodens ist häufig ungünstiger.
- Das chemische Milieu der Luft ist meist ungünstiger (Gase, Stäube etc.).
- Der Lichtgenuss ist an vielen Standorten reduziert.
- Der Wasserhaushalt ist meist erschwert. Höhere Temperaturen bedingen Wasserverluste, Böden sind häufig in ihrer Wasserspeicherfähigkeit reduziert (geringer Bodenfeuchtegehalt durch Bodenverdichtung).
- Bodenversiegelung und -verdichtung behindern die Besiedelung durch Pflanzen (Wittig 1998; Leser 2008).

Die natürliche Verbreitung der Pflanzen auf städtischen Standorten ist damit gebunden an die Standortanforderungen der Pflanzen und die vorhandenen Standortseigenschaften. Die reale Verbreitung von Pflanzen weicht allerdings von diesem Verhältnis ab, da der Mensch Konkurrenzarten limitiert, Störungen ausübt, Standortseigenschaften für Zielarten unbewusst verbessert und nicht einheimische und nicht standortsgemäße Arten in die Flora der Stadt bewusst oder unbewusst einbringt.

Abb. 4.1 Stadtwald
Elisenhain in Greifswald.
(Foto © Breuste 2006)

Abb. 4.2 Wiese im LSG
Leopoldskroner Moos
im Stadtgebiet Salzburg.
(Foto © Breuste 2003)

Biodiversität in der Stadt

Damit gibt es in Städten oftmals einmalige Lebensräume, deren Eigenschaften und Strukturen durch urbane Nutzungsweisen (Art, Intensität und Frequenz der Nutzung und des Managements) zustande kommen. Die Nutzung der Flächen (Flächennutzung, Landnutzung, s. Breuste 1994) bestimmt Strukturen und Prozesse des Lebensraums Stadt. Deren Teillebensräume sind nicht allein durch neue Flächenzustände gekennzeichnet. Sie sind komplexe Ökosysteme (Biozönosen) mit

speziellen, häufig anthropogen beeinflussten ökologischen Eigenschaften. Diversität und Kleinteiligkeit der durch Nutzung erzeugten Strukturen sind dabei charakteristisch. Sie bieten interessanterweise auch vielen Pflanzen und Tieren Lebensräume, die außerhalb von Städten in Mitteleuropa besonders durch intensive Agrarwirtschaft schon selten geworden sind. Städte sind damit auch reich an Arten, darunter oft ein hoher Anteil nichteinheimischer Arten, und unterschiedlichen Lebensräumen.

Städte sind also häufig durch eine hohe Biodiversität gekennzeichnet, für die der Mensch der entscheidende Faktor ist (Wittig 1998, S. 220, 2002) Städte bieten neue Lebensraumqualitäten für Pflanzen und Tiere und ersetzen zum Teil auch natürliche Lebensräume außerhalb der Stadt. Da die Lebensraumbedingungen direkt von Stadtstruktur und Flächennutzung abhängig sind, wird mit diesen Informationen häufig eine ökologische Gliederung der Stadt (▶ Kap. 3) erstellt (Klausnitzer 1993).

Während die Pflanzen meist eine sehr enge Abhängigkeit von bestimmten Standortfaktoren haben, weisen einzelne Tierarten oder Tiergruppen eine weniger markante Abhängigkeit von bestimmten ökologisch relevanten Bedingungen auf, da deren Plastizität (morphologisches, physiologisches und ökologisches Anpassungsvermögen) groß ist (Leser 2008). Künstliche Standorte und deren „neue" Eigenschaften werden oft rasch als attraktive neue Habitate und Ersatzhabitate angenommen und besiedelt. Gebäude sind aus tierökologischer Sicht Kunstfelsen (Außenraum) und Kunsthöhlen (Innenraum). Für fehlende natürliche Strukturen (z. B. Holz) werden technische Ersatzstrukturen als Aufenthalts- und Nistplätze genutzt (Klausnitzer 1993).

Das Stadtklima ist weniger bedeutsam für Tiere als für Pflanzen. Wärmeliebende Arten treten auf, oft aber im Zusammenhang mit Nährpflanzen. „Lichtverschmutzung" (großes und anhaltendes Lichtangebot) wirkt auf Tiere mit strengem Tag-Nacht-Rhythmus (Eisenbais und Hänel 2009). Bodenveränderungen betreffen vor allem die Bodenfauna. Anders als bei Pflanzen, ist Wassermangel kein limitierender Faktor. Da Pflanzen für viele Tiergruppen (Artenspektrum, Häufigkeit, physiologischer Zustand) die entscheidende Grundlage ihres Vorkommens sind, wirkt sich die Veränderung von Flora und Vegetation auf ihr Vorkommen aus (z. B. Insekten – längere Vegetationsperiode) (Klausnitzer 1993). Reiches Nahrungsangebot, Vielfalt an Nist- und Aufenthaltsräumen, Fehlen von Konkurrenzen und Verdrängung aus außerstädtischen Lebensräumen sind die bedeutendsten Faktoren für das Auftreten vieler Tiergruppen.

Werner und Zahner (2009) und Möllers (2010) fassen Charakteristika urbaner Räume mit erläuterten Kriterien ausführlich zusammen. Weitere Hinweise dazu finden sich auch bei Leser (2008) und Tobias (2011).

Der Mensch ist der entscheidende Faktor für das Auftreten und die Verteilung von Arten in der Stadt (Wittig 1998, S. 220, 2002). Städte bieten neue Lebensraumqualitäten für Pflanzen und Tiere, und sie ersetzen zum Teil auch natürliche Lebensräume außerhalb der Stadt. Der urbane Raum besteht aus einem Lebensraummosaik hoher Heterogenität (Baustrukturen, Nutzungen, ungenutzte Räume) und hoher Flächendynamik (Pionierarten). Da die Lebensraumbedingungen direkt von Stadtstruktur und Flächennutzung abhängig sind, wird mit diesen Informationen häufig eine ökologische Gliederung der Stadt (▶ Kap. 2) erstellt (Klausnitzer 1993; ◘ Tab. 4.1).

Der Lebensraum Stadt bietet neue Umweltbedingungen, insbesondere verbunden mit Stör- und Stressfaktoren, auf welche die Lebewesen durch ihre Verbreitungs- und Bewegungsmuster, aber auch durch Ausweichen bzw. Habitatpräferenzen und -wechsel sowie physiologisch (z. B. körpereigene Anpassung) reagieren.

Die Ursachen für Artenreichtum und Attraktivität der Städte als Lebensraum sind:

- strukturreiche Stadtlandschaft,
- nährstoffarme, trockene und warme Biotope/Habitate,
- geschützter und sicherer Lebensraum (s. a. Reichholf 2007).

4.1.2 Flora und Vegetation städtischer Lebensräume

Flora und Vegetation sind in Städten weitgehend durch Anpflanzungen bestimmt. Sie dominieren Gärten, Parks, Baumbestände, Stadtwälder und begleiten Straßen. Nutzpflanzen und mehr noch Zierpflanzen, deren in Gärtnereien und Gartencentern angebotene Arten kaum noch zu überblicken sind, Modetrends und Schönheitsempfinden bestimmen mehr noch als die ökologischen Bedingungen (Nährstoffversorgung, Wasserhaushalt, Bodenbedingungen, klimatische Bedingungen etc.) der Städte, die angebotenen und angepflanzten Arten. Die günstige wirtschaftliche Situation hat in vielen entwickelten Ländern die Abhängigkeit vom Anbau von Nutzpflanzen in der Stadt bzw. im unmittelbaren Stadtumland deutlich reduziert, die in vielen Städten Asiens, Lateinamerikas und Afrikas immer noch groß ist. Angepflanzte Zierpflanzen, besonders ausdauernde und pflegeleichte Arten dominieren. Im Zuge der städtischen Verschönerung und der Stadterweiterung sind spätestens ab der zweiten Hälfte des 19. Jahrhunderts in mitteleuropäischen Städten an ästhetischen Vorstellungen orientierte landschaftsgärtnerische Entwürfe im öffentlichen und privaten Raum in großem Umfang realisiert worden (◘ Tab. 4.2). Diese Stadtgärten, um die sich

☐ Tab. 4.1 Auswirkungen menschlicher Einflussnahme aus „Sicht" der Pflanzen. (Aus Wittig 1996, verändert nach Wittig 2002, S. 17)

Menschliche Einflussnahme			Auswirkungen aus „Sicht" der Pflanzen*
Art	Objekt	Effekt*	
INDIREKT	Klima	wärmer (insbesondere auch mildere Winter), trockener, Luft stärker verschmutzt	Begünstigung wärmeliebender und trockenheitsresistenter Arten; Erhöhung der Überlebenschance frostempfindlicher Arten; kaum Existenzmöglichkeiten für stark (luft-) feuchtigkeitsabhängige Arten (Hygrophyten); Verlängerung der Vegetationsperiode Begünstigung toxitoleranter Arten; Benachteiligung empfindlicher Arten
	Boden	nährstoffreicher, basischer schadstoffreicher, wasserärmer	Begünstigung nährstoffliebender, basiphiler Arten, Konkurrenzvorteil für schadstoffresistente Arten, Vorteil für Wassersparer und/oder extreme Tiefwurzler; kaum Existenzmöglichkeiten für Hygrophyten
	Wasser	Grundwasser abgesenkt, Oberflächenwasser schneller abfließend	
	Gewässer	eingefasst, kanalisiert oder verrohrt, verschmutzt	Kaum Chancen für Sumpf- und Wasserpflanzen (Helo- und Hydrophyten)
	Gesamter Standort	Störung, Vernichtung, Neuschaffung	Begünstigung von einjährigen Arten (Therophyten) mit kurzem Generationszyklus (mehrere Generationen pro Jahr), hoher Samenproduktion, effektiven Ausbreitungsmechanismen (z. B. Windverbreitung), langlebiger Samenbank; Verringerung der Konkurrenz; bessere Chancen für Neuankömmlinge (Neophyten)
DIREKT	Pflanze	Bekämpfung	
		Mechanische Schädigung	Vorteile für regenerationskräftige Arten; Nachteile für zart gebaute und bruchempfindliche Spezies

* Im Vergleich zum Umland

☐ Tab. 4.2 Übersicht über die Flora der Stadt Zürich. (Nach Landolt 2001)

Einheimische und eingebürgerte Arten	1400
Heute vorkommend	1210
In den letzten 160 Jahren ausgestorben	190
Übrige Arten	600
Nur in der unmittelbaren Umgebung vorkommend	50
Zufällig eingeschleppt und nur kurzfristig vorkommend	150
Häufig kultiviert, aber kaum verwildert	400
Gesamtzahl der aufgenommenen Arten	2000

im öffentlichen Bereich Stadtgartenämter kümmern, entsprechen den gesellschaftlichen Idealen von Ordnung, Schönheit und Sauberkeit. Viele derart durch gepflanzte Vegetation gestaltete städtische Räume bedürfen intensiver Pflege (Bodenbearbeitung, Schnitt, Beseitigung von Konkurrenzvegetation, zunehmend auch Bewässerung). Natürliche Sukzession wird kaum, allenfalls langsam zugelassen, auch wegen fehlender öffentlicher finanzieller Mittel für die Pflege.

Flora

Gesamtheit aller Pflanzenarten, die in einem bestimmten Verbreitungsgebiet vorkommen (z. B. Flora von Köln) und systematisch beschrieben werden. Der Begriff ist artbezogen. Auch Floren von Stadtgebieten werden erstellt.

Die Stadt Zürich hat weltweit eine der am besten dokumentierten Floren der Farn- und Blütenpflanzen.

Vegetation: Gesamtheit der Pflanzen, die ein Gebiet bedecken und Pflanzenformationen und -gemeinschaften bilden. Der Begriff ist bezogen auf Strukturen und Lebensgemeinschaften von Pflanzen. Klima, Boden, Relief, Gestein, Wasserhaushalt und der Einfluss von Feuer, Tieren und Menschen prägen die Vegetation.

Die Flora der Stadt Zürich (Farn- und Blütenpflanzen) weist 213 Indigene, 119 Neophyten und 84 Archäophyten auf (zehn Arten sind nicht zugeordnet, 67 verschollen bzw. ausgestorben; Landolt 2001).

Stadtbäume, von denen die überwiegende Zahl ebenfalls gepflanzt wurde, bilden einen *urban forest* aus zahlreichen unterschiedlich großen Inseln, Baumreihen und Einzelbäumen. Die geringen Flächen begründen große Randzonen und die Nutzung und Pflege fehlenden Unterwuchs. Große Städte besitzen allein entlang von öffentlichen Straßen zehntausende gepflanzte und gepflegte Straßenbäume (Wittig 2002; ► Kap. 6).

Geobotanische Untersuchungsgegenstände sind jedoch meist nicht die gepflanzte und gepflegte, sondern vorrangig die spontane und ggf. extensiv gepflegte Vegetation und Flora (Wittig 2002, S. 94). Die spontane Flora von Städten setzt sich aus indigenen (einheimischen) und hemerochoren (nicht einheimischen) Arten zusammen. Die indigenen Arten, die sich an anthropogene Siedlungsstandorte angepasst haben, bezeichnet man als Apophyten. Bei den nichteinheimischen Arten unterscheidet man solche, die schon in prähistorischer Zeit bis ca. 1500 einwanderten (Archäophyten) und solche, die erst nach ca. 1500 einwanderten (Neophyten). Der Anteil der Neophyten an der Flora der Stadt ist dort höher, wo der Grad der Störung (Nutzung, Pflege, Emission etc.) hoch ist (Lenzin et al. 2007). Für einige Pflanzen in Städten sind keine natürlichen Standorte bekannt (Anökophyten) (◨ Tab. 4.3 und ◨ Abb. 4.3).

Die Stadtflora kann nach den drei Hauptverbreitungstypen spontaner Pflanzen in Städten in drei Kategorien unterteilt werden – urbanophob (stadt-

◨ **Tab. 4.3** Zunahme des Anteils nichteinheimischer Arten an den Farn- und Blütenpflanzen mitteleuropäischer Städte bei zunehmender Siedlungsgröße. (Sukopp 1983; in Leser 2008, S. 179)

Stadtgröße	Gesamtartenzahl	Prozentanteil nichteinheimischer Arten
Dörfer	k. A.	30
Kleinstädte	500–600	35–40
Mittelstädte	650–750	40–50
Großstädte	900–1400	50–70

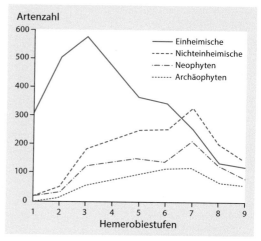

◨ **Abb. 4.3** Vorkommen einheimischer Pflanzenarten sowie von Archäophyten und Neophyten (zusammengefasst als Nichteinheimische) auf unterschiedlich stark gestörten Standorten in Berlin (Hemerobiestufe 1: sehr gering gestört, Hemerobiestufe 9: sehr stark gestört). (Datengrundlage 5136 Vegetationsaufnahmen in: Kowarik 1988; aus Kowarik 2010, S. 112)

fliehend, dort kaum auftretend), urbanoneutral (in Stadt und Umland verbreitet) und urbanophil (in Städten bevorzugt auftretend).

Stadttypische Arten sind meist keine indigenen Arten, sondern überwiegend Neophythen. Nur 5–6 % der Flora Mittel- und Nordostdeutschlands sind urbanophile Arten (Klotz 1994).

Städte weisen nur bei Samenpflanzen (besonders Vertreter der Korbblütler – Asteraceae – und Süßgräser – Poaceae) deutlich mehr Arten je km^2 als im Umland auf. Ursache dafür ist besonders ihre hohe Anpassungsfähigkeit an warme und trockene Stand-

Tab. 4.4 Unterschiede zwischen Stadt- und Umlandfloren in gemäßigten Klimazonen. (Nur krautige Gefäßpflanzen, nach Wittig 1996; in Wittig 1998, S. 231)

Merkmal		Unterschiede (im Vergleich zum Umland)
Artenzahl/ km^2		Höher
Nicht-einheimische Arten (Hemerochore)		Mehr
Standortansprüche		Mehr licht-, wärme-, basen- und stickstoff-liebende sowie trockenheitsertragende Arten, weniger feuchtigkeitsliebende Arten
Familienzugehörigkeit	Spektrum	Kleiner
	Prozentualer Anteil	Asteraceae, Poaceae und Polygonaceae deutlich erhöht, andere Familien (z. B. Orchidaceae und Cyperaceae) reduziert
Störungszeiger		Mehr
Lebensform		Mehr Therophyten
Bauplan		Weniger Hygro- und Helophyten, keine Hydrophyten
Verbreitungsmechanismen		Mehr Arten mit Wind- und Kleb-oder Klettverbreitung
Blüte	Größe	Mehr Arten mit kleinen Blüten, Fehlen großblütiger Arten
	Anzahl	Mehr vielblütige Arten
	Dauer	Mehr Arten mit langer Blütezeit (gesamte Vegetationsperiode)
	Bestäubung	Mehr Arten mit Selbstbestäubung und Parthenogenese, Fehlen von Arten mit komplizierten oder spezialisierten Bestäubungsmechanismen
Schadstoffresistenz		Mehr resistente Arten

orte (gut entwickelter Wasserhaushalt). Urbanophile Arten sind durch sklerophytischen Bau, Lebenszyklus und bzw. oder ökophysiologische Mechanismen gut an städtische Trockenheit angepasst. Häufig entstammen sie ursprünglich wärmeren Regionen (Cornelius 1987; Wittig 1998). Weltweit zeichnet sich innerhalb gleicher Klimazonen eine Tendenz zur Vereinheitlichung der Stadtfloren aufgrund zunehmenden internationalen Austauschs, Störungsanpassung, vergleichbare thermische Bedingungen und Besetzung von Vegetationslücken durch präadaptierte Neuansiedler ab (Sukopp und Wurzel 1995; ◘ Tab. 4.4).

Bedingt durch die ökologische Qualität bestimmter städtischer Standorte haben sich mosaikartig über das Stadtgebiet verteilt Pflanzengesellschaften der spontanen städtischen Vegetation herausgebildet, die oft durch Nutzung scharf gegeneinander abgegrenzt sind. Sie sind charakteristisch für den jeweiligen Struktur- oder Nutzungstyp (► Kap. 2) bzw. die jeweilige Stadtzone (Wittig

2002). Es besteht eine enge Beziehung zwischen Sozialstruktur, Baustruktur und Nutzung einerseits und Vegetationsmustern andererseits (Hard 1985; Gilbert 1994; Wittig 2002). Gerade deshalb stellt jede Bestandsaufnahme der Stadtflora und -vegetation nur einen Ausschnitt aus einem dynamischen Entwicklungsgeschehen dar, bei dem Stadtflora und -vegetation aber ökologisch interpretiert werden können (◘ Abb. 4.4).

Urbane Biodiversität – Netzwerk BioFrankfurt

Der Frankfurter Raum beherbergt 1675 Farn- und Blütenpflanzen. Das ist etwa die Hälfte aller in Deutschland bekannten Arten bei nur 0,06 % Flächenanteil am deutschen Bundesgebiet. Das 11 Mal größere Taunusgebirge kann lediglich 1250 Arten ausweisen (Lehmhöfer 2010). Städte scheinen *hot spots* der regionalen Biodiversität zu sein. Dafür sprechen die hohe Zahl der dort vorkommenden Pflanzenarten und die hohe Artendichte. Werner und Zahner (2009) haben für Mitteleuropa festgestellt, dass bei Stadtflächen über 100 km^2 und über 200.000 Einwohner mit 1000 Pflanzenarten und 30–600 Pflanzenarten je km^2 zu rechnen ist. Dies übertrifft die intensiv genutzte Kulturlandschaft des Stadtumlandes bei weitem. Erklärt wird die hohe Artenzahl in der Stadt mit der Standortvielfalt. Einbezogen wird meist nur die Spontanvegetation ohne Unterscheidung in indigene und hemerochore Arten. Ein Vergleich mit naturnahen Ökosystemen, in denen meist nur indigene Arten vorkommen, zeigt, dass die städtische Biodiversität nicht unwesentlich durch zugewanderte Arten und extreme und besondere ökologische Standortsbedingungen begründet ist. Daraus kann nicht die Schlussfolgerung gezogen werden, dass Naturschutz sich künftig auf Städte konzentrieren sollte, da hier mit geringem Aufwand auf kleiner Fläche viele Arten erhalten bzw. sogar geschützt werden können, im Extrem Schutzmaßnahmen außerhalb von Städten reduziert werden können.

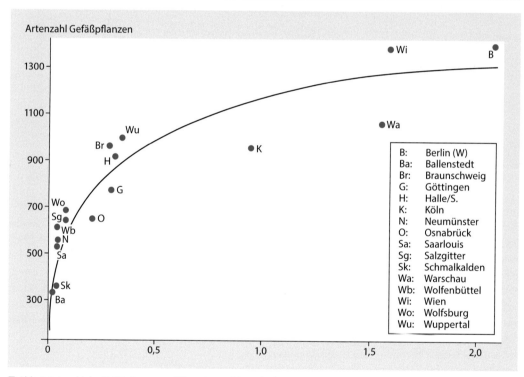

☐ **Abb. 4.4** Anzahl der Gefäßpflanzen und Einwohnerzahl von Städten. (Nach Brandes und Zacharias 1990; Klotz 1990; zitiert nach Wittig 2002, S. 63)

4.1.3 Tiere der städtischen Lebensräume

Die Bedeutung von Tieren in urbanen Ökosystemen wird oft gegenüber Pflanzen unterschätzt oder weniger beachtet. Ihre Biomasse ist zwar wesentlich geringer, ihre Artenzahl aber wesentlich höher als die der Pflanzen in der Stadt (um ca. das 10-fache; Tobias 2011). Zu den Menschen ergibt sich eine beachtliche Vielfalt von Beziehungen:

- Beseitigung organischer Abfälle,
- Beseitigung von Schadinsekten an Nutzpflanzen,
- Blütenbestäuber,

Heimtierhaltung in Deutschland – In jedem dritten deutschen Haushalt lebt ein Tier

22,6 Mio. Haustiere lebten 2009 in deutschen Haushalten. Die Mehrzahl davon in Städten. In mehr als einem Drittel aller Haushalte werden Tiere gehalten. Die Zahlen der Tiergruppen sind mehr oder weniger konstant. Katze und Hund sind seit langem die beliebteste und am meisten gehaltenen Haustiere. Der Anteil der Tierhalter (über fünfzig Jahre) wächst in den letzten Jahren leicht. Aber 53 % der Tierhalter sind jünger als fünfzig Jahre. Ebenfalls groß ist der Anteil von Tierhaltern in Mehrpersonenhaushalten der mittleren Generationen. 74 % der Heimtiere werden in Zwei-Personen und größeren Haushalten gehalten Verringert haben sich die Anteile der Tierhalter bis 29 Jahre (11 %) sowie von 30 bis 39 Jahren (18 %). Der Anteil der 40–49-jährigen Tierhalter blieb mit 24 % unverändert zum Vorjahr 2008. Auch wenn etwa ein Viertel aller Tierhalter allein lebt, sind Heimtiere noch immer überwiegend Familienmitglieder (IHV 2010; ◘ Tab. 4.5).

Ökologische Konsequenzen sind insbesondere bei Katzen und Hunden auf die einheimische Fauna festzustellen. Die überwiegend auch frei laufenden Katzen reduzieren die einheimischen Vogelpopulationen. Freilaufende Hunde stören erheblich die bodenbrütenden Vögel und Kleinsäuger, aber auch Wild insbesondere in Stadtwäldern und in Naturschutzgebieten. Hundekot stellt eine hygienische Belastung für vom Menschen benutzen Grünflächen, vor allem für Kinder dar.

◘ **Tab. 4.5** Heimtiere in Deutschland. (IHV 2010)

	Anzahl Tiere in Mio.	Anteil an den insgesamt gehaltenen Haustieren in %
Katzen	8,2	16,5
Hunde	5,4	13,3
Kleintiere	5,6	5,4
Ziervögel	3,4	4,9
Tiere in Gartenteichen	2,1	4,0
Aquarientiere	2,0	4,4
Terrarientiere	0,4	1,2

– Bioindikatoren,
– Beobachtung und Begegnung mit Tieren als Teil des Naturkontakts,
– Schädlinge an Pflanzen, Vorräten und Materialen,
– Überträger und Erreger von Krankheiten,
– Produzenten von störenden Abfällen (Klausnitzer 1993).

Nutztierhaltung ist bis in die Gegenwart hinein mit Siedlungen und auch mit Städten verbunden. Nicht nur in indischen Städten findet man Rinderhaltung zur Milchproduktion bis in die Stadtzentren hinein, sondern z. B. auch in Salzburg, zwei Kilometer vom historischen und von der UNESCO als Weltkulturerbe geschützten Stadtzentrum entfernt. Die Stadt beherbergt immer noch landwirtschaftliche, auch zur Tierhaltung genutzten Flächen, deren Bedeutung heute mehr und mehr gesehen wird.

Zunehmend bedeutend wird die Haltung von Heimtieren ohne einen wirtschaftlichen, dafür mit einem emotionalen Nutzen (Hunde, Katzen, Vögel Kleintiere etc.). Insoweit sie außer Haus aktiv sind (Auslauf, freilaufend etc.), beeinflussen sie die städtischen Ökosysteme in nicht geringem Maße.

Besonderer Untersuchungsgegenstand der zoologischen Stadtökologie sind jedoch die Wildtiere in der Stadt, die diese – bedingt durch den Verlust von Habitaten außerhalb der Städte und durch die Attraktivität der Städte als Lebensraum – dauerhaft besiedeln. Auch ihr Vorkommen ist von menschlichen Nutzungen (Störungen, Nahrung etc.) direkt abhängig. Wenig untersucht ist bisher die Boden-

4

Stadtamseln – Waldamseln

Der noch vor zwei Jahrhunderten ausschließlich scheue Waldvogel Amsel (*Turdus mercula*) ist heute eine vielfach stadtprägende Vogelart. Die Entwicklung der städtischen Gartenkultur (▶ Abschn. 4.2.4) öffnete durch neue Habitatangebote den Amseln die Städte. Die Amsel steht damit für die Pflanzen (Apophyten) und Tiere (Apozoen) der Wälder, die in Städten heimisch geworden sind.
Der Brutbestand der Amseln im Nymphenburger Park in München schwankte bis 1982 zwischen 53 und 75 Brutpaaren, etwa 30 je km².

Auf dem Münchner Westfriedhof und im Englischen Garten waren dies Ende der 1970er und Anfang der 1980er Jahre sogar 86 bzw. über 100 Brutpaare je km². Natürliche Standorte wie das Murnauer Moos hingegen wiesen nur 3,6 Brutpaare je km² auf, Wälder der Umgebung Münchens sogar noch weniger (1–32 Brutpaare je km²).
Die höchste Bestandsdichte überhaupt erreicht die Amsel in großen städtischen Freiflächen (große Parkanlagen, Friedhöfe, Orte, wo der Boden zur Nahrungssuche zugänglich bleibt). Die Häufigkeit der

Art konnte um etwa den Faktor 10 gesteigert werden. Der Lebensraumwechsel vom Wald zur Stadt führte auch zu Verhaltensänderungen, so dass heute „Waldamseln" von „Stadtamseln" unterschieden werden. Die Stadtamseln überwintern häufig in der Stadt und nutzen das breite Nahrungsangebot. Sie sind Ökotypen der Art. Das zwei Jahrhunderte andauernde Vordringen vom Wald in städtische Räume ist ein Evolutionsvorgang und dauert noch an (Bezzel et al. 1980; Wüst 1986; Reichholf 2007; ◨ Abb. 4.5).

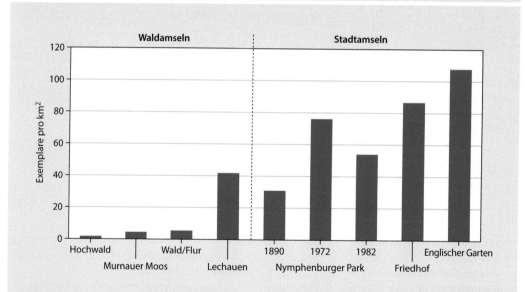

◨ **Abb. 4.5** Stadtamseln und Waldamseln in Stadtumland- und Stadt-Habitaten Münchens. (Verändert nach Reichholf 2007, S. 104)

tierwelt. Säugetiere in der Stadt geraten schnell ins Blickfeld des allgemeinen Interesses (Wildschweine, Füchse, Mader, Eichhörnchen etc.). Auch hier ist der Kenntnisstand über Populationen, Anpassung an den Lebensraum, Ausbreitung, Gefährdung etc. noch unzureichend. Sie besiedeln Ersatzlebensräume mit vergleichbaren, aber auch neuen Eigenschaften, an die sich Tiere relativ rasch anpassen.

Am besten bekannt ist die Avifauna von Städten. Der Grund dafür ist – neben dem verbreiteten Beobachtungsinteresse (emotionale Zuwendung) – die überschaubare Artenzahl dieser Tiergruppe und die relativ leichte Beobachtbarkeit.

Den besonderen Vorteilsbedingungen der Stadt (reiches Nahrungsangebot, Winterfütterung, Versteck- und Schlafmöglichkeiten) stehen Nachteilen wie (häufige Störungen, technische Gefahren wie

Big Garden Birdwatch

Die *Royal Society for the Protection of Birds* (RSPB) organisiert in Großbritannien jedes Jahr den „Big Garden Birdwatch", die weltweit größte organisierte Vogelerfassung. Aufgefordert zur Beobachtung, Erfassung und Meldung an die RSPB sind alle Bürger, die in ihren Gärten oder in städtischen Parks Vogelbeobachtungen vornehmen. Dies ist ein nationales Ereignis, an dem 2013 590.000 Menschen teilnahmen. Auf der Basis dieser Beobachtungen konnte festgestellt werden, dass die meisten Vogelarten im Rückgang begriffen sind. Die Anzahl der erfassten Stare nahm z. B. im Vergleich zum Vorjahr um 16 %, Haus-Sperlinge um 17 % ab. Dies wird als Zeichen für eine Bedrohung der Arten und als Aufforderung, ihren Schutz zu verstärken, interpretiert. Der Haus-Sperling ist in Großbritannien bereits auf der Roten Liste der gefährdeten Arten! Die RSPB stellt fest: Gärten sind wichtige Lebensräume der am meisten gefährdeten Vögel. Sie nehmen in Großbritannien aber nur 4 % der Landesfläche ein (RSPB 2013).

Verkehr und Lichtfallen für Insekten) gegenüber. Eine spezielle Intramuralfauna entwickelte sich. Auf die wärmeren Gebäudeinnenbereiche sind viele Arten aus wärmeren Ländern beschränkt (Wittig und Streit 2004). Zu ihnen gehören neben Parasiten von Mensch und Haustieren Vorratsschädlinge und an spezielle Lebensräume Holz, Dach, feuchte Keller angepasste Arten.

Folgende zoogeographische Entwicklungstendenzen sind für Tiergruppen und Tiere in der Stadt verallgemeinerbar:

- Verringerung der Diversität ihrer Lebensgemeinschaften,
- höhere Populationsdichte,
- plötzliche Veränderung der Artzahlen und von städtischen Verbreitungsräumen,
- selektive, artbezogene Bevorzugung von städtischen Ökosystemen gegenüber dem Freiland („Stadttiere"),
- Ausprägung und Erweiterung der Vertrautheit und Zahmheit,
- Umstellung in der Nahrungsökologie,
- Umstellung in der Nistweise,
- Verlängerung der tageszeitlichen Rhythmen,
- Ausdehnung der Fortpflanzungsperiode,
- Verhaltensänderungen (z. B. Reduzierung des Zugverhaltens bei Vögeln),
- Verlängerung der mittleren Lebensdauer der Individuen,
- Herausbildung von Standortsstabilitäten bestimmter Arten (Reproduktion ohne Austausch mit Umland-Populationen)

(s. hierzu: Müller 1977; Klausnitzer 1993; Gilbert 1994; Klausnitzer und Erz 1998; Leser 2008; Tobias 2011).

Tiere mit Besiedlungsvorteil für die Stadt

Vor allem solche Tierarten sind bevorzugt, die folgende Eigenschaften aufweisen:

- geringe Fluchtdistanz,
- keine Abhängigkeit von großräumigen offenen Flächen,
- Anpassung an reich strukturiertes, felsiges Gelände (z. B. ehemalige Felsen- und Höhlenbewohner, z. B. Haus-Rotschwanz, Mehl-Schwalbe),
- ähnliche Nahrungsansprüche wie der Mensch (Allesfresser, z. B. Ratten und Mäuse),
- Spezialisten für bestimmte Nahrungsmittel oder Materialien, die zum menschlichen Bedarf gehören (Mehlkäfer, Kleidermotte),
- hohe Reproduktionsraten (viele Nachkommen und kurze Reproduktionszeit),
- geringe Körpergröße,
- keine große Konkurrenz oder Störung für den Menschen,
- unabhängig von hoher Luft oder Bodenfeuchte,
- nicht auf Gewässer oder sauberes Wasser angewiesen,
- wenig empfindlich gegen Immissionen (Wittig 1995; Wittig und Streit 2004).

„Natur obskur – Wie Jugendliche heute Natur erfahren" (Brämer 2006)

Rainer Brämer, Natursoziologe, Leiter der Forschungsgruppe Wandern am Institut für Erziehungswissenschaft der Universität Marburg mit dem Forschungsschwerpunkt Verhältnis von Natur und Mensch veröffentlichte zahlreiche Publikationen zu empirische Studien über Naturbeziehung Jugendlicher. Besondere Beachtung fand der Jugendreport Natur 2010 (Brämer 2010). Stellt er doch fest, dass bei befragten 3000 Sechst- und Neuntklässlern in sechs deutschen Bundesländern die bereits in den Vorgängerstudien festgestellte Naturdistanz offenbar weiter als erwartet geht. Naturkontakt findet nur mehr reduziert statt. Brämer (2010) bezeichnet das als „Naturvergessenheit" und „Naturdistanz". Konservative auf Sauberkeit, Ordnung, Ruhe und Fürsorge basierende Naturideal vereinigen sich auch bei Kindern und Jugendlichen zu einem abstrakten Naturbild, das weniger durch Schule als durch Medien geprägt ist. Die Natur vor der (städtischen) Haustür findet nicht statt. Natur fungiert nur noch als Kulisse, obwohl der Entdeckersinn, auch für unbekannte Landschaften, immer noch präsent ist und pädagogisch genutzt werden kann. Naturkontakt findet zu 47 % außerhalb der Stadt („draußen im Grünen"), zu 35 % in der Stadt und zu immerhin 28 % im eigenen Zimmer statt (◘ Tab. 4.6).
In den USA hat Louvs (2005) Report „Last child in the woods" eine breit unterstützte Gegenreaktion gegen die Naturferne des Nachwuchses, gleichrangig mit den Aktivitäten zur Bewältigung der großen Umweltproblemen, ausgelöst. Diese gesellschaftliche Reaktion fehlt in Deutschland immer noch.

◘ **Tab. 4.6** Naturkontakt von Jugendlichen. (Brämer 2010)

Wo verbringst du deine Freizeit am liebsten?	
Draußen im Grünen	47 %
In der Stadt	35 %
Im eigenen Zimmer	28 %
Das mache ich gern oder würde ich gern machen!	
Unbekannte Landschaften entdecken	74 %
Im Wald Mountainbike fahren	53 %
Quer durch den Wald gehen	56 %
Rehe in freie Wildbahn beobachten	49 %

4.2 Lebensräume in der Stadt – Zustand, Nutzung und Pflege

4.2.1 Das Konzept der vier Naturarten

Was ist Natur in der Stadt? Diese Frage kann sehr unterschiedlich beantwortet werden. Die Positionen dazu sind von verschiedenen Naturverständnissen geprägt (Breuste 1994; Brämer 2006, 2010). Natur wird üblicherweise nicht in Städten, sondern in „unberührten" Landschaften (Wälder, Gebirge etc., oft in fernen Gebieten) gesucht. Die öffentliche Wiederentdeckung von „Natur" (z. B. Müller 2005), „Wildnissen" (z. B. Rosing 2009) und „Landschaft" (Küster 2012, auch 1995, 1998) mitten in Europa findet gerade erst statt. Das „Naturempfinden" der Romantiker mischt sich oft mit wissenschaftlicher Analyse und Erkenntnis.

Die Erkenntnis setzt sich durch, dass Natur nicht als „unberührt" und alles vom Menschen Gestaltete nicht als „Nicht-Natur" verstanden werden sollte. Leser (2008) fordert berechtigterweise, dass der Naturbegriff in der Stadt so offen definiert werden sollte, dass auch „spontane bis anthropogene Natur" mit eingeschlossen ist (Leser 2008, S. 214).

Kowarik (1992a) versucht einen einfachen und pragmatischen Zugang zur Stadtnatur durch ihre Gliederung in vier „Naturarten", die auf den Besonderheiten städtischer Flora und Vegetation (indirekt aber auch der Fauna) basieren. Diese Naturarten erlauben

Was ist Natur?

Der ursprüngliche Totalbegriff für die „Gesamtheit der Dinge, aus denen die Welt besteht" hat sich inzwischen in verschiedene Einzelbegriffe aufgelöst und verschiedenen „Naturen" Platz gemacht (Leser 2008). Der Begriff „natürlich" meint zwar noch „vom Menschen nicht beeinflusst", kann diesen Inhalt aber auch kaum mehr definieren („reine" Natur). Trepl (1983) konstatiert, dass diese „gute" Natur mannigfaltig, dezentral, unkontrolliert und spontan wahrgenommen wird und damit die sympathischen Züge eines gesellschaftlichen Vorbilds hat. Isolierte Natur (Teil-Natur) – Die Natur der Naturwissenschaft bleibt ein „gedankliches Isolat" einer nicht erkennbaren Ganzheit der Realität (Trepl 1983, 1988, 1992). Die abstrakte „Alles-Natur", die Natur der Philosophie, hat heute kaum Bedeutung für das gesellschaft-

liche Naturbild. Die symbolische Natur („Kultur-Natur") der Kulturgeschichte bestimmt immer noch unser Naturbild. Die Bewunderung der Natur führte zu einer neuen vielgestaltigen Integration in das gesellschaftliche Leben. Daraus erwuchsen die Sehnsucht nach einem idealen Zustand, die Betrachtung der Natur als „gute" Natur, die, indem man sich ihr wieder zuwenden würde, die Lösung vieler gesellschaftlicher Probleme ermöglicht. Verklärt wurde die „liebliche" Agrarlandschaft der flussdurchzogenen Auen, die zum utopischen Schäferland Arkadien geriet und durch Schloss-, Volks- und Landschaftsgärten im 19. Jahrhundert in die Städte eindrang. Dem steht kulturgeschichtlich der Kraft und Urwüchsigkeit dokumentierende Wald (übertragen auch auf den einzelnen Baum) gegenüber. Als Symbol der

vom Menschen „unbeeinflussten" Urlandschaft zeigte er die Grenzen menschlicher Naturbeherrschung auf. Gestaltete Agrarlandschaft und Naturlandschaft als „Ur-Natur" bildeten die Gegensätze kultureller Naturaneignung. Als Symbole sind beide überall in den Städten zu finden (Scherrasen aus den viehreichen bewirtschafteten Auenlandschaften, städtische Nutzgärten aus dem dörflich-agrarischen Lebensmilieu, Bäume und Strauchpflanzungen aus dem Naturwald, Legföhren- und Felsengebüsche als den Randbereichen der Ökumene). Die Stadtnatur hat damit kulturhistorische Begründung und nach wie vor akzeptierten Symbolcharakter (Breuste 1994: 2–3, Breuste1999; Hard 1988).

es, die Vielfalt von anthropogen gestalteten Naturbedingungen in der Stadt zu nur vier großen Gruppen zusammenzufassen, von denen ausgehend die Lebensräume, die sie prägen, näher betrachtet werden können.

Natur der ersten Art (Kowarik 1992a) umfasst Wälder, Feuchtgebiete im Stadtraum, die etwas idealisiert als „ursprüngliche Naturlandschaft" angesprochen werden, obwohl auch ihnen meist die „Ursprünglichkeit" durch anthropogene Gestaltung abhandengekommen ist (Wasserhaushaltsbeeinflussung, Eutrophierung, Immissionen, Artenveränderungen etc.). Gemeint ist ihre geringe städtische Prägung.

Natur der zweiten Art fasst landwirtschaftlich genutzte Bereiche, Wiesen, Weiden, Ackerland und ihnen zugeordnete Landschaftselemente wie Hecken, Heiden, Triften und Trockenrasen zusammen. Unterschiedlich intensive, häufig anthropogene Beeinflussung auch in Städten durch Intensivlandwirtschaft kennzeichnet diese Naturart. Ihre Gestaltung ist oft bereits städtisch mitbestimmt.

Natur der dritten Art bezeichnet die „symbolische Natur der gärtnerischen Anlagen", die meist als Stadtgrün wahrgenommene Stadtnatur, die spe-

ziell für die Gestaltung der Stadt und zur Nutzung – wirtschaftlich und ästhetisch – in ihr eingerichtete Natur. Sie ist als Nutzgarten aus wirtschaftlichen Gründen entstanden oder als Schmuckgarten (Stadtgarten oder Park), als ästhetisches Gliederungs- und Gestaltungselement, in die sich ausdehnende und verschönernde Stadt gekommen. Sie fasst sehr verschiedenartige, aber sehr typische städtische Lebensräume wie Hausgärten, Kleingärten, Verkehrsgrün, Stadtparke, große Erholungsparke, Einzelbäume, Alleen etc. zusammen. Ihre anthropogene Gestaltung durch Pflege und Benutzung variiert sehr stark und ist zeitlichen Schwankungen, Moden und ökonomischen Begründungen unterworfen. Die Bezeichnung eines Lebensraumes, z. B. Park, kann damit zwar grobe Anhaltspunkte, aber noch nichts über den tatsächlichen ökologischen Zustand aussagen.

Die **Natur der vierten Art** genießt als „spezifische Natur der urban-industriellen Gebiete" besondere Aufmerksamkeit bei der stadtökologischen Forschung, handelt es sich doch nicht um gesäte oder angepflanzte Vegetation. Diese Naturart entstand durch spontane Entwicklung unter mehr oder weniger anthropogenem Einfluss, immer aber in enger Beziehung zu den stark anthropogen veränderten Standortbedingungen (Boden, Wasserhaushalt, Mikroklima etc.) nach Aufgabe von Vor-Nutzungen. Entsprechend der typischen Stadtflora bilden sich Pioniergesellschaften, spontane Gebüsch-Gesellschaften bis hin zu städtischen Vor-Wäldern als Sukzessionsstadien und Anpassungen an Standortvoraussetzungen und Störungen aus. Sie sind häufige Untersuchungsobjekte der stadtökologischen Forschung und stehen seit den 1970er und 1980er Jahren anhaltend im Mittelpunkt forschenden botanischen Interesses (s. Rebele und Dettmar 1996; Wittig 2002 u. v. a.). Diese Stadt-Naturart wird heute auch immer stärker in ihrer Bedeutung für den Menschen gesehen (s. Kowarik 1993; Wittig 2002 u. v. a.).

Urbane Lebensräume sind alle Lebensräume in der Stadt (Gilbert 1994; Aitkenhead-Peterson und Volder 2010). Sie sind nicht allein Ökosysteme, die durch spontane städtische Flora und Fauna geprägt sind, also Natur der dritten und der vierten Art (Grünflächen und Brachen). Urbane Lebensräume sollten als Ökosysteme verstanden werden, die im städtischen Bereich (z. B. in einem Stadtgebiet oder im Bereich städtischer Bebauung und ihrem Umfeld) liegen und damit in einer Nutzungsbeziehung zur Stadt stehen. Das Städtische ist damit also vornehmlich zuerst eine räumliche Dimension, die einen starken städtischen Nutzungsgradienten, von intensiv bis gering städtisch genutzt, aufweist (qualitative Dimension). Diese Nutzung durch Stadtbürger und die Gestaltung für Stadtbürger hat immer auch Einfluss auf den Ökosystemzustand von eigentlich nicht spezifisch städtischen Ökosystemen wie z. B. einem Waldstück in einer Stadt (Gilbert 1994; Aitkenhead-Peterson und Volder 2010). Im Folgenden werden einige wesentliche städtische Lebensräume der vier Naturarten und ihr Umgang damit exemplarisch vorgestellt.

4.2.2   Stadtwälder

Stadtwälder können je nach Waldtyp allen vier Naturarten zugeordnet werden.

Stadtwälder sind nicht nur typische (Rest-)Elemente der agrarisch-forstlichen Kulturlandschaft, in die sich die Städte ausgedehnt haben und die nun direkt an ihrem Rand, oftmals in unmittelbarer Nachbarschaft der Bebauung, aber auch in sie eingebettet liegen (Jim 2011). Sie sind auch „Parkwälder" lockerer Mischstruktur und entstehen neu durch Sukzession auf Brachen. Gemeint ist im Folgenden nicht die oft auch übliche Besitzbezeichnung „Stadtwald" als im Besitz der Stadt befindlicher Wald, unabhängig von seiner Lage. *Große Stadtwälder in Deutschland* sind in Berlin (insgesamt 28.500 ha Berliner Stadtforsten) der Tiergarten (210 ha) der Grunewald (ca. 3000 ha) und Köpenicker Forst (ca. 6500 ha), der Frankfurter Stadtwald (3866 ha), die Dresdner Heide (6–133 ha), die Eilenriede in Hannover (650 ha), die Rostocker Heide (6004 ha) und der Duisburger Stadtwald (ca. 3000 ha). Baden-Baden hat mit 8578 ha und einem Anteil von 61 % an der Gesamtfläche der Stadt den größten Stadtwald Deutschlands. Der Leipziger Auenwald (ca. 2500 ha) gehört zu den größten Auwaldbeständen Mitteleuropas.

Spätestens seit den späten 1960er Jahren erfolgte ein anhaltendes Umdenken des forstlichen Managements von Stadtwäldern, weg von der Holzproduktion, hin zur *urban and community foresty* (Johnson et al. 1990; Kowarik 2005; Burkhardt et al. 2008; Jim 2011) mit vielfältigen Waldfunktionen.

Im europäischen Forschungsprojekt „Urban Forests and Trees" (1997–2002) wurde eine systematische Übersicht über Planung, Management und Nutzung von Stadtwäldern und Stadtbäumen erstellt (Konijnendijk et al. 2005). Für Deutschland liegen mit Kowarik (2005), Kowarik und Körner (2005), Rink und Arndt (2011) zusammenfassende und spezielle Arbeiten zum Management und zur Neuentwicklung urbaner Wälder vor.

Als *urban forest* wird in den USA und zunehmend auch in Europa der nach Arten, Alter, Eigentumsverhältnissen und Dichte gemischte gesamte Baumbestand auf städtischem Territorium verstanden. Er hat keinen einzelnen Eigentümer und erfährt kein gemeinsames, abgestimmtes Management, dient aber in seiner Gesamtheit und seinen Teilen den menschlichen Bedürfnissen (Breuste und Winkler 1999; Ökosystem-Dienstleistungen, ▶ Kap. 5).

Er besteht aus unterschiedlich großen Waldstücken und vielen Einzelbäumen, Baumreihen und Alleen. Große zusammenhängende Wälder (über 60 ha) sind eher selten, die ökologisch relevanten

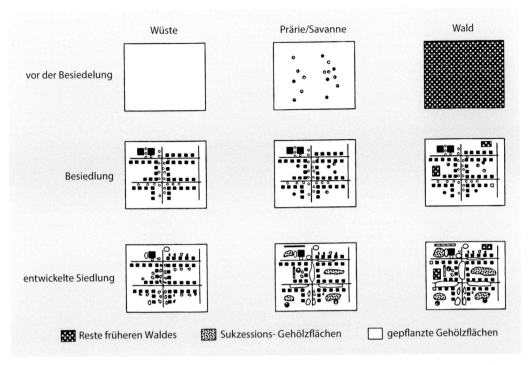

□ Abb. 4.6 Entwicklung des Stadtwaldes (*urban forest*) durch Waldrelikte, natürliche Sukzession und Pflanzung in drei Öko-regionen. (Zipperer et al. 1997, S. 235)

Randeffekte kleiner Waldstücke entsprechend groß (□ Abb. 4.6).

Die Stadtwälder umfassen ein ganzes Spektrum von Wäldern von Sukzessionswäldern, bis hin zu Forsten. Wälder mit oft vom Standort abweichender Artenzusammensetzung werden als Forst bezeichnet. Bei standortsentsprechender Gehölzartenkombination kann unabhängig davon, ob sie durch ursprünglich natürliche Entwicklung oder Anpflanzung zustande kam, von Wald gesprochen werden (Kowarik 1995; □ Tab. 4.7).

Stadtwälder werden immer mehr nach ihren Funktionen gegliedert. Neben die Holzproduktion, die bei Stadtwäldern zum Teil sogar ganz in den Hintergrund treten kann, werden neue Aufgaben wie Erholung, Naturerfahrung, Umweltlernen u. a. gestellt.

Über die Artenvielfalt städtischer Wälder liegen zumindest für die Stadtforste häufig Untersuchungen vor. Artenvielfalt und -spektrum hängen allerdings sehr vom Waldtyp, seiner Nutzung und seiner Pflege ab, können also nicht generell verallgemeinert werden. Insgesamt kann erwartet werden,

dass Stadtwälder mit naturnahen Baumbeständen und geringer Störung einer Vielzahl einheimischer Pflanzenarten Lebensraum bieten. Für Parkwälder und Sukzessionswälder ist das nur lückenhaft der Fall. Kowarik (1992a) gibt für die ruderalen Robinienbestände in Berlin 77 Gehölzarten, darunter drei Baumarten und vier Kletterpflanzen an. 50 % der Gehölze sind indigen. Bei den restlichen 50 % sind die Sträucher überwiegend Neophyten. 13 % sind auch Archäophyten. Die Robinie beherrscht Baum- und Strauchschicht, in der auch Schwarzer Holunder (*Sambucus nigra*) auftritt. Die Pioniergehölze der Baum- und Strauchschicht sind gegenüber *Robinia pseudoacacia* zu konkurrenzschwach, um sie zu verdrängen. Es wird von einer relativen Beständigkeit dieses Sukzessionswaldes ausgegangen. Ahornwälder mit Buche könnten nach längerer Zeit die Robinie ablösen (Kowarik 1992b).

Je höher die Strukturvielfalt eines urbanen Waldes ist, desto höher ist die Artenvielfalt und Populationsdichte. Baumartenzusammensetzung, Diversität des Lebensraumes (Totholz, Erd- und Baumhöhlen, gestörte Randbereiche, Verstecke,

Gliederung von Stadtwäldern in Deutschland

Burkhardt et al. (2008, S. 32, verändert) untergliedern Stadtwälder
funktional.
Nachbarschaftswald
- Relativ kleine Wälder im Wohn-
  gebiet,
- besonders wichtig für Nutzergruppen mit eingeschränkter
  Mobilität, wie z. B. Kinder, ältere
  Menschen, Behinderte,
- positive Auswirkungen auf das
  Lokalklima, ggf. auf die unmittelbare Umgebung,
- helle, einsichtige und einla-
  dende Waldstruktur, Abstufung
  des Bestands in Höhe und
  Dichte,
- oft unzureichende Pflege und
  Müllablagerung.

Stadtteilwälder
- Multifunktionale, mittelgroße
  Wälder,
- oft zwischen Stadtteilen liegend
  oder in Verbindung mit neuen
  Baugebieten am Stadtrand,
- Nutzung durch Anwohner und
  durchquerende Fußgänger und
  Radfahrer,
- Information und Bürgerbeteili-
  gung besonders wichtig,
- Abgestuftes Management bezo-
  gen auf Nutzungsintensitäten.

**Erholungswälder (meist am Stadt-
rand)**
- Meist größer als 60 ha,
- verschiedene Waldstrukturen
  als Mosaikbestand möglich,
- hohe Vielfalt und Naturnähe
  mögl.,
- vielfältige Möglichkeiten zur
  Naturerfahrung,
- Ausstattung mit Wegen, Treff-
  punkten, Sitzplätzen, Hinweis-
  tafeln etc.
Produktionswald
- Forstgebiete außerhalb von
  Städten,
- Holzproduktion im Mittelpunkt,
- je nach Bedarf mit weiteren
  Funktionen (z. B. Naturschutz,
  Erholung).

◘ **Tab. 4.7** Stadtwaldtypen. (Nach Kowarik 2005, verändert)

Natur 1	„Alte Wildnis"	Naturwälder oder deren Reste
Natur 2	„Traditionelle Kulturland-schaft"	Forst, stark durch traditionelle Waldwirt-schaft geprägt
Natur 3	„Funktionsgrün"	Parkwald, gepflanzte Bäume in Grünflächen und Wohngebieten
Natur 4	„Urbane Wildnis"	Sukzessionswälder auf Brachflächen

Ruhe- und Vermehrungsräume) tragen zur Qualität des Lebensraumes bei (Otto 1994). Besiedlung,
landwirtschaftliche Nutzung und Waldumbau zum
ertragreichen Wirtschaftswald, haben die Flächen
der Naturwälder im Stadtbereich meist extrem reduziert und ihre Lebensraum-Qualität verändert.
Ihre seltenen wenig gestörten Reste stehen häufig
als Naturschutzgebiete in sonst meist nur als LSG
geschützten Wäldern unter strengem Schutz.

Die Stadtwälder sind die großflächig am wenigsten beeinträchtigten Lebensräume für Tiere. Verglichen mit anderen Habitaten sind sie meist weniger
von Flächenzerschneidung und -reduktion und

hoher Nutzungsintensität betroffen (Gilbert 1994;
◘ Abb. 4.8).

Der Salzburger Stadtwald erhebt sich 19 m
(bis auf 640 m Höhe) über die Stadt Salzburg. Der
75,5 ha große Kalk-Buchenwald wurde im Jahr 1981
als Landschaftsschutzgebiet ausgewiesen. Der Wald
ist nach längerer Phase offener Gebüschformation
durch die Beweidung des Berges als standortsty-
pische Wiederaufforstung entstanden, also keine
„ursprüngliche" Natur der Stadt.

Für mitteleuropäische Städte ist eine Vielzahl
von Pflanzengesellschaften bekannt und bestimmt
worden (s. hierzu: Wittig 2002). Obwohl Mitteleuropa einmal ein Waldland war, sind hier Wälder
nicht mehr dominante Bestandteile der Kulturlandschaft. Dies trifft besonders für Städte zu, wo
Gebüsch- und Vorwaldgesellschaften der spontanen Vegetation lange nicht als siedlungstypisch
verstanden wurden (Diesing und Gödde 1989).
Robinien (*Robinia pseudoacacia*) als Einzelbäume
und Robinien-Wäldchen (Neophyt aus Amerika)
breiten sich auf geeigneten Standorten im warm-
kontinentalen Raum, z. B. in Oberrheingaben und
im Wiener Becken, inzwischen immer weiter aus.
Im nordwestlichen Mitteleuropa (z. B. Ruhrgebiet)
sind Schmetterlingsflieder (*Buddleja davidii*) – Gesellschaften (Neophyt aus China) (◘ Abb. 4.9a), be-

Neue gepflanzte Wälder – Beispiel Leipzig „Stadtgärtnerei Holz" (BfN 2010; Rink und Arndt 2011)

Im Leipziger Stadtteil Anger-Crottendorf wurde eine seit 2005 nicht mehr genutzte Stadtgärtnerei nach Gebäudeabriss in einen urbanen Wald umgewandelt. Das „Stadtgärtnerei Holz" wurde am 23. Juni 2010 der Öffentlichkeit übergeben. Das 3,8 ha große „Stadtgärtnerei-Holz" ist das erste fertig gestellte Teilprojekt des 2007 gestarteten Erprobungs- und Entwicklungsvorhabens (E+E) „Ökologische Stadterneuerung durch Anlage Urbaner Waldflächen auf innerstädtischen Flächen im Nutzungswandel – ein Beitrag zur Stadtentwicklung", das vom Bundesamt für Naturschutz mit Mitteln des Bundesumweltministeriums gefördert wurde. Am Beispiel Leipzigs soll modellhaft die Neuanlage verschiedenartiger innerstädtischer Waldflächen erprobt werden. Diese Waldflächen sollen Instrument innovativer Stadtentwicklung sein und gleichzeitig einen Beitrag zum Erhalt der biologischen Vielfalt leisten. Die Aktion in Leipzig ist auch Teil der Umsetzung der Nationalen Strategie zur Biologischen Vielfalt und der Deutschen Anpassungsstrategie an den Klimawandel. Es mussten mehr als vierzig Prozent der Fläche entsiegelt werden. Früchtetragende Wildgehölze, die an die ehemalige gärtnerische Nutzung erinnern, finden sich neben Waldbäumen. Bereiche zum Spielen, Verweilen und Spazierengehen wurden eingerichtet. Die Anpflanzungen bestehen aus 30–50 cm hohen Forstpflanzen, die in den ersten fünf Jahren eingezäunt werden müssen. Es wird mit verschiedenen Wald-Varianten in Bezug auf natürliche Waldformationen (Eichen-Hainbuchenwaldes, *Carpino-Quercetum*) und durch Beimischung mit Obstgehölzen in Bezug auf die Vornutzung experimentiert (◩ Abb. 4.7).

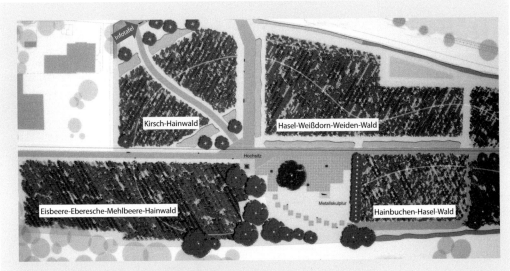

◩ **Abb. 4.7** Stadtgärtnerei-Holz, „urbaner Wald" in Leipzig. (Foto © Breuste 2012)

sonders charakteristisch (Kunick 1970). Im zentralen und südöstlichen Bereich Mitteleuropas treten städtische Götterbaum-Bestände (*Alilanthus altissima*), ein Neophyt aus Ostchina, in Erscheinung (◩ Abb. 4.9b).

Nicht nur thermische Anpassung ermöglicht es diesen Arten, sich in Städten auszubreiten. Dazu kommen weitere Anpassungen, die ihre Konkurrenzstärke begründen, wie z. B. bei der Robinie (*Robinia pseudoacacia*) die Bildung von Wurzelausläufern, die selbst geschlossene Pflanzenbestände besiedelbar machen, langlebige Samen, Knospenbildung an unterirdischen Ausläufern (Knospenbank) u. v. m. (Kowarik 1992a; Reichholf 2007; ◩ Abb. 4.9c, 4.10, und ◩ Abb. 4.11).

Arndt und Rink (2013) begreifen urbane Wälder als innovative Freiraumstrategien, vor allem in schrumpfenden Städten, wo sich die Chancen zu ihrer Implementierung ergeben.

4

◘ **Abb. 4.8** Der Kapuziner-
berg in Salzburg ist eine
Waldinsel mitten in der Stadt.
(Foto © Breuste 2003)

◘ **Abb. 4.9** **a** Schmetterlingsflieder (*Buddleja davidii*) ehemaliger Industriestandort Phoenix West, Dortmund (Foto © Breuste
2012), **b** Götterbaum (*Ailanthud altissima*) als Straßenbaum in Bratislava, Slowakei (Foto © Breuste 2015), **c** Robinie (*Robinia
pseudoacacia*) als Spontangehölz auf Bahngelände der Zeche Zollverein Bochum (Foto © Breuste 2011)

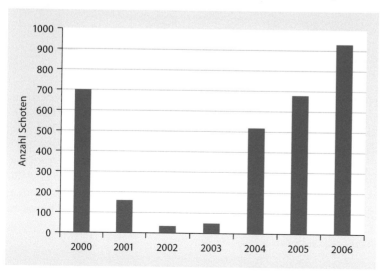

◘ **Abb. 4.10** Längerfristiger
Zyklus des Samenansatzes
(Schotenmenge) bei einer
Robinie im Garten der Zoo-
logischen Staatsammlung
München (Reichholf 2007,
Abb. 96, S. 1991)

◘ Abb. 4.11 Präferenz der in der Berliner Innenstadt häufigen spontanen Gehölze bezüglich Feuchtigkeit und Bodenazidität. (Nach Sukopp 1990; zitiert in Wittig 2002, S. 169)

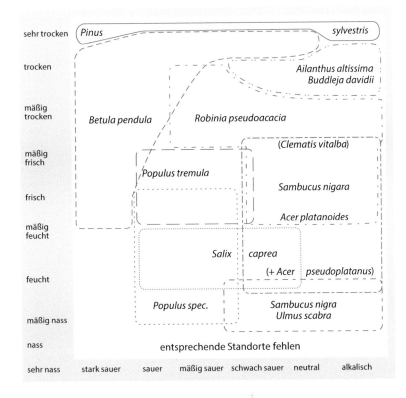

4.2.3 Stadtgewässer

Stadtgewässer sind Fließ- und Stillgewässer, die charakteristischen Einflüssen der Städte unterliegen (gewerbliche Nutzung, Hochwasserschutz, ästhetische Gestaltung, Verunreinigung, Eutrophierung etc.) (Schuhmacher 1998). Sie weisen damit erhebliche Veränderungen gegenüber Gewässern gleichen Typs außerhalb von Städten auf. Die Stillgewässer sind natürlich entstandene Kleingewässer, Teiche, Seen, aber auch Parkgewässer und Regenrückhaltebecken. Fließgewässer sind Flüsse, Bäche, Kanäle und Entwässerungsgräben (Gunkel 1991). Sie sind mit ihren Randbereichen wichtige Lebensräume für Pflanzen und Tiere (Gilbert 1994).

Verändert sind bei Stadtgewässern insbesondere:

— Hydrologie und Hydraulik (Abflussspende/
  -dynamik, Fließgeschwindigkeit),
— Gewässerstruktur (Breite, Lauf, Profil, Ufer),
— Artenspektrum der Pflanzen und Tiere, Abundanzen,

— Gewässernahe Nutzung (z. B. Freizeit- und Erholungsnutzung) und Wasserzustand (Endlicher 2012, S. 87).

Stadtgewässer können damit Funktionen in der Stadt übernehmen (► Kap. 5)

— Lebensraum für Flora und Fauna (ökologisches Potenzial),
— Stadtklimaverbesserung (klimatisches Potenzial),
— industrielle und gewerbliche Nutzung (Nutzungspotenzial),
— Aufnahme von Abwässern (Entsorgungspotenzial),
— Verschönerung des menschlichen Lebensraums Stadt (Erholungs- und ästhetisches Potenzial) (Endlicher 2012, S. 89).

Der Deutsche Verband für Wasserwirtschaft und Kulturbau (DVWK) weist ihnen 1996 sozio-kulturelle, ökonomische und ökologische Funktionen zu (◘ Abb. 4.13, ◘ Tab. 4.9).

Natur-Park Schöneberger Südgelände

1952 wurde der Bahnbetrieb auf dem Anhalter Bahnhof in Berlin eingestellt. Die natürliche Sukzession der Bahnbrache begann. Eine Wiedernutzung des 18 ha großen Geländes konnte die 1987 gegründete „Bürgerinitiative Natur-Park Südgelände" mit dem Nachweis des inzwischen belegten ökologischen Wertes verhindern. 1995 übereignete die Deutsche Bahn AG dem Senat der Stadt Berlin das Schöneberger Südgelände als Ausgleich zu Eingriffen durch ihre Verkehrsanlagen an anderer Stelle. Die landeseigene Grün Berlin GmbH, mit 1,8 Mio. Mark unterstützt durch die Allianz Umweltstiftung, übernahm die weitere Entwicklung zum Wald-Park, der 1999 unter Natur- und Landschaftsschutz gestellt und symbolisch eröffnet wurde. Im Jahr 2000 wurde er offizielles deutsches EXPO-Projekt.

In 61 Jahren mehr oder weniger ungestörter Sukzession entwickelte sich nach Pionierstadien krautiger Vegetation und Gebüschen ein neuer urbaner (Vor)Wald, dominiert durch Birke (*Betula pendula*) und Robinie (*Robinia pseudoacacia*) als neue Form „urbaner Wildnis" – ein wissenschaftliches und ästhetisches Erfahrungsobjekt selbständiger Lebensraum-Entwicklung nach Nutzungsaufgabe.

Die Spontanvegetation und die entsprechende Fauna sind gut untersucht. So kann man dort 366 verschiedene Arten an Farn- und Blütenpflanzen, 49 Großpilzarten, 49 Vogelarten, 14 Heuschrecken- bzw. Grillenarten, 57 Spinnenarten und 95 Bienenarten sehen. Mehr als 60 gefährdete Teile des Geländes sind als Naturschutzgebiet ausgewiesen. Hier dürfen die Wege nicht verlassen werden, um vor allem am Boden brütende Vögel zu schützen. 600 m über dem Boden erhöhte Stahlgitter-Wege, fixiert auf den alten noch vorhandenen Bahnschienen, führen durch das Gelände. Derzeit erarbeitet die Grün Berlin GmbH weitere Konzepte für die Verbindung von neuer Stadtnatur mit Konzerten, Lesungen, sowie Theater- und Kulturprojekte aus. Regelmäßig finden Führungen zu Flora, Fauna und Geschichte des Areals statt. Die Kombination von Stadt-Wildnis-Wald und Stadtkultur und Erholung scheint vollauf gelungen (Kowarik und Langer 2005; Senatsverwaltung für Stadtentwicklung – Kommunikation – Berlin 2011; Grün Berlin GmbH 2013; Cobbers 2001; ◻ Tab. 4.8, ◻ Abb. 4.12).

◻ **Tab. 4.8** Differenzierung von Wäldern in Bezug auf Siedlungen. (Nach Kowarik 2005, S. 9, verändert in Burkhardt et al. 2008, S. 31)

Waldtyp	Untertyp	Räumliche Lage	Funktion		Städtischer Einfluss
			Soziale Funktion	Produktion	
Urbane Wälder	Wälder innerhalb städtischer Bereiche, Wälder am Stadtrand	Isoliert im bebauten Bereich, Zwischen bebautem Bereich und offener Landschaft			
Halb-urbane Wälder	Wälder in der Nähe von Städten	Teil der Kulturlandschaft nah bzw. angrenzend an städtische Bereiche			
Nicht-urbane Wälder	Wälder weit entfernt von Städten	Teil der offenen (naturnahen) Landschaft, weit entfernt von Städten			

(Fortsetzung)

□ **Abb. 4.12** Natur-Park Schöneberger Südgelände. (Foto © Breuste 2011)

□ **Abb. 4.13** Funktionen städtischer Gewässer. (DVWK 1996)

□ **Tab. 4.9** Natur-Park Schöneberger Südgelände. Rückgang der Krautvegetation und Zunahme der Gehölzvegetation in einer 10-Jahresperiode (Kowarik und Langer 2005, S. 289)

	1981	1991
Untersuchungsfläche (in ha)	22,4	20,0
Untersuchte Vegetations-fläche (in ha)	21,6	19,1
Krautvegetation (in %)	63,5	30,9
Waldvegetation (in %)	36,5	69,1
Dominiert durch:		
Robinia pseudoacacia (%)	11,2	21,3
Betula pendula (%)	13,7	23,8
Betula pendula & Populus tremula (%)	?	5,3
Populus tremula (%)	1,3	2,3
Acer platanoides, A. pseu-doplatanus (%)	0,2	1,4
Andere (%)	10,1	15,0

Wasserqualität: Belastungen von Stadtgewässern durch Stoffeinträge sind zumindest in Mitteleuropa rückgängig, aber immer noch vorhanden. Sie müssen an den Quellen reduziert werden. Kausch (1991) unterscheidet zwei Gruppen von Stoffeinträgen, Stoffe, die direkt oder indirekt den Sauerstoffgehalt der Gewässer beeinflussen, und Stoffe, die in Organismen akkumuliert werden und toxisch wirken können.

Abb. 4.14 Die Salzach in Salzburg – ein Flusskanal mit guter Wasserqualität und Erholungsfunktion. (Foto © Breuste 2003)

Durch den häufigen Wegfall der Filterfunktion von Ökosystemen im Gewässerumfeld erfolgt oft eine Senkung des Sauerstoffgehaltes, dem zum Teil mit technischen Mitteln (Wehre etc.) entgegengewirkt werden soll. Ein konstantes Monitoring der Wasserqualität ist notwendig, um Belastungen frühzeitig zu erkennen und zu verhindern.

Durch die großen städtischen Versiegelungsflächen kommt ein Großteil des Niederschlagswassers nicht zur Versickerung und wird weitgehend durch die Kanalisation abgeführt und nahegelegenen Fließgewässern zugeführt. Dies bedingt zusätzliche Risiken bei dortigen Hochwassersitzen und senkt den Grundwasserstand. Die technische Verbauung führt sehr oft zur Isolation der Lebensräume. Die städtischen physikalischen, chemischen und biologischen Bedingungen reduzieren pflanzliche und tierische Spezialisten und fördern Ubiquisten (Reduktion des Artenspektrums).

Der oft weit fortgeschrittene technische Ausbau, besonders der Fließgewässer zur Hochwasser-Risikoreduzierung, hat als Konsequenz viele gewässerbezogene Lebensräume in der Stadt zerstört oder erheblich in ihren Habitatfunktionen beeinträchtigt. Besonders die Flussauen in Städten als natürliche Retentionsräume erfüllen durch Flussbegradigung zu Kanälen und durch Grundwasserabsenkung kaum noch ihre ökologischen Funktionen (■ Abb. 4.14). Der störungsgeprägte Lebensraum Weichholzaue ist dort, wo ein Auwald noch vorhanden ist, weitgehend einem Mischbestand ge-

wichen, der aus der Hartholzaue hervorgegangen ist (Gunkel 1991; Kasch 1991; DVWK 1996, 2000; Schuhmacher und Thiesmeier 1991; Schuhmacher 1998; Leser 2008; Endlicher 2012).

Durch Gewässerrenaturierung sollen die verlorengegangenen Funktionen zumindest teilweise und in bestimmten oft nur kleinen Bereichen wiederhergestellt werden. Meist kann dabei der ursprüngliche Zustand nicht das Referenzziel sein. Stattdessen wird ein „naturnaher Zustand" neu definiert und durch anfangs technische Maßnahmen unterstützt. An erster Stelle steht die Verbesserung der Wasserqualität durch Reinigung des eingeleiteten Wassers. Die Erhöhung des Niedrigwasserabflusses und die Verbindung des Hochwasserschutzes mit Renaturierungsmaßnahmen sind aktuelle Herausforderungen im urbanen Gewässermanagement (DVWK 2000). Auch Naturschutz und Naturentwicklung einerseits und Erholungsnutzung andererseits können am Beispiel urbaner Gewässer als hochattraktive Erholungsräume in Städten wieder zusammen gebracht werden.

4.2.4   Stadtgärten

Stadtgärten in verschiedenster Form sind als Natur der dritten Art (Kowarik 1992a) die typischen und gewollten Naturformen und Lebensräume in Städten. Sie sind und waren Teil der Stadtverschönerungen, die im 19. Jahrhundert begannen. Ignatieva (2012)

Renaturierung der Isar in München (2000–2011)

Die Isarauen sind mit ihren Inseln, Kiesbänken, Wiesen, Auwäldern und Parkanlagen ein attraktives Erholungsgebiet für ganz München und besonders für die fast 200.000 Menschen, die in den isarnahen Stadtvierteln wohnen. Radeln, Spazierengehen, Joggen, Sonnen, Grillen, Spielen und im Winter manchmal sogar Langlauf, sind möglich.

1988 entstand der Isar-Plan, ein Renaturierungsprojekt, das unter Beteiligung von Bürgerschaft, Verbänden und politischen Gremien seit 1995 im Rahmen der Planung entwickelt wurde. Im Februar 2000 begann die beispielhafte Isar-Renaturierung in München, mit der drei Ziele verfolgt wurden: verbesserter Hochwasserschutz, mehr Raum und Naturnähe für die Flusslandschaft, Verbesserung der Freizeit- und Erholungsfunktion.

Das Flussbett wurde erweitert und die Hochwasserdeiche wurden instandgesetzt. Flache, teilweise terrassierte, begehbare Ufer entstanden. Kiesflächen und natürliche Uferformationen mit Erholungsmöglichkeiten und neue, interessante Sichtbeziehungen zum Fluss sind Teil des Projekts.

Ausreichende Wasserführung und -qualität unterstützen den sich entwickelnden naturnahen Lebensraum von Fauna und Flora. Der Fluss wird sein Flussbett im Laufe der Zeit selbst weiter gestalten. In elf Jahren wurde bis 2011 der Isar-Plan auf einer Länge von acht Kilometern realisiert. Einmalig in Europa waren die erfolgreichen Bemühungen, an der Isar Badegewässerqualität zu erreichen.

Der erste DWA (Deutsche Vereinigung für Wasserwirtschaft, Abwasser und Abfall e.V.)-Gewässerentwicklungspreis für vorbildlich durchgeführte Maßnahmen zur Erhaltung, naturnahen Gestaltung und Entwicklung von Gewässern im urbanen Bereich ging 2007 an das Wasserwirtschaftsamt München und die Landeshauptstadt München für das Projekt Isar-Plan.

Die Aufweitung des Flussbettes verbesserte den Hochwasserdurchfluss. Flache Ufer, vorgelagerte Kiesbänke, Kiesinseln und flache Rampen aus großen Steinblöcken mit dazwischen gelegenen Becken („aufgelöste Sohlrampen") machen sie heute wieder zu einem naturnahen Fluss in der Stadt.

Mit verbesserter Lebensraumvielfalt für die isartypische Tier- und Pflanzenarten. Naturentwicklung, Stadt und Erholungsnutzung können zusammengehen.

Die Kosten für das Projekt (Hochwasserschutz- und Renaturierungsmaßnahmen) betrugen ca. 35 Mio. Euro, die zu 55 % vom Freistaat Bayern und zu 45 % von der Stadt München getragen wurden (Wasserwirtschaftsamt München 2011; ▫ Abb. 4.15).

▫ **Abb. 4.15**
Abschnitt der renaturierten Isar in München. (Foto © Voigt 2013)

resümiert, dass diese weltweit von der englischen Gartenidee („Victorian Gardenesque" 1820–1880) beeinflusst wurden und in verschiedenen Städten der Welt zu ähnlichen Garten(Park)Formen geführt haben. War in den Städten bis dahin das private Schmuckgrün nur einer kleinen Elite als Herrschaftspark vorbehalten, begann nun die „Begrünung" der rasch wachsenden Stadt nach landschaftsgärtnerischen Idealen. Der Bürgerpark, Alleen, schmückende Kleingrünflächen, Rasenflächen und Hecken wurden ein Element der neuen Stadtentwicklung (Schwarz 2005a). Zu diesen kam in der zweiten Hälfte des 19. Jahrhunderts der Kleingarten (Schrebergarten), der nicht das Schmuckbedürfnis, sondern das Bedürfnis im Umgang mit der Natur tätig zu sein und davon (Früchte, Gemüse) zu profitieren zum Gegenstand hatte und damit Elemente unserer ländlichen Prägung in die Stadt holte. Diese „symbolische Natur der gärtnerischen Anlagen" kann zumindest in zwei große Gruppen, die meist öffentlichen Parks und die meist privat genutzten Gärten, verbunden mit Häusern oder selbständig, gegliedert werden. Dazu kommt eine Vielzahl von Kleingrün-Strukturen wie Straßenbegleitgrün, Einzelbäume, Alleen, Spielplätze, Westentaschen-Parks etc. Aus diesen beiden Gruppen sollen öffentliche Stadtparks und Kleingärten hier exemplarisch behandelt werden.

4.2.4.1 Öffentliche Stadtparks

In diese Stadtnatur-Kategorie gehören unterschiedliche Lebensräume:

- kleine Stadtteil-Parke,
- große Stadtparke,
- sehr große Erholungs- und Erlebnis-Parke, meist am Stadtrand,
- Botanische und Zoologische Gärten (Themenparke),
- Friedhöfe,
- Waldparke (Übergänge zum Stadtwald, s.o.).

Die Übergänge zum Stadtwald sind fließend, insbesondere dann, wenn der Park im Wald angelegt wurde (z.B. in vielen skandinavischen Städten).
Wesentliche ökologische Merkmale sind:

- Ausstattung des Parks mit Naturelementen (Bäume, Sträucher, Rasen, Wasser etc.),
- Größe (Randeffekte kleiner Parks reduzieren ökologische Funktionalität),

- Störungen (insbesondere Lärm, aber auch freilaufende Hunde, Besucherzahl und Besucheraktivitäten, Vorhandensein von wenig gestörten Rückzugsräumen),
- Baumbestand (Dichte, Artenspektrum, Überschirmungsgrad, Alter etc.),
- Pflegemaßnahmen (Intensität, Häufigkeit, Zeitpunkt).

Die typische Ausstattung des öffentlichen Bürger- oder Volksparks besteht aus großen Freiflächen mit Scherrasen, Einzelbäumen, manchmal Ziersträuchbeeten und Blumenrabatten, die mehr Pflege benötigen. Kleine Gehölzbereiche werden bei größeren Parks oft integriert (s.a. Gilbert 1994). Parkpflege ist meist öffentliche Angelegenheit (z.B. in den USA stark auch privat), wird aber für die Kommunen zunehmend teurer. Es wird nach Möglichkeiten gesucht, diese Kosten zu reduzieren, z.B. indem die Pflege räumlich abgestuft und in Parkteilen natürliche Sukzession zugelassen wird. Aus Überzeugung für die spontane Naturentwicklung sind inzwischen auch Eco-Parks auf Stadtbrachen (z.B. in Großbritannien) entstanden (▶ Abschn. 4.2.5).

Volksparks wurden in Deutschland z.B. in Berlin, Hamburg, im Ruhrgebiet, in Düsseldorf, Leipzig oder München, oft auch erst im 20. Jahrhundert, angelegt (Endlicher 2012). Die Parks dienen der Erholungsnutzung. Diese hat sich von eher kontemplativer Nutzung hin zu auch aktiven Nutzungselementen in den letzten Jahren gewandelt. In einer offenen Gesellschaft kommen unterschiedliche kulturell bedingte Nutzungsinteressen hinzu (z.B. Sport auf Parkrasen, Lagern und Barbecues mit großen Personenzahlen auf Rasenflächen). Trotzdem sind die meisten Parks immer noch Naturzellen der Ruhe und Entspannung. Kinderspielbereiche, Sportflächen oder auch Hundewiesen können integriert sein. Ihre Nutzer sind überwiegend ältere Menschen, junge Familien mit Kindern am Wochenende, ein Querschnitt durch die städtische Gesellschaft (s.a. Krause et al. 1995).

Parks bieten Möglichkeiten für eine Vielzahl von Naturbeobachtungen und erlauben einen emotionalen oder auch intellektuellen Zugang zur Natur. Für die Mehrzahl unserer Kinder, die in Städten leben, sind sie die wichtigsten Natur-Lernorte. Parks können neben der Erholung auch wichtige Funktionen als Begegnungsräume mit der Natur zum Lernen von und mit der Natur (Naturerfahrungsräume, Naturerlebnisräume) übernehmen. Dies ist insbesondere dann wichtig, wenn Parks die einzigen leicht und schnell erreichbaren Naturelemente in großen Städten sind. Diese wichtige Aufgabe nehmen sie derzeit erst zum Teil wahr.

Stadtparks sind wichtige Lebensräume für Pflanzen und Tiere. Gut untersucht ist meist die Avifauna von Stadtparks. Sie ist durch eine charakteristische Artenzusammensetzung geprägt. Amsel (*Turdus merula*), Star (*Sturnus vulgaris*), Grünfink (*Carduelis chloris*), Türkentaube (*Streptopelia decaocto*), Kohlmeise (*Parus major*), Buchfink (*Fringilla coelebs*), Blaumeise (*Cyanistes caeruleus*) und Ringeltaube (*Columba palumbus*) wurden in Leipzig und Chemnitz häufig beobachtet (Wittig et al. 1998). Breuste et al. (2013b) weist für die Linzer Parks erhebliche Unterschiede in der Avifauna nach und kann den Zusammenhang zwischen geringer Störung und großem Strukturreichtum einerseits und hoher Brutvogelartenzahl andererseits belegen (Breuste et al. 2013b).

4.2.4.2 Kleingärten

Im letzten Viertel des vergangenen Jahrhunderts entwickelte sich in mitteleuropäischen Großstädten das organisierte Kleingartenwesen. Die Kleingartenanlagen waren meist nur befristet nutzbares Pachtland, das in der Nähe der Mietswohnviertel lag und oft auch später bebaut wurde. Nur in ungünstigen, für die Bebauung ungeeigneten Lagen hatten die Gärten der Anfangszeit längeren Bestand.

Der Ursprung des Kleingartens und des Kleingarten-Vereinswesens ist die Industriegesellschaft. Gleichzeitig ist der Kleingarten ein Teil des vorindustriellen Landlebens, das sich bis in unsere Zeit erhalten hat und damit auch aus der Industriegesellschaft herausgewachsen ist. Diese Persistenz der individuellen städtischen Kleingärten zeugt von einer besonderen Bedeutung dieses „Stadtnaturtyps der 2. Art" (Kowarik 1992a). Viele Akzente des Kleingartens haben sich im Laufe der Entwicklung gewandelt, sein Kern, der gestaltende Umgang mit der Natur, ist geblieben und im modernen Stadtleben heute so aktuell wie früher. Unter dem Gesichtspunkt der ökologisch orientierten Stadtentwicklung, der Gesunderhaltung des Menschen, der

Freizeitgestaltung im Stadtraum und insbesondere in den Großstädten hat das Kleingartenwesen auch am Beginn des 21. Jahrhunderts weiterhin große Bedeutung (Breuste 2007). Mit der *Urban Gardening*-Bewegung hat sich das Spektrum der Gestaltung und Aneignung von Stadtgrün erweitert.

In vielen Städten, vor allem in Nord- und Mitteldeutschland, entstanden Kleingärten in besonders großer Zahl zwischen den beiden Weltkriegen und prägen noch heute die Grünstruktur der Städte. In einigen ehemaligen Industriestädten nehmen sie heute ebenso viel Fläche ein wie alle übrigen städtischen Grünflächen (außer Stadtwäldern) zusammen (z. B. Halle, Leipzig) (Breuste 2007).

Kleingärten sind in Deutschland ca. 300–400 m^2 groß, haben Obstbäume, Gemüsebeete, Blumenrabatten, Rasenflächen und eine Gartenlaube. In den letzten Jahrzehnten ist ein deutlicher Wandel vom reinen Nutzgarten zum Erholungsgarten (weniger arbeitsintensive Gemüsebeete, mehr Rasenflächen) und zum Naturbegegnungsort festzustellen (Breuste 2007).

Viele ältere Kleingartenanlagen liegen heute mitten im Stadtgebiet und gehören zum Stadtviertel wie andere Einrichtungen auch. Gegenwärtig findet jedoch gerade hier ein Verdrängungsprozess zugunsten baulicher Nutzungen statt.

Kleingärten sind wichtige Grünelemente der Stadt und Lebensräume (Gilbert 1994). Sie sind die letzten Verbindungen der Städter zum Lande. Meist sind die Kleingärtner in Kleingartenanlagen (von wenigen Dutzend bis mehrere tausend Kleingärten) als Vereine organisiert. Die Kleingartenanlage ist ein wichtiger Grünraum, kultureller Faktor, Ort des Lernens, der Erholung und der Begegnung. Kleingartenanlagen in der Stadt sind Grünräume, die die bebauten Räume erst bewohnbar machen (Schiller-Bütow 1976). Beträchtliche Teile der Stadtbevölkerung verbringen ihre Freizeit als Pächter oder deren Familienmitglieder in Kleingärten. Eine Studie des BMVBS (2008) geht von 4,5 Personen je Kleingarten aus. Kleingärtner sind in ihrer Mehrheit Pensionisten mit relativ viel Freizeit. Mitnutzer sind ihre jüngeren Familienmitglieder. Keine andere öffentliche Grünfläche wird nur entfernt so intensiv besucht und genutzt wie der Kleingarten. An Wochenenden im Sommer werden hier 7–9 h täglich verbracht.

Der „Volkspark" für die Demokratie: Central Park in New York (Schwarz 2005b)

Die rasch wachsende Metropole New York sollte in der Mitte des 19. Jahrhunderts eine neues Zentrum bekommen, den Central Park – eine revolutionäre neue Idee der modernen Stadtplanung. 1858 begannen 4000 Männer mit den Arbeiten zur Landschaftsgestaltung des kreativen Visionärs und Vaters der amerikanischen Landschaftsarchitekten Frederick Law Olmsted. Der Central Park wurde sein Meisterstück und „größtes amerikanisches Kunstwerk des 19. Jahrhunderts" (Schwarz 2005b, S. 135). Mit dem 1873 fertiggestellten „Kunstwerk Stadtpark" sollte auch gegen die eskalierenden Probleme der rasch expandierenden Großstadt angekämpft werden. Dem Stadtpark wurde buchstäblich eine therapeutische und heilende Wirkung für die sozialen und gesundheitlichen Probleme der Stadtbevölkerung zugewiesen. Unbestritten ist Olmstedts vorrangiges Motiv, ihn als Ort der Naturbegegnung für alle Schichten der urbanen Gesellschaft vorzusehen. Im Park für das Volk sollten sich die unterschiedlichen sozialen Schichten treffen und die „Rowdies" und „Ruffians" der Unterschichten sollten vom Benehmen der Mittel- und Oberschichten lernen. Dieser Sozialillusion waren eine Unzahl von Besucheregeln bis hin zur Anzugsordnung und Kontrollen zu verdanken. Letztlich blieb der Central Park im 19. Jahrhundert aber ein Park für die Reichen, die allein Zeit für einen Besuch hatten, ihn für ihre Kutschausfahrten nutzten und als Bereicherung ihres elitären Lebensstils enthusiastisch begrüßten und förderten.

Erst heute ist der Central Park ein Park für alle, den jährlich 25 Mio. Menschen besuchen, an manchen Tagen über 500.000. Er ist mit 349,15 ha der größte der 1700 New Yorker Parks. Der Park ist in erste Linie Lebensraum der New Yorker, die hier eine der wenigen Möglichkeiten zum Naturkontakt haben.

Der Central Park hat eine eigene Website (▶ www.centralparknyc.org) und eine eigene Förderorganisation (1980 wurde die private *Central Park Conservancy* gegründet). Die *Conservancy*-Mitarbeiter pflegen 250 ha Wiesen, 24.000 Bäume, 150 ha Seen und Bächen und 80 ha Wald. Sie betreuen die jährlichen Pflanzungen, 9000 Bänke, 26 Spielplätze und 21 Ballspiel-Felder. Dies alles erfolgt mit Hilfe von Spenden. Seit seiner Gründung wurden bereits 60 Mio. US-Dollar Spenden eingenommen, 536 Mio. davon aus privaten Quellen. Die höchste private Einzelspende wurde 2012 mit 100 Mio. US-Dollar von der John A. Paulsons-Stiftung registriert. Der Stadt New York war der Park in 150 Jahren bisher 150 Mio. US-Dollar wert (Central Park Conservancy 2013; ◻ Abb. 4.16).

◻ **Abb. 4.16** Central Park New York (Foto © Zepp 2011)

Als Teil des Grünsystems der großen Städte können Kleingärten u. a. für eine Verbesserung von Stadtklima und Lufthygiene, eine Erhöhung der Biodiversität durch Lebensraumangebote und für mehr Naturkontakt sorgen (s. a. Wittig et al. 1998, S. 347–348; Endlicher 2012, S. 197–199; ◻ Tab. 4.10).

Shanghai (China) erbaut sich neu als „nationale Park Stadt"

Wohl kaum eine Stadt hat weltweit ihren Stadtgrünbestand in so kurzer Zeit so stark erweitert wie Shanghai. Die 761 ha Stadtgrün 1978 wurden bis 2006 auf 30.609 ha erweitert. 37,3 % der Megacity sind Grünflächen. 1990 machte dies 3 m² je Einwohner aus, 2006 schon 22 m² je Einwohner. Das ist international beispiellos und zeigt das Bemühen der Stadt, sich als moderne Metropole ein Gesicht als „Park-Stadt" zu geben. Die größten neuen Grünflächen

sind dabei nicht zuerst klassische Stadtparke, sondern ein Straßen und Gewässer begleitendes Netzwerk aus Baumpflanzungen und Waldparks im Stadtumland ( Abb. 4.17, 4.18 und 4.19).
In Stadterweiterungsgebieten wie dem Stadtteil Pudong entstanden neue Parke (z. B. Century Park 140 ha). Aber auch in der dicht bebauten Stadt wurde Platz für Stadtgrün gefunden. Die Lösung war hier z. B. der Abriss alter Wohnbau-

substanz im Zentrum. Die Huangpu-Sektion des Stadtparks an der Yan'an Road wurde nach einjähriger Planungs- und Bauzeit 2001 auf 11,85 ha fertiggestellt. Zuvor hatten 17,07 ha alte Wohnbaufläche und 4837 Familien zu weichen, die in andere Stadtteile umgesiedelt wurden. Mit einem dorthin verpflanzten Altbaumbestand macht er heute nicht den Eindruck, erst dreizehn Jahre alt zu sein (Shanghai Municipal Statistics Bureau 2006).

Abb. 4.17 Bereich des künftigen Stadtparks Yangzhong Greenery, Yan'an Road in Shanghai, Zustand 2000. (Schautafel vor Ort)

Abb. 4.18 Stadtpark Yangzhong Greenery, Yan'an Road in Shanghai, Zustand 2001. (Schautafel vor Ort)

(Fortsetzung)

■ **Abb. 4.19** Stadtpark Yangzhong Greenery, Yan'an Road in Shanghai. (Foto © Breuste 2011)

■ **Tab. 4.10** Wandel der Funktionen von Gewässern und Wasser in mitteleuropäischen Binnenstädten durch anthropogene Nutzung und Wahrnehmung (Kaiser 2005, S. 22)

	Vor 1750	1750–1850	1850–1915	1915–1950	1950–1980	Ab 1980
Schutzfunktion	⬤	●	–	–	–	–
Ernährung, Fischerei, Bewässerung	⬤	⬤	●	•	–	–
Transportweg	⬤	⬤	●	•	•	•
Energielieferant	⬤	⬤	⬤	•	•	⬤
Trinkwasserversorgung	⬤	⬤	●	⬤	●	⬤
Brauchwasserlieferant	⬤	⬤	⬤	⬤	●	⬤
Entsorgung	●	⬤	⬤	⬤	●	⬤
Freizeit- und Erholungsnutzung	–	–	–	•	•	⬤

⬤ Große Bedeutung, ● Mittlere Bedeutung, • Geringe Bedeutung, – Keine Bedeutung

◧ **Tab. 4.10** *(Fortsetzung)*

	Vor 1750	1750–1850	1850–1915	1915–1950	1950–1980	Ab 1980
Aufwertung des Wohnumfelds	–	–	–	–	–	⬤
Lebensraum für Pflanzen und Tiere	–	–	–	–	–	⬤

⬤ Große Bedeutung, ● Mittlere Bedeutung, • Geringe Bedeutung, – Keine Bedeutung

4.2.5 Stadtbrachen

Stadtbrachflächen sind zeitweise (wenige Jahre bis Jahrzehnte) ungenutzte, aber vormals genutzte Flächen in der Stadt. Sie finden sich nutzungsbegleitend in Industriegebieten oder auf Bahngeländen, aber auch als selbständige Flächen durch Nutzungsaufgabe. Kriegszerstörungen, Reserveflächenvorhaltung und sozio-ökonomische Gründe (z. B. De-Industrialisierung, demographischer Wandel, Landspekulation etc.) sind die Ursachen der Nutzungsaufgabe. Brachflächen finden sich weltweit, besonders verbreitet im Rahmen von stadt-industriellen Schrumpfungen (z. B. in Deutschland, Großbritannien, USA, Korea).

Stadtbrachen haben vornehmlich urban-industrielle Vornutzungen. Landwirtschaftsbrachen auf städtischem Territorium finden sich oft am Stadtrand als „Bauerwartungsland". Sie sind eher untypische Stadtbrachen.

Teilweise werden Brachen nach Ihren Vornutzungen bezeichnet – z. B. Wohnbaubrachen, Landwirtschaftsbrachen, Industriebrachen etc. (s. Rebele und Dettmar 1996).

Stadtbrachen sind Lebensräume intensiver anthropogener Veränderungen (z. B. Industrie), die oft plötzlich zum Erliegen gekommen sind. Sie sind also oft jahrelang relativ ungestörte Flächen, auf denen sich eine natürliche sekundäre Sukzession über Pionierstadien bis zu Vorwäldern vollziehen kann. Sie gehören damit zu den wenigen städtischen Lebensräumen, auf denen kein Management stattfindet und die in ihrer natürlichen Entwicklung wissenschaftlich beobachtet werden können. Das hat Stadtbrachen früh schon zum Experimentierfeld der Ökologie und zu wissenschaftlichen Untersuchungsobjekten werden lassen (Gilbert 1994; Sukopp und Wittig 1998; Rebele und Dettmar 1996; Wittig 2002). Stadtbrachen sind wertvolle Lebensräume mit oft nur dort vorkommenden Pflanzen- und Tierarten.

Andererseits lassen sich auf ihnen Naturbeobachtungen vornehmen und Naturerfahrungen gewinnen, die sonst nirgendwo in Städten möglich wären. Diese Bedeutung von Stadtbrachen wird zunehmen, aber immer noch nicht ausreichend erkannt und wertgeschätzt. Stattdessen steht die Wiedernutzung von Stadtbrachen fast überall im Mittelpunkt der Bemühungen. Dies ist angesichts einer Vielzahl von Stadtbrachen in manchen Städten (z. B. in Dresden 2004, 1550 ha) durchaus verständlich (◧ Abb. 4.20).

Wichtig ist, dass besonders langjährige ungestörte Brachen, Brachen unterschiedlicher Sukzessionsstadien, sowie leicht erreichbare und zugängliche Brachen in Wohngebieten zumindest zum Teil als Naturerfahrungsraum erhalten bleiben und gezielt entwickelt werden. Dafür können notwendige Vereinbarungen mit den Eigentümern (zum Teil sind dies, besonders in Ostdeutschland, die Kommunen selbst) über zeitlich begrenzte (Mit)Nutzungen, einfache infrastrukturelle Zugänglichmachung und Ausschluss von Nutzungsrisiken (Verletzungsgefahren) getroffen werden.

■ **Tab. 4.11** Verbandsorganisierte Kleingärten in Deutschland. (Breuste 2010)

	Anzahl Kleingärten	Anzahl Kleingartenanlagen	Fläche in km^2
Deutschland (BDG)	Ca. 1.000.000	14.000	466,40
1. Berlin	67.363	738	31,37
2. Leipzig	40.000	290	9,63
3. Hamburg	36.000	311	14,00
4. Dresden	23.400	366	7,67
5. Hannover	20.063	102	0,94
6. Frankfurt am Main	16.000	115	0,80
7. Magdeburg	16.000	236	0,85
8. Rostock	15.559	155	0,66
9. Chemnitz	15.100	181	0,54
10. Bremen	13.900	160	4,79

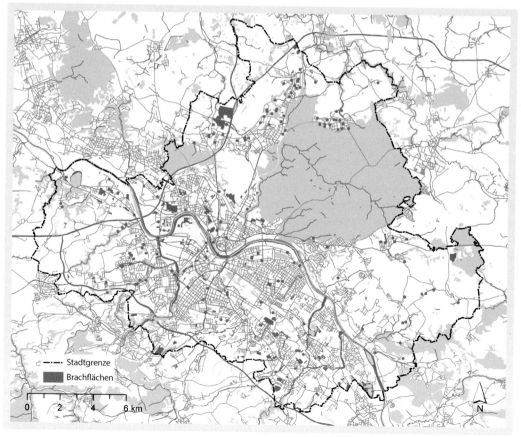

  ⌐·—·— Stadtgrenze
  ▮ Brachflächen

  0   2   4   6 km

■ **Abb. 4.20** Brachflächenbestand in Dresden 2004 (*in rot*), insgesamt 1550 ha. (Korndörfer 2005)

Ecological Parks in London – Stadtbrachen als Stadtparks

Ecological Parks sollen Naturentwicklung jeder Art auf Stadtstandorten und eine Nutzung derselben durch den Menschen für Erholung und Naturerleben (*Enjoy nature*) ermöglichen. Dazu sind weder traditionelle Parkentwürfe noch aufwendiges Management nötig. Bürger gestalten ihren Park unter Respekt für die Stadtnatur selbst oder werden darin gärtnerisch unterstützt.

Max Nicholson proklamierte als Visionär schon 1976 Naturschutz durch Naturerfahrung in die Städte zu holen und er setze dies praktisch um. Nicholson und der Trust for Urban Ecology (TRUE) realisierten diese Idee 1976 erstmals auf einem alten Lastwagenparkplatz nahe der London Bridge in London mit dem William Curtis *Ecological Park*. 1986–88 wurde der *Stave Hill Ecological Park* in den Londoner Docklands errichtet. Weitere Parks als *urban wildlife habitats* in London, anderen Städten in Großbritannien und im Ausland sind inzwischen hinzugekommen. Stave Hill ist ein neun Meter hoher aufgeschütteter Hügel aus Abbruchmaterial und Schutt der Londoner Docks mit 2,1 ha umgebender Fläche in verschiedenen Stadien natürlicher Sukzession, die durch Management erhalten werden.

TRUE verwaltet neben Stave Hill, *Greenwich Peninsula Ecology Park, Dulwich Upper Wood* und *Lavender Pond Nature Park*. 2012 wurde TRUE Teil der *The Conservation Volunteers* (TVC). Die TRUE *Ecological Parks* gehen einen neuen Weg in Sachen Naturschutz in der Stadt, indem sie Menschen mit der (un)spektakulären Stadtnatur vertraut machen. Sie schaffen neue Lebensräume für Pflanzen und Tiere (*habitat for urban wildlife*), ermöglichen stadtökologische Forschung, bringen den Stadtbürgern, insbesondere den Kindern, Stadtnatur durch eigene Erfahrung nahe (Umweltbildung) und demonstrieren einen kreativen Stadtnaturschutz abseits der traditionellen Wege unter Einbeziehung der Bürger als freiwillige Helfer im Management. Die *Ecological Parks* auf Stadtbrachen mit natürlicher Sukzession und nutzungsbezogenem Management haben sich als neue Idee, Stadtnatur in Wert zu setzen, bewährt (TCV 2013).

Die Annahme der „Natur der vierten Art" (Kowarik 1992a) und ihrer neuen Nutzungsmöglichkeiten für Naturerfahrung und die mögliche Integration von Sukzessionsflächen in traditionelle Parkanlagen wird wesentlich davon abhängen, ob es gelingt, Menschen die vorhandenen Vorbehalte gegenüber „ungepflegter", „unordentlicher" und „unschöner" natürlicher Sukzessions-Natur zu nehmen und sie mit dieser „Natur der vierten Art" vertraut zu machen. Dazu bedarf es mehr Anstrengungen in der Umweltbildung, besonders in Kindergärten und Schulen. Banse und Mathey (2013) konnten in einer Studie zeigen, dass die Anfangsstadien der Sukzession mit krautiger Pioniervegetation und die Endstadien mit wenig durchdringlicher dichter Gehölzvegetation am wenigsten als angenehm und zur Nutzung auffordernd angesehen werden, die Zwischenstadien mit Stauden und Einzelgehölzen jedoch durchaus besser angenommen werden. Eventuell bedarf es also auch bei der Nutzung von Stadtbrachen für Naturerfahrung oder als Teil von öffentlichen Grünräumen der gestalterischen Intervention, um die Sukzession gezielt zu steuern.

Brachflächenrevitalisierung bezeichnet die Bemühungen der Gemeinden, durch Abbruch von Gebäuden und Beseitigung von Nutzungsrisiken eine Wiedernutzung erst möglich zu machen. Dazu werden über Förderprogramme öffentliche Mittel verwendet. Die Wiedernutzung von Brachen als öffentliche Freiräume hat oft zum Ziel, auf ihren Flächen öffentliche Parkanlagen, zum Teil als neuen Typ und unter Bezug zur Vornutzung (z. B. Park auf Eisenbahngebände – z. B. Eilenburger Bahnhof in Leipzig oder Thüringer Bahnhof in Halle/Saale, ◻ Abb. 4.21), einzurichten. Die neuen Parkanlagen ermöglichen in der Regel in den dicht bebauten Gründerzeitquartieren, die mit der inzwischen stillgelegten Industrie verbunden waren, eine beträchtliche Aufwertung der Wohngebiete (Hansen et al. 2012).

4.2.6 Struktur und Dynamik städtischer Lebensräume

Durch die Stadterweiterung ist Stadtnatur der ersten und zweiten Art in die Randbereiche verdrängt worden. Die Natur der dritten Art, die Park- und Grünflächen, entstanden zusammen mit den neuen Wohngebieten und Stadterweiterungen in aufeinander bezogenen Mischstrukturen. Die großen Stadtparke wurden entweder am Stadtrand auf früherem Agrarland oder in Wäldern neu angelegt. Die dichte innerstädtische Bebauung erlaubt nur wenig Grün in Innenhöfen oder als Vor-

4

◻ Abb. 4.21 Stadtteilpark Thüringer Bahnhof, entwickelt ab 1991 auf einer ehemaligen Bahnbrache. Die abgebildeten Schienengärten zeigen die industriellen Spuren der Vornutzung. (Foto © Breuste 2008)

gärten. Deutlich vielfältiger wird dann der an die Innenstädte nach außen anschließende Gürtel der lockeren Bebauung geringerer Höhe und Dichte, der in Einzel- und Reihenhausbebauung viel Gartengrün aufweist. In der Mischung mit Gewerbe- und Industrieflächen finden sich häufiger auch Stadtbrachen mit Natur der vierten Art, und eine kleinteilige Struktur unterschiedlich intensiv genutzter Natur führt in der Stadtrandzone zu durch Strukturreichtum bedingtem Artenreichtum, der den der intensiv genutzten Innenstädte und sogar den des intensiv agrarisch genutzten Umlandes oft übertrifft. Vorrangig diesen räumlichen Stadtnatur- und Biodiversitätsmustern ist es zu verdanken, dass Städte im Vergleich zu ihrem Umland häufig artenreicher sind. Trotz dieser generellen Raumstruktur der abnehmenden Baudichte und zunehmenden Naturausstattung von innen nach außen, haben Städte entsprechend ihrer Entwicklung und Flächennutzung generell eine Mosaikstruktur der vier Naturarten. Obwohl die Zahl der Gefäßpflanzen insgesamt in der Stadt hoch ist, bestehen doch zwischen den einzelnen Biotoptypen und auch innerhalb des gleichen Biotoptyps erhebliche Unterschiede (▶ Kap. 1).

Städtische Lebensräume waren und sind einem dynamischen Wandel, bestimmt vom Wandel der Flächenwidmungen und der Nutzungsintensitäten, unterworfen. Nutzungsaufgaben führen zu Sukzessionen und lassen neue Lebensraumstrukturen entstehen. Die Umgebung von Stadtnaturflächen führt

durch Bebauung und Verkehrswege oft zur Isolation der Lebensräume und zur Gefährdung ihrer Populationen. Dieser Einfluss kann durch die Vernetzung der Lebensräume in der Stadt gemildert werden. Die sich wandelnden Lebensraumstrukturen in der Stadt bedürfen des laufenden Monitorings, um Schutz und Entwicklung im Rahmen eines komplexen Stadtnaturschutzes betreiben zu können. Zusätzliche Herausforderungen entstehen durch den Klimawandel, der Städte in besonderer Weise betreffen wird. Zum Beispiel wird für Essen erwartet, dass die Zahl der Tropentage (Durchschnittstemperaturen über 250 °C) in den Jahren bis 2100 von 22 auf 76 Tage steigen wird (Kuttler 2008). Dies, verbunden mit sommerlicher Trockenheit, wird zum Wandel der Stadtflora, zur Pflanzung anderer Zierpflanzen und zur Bewässerung von Parks führen. Pflanzen, die an höhere Temperaturen und Trockenheit besser angepasst sind, werden Vorteile im Wettbewerb erhalten (▶ Kap. 1 und ▶ Abschn. 5.3; Sukopp und Wittig 1998).

Stadtnatur ist ungleich im Stadtgebiet verteilt. Manche Stadtteile haben nur sehr wenige und kleine Grünflächen, andere sind mit großen Parks, Stadtwäldern oder privaten Gärten ausgestattet. In jeder Stadt ist der größte Teil der Lebensräume in privatem Besitz (Landwirtschaftsflächen, private Gärten) und unterliegt in Gestaltung und Management privaten Entscheidungen. Im bebauten Stadtgebiet sind häufig zwei Drittel der Grünräume privat. Sie sind genau wie die öffentlichen Freiräume Lebensräume, werden aber in der Analyse, Bewertung und

In einer Studie (Breuste und Rahimi 2014) wurden alle 132 Stadtparks von Täbris (Iran) hinsichtlich ihrer Erreichbarkeit in Entfernungszonen, differenziert nach Parkgröße und -kategorie (von Stadtgrünplätzen bis große Stadtparks) sowie ihrer sozialen Umgebung untersucht. Während die Ausstattung mit Stadtgrünplätzen für alle Stadtteile und alle sozialen Gruppen in der Stadt vergleichbar ist, trifft dies für die größeren Regional- und Stadtparke nicht zu. Je größer und besser ausgestattet die Parke sind, umso häufiger liegen sie in einem Wohnumfeld mit höherem sozialen Status. Im Umfeld der großen Stadtparke dominieren mit über 75 % die gut gestellten Mittelschichten vor den Gruppen mit geringem Einkommen. Die Parkumgebungen sind gleichzeitig durch höhere Grundstückspreise und Mieten gekennzeichnet. Öffentliches Grün steht in Täbris den reicheren Bevölkerungsschichten weit leichter zugänglich und erreichbar zur Verfügung als den ärmeren Bevölkerungsschichten, die aber die Mehrzahl der Stadtbevölkerung ausmachen (◘ Abb. 4.22).

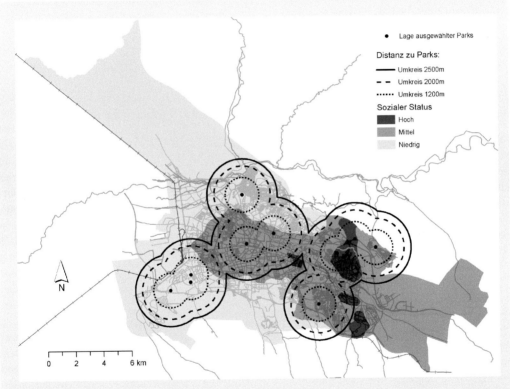

◘ **Abb. 4.22** Einzugsgebiete und Sozialstatus des Wohnumfeldes von städtischen Regionalparks in Täbris, Iran (Breuste und Rahimi 2014)

Planung weit weniger berücksichtigt. Auch die öffentlichen und öffentlich zugänglichen Grünräume der Städte sind ungleich verteilt. Je nach Lage und Entfernung haben nicht alle Bürger zu diesen einen gleichen Zugang. Während dies ein Gestaltungsziel in europäischen Städten ist, wird dieser Umstand in anderen Ländern noch oft ignoriert oder hin-genommen. Die grünen Stadtteile werden von den „Reicheren", die wenig grünen von den „Ärmeren" bewohnt.

4.3   Management von Stadtnatur

4.3.1   Aufgaben und Ziele des Stadtnaturschutzes

Stadtnaturschutz hat besondere Aufgaben. Er schützt Natur für den Menschen in der Stadt. Dazu gehört, diese Natur in erster Linie den Menschen zugänglich zu machen und als Erholungs-, Lern- und Naturerfahrungsorte zu begreifen und zu erhalten.

> » Naturschutz in der Stadt dient nicht in erster Linie dem Schutz bedrohter Pflanzen- und Tierarten; seine Aufgabe besteht vielmehr darin, Lebewesen und Lebensgemeinschaften als Grundlage für den unmittelbaren Kontakt der Stadtbewohner mit natürlichen Elementen ihrer Umwelt gezielt zu erhalten (Sukopp und Weiler 1986, S. 25).

Stadtnaturschutz kann sich nicht nur naturwissenschaftlicher Ansätze und Methodik bedienen, sondern muss sozialwissenschaftliche Fragestellungen einbeziehen, ja häufig sogar in den Vordergrund stellen.

Zu den neuen, städtischen Aufgaben des Naturschutzes zählten:
- Erholung,
- Umweltschutz und Landschaftshaushalt (Wasserhaushalt, Gewässerhygiene, Klima, Lufthygiene, Lärmschutz),
- pädagogische Nutzung als Modell- und Experimentierflächen,
- nicht reglementiertes Kinderspiel,
- Identifikation mit dem Gebiet („Heimatgefühl"),
- Erzeugung von Nutz- und Zierpflanzen,
- Bioindikation von Umweltveränderungen und -belastungen,
- ökologische Forschungen (Sukopp und Weiler 1986; Breuste 1994a).

Die städtischen Nutzungsstrukturen sind ein generelles, räumliches Analyseinstrument für den Naturschutz in der Stadt. Auf ihrer Basis, interpretiert als Biotyptypen erfolgt häufig die Erfassung von Pflanzen- und Tierarten und ihrer Lebensgemeinschaften. Auch das Naturschutzmanagement bezieht sich in Arten- und Biotopschutzprogrammen auf diesen stadträumlichen Zugang.

> » Im besiedelten Bereich sind es in erster Linie die Nutzungen, die das Verbreitungsmuster der Organismenarten prägen. Grundlage der Naturschutzarbeit in der Stadt ist es daher, die wichtigsten Nutzungsarten systematisch zu erfassen und ihren Artenbestand und deren ökologische Existenzbedingungen zu beschreiben. Im Endergebnis wird deutlich, in welchem Maße einzelne Nutzungen bestimmter Ausprägungen zur Erhaltung von Arten im besiedelten Bereich beitragen. Ebenso wird ablesbar, welche Nutzungen sich durch ausgesprochene Artenarmut auszeichnen und unter Umständen Maßnahmen zur ‚Renaturalisierung' erforderlich machen können (Sukopp et. al. 1980, S. 565).

Die nutzungsbezogene Biotoperfassung wurde mit dem Grundprogramm für die flächendeckende Biotopkartierung im besiedelten Bereich 1986 zum Standardverfahren (Arbeitsgruppe 1986). Dieses Grundprogramm erfuhr 1993 nochmals eine Überarbeitung, entsprach aber prinzipiell dem methodischen Ansatz von 1986 (Arbeitsgruppe 1993). Mit diesem Grundprogramm hatte sich zwischen 1978 und 1986 die flächendeckende Biotopkartierung im besiedelten Bereich als Standardverfahren der Erarbeitung von ökologischen Grundlagen für den Naturschutz in Städten in Deutschland durchgesetzt (Breuste 1994a,b).

Obwohl auch das „Ablaufschema der Biotopkartierung im besiedelten Bereich" (Schulte und Voggenreiter 1987; Schulte et al. 1993; Frey 1999) eindeutig als Bewertungsbereiche der kartierten Biotoptypen „Naturerfahrung und Naturerleben" und „Stadtbild/Dorfbild/Landschaftsbild" hervorzuheben sind, wird dieser Bereich erst in jüngerer Zeit intensiver behandelt (Reidl et al. 2005).

Anders als für die naturwissenschaftlich exakt mögliche Erfassung von Pflanzen- und Tierarten und ihre Bewertung nach Seltenheit und Gefährdung, ist hier die Sozialwissenschaft als wichtige Komponente des Stadtnaturschutzes gefragt. Biotopkartierungen werden jedoch üblicherweise von Biologen und Landschaftsökologen erstellt. Sozialwissenschaftliche Untersuchungen sollten bereits von Anfang an Naturschutzuntersuchungen und -begründungen mitbestimmen.

Trepl (1991) weist auf die Notwendigkeit der Erweiterung von Naturschutzbegründungen hin, die die Naturschutzforschung auch zu einem Gegenstand der Sozialwissenschaft machen:

- Bedeutung für die Stadtgestaltung (Ästhetik, Bewahrung von Tradition u. dergl.),
- Bedeutung für die Erholung,
- Bedeutung für die „freie" Nutzung von „Freiflächen", insbesondere durch Kinder und Jugendliche,
- Bedeutung für Erziehung, Bildung.

Akzeptierte Natur kann für den Stadtbewohner, nicht akzeptierte Natur nur gegen den Stadtbewohner geschützt werden. Natur in der Stadt vor dem Stadtbewohner zu schützen, sollte die seltene Ausnahme mit besonderer Begründung (z.B. Schutz ist anderswo nicht möglich) sein (Breuste 1994a). Ausgrenzung des Menschen aus der zu erhaltenden Natur sollte in der Stadt die seltene Ausnahme sein. Welche Konsequenzen hat dies für den Naturschutz? Welche Natur soll aus welchem Grund geschützt werden?

> » Im bebauten Gebiet ... steht nicht die Ermittlung und Erhaltung natürlicher und unter extensiver Bewirtschaftung entstandener Vegetation und der mit ihr vergesellschafteten Fauna im Vordergrund, sondern derjenigen Biozönosen, die sich mit der städtischen Entwicklung der letzten 100 Jahre großflächig ausgebreitet haben (Sukopp 1982, S. 60).

Für alle Stadtbereiche sind räumlich differenziert siedlungsspezifische Naturschutzziele zu bestimmen. Die gleiche Struktur, oder das gleiche Artenspektrum eines Biotops außerhalb und in von Bebauung umschlossenen Räumen, können nicht dazu führen, dass für sie auch gleiche Naturschutzziele gelten. Auch naturnahe Lebensräume im Siedlungsbereich können nicht nach den generellen Zielstellungen für solche Räume aus dem Außenbereich behandelt werden (s. a. Plachter 1990, 1991).

Die Antworten auf die Fragen
- Was macht den Wert eines Baumes in einer Straße aus?

- Unter welchem Gesichtspunkt sind Kleinstrukturen bedeutsam?
- Kann dieser Wert mit dem einer seltenen Insektenart im Auwald der Stadt verglichen werden?
- Erhöht sich Schutzwürdigkeit durch Seltenheit?
- Warum genießen Raritäten besonderen Schutz?

können nur unter Beachtung der Spezifik von Entwicklung, Lage, Benutzung und Funktionen von Natur im Siedlungsraum gefunden werden.

Die Definition von allgemeingültigen, siedlungsspezifischen Zielen des Naturschutzes ist noch nicht abgeschlossen. Ökosystemdienstleistungen und damit Nützlichkeit von Natur für den Menschen scheinen jetzt Orientierung für den Stadtnaturschutz zu bilden.

4.3.2 Praktischer Naturschutz in der Stadt – weltweit

Für den Stadtnaturschutz sind alle Skalenebenen, von der Haus- und Gartenparzelle bis zur Stadtlandschaft, gleichermaßen von Bedeutung. Sie sind Bestandteil der Naturschutzkonzepte der Städte. Viele kleine Änderungen in der Nutzung, z. B. eine naturnähere Pflege in einem Park oder Garten oder das Fällen von Bäumen in einer Allee, bewirken auch Änderungen auf der Ebene der Gesamtstadt. Solche Änderungen können für Tiere, die auf dieser großräumigeren Ebene agieren, von wesentlicher Bedeutung sein. Lebensraumverlust und -verinselung müssen ebenso wie das Entstehen neuer Lebensraumstrukturen in Naturschutzkonzepten berücksichtigt werden. In einem komplexen Lebensraummosaik können sich Naturbausteine ergänzen, ausgefallene können in ihrer Funktion durch andere ersetzt werden, bestimmte sind unersetzlich. Diese ökofunktionale Betrachtung der Lebensraummuster und Vernetzung der Lebensräume der Städte sind von großer Bedeutung für den praktischen Stadtnaturschutz.

Auhagen und Sukopp (1983) unternahmen erste Versuche der Definition von Stadtnaturschutzzielen am Beispiel von Berlin (West) am Beginn der 80er Jahre (Prinzipien des Ökotop- und Artenschutzes).

Arten- und Biotopschutzprogramm München

Das Arten- und Biotopschutzprogramm (ABSP) in Bayern ist ein naturschutzfachliches Konzept. Auf der Grundlage der Biotopkartierung und der Artenschutzerfassung analysiert und bewertet es alle für den Naturschutz wichtigen Flächen. Es leitet aus den Ergebnissen Ziele und Maßnahmenvorschläge ab, die seit über zwanzig Jahren für Landkreise und Städte erarbeitet und angewendet werden. Das bayrische Landesamt für Umwelt koordiniert diese Arbeiten. Das ASBP wird nach einem einheitlichen Standard von freien Planungsbüros und Spezialisten in dessen Auftrag durchgeführt. Die Ergebnisse des ABSP werden für die Erarbeitung von Landschafts- und Grünordnungsplänen oder im Vertragsnaturschutz genutzt. Sie sind wichtige Grundlagen für Naturschutzbehörden und Kommunen. Die dynamische Entwicklung der Stadt München führte in den letzten Jahrzehnten zur Ausweisungen neuer Gewerbe- und Wohnbauflächen. Dabei wurden auch ökologisch bedeutsame und

naturschutzwürdige Gebiete (z. B. Teile der Allacher Lohe, das Rangierbahnhofgelände oder Teile der Panzerwiese) durch Baumaßnahmen in Anspruch genommen. Statt der Inanspruchnahme von ökologisch bedeutsamen Flächen am Stadtrand soll vorrangig auf nicht mehr genutzte (Siedlungs-)Flächen für bauliche Entwicklungen zurückgegriffen werden. Feuchtflächen, Mager- und Trockenstandorte sind in der Stadt durch mehrere Naturschutzgebiete gesetzlich geschützt. 44 als schutzwürdig erfasste Gebiete mit insgesamt ca. 155 ha wurden als geschützte Landschaftsbestandteile ausgewiesen (unterschiedliche Waldtypen, Streuwiesenreste, Heideflächenreste, Hecken und Feldgehölze, Brach und Sukzessionsflächen, Altbaumbestände und alte Parkanlagen). Seit 1964 sind 18 Landschaftsschutzgebiete (ca. 5150 ha) ausgewiesen. Die Versiegelung soll reduziert werden. Insbesondere der Erhalt von historisch entstandenen Biotopen hat Vorrang vor der Neuschaffung. Dazu wird

die konzeptionelle Zusammenarbeit mit den Umlandgemeinden (z. B. regionaler Ausgleichsflächenpool) betrieben.
München strebt die Entwicklung eines Biotopverbundsystems im Siedlungsraum mit Schwerpunktelement an:

- Aufbau eines Trockenbiotopverbundes,
- Erhalt und Optimierung von Feuchtlebensräumen,
- Aufbau eines Gehölzbiotopverbundes,
- Erhalt und Entwicklung aller Wälder und Gehölzbestände im Stadtgebiet insbesondere von Beständen mit besonderer Bedeutung für Avifauna, totholzbesiedelnde Insektenarten, Höhlenbrüter, Fledermausquartiere,
- Erhalt und Optimierung des Fließgewässersystems einschließlich der Quellen mit Quellbächen der Stadt (Bayrisches Landesamt für Umwelt 2014).

Leitlinien für die Umsetzung des Naturschutzes in die Stadtplanung

1987 wurden Prinzipien zu den „Leitlinien für die Umsetzung des Naturschutzes in die Stadtplanung" (Sukopp und Sukopp 1987, S. 351–354), die auch heute noch vollauf gültig sind, erarbeitet.

Prinzip der

1. Vorranggebiete für Umwelt- und Naturschutz,
2. zonal differenzierten Schwerpunkte des Naturschutzes und der Landschaftspflege,
3. Berücksichtigung der Naturentwicklung in der Innenstadt,
4. historischen Kontinuität,
5. Erhaltung großer zusammenhängender Freiräume,
6. Vernetzung von Freiräumen,
7. Erhaltung von Standortunterschieden,
8. differenzierten Nutzungsintensitäten,
9. Erhaltung der Vielfalt typischer Elemente der Stadtlandschaft,
10. Unterbindung aller vermeidbaren Eingriffe in Natur und Landschaft,
11. funktionellen Einbindung von Bauwerken in Ökosysteme,
12. Schaffung zahlreicher Luftaustauschbahnen,
13. des Schutzes aller Lebensmedien.

» Kurz, in der Stadt zeigt so gut wie jeder Versuch, die ‚Natur' zu schützen, paradoxe Effekte. Der einzig sinnvolle Naturschutz in der Stadt besteht darin, das ‚Unkraut' wachsen zu lassen, wo und solange es die alltäglichen Verrichtungen nicht wirklich stört (Hard 1998, S. 41).

Diese drastische Formulierung von Hard (1998) weist zumindest darauf hin, dass Naturentwicklung in der Stadt einen Eigenwert hat und nicht formal allein aus Ordnungs- und Sauberkeitsgründen zerstört werden sollte. Diese Denkweise beginnt sich langsam aus gewonnenen Überzeugungen und gefördert durch Geldmangel in öffentlichen Kassen auch in Grünämtern und städtischen Naturschutzverwaltungen durchzusetzen, nicht zuletzt auch mit Unterstützung zahlreicher NGOs. Weniger Eingriff bedeutet mehr Naturentwicklung und dies ohne Kosten, so z. B. urbaner Wald. Was dazu noch fehlt, ist die Akzeptanz für spontane Natur durch die Stadtbürger, ein Prozess, der langfristig durch Umweltbildung gefördert werden sollte.

Nationalpark in der Stadt – Beispiel Table Mountain National Park (TMNP) Kapstadt, Südafrika

Der Table Mountain National Park (TMNP) wurde 1998 nach bereits früheren Naturschutzbemühungen (1963 Table Mountain Nature Reserve) zum Schutz der einzigartigen endemischen Flora der des Kap-Florenreiches (UNESCO Cape Floral Region World Heritage Site), aber auch wegen der besonderen Landschaft der Kap-Halbinsel eingerichtet. An drei Seiten umgibt ihn die wachsende Stadt Kapstadt mit ihren 3,7 Mio. Einwohnern, zu deren 2455 km^2 Stadtfläche er mit 221 km^2 (9 %) gehört.
Die Bemühungen der Parkverwaltung bestehen in der Organisation der großen Besucherströme und im Erhalt und der Entwicklung der besonders reichen Biodiversität (2200 überwiegend endemische Blütenpflanzen, zum Vergleich ganz Großbritannien hat 1492 Blütenpflanzenarten). Der Nationalpark ist ein weltweit bedeutender Biodiversitäts Hot Spot. Invasive Pflanzen werden durch Abholzung (z. B. von kommerziellen *Pinus pinaster*-Plantagen) oder Feuermanagement zurückgedrängt, um einheimischer Flora (Fynbos und afromontaner Wald) Entwicklungschancen zu geben (◘ Abb. 4.23).

Der Park spielt mit seinen Bildungsangeboten eine bedeutende Rolle in der Naturvermittlung für die Bevölkerung von Kapstadt. Jährlich besuchen ihn mehr als eine Million Menschen, viele davon internationale Touristen. Der Nationalpark in der Stadt ist durch eine Vielzahl von Wegen, besonders aber durch die Seilbahn auf den 1067 m hohen Tafelberg (seit 1929) leicht zugänglich. Die Mehrzahl der Bewohner der großen Schwarzen-Townships sieht jeden Tag den Berg, hat ihn aber meist noch nie besucht (Yeld und Barker 2003).

◘ **Abb. 4.23** Table Mountain National Park, Cape Town, Südafrika. (© Breuste 2006)

Schutz der Urbanen Biodiversität – das Beispiel Singapur

Der 712 km² große Insel-Stadtstaat Singapur hatte 2012 5,3 Mio. Einwohner mit einer sehr hohen Bevölkerungsdichte von 7126 Ew./km². Der National Park Board ist zuständig für vier Naturreservate (3347 ha), 2269 ha Stadtgrünflächen (59 Regional- und 255 Stadtteilparks) 2664 ha Straßengrün, darunter mehr als eine Million Bäume und 1679 ha genutztes Offenland. Noch vor 200 Jahren war die Insel völlig waldbedeckt (82 % Tropenwälder (Flügelfruchtgewächse), 5 % Sumpfwälder und 13 % Mangrovenwälder). 1992 wurde ein erster *Singapore Green Plan* entworfen, der bis 2011 fortgesetzt wurde. Er wird inzwischen um den *Singapore Blue Plan* ergänzt (◨ Abb. 4.24). Singapur hat eine *National Climate Change Strategy*, eine *National Biodiversity Strategy* und einen *Action Plan* dazu verabschiedet. Dazu kommen auf zehn Jahre angelegte *Concept Plans* und auf fünf Jahre angelegte *Master Plans* für die Stadtentwicklung, die den Schutz der Biodiversität einbeziehen. Das Konzept „City In A Garden" sieht die Einbettung der Stadt in eine Naturumgebung unterschiedlichen Managements und den Schutz noch vorhandener Tropenwaldreste vor. Der *Singapore Index* *of Cities Biodiversity*, der 2012 entwickelt wurde, soll auch andere Städte anregen, ihre Naturausstattung und ihr Naturmanagement selbst zu evaluieren und zu kontrollieren. Mehr als fünfzig Städte weltweit wenden das Bewertungskonzept bereits an. 23 quantitative Indikatoren sollen Auskunft geben über die urbane Biodiversität, Ökosystemdienstleistungen (Wasserregulation, Klimaregulation, Erholung, Bildung) und ihr Management. Seit 1992 ist Singapur damit einer den Vorreiter des Schutzes der städtischen Biodiversität weltweit (Davisson et. al. 2012).

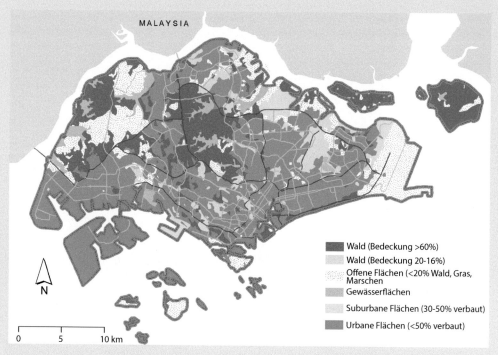

MALAYSIA

N

0   5   10 km

■ Wald (Bedeckung >60%)
▢ Wald (Bedeckung 20-16%)
⠿ Offene Flächen (<20% Wald, Gras, Marschen)
▨ Gewässerflächen
▢ Suburbane Flächen (30-50% verbaut)
■ Urbane Flächen (<50% verbaut)

◨ **Abb. 4.24** Stadtnatur als Teil der Stadtstruktur in Singapur. (© Entwurf: J. Breuste, Kartographie: W. Gruber; Quelle: Davison et al. 2012)

Schlussfolgerungen

Stadtnatur ist komplex, vielfältig und durch den Menschen bestimmt. Die Veränderungen der Naturbedingungen führen zu besonderen Lebensraumausprägungen, die im Umland so nicht vorkommen. Dazu gehören mehr Kleinteiligkeit, wärmere und trockenere Lebensräume, wechselnde Nutzungsintensitäten und vieles mehr. Der Mensch bietet in Städten auch Ersatzlebensräume für Arten, die in der intensiv genutzten Agrarlandschaft des Stadtumlandes oft nur noch wenige Lebensraumangebote haben. Auch dadurch ist die relative Artenvielfalt in Städten erklärbar. Ubiquisten, aber auch Spezialisten finden in Städten Habitate vor.

Die Vielfalt städtischer Lebensräume lässt sich vier einfach zu beschreibenden Naturkategorien („Naturarten"; Kowarik 1993) zuordnen. Alle haben sie ihre Berechtigung im Naturspektrum der Städte. Stadtbäume an Straßen, auf Plätzen und in Stadtwäldern ermöglichen z. B. ein vielfältiges Angebot an Ökosystemdienstleistungen, die Menschen das Leben in der Stadt zu verbessern helfen (Schatten, Temperatursenkung, Erhöhung der Luftfeuchte, Lichtdämpfung, Habitat für viele Tiere etc.). Sie erlauben eine ästhetisch-gestalterische Aufwertung der Stadträume, ohne in der Konkurrenz um Flächen viel Platz zu benötigen. Besonders die sich selbst gestaltende urban-industrielle Sukzessions-Natur ist immer noch nicht im Bewusstsein der Städter ein geschätzter Naturbaustein. Diese Stadtnatur kommt ohne Pflanzung und Pflege aus, ist optimal an die Standortbedingungen angepasst und kann eine Bereicherung des Lebensraumspektrums der Städte sein. Tiere werden in Städten häufig weniger beachtet oder nur dann wahrgenommen, wenn Sie zu Schädlingen (Gesundheit, Bauten etc.) werden oder als spektakuläre Arten (Wildschweine, Füchse, Elche etc.) in Erscheinung treten. Sie sind jedoch beständige Mitbewohner unserer Städte.

Die Lebensräume sind in ständigem Wandel durch Nutzungsänderungen und Stadterweiterung begriffen. Der Klimawandel wird für Flora und Fauna zusätzlich eine besondere Herausforderung sein. Städte sind die ersten Experimentierfelder, die zeigen, wie Flora und Fauna auf diese Veränderungen reagieren. Die Dynamik städtischer Lebensräume muss im Stadtnaturschutz besonders berücksichtigt werden. Stadtnaturschutz ist nicht nur die Fortsetzung von Naturschutzbestrebungen von außerhalb der Stadt in die Stadt. Er muss dabei einen Paradigmenwechsel beachten, der darin besteht, Natur für den Stadtbewohner

und nicht gegen ihn zu schützen. Die Aufgabe Natur in der Stadt den Menschen in der Stadt näher zu bringen und Stadtnatur neben Erholung zu Lern- und Naturerfahrungsorten werden zu lassen, ist von besonderer Bedeutung. Für die Mehrzahl der Menschen in vielen Ländern ist die Stadt der wichtigste Raum, um mit Natur umzugehen und von ihr und über sie zu lernen.

Stadtnatur ist weder vorrangig fragil, noch Risikoraum für den Menschen. In diesem Spannungsfeld wird sie jedoch oft in Städten wahrgenommen. Pflege zum Schutz der Stadtnatur ist nur dort nötig, wo wir gut begründet eine ganz bestimmte Natur gegen ihre natürliche Entwicklung durchsetzen und erhalten wollen und Zugänglichkeit und Risikominderung anstreben. Natur erhält sich, auch in der Stadt selbstständig, wenn sie dazu die Gelegenheit bekommt. Sie muss auch nicht per se als Risikoraum wahrgenommen werden (dicht, dunkel, unübersichtlich). Sie ist Raum für Erholung, Inspiration, Entspannung und Lernen. Dafür wird sie als Grüne Infrastruktur wie andere wichtige Bestandteile der Stadtstruktur gebraucht. Wir brauchen in Städten mehr Natur aller Naturarten, in besserer Verteilung, zugänglich für alle, um ihre Leistungen jedem Stadtbewohner zukommen zu lassen. Arten- und Biotopschutzkonzepte, aber auch das Engagement der vielen einzelnen Bürger für Natur in der Stadt helfen, dies zu erreichen.

? 1. Welches sind für Pflanzen ungünstige Standortbedingungen in der Stadt im Vergleich zum Stadtumland?
2. Was sind die Ursachen für Artenreichtum und Attraktivität der Städte als Lebensraum?
3. Welche Eigenschaften bevorteilen Tierarten bei der Besiedelung der Stadt?
4. Warum sind bei städtischen ruderalen Robinienwäldern nur 50 % der Gehölze indigen?
5. Warum sind Stadtbrachen wertvolle Lebensräume?
6. Welches ist die Hauptaufgabe des Stadtnaturschutzes?

✓ ANTWORT 1
- Das chemische Milieu des Bodens ist häufig ungünstig.
- Das chemische Milieu der Luft ist meist ungünstiger (Gase, Stäube etc.).
- Der Lichtgenuss ist an vielen Standorten reduziert.

- Der Wasserhaushalt ist meist erschwert. Höhere Temperaturen bedingen Wasserverluste. Böden sind häufig in ihrer Wasserspeicherfähigkeit reduziert (geringer Bodenfeuchtegehalt durch Verdichtung).
- Bodenversiegelung und -verdichtung behindern die Besiedelung durch Pflanzen.

✅ ANTWORT 2

- Strukturreiche Stadtlandschaft,
- nährstoffarme, trockene und warme Biotope/Habitate,
- geschützter und sicherer Lebensraum.

✅ ANTWORT 3

- Geringe Fluchtdistanz,
- an Kleinflächigkeit angepasst,
- Anpassung an reich strukturiertes, felsiges Gelände,
- ähnliche Nahrungsansprüche wie der Mensch (Allesfresser),
- Spezialisierung für bestimmte Nahrungsmittel oder Materialien, die zum menschlichen Bedarf gehören,
- hohe Reproduktionsraten,
- geringe Körpergröße,
- keine große Konkurrenz oder Störung für den Menschen,
- unabhängig von hoher Luft oder Bodenfeuchte,
- nicht auf Gewässer oder sauberes Wasser angewiesen,
- wenig empfindlich gegen Immissionen.

✅ ANTWORT 4

Die Pioniergehölze der Baum- und Strauchschicht sind gegenüber *Robinia pseudoacacia* zu konkurrenzschwach, um sie zu verdrängen.

✅ ANTWORT 5

- Hohe Artenvielfalt besonders im Pionierstadium,
- spezielle Standortbedingungen mit oft nur hier vorkommenden Pflanzen- und Tierarten,
- Beobachtung von Naturprozessen (Sukzession) ist möglich (Naturerfahrung).

✅ ANTWORT 6

Lebewesen und Lebensgemeinschaften als Grundlage für den unmittelbaren Kontakt der Stadtbewohner mit natürlichen Elementen ihrer Umwelt gezielt zu erhalten.

Literatur

Ab-in-den-Urlaub.de (2013) Studie: 532.557 Kleingärten in den 131 größten Städten Deutschlands (Presseinformation 5.9.2013). www.ab-in-den-urlaub.de/.../studie-532-557-kleingarten-in-den-131-gro. Zugegriffen: 19. August 2015

Aitkenhead-Peterson J, Volder A (2010) Urban Ecosystem Ecology. American Society of Agronomy, Madison

Arbeitsgruppe Methodik der Biotopkartierung im besiedelten Bereich (1986) Flächendeckende Biotopkartierung im besiedelten Bereich als Grundlage einer ökologisch bzw. am Naturschutz orientierten Planung: Grundprogramm für die Bestandsaufnahme und Gliederung des besiedelten Bereichs und dessen Randzonen. Natur und Landschaft 61(10):371–389

Arbeitsgruppe Methodik der Biotopkartierung im besiedelten Bereich (1993) Flächendeckende Biotopkartierung im besiedelten Bereich als Grundlage einer am Naturschutz orientierten Planung: Programm für die Bestandsaufnahme, Gliederung und Bewertung des besiedelten Bereichs und dessen Randzonen: Überarbeitete Fassung 1993. Natur und Landschaft 68(10):491–526

Arndt T, Rink D (2013) Urbaner Wald als innovative Freiraumstrategie für schrumpfende Städte. In: Breuste J, Pauleit S, Pain J (Hrsg) Stadtlandschaft – vielfältige Natur und ungleiche Entwicklung. Schriftenreihe des Kompetenznetzwerkes Stadtökologie, Darmstadt

Auhagen A, Sukopp H (1983) Ziel, Begründungen und Methoden des Naturschutzes im Rahmen der Stadtentwicklung von Berlin. Natur u Landschaft 58(1):9–15

Banse J, Mathey J (2013) Wahrnehmung, Akzeptanz und Nutzung von Stadtbrachen. In: Breuste J, Pauleit S, Pain J (Hrsg) Stadtlandschaft – vielfältige Natur und ungleiche Entwicklung. Schriftenreihe des Kompetenznetzwerkes Stadtökologie, Darmstadt

Bayrisches Landesamt für Umwelt (2014) Arten- und Biotopschutzprogramm München. www.lfu.bayern.de. Zugegriffen: 21. Juni 2014

Bezzel E, Lechner F, Ranftl H (1980) Arbeitsatlas der Brutvögel Bayerns. Kilda Verlag, Greven

Brämer R (2006) Natur obskur: Wie Jugendliche heute Natur erfahren. Oekum Verlag, München

Brämer R (2010) Natur: Vergessen? Erste Befunde des Jugendreports Natur 2010. Natur subjektiv. Studien zur Natur-Beziehung in der Hightech-Welt. natursoziologie.de 6/2010. JRN10_1. www.natursoziologie.de/. Zugegriffen: 17. Januar 2016

Brandes D, Zacharias D (1990) Korrelation zwischen Artenzahl und Flächengrößen von isolierten Habitaten, dargestellt an Kartierungsprojekten aus dem Bereich der Regionalstelle 10B. Flor Rundbriefe 23:141–149

Breuste J (1994a) „Urbanisierung" des Naturschutzgedankens: Diskussion von gegenwärtigen Problemen des Stadtnaturschutzes. Naturschutz und Landschaftsplanung 26(6):214–220

Breuste J (1994b) Flächennutzung als stadtökologische Steuergröße und Indikator. Geobotan Kolloquium, Frankfurt/M 11:67–81

Breuste J (1999) Stadtnatur – warum und für wen? In: Breuste J (Hrsg) 3. Leipziger Symposium Stadtökologie: „Stadtnatur – quo vadis" – Natur zwischen Kosten und Nutzen. UFZ-Umweltforschungszentrum Leipzig-Halle GmbH in der Helmholtz-Gemeinschaft, Leipzig, S III–IV (UFZ-Bericht 10/99, Stadtökologische Forschungen 20)

Breuste J (2007) Stadtnatur der „dritten Art" – Der Schrebergarten und seine Nutzung. Das Beispiel Salzburg. In: Dettmar J, Werner P (Hrsg) Perspektiven und Bedeutung von Stadtnatur für die Stadtentwicklung. Schriftenreihe des Kompetenznetzwerkes Stadtökologie, Darmstadt, S 163–171

Breuste J (2010) Allotment gardens as a part of urban green infrastructure: actual trends and perspectives in Central Europe. In: Müller N, Werner P, Kelcey J (Hrsg) Urban Biodiversity and Design – Implementing the convention on Biological Diversity in Towns and Cities. Wiley- Blackwell, Oxfort, S 463–475

Breuste J, Schnellinger J, Qureshi S, Faggi A (2013b) Investigations on habitat provision and recreation as ecosystem services in urban parks – two case studies in Linz and Buenos Aires. In: Breuste J, Pauleit S, Pain J (Hrsg) Stadtlandschaft – vielfältige Natur und ungleiche Entwicklung. Schriftenreihe des Kompetenznetzwerkes Stadtökologie, Darmstadt, S 7–22

Breuste J, Winkler M (1999) Charakterisierung von Stadtbiotoptypen durch ihren Gehölzbestand – Untersuchungen in Leipzig. Peterm Geograph Mitt 143(1):45–57

Breuste J, Qureshi S, Li J (2013a) Scaling down the ecosystem services at local level for urban parks of three megacities. Hercynia N F 46:1–20

Bundesamt für Naturschutz (BfN) (2010) „Stadtgärtnerei-Holz" – eine neue Waldfläche für Leipzig. http://www.bfn.de/6914.html?&cHash=ee086e1e5213be2c12480a0008d9f65d&tx_ttnews[tt_news]=3232. Zugegriffen: 21. Dezember 2013

Bundesministerium für Verkehr, Bau und Stadtentwicklung (BMVBS), Bundesamt für Bauwesen und Raumordnung (BBR) (2008) Städtebauliche, ökologische und soziale Bedeutung des Kleingartenwesens, Forschungen H. 133. Aufl. BMVBS, Bonn

Bundesverband Deutscher Gartenfreunde e. V., BDG (o.J.) Zahlen und Fakten. www.kleingarten-bund.de › ... › Portrait. Zugegriffen: 19. August 2015

Bureau SMS (2006) Shanghai Statistics. http://www.stats-sh.gov.cn/2004shtj/tjnj/tjnj2007e.htm. Zugegriffen: 02. April 2009

Burkhardt I, Dietrich R, Hoffmann H, Leschner J, Lohmann K, Schoder F, Schultz A (2008) Urbane Wälder. Abschlußbericht zur Voruntersuchung für das Erprobungs- und Entwicklungsvorhaben „Ökologische Stadterneuerung durch Anlage urbaner Waldflächen auf innerstädtischen Flächen im Nutzungswandel – ein Beitrag zur Stadtentwicklung. Naturschutz und Biologische Vielfalt 63:3–214

Central Park Conservancy (2013) New York City's Central Park. www.centralparknyc.org. Zugegriffen: 22. Dezember 2013

Cobbers A (2001) Vor Einfahrt HALT – Ein neuer Park mit alten Geschichten. Der Natur-Park Schöneberger Südgelände in Berlin. Jaron Verlag, Berlin

Cornelius R (1987) Zur Belastbarkeit großstädtischer Ruderalarten. Verh Ges f Ökologie 16:191–196

Davison G, Tan R, Lee B (2012) Wild Singapore. John Beaufoy Publishing, Oxford

Deutsche Vereinigung für Wasserwirtschaft, Abwasser und Abfall (DWA) (2000) Gestaltung und Pflege von Wasserläufen in urbanen Gebieten. DWA, Hennef

Deutscher Verband für Wasserwirtschaft und Kulturbau e. V. (DVWK) (1996) Urbane Fließgewässer – I. Bisherige Entwicklung und künftige städtebauliche Chancen in der Stadt, DVWK-Materialien 2/1996. Aufl. DVWK, Hennef

Diesing D, Gödde M (1989) Rudale Gebüsch- und Vorwaldgesellschaften nordrhein-westfälischer Städte. Tuexenia 9:225–251

Eisenbais G, Hänel A (2009) Light pollution and the impact of artificial night lighting on insects. In: McDonnell M, Hahs A, Breuste J (Hrsg) Ecology of Cities and Towns: A Comparative Approach. Cambridge University Press, Cambridge, S 243–263

Endlicher W (2012) Einführung in die Stadtökologie. Grundzüge des urbanen Mensch-Umwelt-Systems. Ulmer, Stuttgart

Frey J (1999) Stadtbiotopkartierung – Erfassung, Beschreibung und Bewertung städtischer Strukturelemente zwischen naturwissenschaftlicher Methodik und Naturschutz. Dissertation, Universität Mainz, Mainz

Gilbert O (1994) Städtische Ökosysteme. Ulmer, Stuttgart

GrünBerlin Gmbh (2013) Natur-Park Schöneberger Südgelände. http://www.gruen-berlin.de/parks-gaerten/natur-park-suedgelaende/. Zugegriffen: 21. Dezember 2013

Gunkel G (1991) Die gewässerökologische Situation in einer urbanen Großsiedlung (Märkisches Viertel, Berlin). In: Schumacher H, Thiesmeier B (Hrsg) Urbane Gewässer. Westarpp Wissenschaften, Essen, S 122–174

Hansen R, Heidebach M, Kuchler F, Pauleit S (2012) Brachflächen im Spannungsfeld zwischen Naturschutz und (baulicher) Nutzung, BfN-Skripten 324. Aufl. Bundesamt für Naturschutz, Bonn

Hard G (1985) Vegetationsgeographie und Sozialökologie einer Stadt: Ein Vergleich zwischen „Stadtplänen" am Beispiel von Osnabrück. Geogr Zeitsch 73:126–144

Hard G (1988) Die Vegetation städtischer Freiräume – Überlegungen zur Freiraum-, Grün- und Naturschutzplanung in der Stadt. In: Meyer-Pries, D (Hrsg) Perspektiven der Stadtentwicklung: Ökonomie – Ökologie. Stadt Osnabrück, Osnabrück, S 227–243

Hard G (1998) Ruderalvegetation. Ökologie und Ethnoökologie. Ästhetik und Schutz, Notizbuch 49 der Kasseler Schule. Universität Kassel, Ag Freiraum und Vegetation. Kassel, S 396

Ignatieva M (2012) Plant material for urban landscapes in the era of globalization: roots, challenges and innovative solutions. In: Richter M, Weiland U (Hrsg) Applied urban ecology: A global framework. Wiley-Blackwell, Chichester, S 139–151

IHV (Industrieverband Heimtierbedarf e. V.) (2010) In jedem dritten deutschen Haushalt lebt ein Tier. http://www.vet-magazin.com/. Zugegriffen: 18. Dezember 2013

Jim CY (2011) Urban woodlands as distinctive and threatened nature-in-city patches. In: Douglas I, Goode D, Houck M, Wang R (Hrsg) The Routledge Handbook of Urban Ecology. Routlege, Taylor and Francis Group, London, New York, S 323–337

Johnson CW, Baker FS, Johnson WS (1990) Urban and community forestry. USDA Forest Service, Ogden

Kaiser O (2005) Bewertung und Entwicklung von urbanen Fließgewässern. Dissertation, Fakultät für Forst- und Umweltwissenschaften der Albert-Ludwigs-Universität Freiburg i. Br, Freiburg i. Br.

Kausch H (1991) Ökologische Grundlagen der Sanierung stehender Gewässer. In: Schuhmacher H, Thiesmeier R (Hrsg) Urbane Gewässer, 1. Aufl. Westarp Wissenschaften, Essen, S 72–87

Klausnitzer B (1993) Ökologie der Großstadtfauna. 2. Bearb. Aufl. Gustav Fischer Verlag, Jena, Stuttgart

Klausnitzer B, Erz W (1998) Fauna. In: Sukopp H, Wittig R (Hrsg) Stadtökologie, 2. Aufl. G. Fischer, Stuttgart, S 266–315

Klotz S (1990) Species/area and species/inhabitant relations in European cities. In: Sukopp H, Hejný S, Kowarik I (Hrsg) Urban Ecology. Plant and Plant Communities in Urban Environments. SPB Acad. Publ., Then Hague, S 99–103

Klotz S (1994) Floristisch-vegetationskundliche Untersuchungen in Städten Mitteldeutschlands als Grundlage für Landschaftspflege und Naturschutz. In: Sächsisches Staatsministerium für Umwelt und Landesentwicklung (Hrsg) 1. Leipziger Symposium „Stadtökologie in Sachsen". Tagungsband der Veranstaltung am 31.8.–1.9.1994. Sächsisches Staatsministerium für Umwelt und Landesentwicklung, Leipzig, S 87–91

Konijnendijk CC, Nilsson K, Randrup TB, Schipperijn J (Hrsg) (2005) Urban forests and trees. A reference book. Springer, Berlin

Korndörfer C (2005) Raumstruktureller Stadtumbau in Dresden. unveröff. Vortragspräsentation

Kowarik I (1988) Zum menschlichen Einfluß auf Flora und Vegetation. Theoretische Konzepte und ein Quantifizierungsansatz am Beispiel von Berlin (West). In: Landschaftsentwicklung und Umweltforschung, 56. Aufl. TU Berlin, Berlin

Kowarik I (1992a) Das Besondere der städtischen Flora und Vegetation. In: Natur in der Stadt – der Beitrag der Landespflege zur Stadtentwicklung. Schriftenreihe des Deutschen Rates für Landespflege, 61. Aufl., S 33–47

Kowarik I (1992b) Zur Rolle nichteinheimischer Arten bei der Waldbildung auf innerstädtischen Standorten in Berlin. Verh Ges f Ökologie 21:207–213

Kowarik I (1993) Stadtbrachen als Niemandsländer, Naturschutzgebiete oder Gartenkunstwerke der Zukunft? Geobotan Kolloquium 9:3–24

Kowarik I (1995) Zur Gliederung anthropogener Gehölzbestände unter Beachtung urban-industrieller Standorte. Verh Gesell Ökologie 24:411–421

Kowarik I (2005) Wild urban woodlands: Towards a conceptual framework. In: Kowarik I, Körner S (Hrsg) Wild urban woodlands. New perspectives for urban forestry. Springer, Heidelberg, S 1–32

Kowarik I (2010) Biologische Invasion. Neophyten und Neozoen in Mitteleuropa, 2. wes. erw. Aufl.. Aufl. Ulmer, Stuttgart

Kowarik I, Körner S (Hrsg) (2005) Wild urban woodlands. New perspectives for urban forestry. Springer, Heidelberg

Kowarik I, Langer A (2005) Natur-Park Südgelände: Linking Conservation and Recreation in an Abandoned Raiyard in Berlin. In: Kowarik I, Körner S (Hrsg) Wild urban woodlands. New perspectives for urban forestry. Springer, Heidelberg, S 287–299

Krause HJ, Bos W, Wiedenroth-Rösler H, Wittern J (1995) Parks in Hamburg. Ergebnisse einer Besucherbefragung zur Planung freizeitpädagogisch relevanter städtischer Grünflächen. Waxman, Münster, New York

Kunick W (1970) Der Schmetterlingsstrauch (Buddleja Davidii Franch.) in Berlin. Berliner Naturschutzbl 14(40):407–410

Küster H (1995) Geschichte der Landschaft in Mitteleuropa. Beck'sche Verlagsbuchhandlung, München

Küster H (1998) Geschichte des Waldes. Beck'sche Verlagsbuchhandlung, München

Küster H (2012) Die Entdeckung der Landschaft. Einführung in eine neue Wissenschaft. Verlag C. H. Beck, München

Landolt E (2001) Flora der Stadt Zürich (1984–1998) mit Zeichn. von Rosmarie Hirzel. Birkhäuser, Basel

Lehmhöfer A (2010) Die üppig Blühende. Frankfurter Rundschau 07. Oktober 2010:R2

Lenzin H, Meier-Küpfer H, Schwegler S, Baur B (2007) Hafen- und Gewerbegebiete als Schwerpunkte Pflanzlicher Diversität innerhalb urban-industrieller Ökosysteme. Botanische Bestandsaufnahme des Rheinhafengeländes Birsfelden, Schweiz. In: Naturschutz und Landschaftsplanung, 39. Aufl., S 351–357

Leser H (2008) Stadtökologie in Stichworten, 2. völlig neu bearbeitete Aufl. Gebrüder Borntraeger, Berlin, Stuttgart

Louv R (2005) Last Child in the Woods: Saving Our Children From Nature-Deficit Disorder. Algonquin Books of Chapel Hill, Chapel Hill

Möllers F (2010) Wilde Tiere in der Stadt. Knesebeck Verlag, München

Müller J (2005) Landschaftselemente aus Menschenhand: Biotope und Strukturen als Ergebnis extensiver Nutzung. Elsevier, München

Müller P (1977) Biogeographie und Raumbewertung. Wissenschaftliche Buchgesellschaft, Darmstadt

Otto HJ (1994) Waldökologie. Ulmer, Stuttgart

Plachter H (1990) Ökologie, Erfassung und Schutz von Tieren im Siedlungsbereich, 126. Aufl. Courier Forsch.-Inst, Senckenberg, S 95–120

Plachter H (1991) Naturschutz. G. Fischer, Stuttgart

Rebele F, Dettmar J (1996) Industriebrachen. Ökologie und Management. Ulmer, Stuttgart

Reichholf JH (2007) Stadtnatur. Eine neue Heimat für Tiere und Pflanzen. Oekom Verlag, München

Rink D, Arndt T (2011) Urbane Wälder: Ökologische Stadterneuerung durch Anlage urbaner Waldflächen auf innerstädtischen Flächen im Nutzungswandel. (UFZ-Bericht 03/2011). Helmholtz-Zentrum für Umweltforschung – UFZ. Department Stadt- und Umweltsoziologie, Leipzig, S 120

Reidl K, Schemel HJ, Blinkert B (2005) Naturerfahrungsräume im besiedelten Bereich. Ergebnisse eines interdisziplinären Forschungsprojektes. Nürtinger Hochschulschriften 24

Rosing N (2009) Wildes Deutschland: Bilder einzigartiger Naturschätze, 5. Aufl. National Geographic, Hamburg

Royal Society for the Protection of Birds (RSPB) (2013) Big Garden Birdwatch. https://www.rspb.org.uk/birdwatch/. Zugegriffen: 19. Dezember 2013

Schiller-Bütow H (1976) Kleingärten in Städten. Patzer Verlag, Hannover-Berlin

Schuhmacher H (1998) Stadtgewässer. In: Sukopp H, Wittig R (Hrsg) Stadtökologie, 2. Aufl. Gustav Fischer, Stuttgart, S 201–218

Schuhmacher H, Thiesmeier R (Hrsg) (1991) Urbane Gewässer, 1. Aufl. Westarp Wissenschaften, Essen

Schulte W, Sukopp H, Werner P (1993) Flächendeckende Biotopkartierung im besiedelten Bereich als Grundlage einer am Naturschutz orientierten Planung. Natur und Landschaft 68(10):491–526

Schulte W, Voggenreiter V (1986) Flächendeckende Biotopkartierung im besiedelten Bereich als Grundlage für eine stärker am Naturschutz orientierte Stadtplanung. Natur und Landschaft 61(7–8):275–282

Schwarz A (2005b) Ein „Volkspark" für die Demokratie: New York und die Ideen Frederick Law Olmsteds. In: Schwarz A (Hrsg) Der Park in der Metropole. Urbanes Wachstum und städtische Parks im 19. Jahrhundert. transcript Verlag, Bielefeld, S 107–160

Schwarz A (2005a) Der Park in der Metropole. Urbanes Wachstum und städtische Parks im 19. Jahrhundert. transcript Verlag, Bielefeld

Senatsverwaltung für Stadtentwicklung (Hrsg.) URL: http://www.stadtentwicklung.berlin.de/umwelt/stadtgruen/kleingaerten/index.shtml. Zugegriffen: 15.07. 08

Senatsverwaltung für Stadtentwicklung Berlin (2001) Natur-Park Schöneberger Südgelände – Wahre Wildnis in der Stadt. Senatsverwaltung für Stadtentwicklung, Berlin

Senatsverwaltung für Stadtentwicklung – Kommunikation – Berlin (Hrsg) (2011) Natur-Park Schöneberger Südgelände (Faltblatt)

Sukopp H (1982) Natur in der Großstadt: Ökologische Untersuchungen schutzwürdiger Biotope in Berlin. Wissenschaftsmagazin, TU Berlin 2(2):60–63

Sukopp H (1983) Ökologische Charakteristik von Großstädten. In: Akademie für Raumforschung und Landesplanung (Hrsg) Grundriß der Stadtplanung. Akademie für Raumforschung und Landesplanung, Hannover, S 51–83

Sukopp H (Hrsg) (1990) Stadtökologie – Das Beispiel Berlin. D. Reimer, Berlin

Sukopp H, Sukopp U (1987) Leitlinien für den Naturschutz in Städten Zentraleuropas. In: Miyawaki A, Bogenrieder A, Okuda S, White J (Hrsg) Vegetation Ecology and Creation of New Environments. Tokai University Press, Tokyo, S 347–355

Sukopp H, Weiler S (1986) Biotopkartierung im besiedelten Bereich der Bundesrepublik Deutschland. Landschaft und Stadt 18(1):25–38

Sukopp H, Kunick W, Schneider C (1980) Biotopkartierung im besiedelten Bereich von Berlin (West): Teil II: Zur Methodik von Geländearbeit. Garten und Landschaft 7:565–569

Sukopp H, Wittig R (Hrsg) (1998) Stadtökologie. Ein Fachbuch für Studium und Praxis, 2. Aufl. Gustav Fischer, Stuttgart

Sukopp H, Wurzel A (1995) Klima- und Florenveränderungen in Stadtgebieten. Angewandte Landschaftsökologie 4:103–130

The Conservation Volunteers (TCV) (2013) The Conservation Volunteers. http://www.tcv.org.uk/urbanecology. Zugegriffen: 23. Dezember 2013

Tobias K (2011) Pflanzen und Tiere in städtischen Lebensräumen. In: Henninger S (Hrsg) Stadtökologie: Bausteine des Ökosystems Stadt. Verlag Ferdinand Schöningh, Paderborn, S 149–174

Trepl L (1983) Ökologie – eine grüne Leitwissenschaft? Über Grenzen und Perspektiven einer modischen Disziplin, Kursbuch 74. Aufl., S 6–27

Trepl L (1988) Stadt – Natur, Stadtnatur – Natur in der Stadt – Stadt und Natur. Stadterfahrung-Stadtgestaltung. Bausteine zur Humanökologie. Deutsches Institut f. Fernstudien an der Univ. Tübingen, Tübingen, S 58–70

Trepl L (1991) Forschungsdefizit: Naturschutz, insbesondere Arten- und Biotopschutz, in der Stadt. In: Henle K, Kaule G (Hrsg) Arten- und Biotopschutzforschung für Deutschland. Forschungszentrum Jülich, Jülich, S 304–311

Trepl L (1992) Natur in der Stadt. In: Natur in der Stadt – der Beitrag der Landespflege zur Stadtentwicklung. Schriftenreihe d. Deutschen Rates f. Landespflege, Bd 61., S 30–32

Wasserwirtschaftsamt München (Hrsg) (2011) Neues Leben für die Isar. Faltblatt. http://www.muenchen.de/rathaus/Stadtverwaltung/baureferat/projekte/isar-plan.html. Zugegriffen: 15.07. 08

Werner P, Zahner R (2009) Biologische Vielfalt und Städte. In: Bundesamt für Naturschutz (Hrsg) BfN-Skripten 245. BfN, Bonn

Wittig R (1995) Ökologie der Stadt. In: Steubing L, Buchwald K, Braun E (Hrsg) Natur- und Umweltschutz. G. Fischer, Jena, Stuttgart, S 230–260

Wittig R (1996) Die mitteleuropäische Großstadtflora. Geogr Rundsch 48:640–646

Wittig R (1998) Flora und Vegetation. In: Sukopp H, Wittig R (Hrsg) Stadtökologie, 2. Aufl. G. Fischer, Stuttgart, S 219–265

Wittig R (2002) Siedlungsvegetation. Ulmer, Stuttgart

Wittig R, Streit B (2004) Ökologie. Ulmer, Stuttgart

Wittig R, Sukopp H, Klausnitzer B, Brande A (1998) Die ökologische Gliederung der Stadt. In: Sukopp H, Wittig R (Hrsg) Stadtökologie. Ein Fachbuch für Studium und Praxis, 2. Aufl. G. Fischer, Stuttgart, S 316–372

Wüst W (Hrsg) (1986) Avifauna Bavariae Bd II. Ornithologische Gesellschaft in Bayern. München

Yeld J, Barker M (2003) Mountains in the Sea. Table Mountain to Cape Point. South African National Parks, Cape Town, S 183

Zipperer WC, Sisinni SM, Pouyat R (1997) Urban tree cover: an ecological perspective. Urban Ecosyst 1(4):229–246

Was leisten Stadtökosysteme für die Menschen in der Stadt?

Dagmar Haase

5.1   Urbane Ökosysteme und ihre Leistungen – 130

5.2   Urbane Ökosystemdienstleistungen und
urbane Landnutzung – 133

5.3   Einzelbetrachtung ausgewählter wichtiger
urbaner Ökosystemdienstleistungen – 138
5.3.1   Lokale Klimaregulation durch Stadtökosysteme – 138
5.3.2   Wasserdargebot und Hochwasserregulation – 141
5.3.3   Erholungsfunktion – 144
5.3.4   Zur Luftreinhaltefunktion von Stadtbäumen – 151
5.3.5   Urbane Landwirtschaft – Produktion lokaler
Nahrungsmittel und soziale Kohäsion – 152
5.3.6   Kohlenstoffspeicherung in der Stadt – ein Beitrag
zur Minderung des urbanen Fußabdrucks? – 154
5.3.7   Urban Ecosystem Disservices – 156
5.3.8   Synergie- und Trade-off-Effekte – 157

Literatur – 159

J. Breuste et al., *Stadtökosysteme*,
DOI 10.1007/978-3-642-55434-6_5, © Springer-Verlag Berlin Heidelberg 2016

In diesem Kapitel werden Ökosysteme betrachtet sowie die Leistungen, die sie für das Wohlbefinden der Menschen in der Stadt erbringen, sogenannte Ökosystemdienstleistungen, aber auch die biophysikalischen Prozesse, Strukturen und Funktionen, welche zur Entstehung von Ökosystemdienstleistungen und deren Erhaltung wesentlich beitragen. Dazu werden für diese einzelnen Komponenten – Klima, Wasser, Vegetation und Boden – ausgewählte Methoden zu Messung, Monitoring, Statistik, Modellierung und Bewertung dieser Strukturen und Prozesse bzw. Funktionen vorgestellt. Zudem werden grundlegende Methoden der Bewertung bzw. Inwertsetzung von Ökosystemdienstleistungen dargestellt. Mittels Informationskästen (Case Study und Exkurs) werden aktuelle Ansätze der Analyse und Untersuchung von Komponenten von Stadtökosystemen und urbanen Ökosystemdienstleistungen verdeutlicht.

5.1   Urbane Ökosysteme und ihre Leistungen

Urbane Ökosystemdienstleistungen (*urban ecosystem services*; u. a. Boland und Hunhammar 1999; TEEB 2011; Haase et al. 2014) beschreiben Ökosystemfunktionen (Prozesse, Strukturen), welche von natürlichen Bestandteilen von Stadtökosystemen (*provider*) erbracht und die von Menschen/ Bewohnern einer Stadt bzw. einer Stadtregion (*benefiter*) genutzt werden. Ökosystemdienstleistungen beschreiben den direkten oder indirekten Nutzen, den der Mensch durch unterschiedliche Leistungen der Natur hat. Beispiele für urbane Ökosystemdienstleistungen sind die Bereitstellung von Süß- und Trinkwasser durch Niederschlag und natürliche Filtration der Böden, die Regulierung von Abflussspitzen bei Extremniederschlägen und die dadurch erfolgende Minderung von Hochwässern im Stadtgebiet, die Produktion von Nahrung (Obst, Gemüse) in urbanen (Klein-)Gärten, das Bestäuben von Obstblüten durch Stadtbienen oder die Bereitstellung von frischer (kühler) und unbelasteter Luft auf Frei- und Erholungsflächen (s. Cowling et al. 2008). Somit beinhaltet das Konzept zum einen Daten zu Ökosystemfunktionen in Raum und Zeit (*factural level*, *space level*, *time level* nach Grunewald

und Bastian 2015), zum anderen Werte (Inwertsetzung und Wertvorstellungen; *value level*) und Entscheidungen zu Landnutzung und -management (*decision level*).

Das Konzept kann als eine Weiterentwicklung des Ansatzes der Naturhaushalts- oder Landschaftsfunktionen angesehen werden (Bastian et al. 2012), in welchen Ökosystemstrukturen und -prozesse quantitativ erfasst und bewertet werden. Die Bewertung erfolgt einerseits hinsichtlich ihres Leistungspotenzials, das menschliche Wohlbefinden positiv zu beeinflussen – das beinhaltete auch schon das Prinzip der Landschaftsfunktionen –, aber andererseits auch, wenn möglich, im monetären Sinne: Was kostet die künstliche Erzeugung/Ersatz der Naturleistung und wie viel ist uns dieser Ersatz wert? Wie können z. B. Gesundheitskosten reduziert werden in dem man den Menschen in der Stadt saubere Luft und erholungswirksame Grünflächen bereitstellt?

Erste Ansätze des Ökosystemdienstleistungsansatzes gehen in die späten 1990er und frühen 2000er Jahre in der europäischen Forschungslandschaft zurück (DeGroot et al. 2002) sowie die wegweisenden Publikationen von Costanza et al. (1997) und Daily (1997). Waren Ökosystemdienstleistungen in den 1990er und frühen 2000er Jahren vor allem ein wissenschaftliches Konzept, welches sich mit den Leistungs- und Nutzenpotenzialen von Ökosystemen für den Menschen auseinandersetzte, so entwickelten sich im Laufe der letzte zehn Jahre eine Reihe von wissenschaftspolitischen „Science-Policy-Interface"-Initiativen und Organisationen, welche – und das nicht in erster Linie für urbanen Räume – maßgeblich für die Einführung und weitere Verbreitung sowie die Institutionalisierung des Konzeptes der Ökosystemdienstleistungen beigetragen haben.

Vier Gruppen von urbanen Ökosystemdienstleistungen werden unterschieden: unterstützende, versorgende, regulierende und kulturelle Leistungen (MA 2005; ◘ Abb. 5.1). Die unterstützenden Leistungen beschreiben Prozesse der Bodenbildung, Photosynthese und des Nährstoffkreislaufes und sind somit gleichzeitig Grundvoraussetzungen für andere Ökosystemdienstleistungen. Zu den versorgenden Leistungen zählen die von Ökosystemen oder mit deren Hilfe hergestellten Güter wie Nahrung, Süßwasser oder Holz. Die kulturellen Leis-

Ökosystemdienstleistungen in Studien von wissenschaftspolitischen Initiativen und Organisationen

(1) Das **Millenium Ecosystem Assessment (MA 2005)** der Vereinten Nationen (UNEP), ist die bisher neben der TEEB-Studie (TEEB 2011) umfangreichste Studie zum Status von Ökosystemen und deren Leistungsfähigkeit.
(2) Die Studie **The Economics of Ecosystems and Biodiversity (TEEB)** wurde ins Leben gerufen von der G8+5 mit stärkerem Fokus auf die ökonomische Dimension und Wertung von Ökosystemen

für verschiedene Nachfrage- bzw. Nutzergruppen. TEEB beinhaltet erstmals auch eine eigene Studie für Stadtökosysteme.
(3) Der **Cities and Biodiversity Outlook**, ist der erste weltweite Bericht über Prozesse und Effekte von Urbanisierung auf die natürliche Umwelt und die globale Biodiversität.
(4) **Nationalen Studien** wie das „UK National Ecosystem Assessment" in Großbritannien (UK NEA 2009 – 20112) sowie das aktuell in Bearbei-

tung befindliche **TEEB Naturkapital Deutschland**, die Sondierungsstudie für die Implementierung des TEEB Deutschland (Albrecht et al. 2014).
(5) Die **IPBES – International Science-Policy Platform on Biodiversity and Ecosystem Services** bringt globale und nationale Aktivitäten und Interessen zu Ökosystemdienstleistungen in Deutschland institutionell zusammen und stellt eine Diskussionsplattform dar.

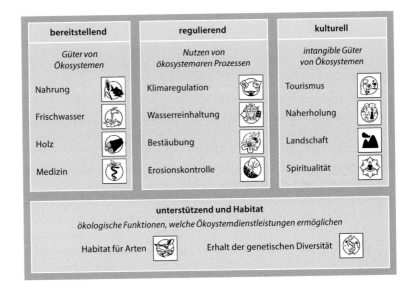

Abb. 5.1 Urbane Ökosystemdienstleistungen TEEB. (TEEB 2011)

tungen umfassen insbesondere Funktionen von Grünflächen. Diese stellen einen Raum zur physischen und mentalen Erholung dar, und sie bieten die Möglichkeit zur Naturerfahrung. Sie vermitteln Heimatgefühl, aber auch Wissen über Umwelt und Kultur. Regulierungsleistungen haben für den Menschen eher einen indirekten Nutzen, indem sie auf bestimmte Bereiche und Prozesse von Ökosystemen einwirken. Dazu gehören die Abmilderung von Hochwassergefahren durch Wasserrückhaltepotenzial von z. B. Auen, die Filterwirkung von Böden für die Qualität des Grundwassers oder auch die Minderung der Konzentration von Luftschadstoffen durch Bäume und Grünflächen in urbanen

Gebieten (Elmqvist et al. 2013; Fisher et al. 2009; Grunewald und Bastian 2015).

In der Stadt sind vor allem die regulierenden und kulturellen Ökosystemdienstleistungen von Bedeutung, da sie direkten Einfluss auf die menschliche Gesundheit und das Wohlbefinden nehmen: Stadtbäume kühlen die umgebende Luft, reichern sie mit Sauerstoff und Wasserdampf an und bieten zudem eine ästhetische Qualität. Beide Ökosystemfunktionen sind direkt vom Stadtbewohner wahrnehmbar. Im Gegensatz dazu kann die Leistung des Stadtbodens als Pflanzenwachstumsstandort erst durch eine aktive Form der Pflanzenproduktion (z. B. Gartenbau oder urbane Landwirtschaft)

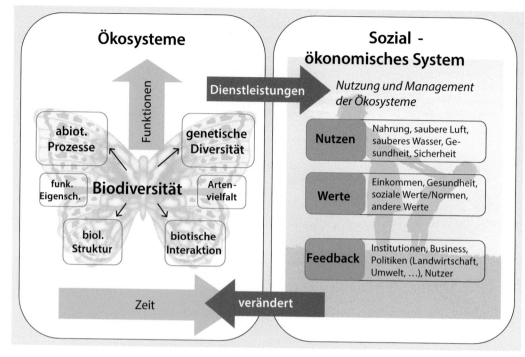

◘ Abb. 5.2 Der Zusammenhang zwischen urbanen Ökosystemdienstleistungen und menschlichem Wohlbefinden. (Albert et al. 2014; Urheberrecht beim Helmholtz-Zentrum für Umweltforschung UFZ, Leipzig)

für den Menschen nutzbar gemacht werden. Diese „Bedeutungshierarchie" der urbanen Ökosystemdienstleistungen zeigen Haase et al. (2014) in einem Review-Artikel. Die Anzahl der Studien zu regulierenden Ökosystemdienstleistungen übertrifft hier alle anderen Ökosystemdienstleistungen, gefolgt von den kulturellen Ökosystemdienstleistungen an zweiter Stelle.

Ohne Ökosystemdienstleistungen wäre menschliches Leben und menschliche Lebensqualität, so wie wir sie heute kennen, in der Stadt kaum möglich (Haase 2011; Guo et al. 2007; ◘ Abb. 5.2). Es gibt Studien, welche versuchen, urbane Ökosystemdienstleistungen in Geldwerten (mittels *hedonic pricing* bzw. *revealed preferences, willingness to pay*, Marktpreise oder *avoided costs*) auszudrücken, um einerseits die ökonomische Bedeutung der Abhängigkeit von der Natur aber auch das ökonomische Potenzial der Stadtnatur gerade in Städten zu verdeutlichen (Gómez-Baggethun et al. 2010; Bastian et al. 2012). Aber auch nichtmonetäre Modell- und Bewertungsansätze, wie im Folgenden vorgestellt, sind sehr gut geeignet, die Bedeutung

von urbanen Ökosystemdienstleistungen hervorzuheben.

Urbane Ökosystemdienstleistungen stehen inhaltlich in engem Zusammenhang mit dem Konzept der Lebensqualität in Städten (Schetke et al. 2012; Santos und Martins 2007; siehe auch den Katalog der Indikatoren zur Bestimmung der urbanen Lebensqualität der Sustainable Seattle Initiative, seit 1991, Sustainable Seattle Initiative 1991) sowie den Happiness Index Happiness Index (2015). Dieses Konzept stützt sich auf die drei Dimensionen der Nachhaltigkeit und drückt einen „Bedarf" der Stadtbewohner an Leistungen zur Befriedigung von Bedürfnissen des täglichen Lebens aus, welcher dann teilweise durch Ökosystemfunktionen gedeckt werden kann. Die Komplementarität und gegenseitige Bedingtheit beider Konzepte wird in ◘ Abb. 5.2 wie auch in ◘ Tab. 5.1 dargestellt: Solange kein menschlicher Bedarf an den Resultaten (*outputs*) von Ökosystemprozessen besteht, sind Wasserbereitstellung, Luftfiltration, Kohlenstoffspeicherung oder Pflanzenwachstum Ökosystemfunktionen und stellen Potenziale für Ökosystemdienstleistungen

◻ Tab. 5.1 Urbane Ökosystemdienstleitungen und Indikatoren für Lebensqualität in den Dimensionen der Nachhaltigkeit. (Eigene Zusammenstellung aus Haase 2011, in Anlehnung an das Millennium Ecosystem Assessment MA 2005; TEEB 2011; Fisher et al. 2009 sowie Santos und Martins 2007)

Nach-haltigkeits-dimension	Urbane Ökosystemdienstleitung	Komponente der urbanen Lebensqualität
Ökologie	Luftfilterung Klimaregulation Lärmreduzierung Regenwasserdrainage Wasserangebot Abwasserreinigung Lebensmittelproduktion	Gesundheit (saubere Luft, Schutz gegenüber Atemwegserkrankungen, Hitze- und Kältetod) Sicherheit Trinkwasser Nahrung
Soziales	Landschaft Erholung kulturelle Werte Umweltbildung	Schönheit der Umgebung Erholung, Stressabbau Intellektuelle Bereicherung Kommunikation Wohnstandort
Ökonomie	Nahrungsmittelproduktion Tourismus Erholungsfunktion	Einkommenssicherung Investitionen

dar (*Potenzial*). Sobald der Mensch diese Resultate von ökosystemaren Prozessen für die Sicherstellung und/oder Verbesserung seiner Lebensqualität benötigt oder nutzt, also eine Nachfrage (*demand*) besteht, dann wird aus einer Ökosystemfunktion eine Ökosystemdienstleistung (Breuste et al. 2013; Haase 2013). Die wesentlichen Komponenten der menschlichen Lebensqualität sind in ◻ Tab. 5.1 dargestellt und nach den drei Nachhaltigkeitsdimensionen (aus Sicht der Ökologie) bzw. Vulnerabilität (aus Sicht des Menschen/der Gesellschaft) geordnet:

Aus dieser Listung können Indikatoren für urbane Ökosystemdienstleistungen abgeleitet werden, welche die beiden Konzepte miteinander verbinden, so zum Beispiel ist der Indikator „Versorgungsgrad der Stadtbevölkerung mit sauberem Trinkwasser" ein Maß für die Ökosystemdienstleistung „Wasserdargebot" entsprechend der Nachfrage „Trinkwasser". Oder die Indikatoren „Grünfläche pro Einwohner in m^2" und „Erreichbarkeit der nächsten Grünfläche in Minuten/Metern" sind jeweils ein Maß für die Erholungsleistung urbaner Ökosysteme und die Gesundheit der Stadtbewohner.

◻ Tabelle 5.2 zeigt Ansätze und generelle Methoden, die oben genannten urbanen Ökosystemdienstleistungen zu quantifizieren bzw. zu model-

lieren. Die quantitative Abschätzung der Leistungen und Leistungsfähigkeit eines urbanen Ökosystems können wichtige Grundlagen für die Stadt- und Landschaftsplanung liefern (Elmqvist et al. 2013). In der Zusammenstellung finden sich Ansätze zur Ermittlung der Nachfrage als auch der Bereitstellung der verschiedenen Ökosystemdienstleistungen. Die Ansätze zur Quantifizierung reichen von Befragungen bzw. Interviews bis hin zu bio-physikalischen Modellen und sind zumeist recht datenintensiv, was dazu führt, dass es bisher nur vergleichsweise wenige belast- und vergleichbare Daten zu Ökosystemdienstleistungen in Städten gibt (Haase 2012; Elmqvist et al. 2013; Breuste et al. 2013). Detaillierte Ausführungen zu den einzelnen Modellen finden sich im Fortgang von ▶ Kap. 5.

5.2 Urbane Ökosystemdienstleistungen und urbane Landnutzung

Weltweit macht die urbane Landnutzung maximal 4 % der Erdoberfläche aus, aber es leben mittlerweile mehr als die Hälfte aller Menschen in Städten, Tendenz steigend (Seto et al. 2011). Wie be-

◘ **Tab. 5.2** Bestimmungs- und Quantifizierungsansätze sowie Modelle zur quantitativen Bestimmung urbaner Ökosystemdienstleistungen. (Haase 2012)

Service	Bedeutung	Modell
Nahrung	Flächen für Ackerbau	Statistische Modelle, Agrarstatistiken
Rohmaterial	Bau- und Heizmaterial	Kohlenstoffspeichermodelle, Waldwachstumsmodelle
Wasser	Oberflächen- und Grundwasser	Physikalische 2D/3D und empirische Wasserbilanzmodelle
Medizin	Heilpflanzen für die pharmazeutische Industrie	Habitatmodelle, Populationsmodelle, Genome, DNA-Sequenzen
Luftreinhaltung	Bäume bieten Schatten, filtern Schadstoffe aus der Luft. Wälder speichern Niederschläge. Vegetation produziert durch Transpiration latente Wärme bzw. Verdunstungskälte	Empirische Modelle (Bowler et al. 2010), Baumdatenbank i-Tree (i-Tree 2015)
Kohlenstoffspeicherung	Bäume und andere Pflanzen binden durch ihr Wachstum CO_2 aus der Atmosphäre	Baumdatenbank i-Tree, Baumfunktionsbewertungstool UFORE; Laser scanning, allometrische Modelle (Strohbach und Haase 2012); InVEST (Natural Capital Project)
Moderation von extremer Witterung	Ökosysteme und bewachsene Oberflächen mindern die schädlichen Effekte von Extremereignissen (Hochwasser, Hitze, Dürre, Hangrutschungen)	2D/3D Überflutungsmodelle, Risikobewertungsmodelle
Abwasserreinigung	Mikroorganismen in Böden und Feuchtgebieten bauen Schadstoffe und Abfall ab	Abbaukurven, Metabolismusmodelle
Erosionskontrolle, Bodenfruchtbarkeit	Vegetationsbedeckung hält Bodenteilchen fest und verhindert so deren Abtrag durch Erosion	Allgemeine Bodenabtragsgleichung ABAG bzw. USLE (amerikanische Version), Erosion 3D, SWAT (Soil and Water Assessment Tool)
Bestäubung	Ermöglicht Fruchtwachstum und Ernte	Empirische Modelle, InVEST (GIS-basiertes Modellierungstool zur Bewertung von Ökosystemdienstleistungen), Individuen-basierte Modelle (IBM)
Schädlingsbekämpfung	Regulation von Schädlingsbefall	Verbreitungsmodelle, individuenbasierte Modelle (IBM)
Habitat	(Über-)Lebensraum für Organismen	Biomapper (Tool zur Modellierung der ökologischen Nische), Regressionsmodelle, Habitatmodelle
Genetische Diversität	Genpool für natürliche und Agrarökosysteme	Genom, genetischer Fußabdruck, DNA Sequenzen, Diversitätsindizes
Bodenfilter	Säuberung von Wasser	Soil and Water Assessment Tool (SWAT)
Pufferkapazität	puffert saure und basische Einträge in Boden und Gewässer	Säuren- und Basenneutralisationskapazität
Nährstofflieferung	stellt Nährstoffe durch Mineralisierung und Lösung für Organismen bereit	Soil and Water Assessment Tool (SWAT)

5

☐ **Tab. 5.2** *(Fortsetzung)*

Service	Bedeutung	Modell
Erholung, physische und mentale Gesundheit	Trägt zur physischen und mentalen Gesundheit sowie zur Stressbewältigung bei	Distanz und Erreichbarkeitsmodelle, Netzwerkanalyse mit GIS, URGE Kriterienkatalog (URGE-Team 2004)
Tourismus	Ökonomische Werte, Einkommensquelle	Kosten-Distanz-Modelle, Hedonic pricing, *Willingness-to-pay*
Ästhetik, Inspiration	Quelle für Sprache, Wissen und Wertschätzung der natürlichen Umwelt	Hedonic pricing, Befragung, Interview, Gemälde
Spirituelle Erfahrung	Religion, lokale Identität, Zugehörigkeit	Befragung, Interview, Karten von heiligen Plätzen

reits in ▶ Kap. 1 erwähnt, werden heute 95 % des globalen kumulierten Bruttoinlandsprodukts (BIP bzw. *GDP*) in Städten und städtischen/stadtnahen Siedlungen erwirtschaftet. Die Umwandlung und Versiegelung von naturnahen Flächen und Ackerland in Siedlungs- und Verkehrsfläche gehört zu den bedeutsamsten, zumeist negativen Umweltauswirkungen weltweit (▶ Kap. 1). Sie ist oft irreversibel. Der dabei entstehende rural-urbane Gradient ist charakterisiert von intensiver und durch hohen Nutzungsdruck gekennzeichneter Landentwicklung mit zunehmendem Versiegelungsgrad zum Zentrum der Städte hin (Haase und Nuissl 2010). Versiegelungsmaxima befinden sich neben dem Stadtzentrum auch in peri-urbanen Wohnparks sowie Gewerbeflächen (Haase 2013). Versiegelte, bzw. teilversiegelte Flächen können die im vorigen beschriebenen Ökosystemdienstleistungen nicht mehr oder nur noch sehr eingeschränkt erbringen (Haase und Nuissl 2007; ☐ Abb. 5.3).

Insbesondere die Landnutzungstypen der urbanen Frei- und Grünflächen und Wälder stellen verschiedenste Ökosystemdienstleistungen für die städtischen Bewohner bereit. So tragen Wald- und Parkflächen zur Regulation von Extremtemperaturen bei, indem sie durch Schattenwurf und erhöhte Evapotranspiration die Oberflächenstrahlung und -temperatur reduzieren (Bowler et al. 2010; Kottmeier et al. 2007). Zudem können alle Arten von städtischen Grünflächen (auch urbane Brachen) und Gewässer zur Erholung der Stadtbewohner beitragen. Unverbaute Auenwiesen dienen vor allem der Hochwasserregulation (Haase 2003). Unversiegelte Flächen eignen sich zur Regenwasserrückhaltung und -versickerung und können somit den schnellen oberirdischen Abfluss von Starkregenereignissen regulieren. Extra für diesen Zweck konstruierte Regenwasserversickerungsanlagen im Siedlungsflächenbereich können zudem zur in-situ Regenwassernutzung dienen (Haase 2009). Bezogen auf die jüngst immer wichtiger werdende Debatte um den vom Menschen verursachten Klimawandel können urbane Grünflächen (v. a. Bäume und Wälder) zur lokalen Kohlenstoffspeicherung beitragen. Aktuelle Studien sprechen allerdings nur von 1–2 % der von Städten ausgehenden Emissionen, welche von urbaner Vegetation neutralisiert werden können (Strohbach und Haase 2012 für Leipzig; Nowak und Crane 2002 für US-amerikanische Städte). Trotz des geringen Anteils tragen baumbestandene Landnutzungen zur Verringerung des „ökologischen Fußabdrucks" einer Stadt bei.

Aktuell rückt neben dem urbanen Wachstum zunehmend ein anderer, oft als gegenläufig bezeichneter Prozess ins Blickfeld: die urbane Schrumpfung. Durch wirtschaftliche Problemlagen und Bevölkerungsverluste gekennzeichnete Städte zeichnen sich weltweit durch eine Verringerung der Intensität urbaner Landnutzung, Leerstände sowie durch das Brachfallen von Flächen (☐ Abb. 5.3; Haase und Nuissl 2007) aus. Diese Landnutzungsperforation (Lütke-Daldrup 2001) bietet eine einzigartige Chance zur Revitalisierung (inner-)städtischer Flächen (Lorance Rall und Haase 2011) und

damit verbunden auch der „Revitalisierung" von
Ökosystemen und Stadtnatur (Haase 2008). Ein
prominentes Beispiel für die Gleichzeitigkeit von
urbanem Wachstum und urbaner Schrumpfung ist
die Großstadt Leipzig in den neuen Bundesländern
(Lütke-Daldrup 2001). Die nachfolgenden Beispiele
der Analyse und Bewertung von urbanen Ökosystemen und Ökosystemdienstleistungen beziehen sich
vor allem auf Studien, die in Leipzig durchgeführt
wurden.

Bevölkerungswachstum und Flächeninanspruchnahme in Europa

In den meisten europäischen Städten wächst die Bevölkerung. In einem steigenden Anteil europäischer Städte sinkt die Bevölkerung, vor allem aufgrund von Wegzug und geringer Fertilität. In allen europäischen Städten steigt aber die Zahl der Haushalte, eine Folge zunehmender Individualisierung. Unklar ist, wie sich dieses Bevölke-rungsverhalten auf die Flächeninanspruchnahme in und um die Städte auswirkt. Man muss annehmen, dass die Stadtfläche wächst, wenn Gesamtpersonenzahl und/oder Haushaltszahl und somit die Ansprüche auf mehr Wohnungen steigen. Haase et al. (2013) belegen, dass die urbane Fläche zunimmt, solange ein absolutes Wachstum a) der Haushaltszahl und b) selbst in Städten, deren Haushaltzahl sinkt, der pro-Kopf-Wohnfläche besteht. Das bedeutet, dass schrumpfende Städte nicht zwingend einen sinkenden Flächenverbrauch haben, sondern dieser auch weiter ansteigen kann (◻ Abb. 5.4).

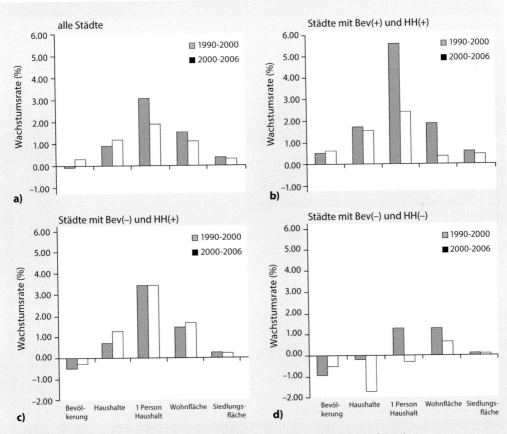

◻ **Abb. 5.4** Bevölkerungswachstum und Flächeninanspruchnahme in Europa. (Haase et al. 2014)

5.3   Einzelbetrachtung ausgewählter wichtiger urbaner Ökosystemdienstleistungen

In den folgenden Teilkapiteln werden wichtige urbane Ökosystemdienstleistungen sowie die Ökosystemstrukturen und -prozesse, welche sie ermöglichen, vorgestellt und diskutiert. Dabei werden vor allem jene Leistungen näher betrachtet, welche in internationalen und nationalen Review-Studien (Haase et al. 2014; Elmqvist et al. 2013; TEEB 2011) als besonders wichtig für Städte herausgearbeitet wurden. Die folgenden Darstellungen sind als Beispiele aus einem breiteren Spektrum zu betrachten.

5.3.1   Lokale Klimaregulation durch Stadtökosysteme

Stadtökosysteme unterscheiden sich hinsichtlich ihres Klimas und Witterungsverhaltens deutlich vom Umland: Sie sind oft wärmer, niederschlagsreicher, frost- und schneeärmer und weisen eine längere Vegetationsperiode auf (▶ Kap. 3) (◘ Tab. 5.2). Die veränderten anthropogenen Albedo-Werte der urbanen Oberflächen führen zu einer Wärmespeicherung und erhöhten langwelligen Wärmeabstrahlung urbaner Oberflächen, wodurch die „städtische Wärmeinsel" (*Urban Heat Island, UHI*) entsteht (◘ Abb. 5.5; Kottmeier et al. 2007; Endlicher 2012). Hierzu trägt zusätzlich auch anthropogen freigesetzte Wärme aus Prozessen der Verbrennung bzw. Energieumwandlung in Industrie und Verkehr bei, die aber in Städten der mittleren Breitengrade nur zu ca. 15 % zum Wärmeinseleffekt beitragen (◘ Abb. 5.5). Trotzdem sind gerade Partikelemissionen (PM10, 2,5 < 1) an der Entstehung sogenannter Dunstglocken beteiligt. Dies hat im Frühjahr 2014 zu einer Limitierung des Personenverkehrs in der Metropole Paris geführt, eine Maßnahme, die in chinesischen Megastädten regelmäßig angewandt wird (DIE ZEIT 2013).

Über städtischen Grünflächen erwärmt sich die Luft tagsüber weniger stark (1–3 k nach Bowler et al. 2010) als über versiegelten Flächen, und sie kühlt sich bei Grünflächen, die von offenen Wiesenbereichen dominiert werden auch nachts durch die geringe Wärmekapazität und die ungehinderte

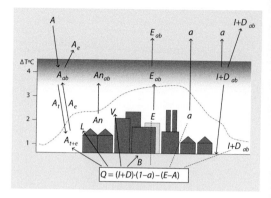

◘ **Abb. 5.5** Vereinfachte schematische Darstellung des Strahlungs- und Wärmehaushaltes einer Großstadt. Die verschiedenen Parameter stellen eine vereinfachte Strahlungsbilanzgleichung dar sowie die Beziehungen zwischen Atmosphäre, Landnutzung, Boden und der urbanen Dunstglocke. Gezeigt werden außerdem die urbane Dunstglocke und deren absorbierende Funktion (*grau*) und die städtische Wärmeinsel. Q Strahlungsbilanz, I direkte Strahlung, D diffuse Himmelsstrahlung, a Albedo, E Wärmestrahlung der Erdoberfläche, A Gegenstrahlung der Erdoberfläche, B Bodenwärme, L fühlbare latente Wärme, V latente Wärme, An anthropogene Wärmeproduktion, ab absorbiert, t transmittiert, e emittiert. *Grau* urbane Dunstglocke, *Strichlinie* urbane Hitzeinsel (*urban heat island UHI*). (Leser 2008; verändert in Haase 2012)

Abstrahlung auch stärker ab – es entsteht „Kaltluft". Große Grünflächen sind sogenannte „Kaltluftentstehungsgebiete" und können hohen Sommertemperaturen auch in der umgebenden Bebauung entgegenwirken, wenn es die topographischen Verhältnisse und die Bebauungsstruktur zulassen, dass die Kaltluft in die angrenzenden Stadtquartiere abfließen kann (Gill et al. 2007; Bolund und Hunhammar 1999). Die Rauigkeit der urbanen Oberfläche, u. a. an Gebäuden, können zudem Windspitzen bis zu 20 % dämpfen welche von den meisten Menschen als störend empfunden werden und welche durch Aufwirbelung eine staubige Stadtluft produzieren. Entsprechende Effekte nehmen mit der Größe der Grünflächen zu; so konnte eine erhebliche Kühlung bis in umgebende Wohngebiete für den 210 ha große Großen Tiergarten in Berlin nachgewiesen werden (von Stülpnagel 1987).

DeGroot et al. (2002) beziehen in ihren ersten Aufsätzen zu Ökosystemdienstleistungen die Faktoren Topographie, Vegetation, Konfiguration der urbanen Wasserkörper und die spezifische Reflexion urbaner Landbedeckungen (Albedo) in die urbane

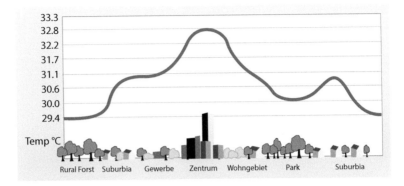

Abb. 5.6 Schematische Darstellung der städtischen Wärmeinsel entlang eines rural-urbanen Gradienten unter Berücksichtigung verschiedener Landnutzungen. (Kuttler 2000)

Klimaregulationsleistung ein, stellen aber kein Modell bzw. keine Gewichtung dieser Faktoren zur Verfügung (□ Abb. 5.6).

Die aktuelle stadtökologische Literatur (siehe hier Endlicher 2012) nennt eine Reihe von möglichen negativen Effekten des Klimawandels auf Stadtökosysteme und Städte (▶ Kap. 6): Hitzewellen mit hohen Tagestemperaturen (> 30 °C) und tropischen Nächten (> 20 °C), dadurch bedingter Hitzestress bei der Bevölkerung und Materialeffekte der gebauten Umwelt („Heben" von Asphaltstraßen, Risse im Beton). Der thermische Komfort, also die Temperaturen, bei welchen sich die Stadtbewohner wohl und gesund fühlen, sinkt während solcher Hitzewellen dramatisch (Burkart et al. 2013), obwohl er je nach Klimazone unterschiedlich ist. Zudem konnten Franck et al. (2013) und Großmann et al. (2012) nachweisen, dass Hitzewellen vor allem tagsüber wesentlich höheren Stress bei jüngeren Altersgruppen verursachen, welche ihren Tagesablauf und ihre Aufenthaltsorte im Gegensatz zu als deutlich exponierter angenommenen Rentnern nicht flexibel gestalten können.

Aufgrund ihrer hohen Bevölkerungsdichte sind urbane Räume auch besonders verletzlich gegenüber in Folge des Klimawandels immer häufiger werdenden Extremwetterlagen und dadurch verstärkten Naturgefahren wie Überschwemmungen (Menne und Ebi 2006). Endlicher und seine Mitautoren argumentieren „… urban heat waves are among the deadliest of all weather emergencies". Allein im Sommer des Jahres 2003 forderte eine lang andauernde Hitzeperiode in Europa Tausende Todesopfer, insbesondere in westeuropäischen urbanen Agglomerationen. „Most of the deaths were counted in urban regions […]. Urbanization and urban architecture have a profound effect on heat mortality. High night time and morning temperatures characterize the climate of densely populated areas" (Endlicher et al. 2011). Das Phänomen der anhaltenden Hitzewelle oder Wetter-Extremwetterlage wird bereits als ein Szenario für das urbane Europa am Ende des 21. Jahrhunderts diskutiert (IPCC 2014). Insbesondere exponierte Bevölkerungsgruppen (Kleinkinder, Ältere, Herz- und Kreislauf-Erkrankte) sind dann besonders gefährdet. Vor allem die demographische Alterung in europäischen Städten erhöht deren Klima-Vulnerabilität (Verletzbarkeit) noch zusätzlich (▶ Kap. 6 ausführlicher).

Wie können urbane Räume den Auswirkungen des Klimawandels begegnen, und welche Rolle spielen da die Ökosystemdienstleistungen von Grünflächen? Die aktuelle Diskussion der Anpassung an den Klimawandel in Städten zielt auf die Temperaturreduktionsleistung bestehender Freiflächen (Grünflächen, Gewässer, Auen) in der Stadt (Bowler et al. 2010; Gill et al. 2007). Urbane Grünflächen und Wasserkörper sind aufgrund ihrer spezifischen Verdunstungswärme in der Lage, Kaltluft zu produzieren. Sie können hohen Sommertemperaturen entgegenwirken (Gill et al. 2007; ▶ Kap. 6 ausführlicher).

Zudem spielen beschattete Bereiche in der Stadt eine besondere Rolle: hier kann die Temperaturreduktion gegenüber einem besonnten Standort während eines Tagesganges bis zu maximal 5 k betragen. Wie aus □ Abb. 5.7 für die Stadt Leipzig zu entnehmen, hat eine Erhöhung des Schattenanteils (also des Anteil baumbestandener Parkflächen bzw. der Anzahl von Bäumen in Parks) von urbanen Grünflächen eine Temperatur reduzierende Wirkung (für

🗗 Abb. 5.7 Die Temperaturdifferenz zwischen sonnenexponierten und beschatteten Bereichen urbaner Parkanlagen im Spätsommer in Leipzig (eigene Daten aus einer Erhebungskampagne im August 2009). Die Lufttemperaturen wurden mit Temperatursonden gemessen und mittels Datalogger aufgezeichnet. Eine mittlere Temperaturdifferenz von 3 k wurde zwischen beschattetem und unbeschattetem Bereich für verschiedene Parkanlagen empirisch ermittelt und der aus Fernerkundungs-daten ermittelte Schattenanteil von 40 % auf alle Parkanlagen der Stadt übertragen. Somit konnte der Effekt von erhöhter bzw. verminderter Beschattung auf die lokale Klimaregulation (Kühlung) in öffentlich zugänglichen Parks für ein Schrump-fungs- bzw. Stadtumbau- und ein Reurbanisierungsszenario simuliert werden. Zudem konnte der Effekt „Klimaregulation durch Beschattung" für verschiedene Aufforstungsmaßnahmen in urbanen Parks ermittelt werden. (Breuste et al. 2012)

urbane Grünflächen allgemein Bowler et al. 2010; für Leipzig Breuste et al. 2013). Der Kühlungseffekt durch Baumschatten von durchschnittlich 3 K im Tagesgang der Lufttemperatur durch Beschattung wurde dabei empirisch ermittelt: Er wurde zum einen gemessen, zum anderen mittels Luftbildda-ten zu beschatteten Arealen in Parkflächen auf die Stadtfläche extrapoliert. Die Messung erfolgt mit einfachen Temperatursonden, welche eine Korrek-turfunktion für direkte Sonneneinstrahlung besit-zen, um Doppelmesseffekte auszuschließen. Einmal wird in der Sonne und einmal direkt nebenan im Schatten gemessen, nach Möglichkeit mehrere Ta-gesgänge, um die Unsicherheiten der Messungen zu minimieren.

Ansätze zur Bestimmung der Klimaregulationsfunktion in Stadtökosystemen

Um die wichtige Klimaregulations-funktion für größere Stadtflächen und Landnutzungskomposite in Städten zu bestimmen, ohne eine aufwendige Messung (Temperatur, Luftfeuchte, Strahlung etc.) durch-führen zu müssen, was städtische Umweltbudgets selten gestatten, werden im untenstehenden Kasten drei Methoden beschrieben, mittels welcher man die Kühlungsfunktion urbaner Landbedeckungen und damit Landnutzungen im Vergleich zueinander als auch absolut ab-schätzen kann (Abb. 5.8).

Abb. 5.8 Ansätze zur Bestimmung der Klimaregulations-funktion in Stadtöko-systemen. (Haase)

Bestimmung der Klimaregulationsfunktion in urbanen Ökosystemen		
f-Evapotranspiration (Verdunstung)	Transpirations- und Evaporationswerte als empirische Werte bezogen auf bewachse oderunbewachsene bzw. versiegelte Fläche bzw. Landnutzung → standardisiert über 12cm hohem Gras; max. Wert 1,4	Schwarz et al. (2011)
Kühlungspotenzial	Baumschatten ermittelt mit Luftbild- oder Satellitendaten; Temperaturminderung gemessen mittels Temperatursonden	Bowler et al. (2010); Breuste et al. (2013)
Versiegelungsgrad und Infiltration	Anteil des undurchlässigen Materials an der jeweiligen Landnutzung, Messung mittels Infiltrometrie und nachfolgende Klassifikation von Landnutzungstypen nach %-Infiltration einer definierten Wassermenge	Haase & Nuissl (2010)

5.3.2 Wasserdargebot und Hochwasserregulation

Der urbane Wasserhaushalt (▶ Kap. 3) als eine der Grundgrößen des Stadtökosystems umfasst alle Prozesse und Größen im Zusammenhang mit dem Transport und der Speicherung von Wasser im urbanen Ökosystem (Steinhardt und Volk 2002). Stark vereinfacht lässt sich der Wasserkreishaushalt mit folgender ▶ Gl. 5.1 beschreiben, in welcher der Niederschlag N die Summe aus Abfluss A und Ver-dunstung V ist:

$$N = A + V \qquad (5.1)$$

Einige Modelle fügen noch die Zwischenspeiche-rung S zu der Summe hinzu. Spezifischer kann man die Größen des Wasserhaushaltes definieren als (▶ Gl. 5.2)

$$N = (A_b + A_i + A_o) + V + S \qquad (5.2)$$

die Summe aus Basis- (A_b), Zwischen- (*interflow* A_i) und Direktabfluss (A_o).

Im Gegensatz zum Wasserhaushalt von nicht-urbanisierten Wassereinzugsgebieten spielen im Stadtökosystem die Größen Versiegelung und Ka-nalisierung eine wichtige Rolle. Sie entscheiden, wie viel Niederschlagswasser über den Boden dem Ökosystem zur Verfügung steht, bzw. was über den Direktabfluss direkt in den Vorfluter gelangt (Haase 2009). Dabei gilt, je höher der Grad der Bodenversiegelung, desto geringer der Basis- bzw. Zwischenabfluss und desto höher der Direktabfluss. Stadtökosysteme erhöhen daher Abflussspitzen und führen zu häufigeren und stärkeren lokalen Hoch-wässern (Sommer et al. 2009). Im Folgenden soll ein Beispiel zur urbanen Wasserhaushaltsmodellierung die Zusammenhänge zwischen Urbanisierung und Wasserhaushalt näher beleuchten.

Wie bereits diskutiert (▶ Kap. 3), wirkt sich die zunehmende Bodenversiegelung auf die Erfüllung natürlicher Bodenfunktionen negativ aus. Die mit

Stadtvegetation und Stadtböden fördern Klimaschutz

Gebäudebegrünungen bieten Ökosystemdienstleistungen von Stadtgrün praktisch ohne Bodenverbrauch. Außer durch Dachbegrünung lassen sich z. B. mit wandgebundenen Fassadensystemen dauerhafte Begrünungen ohne Boden- und Bodenwasseranschluss realisieren. Neben einer ästhetischen Aufwertung und der Förderung der Biodiversität zählen vor allem Energieeinsparung bzw. Energieeffizienzsteigerung von Gebäuden zu den Potenzialen der Gebäudebegrünung. Der Wärmeverlust über ein Bauteil ist abhängig vom Temperaturgefälle zwischen innen und außen sowie dem Wärmedurchlasswiderstand der verschiedenen Bauteilschichten. Gebäudebegrünung kann beide Eigenschaften verbessern. Eine dämmende bzw. puffernde Wirkung kommt durch eine beruhigte Luftschicht (Schutz vor Auskühlung durch Wind und Feuchte) bzw. durch Substrataufbau zustande, der den Wärmedurchgang mindert. Dies gilt für beide, die

Dach- wie auch die Fassadenbegrünung. Messungen zeigen, dass im Vergleich zu einem bekiesten Dachaufbau extensive Dachbegrünungen mit einer Aufbauhöhe von 10–15 cm ein 3–10 % geringeren Wärmeverlust im Winter besitzen. Das entspricht in etwa einer 6 bis 16 mm dicken, konventionellen Dämmung (Köhler und Malorny 2009). Darüber ergibt sich eine zusätzliche CO_2-Einsparung von ~ 0,13 kg CO_2/m^2a. Monetär leistet dies mit ca. 4 ct/m^2a (bei 8 ct/kWh für Heizenergie) einen kleinen Beitrag zur Kosteneinsparung. Bei wandgebundenen Fassadenbegrünungen bietet die Substitution der Sichtfassade einen zusätzlichen Kostenvorteil. Ein hohes Potenzial besitzt die Gebäudebegrünung in der Unterstützung der Gebäudekühlung, indem sie Sonnenschutzfunktionen übernimmt oder über Verdunstungskühlung Bauteile kühlt. Sommergrüne Fassadenbegrünung kann nicht-bewegliche Sonnenschutzsysteme ersetzten, indem sie im Sommer die Sonnenstrahlung

draußen hält, jedoch im Winter die solare Strahlung hindurchlässt. Das gleiche Prinzip unterstützt die saisonale Steuerung von Energiesammlern wie Luftkollektoren oder transparente Wärmedämmung, die Sonnenstrahlen nutzen, um Wärmeenergie zu gewinnen. Gerüstkletterpflanzen können in den Sommermonaten vor Überhitzung schützen. Die Sonnenschutzfunktion wird zusätzlich durch Verdunstungskühlung unterstützt. Dadurch weisen begrünte Dächer im Sommer bis zu 25 °C geringere Oberflächentemperaturen auf, wohingegen ein Bitumen- oder Kiesdach sich auf 40–55 °C aufheizen kann (Sukopp und Wittig, 1993; Berlin Bauen 2010). Intakte Begrünungen reduzieren so extreme Temperaturschwankungen der Materialoberflächen erheblich, was auch zur Langlebigkeit der darunterliegenden Materialien bis hin zur Verdoppelung der Lebensdauer z. B. von Dichtungsbahnen beiträgt (Hämmerle 2010).

der Zunahme der versiegelten Flächen verbundenen Wirkungen auf den urbanen Wasserhaushalt können allgemein wie folgt beschrieben werden (Wessolek 1988; Haase 2009):

- Abnahme der realen Evapotranspiration (ETP) durch Umwandlung von Vegetationsflächen und Verringerung der Oberflächenrauigkeit durch künstliche bzw. versiegelte Oberflächen,
- Minderung der effektiven Sickerwasserrate und damit des Basisabflusses (A_u) mit zunehmendem Grad der Oberflächenversiegelung sowie,
- Zunahme des (schnellen) Oberflächenabflusses (A_o) mit Zunahme des Anteils an versiegelter Fläche sowie zunehmendem Versiegelungsgrad.

Das einem Stadtökosystem durch Niederschläge zugeführte Wasser wird in Abhängigkeit von den klimatischen Bedingungen, den Bodeneigenschaften und der Flächennutzung mit unterschiedlichen

Anteilen in die Wasserhaushaltsgrößen Verdunstung, Oberflächenabfluss, und Versickerung bzw. Basisabfluss aufgeteilt.

Ein bekanntes Verfahren zur Berechnung der Basisabflusses bzw. der Sickerwasserrate innerhalb eines Stadtgebietes stellt das Abflussbildungsmodell ABIMO (Glugla und Fürtig 1997) der Bundesanstalt für Gewässerkunde dar. Das Modell ABIMO wurde für den Lockergesteinsbereich Ostdeutschlands entwickelt und für das Stadtgebiet von Berlin modifiziert. Es stellt anschaulich die wesentlichen Komponenten des urbanen Wasserhaushaltes numerisch in Beziehung: Hauptbestandteil des ABIMO ist die Berechnung des Gesamtabflusses (Q), wobei zunächst die reale Evapotranspiration (ET_a) einer Fläche über die Bagrov-Gleichung ermittelt wird (Glugla und Fürtig 1997). Der Gesamtabfluss (Q) wird durch die Differenz aus realer Evapotranspiration (ET_a) und dem langjährigen Niederschlagsmittel (N) berechnet. Mit wachsendem Niederschlag (N) nähert sich die reale Evapotranspiration (ET_a)

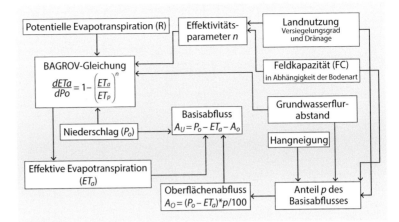

◻ Abb. 5.9 Der urbane Wasserhaushalt in Abhängigkeit der Landnutzung und des Versiegelungsgrades. (Haase 2009, modifiziert)

der potentiellen Verdunstung (ET_p) an, während sich bei abnehmendem Niederschlag (N) die reale Evapotranspiration (ET_a) dem Niederschlag nähert. Die Intensität, mit der diese Randbedingungen erreicht werden, wird durch die Speichereigenschaften der verdunstenden Fläche (Effektivitätsparameter n) verändert. Die Speichereigenschaften einer Fläche werden vor allem durch die Nutzung (zunehmende Speicherwirksamkeit in der Reihenfolge versiegelte Fläche, vegetationsloser Boden, landwirtschaftliche, gärtnerische, forstwirtschaftliche Nutzung) und die entsprechende Bodenart bestimmt. Das Maß für die Speicherwirksamkeit des unversiegelten Bodens ist die nutzbare Feldkapazität FC (◻ Abb. 5.7).

Der Direktabfluss (A_o) wird nach diesem Modell nur für die versiegelten Flächen berechnet, da dieser nur über den Versiegelungs- bzw. Kanalisationsgrad einer Fläche ermittelt wird (Glugla und Fürtig 1997). Ein für das urban-industriell geprägte Ruhrgebiet entwickeltes Verfahren nach Messer (1997; basierend auf Untersuchungen nach Schröder und Wyrwich 1990) berücksichtigt den Direktabfluss (A_o) einer Fläche, welche sich über die Faktoren Hangneigung, Bodenart, Grundwasserflurabstand und Flächennutzung ermitteln lässt. Die reale Evapotranspiration wird in diesem Verfahren über empirisch ermittelte Werte ermittelt, die nur für das Ruhrgebiet Gültigkeit besitzen. Die Berechnung des Direktabflusses erfolgt über die Bestimmung des Anteils p am Überschusswasser (Differenz von Niederschlag und Verdunstung). Der Direktabflussanteil p wird über die Eingangsparameter Hangneigung, Bodenart, Grundwasserflurabstand und

die Flächennutzung bzw. den Versiegelungsgrad ermittelt. Der Direktabflussanteil p nimmt mit steigendem Grundwasserflurabstand ab. Er ist bei ton- und schluffreichen Böden deutlich größer als bei sandigen. Bei versiegelten Flächen steigt der Anteil mit zunehmendem Versiegelungsgrad an (Messer 1997; ◻ Abb. 5.9).

Betrachtet man die Ergebnisse der urbanen Wasserhaushaltsmodellierung mit ABIMO und nach Messer (1997) für die Großstadt Leipzig seit 1870 (◻ Abb. 5.10; Haase 2009), kann man erkennen, dass im Gegensatz zu einem fast 100%igen Basisabfluss auf den filterstarken Sandlöß- und Lößlehmdecken in weiten Bereichen des heutigen Stadtgebietes bereits 1940 und vor allem nach dem 2. Weltkrieg die Flächen mit erhöhtem Oberflächenabfluss deutlich zugenommen haben. Bereits 1940 entspricht die Zunahme des Oberflächenabflusses in etwa der Abnahme der Verdunstungsleistung (vgl. Wasserhaushaltsmodell in ◻ Abb. 5.8). Nach 1990 wurden große Bereiche im suburbanen Umland der Stadt versiegelt, einige von ihnen zu fast 100 %, was zu Oberflächenabflusswerten von +400 mm/a seit 1870 führte, bei einer jährlichen Gesamtniederschlagsmenge von 560–580 mm. Zudem kann man ◻ Abb. 5.10 entnehmen, dass im betrachteten Zeitraum von ca. 130 Jahren die filterstarken Auelehmbereiche im Zentrum der Stadt zunehmend bebaut und somit auch kanalisiert bzw. drainiert wurden. So ist die Abflussregulationsleistung im inneren Bereich der Stadt gering und erklärt auch die dort nach Starkniederschlagsereignissen auftretenden Hochwässer (Kubal et al. 2009).

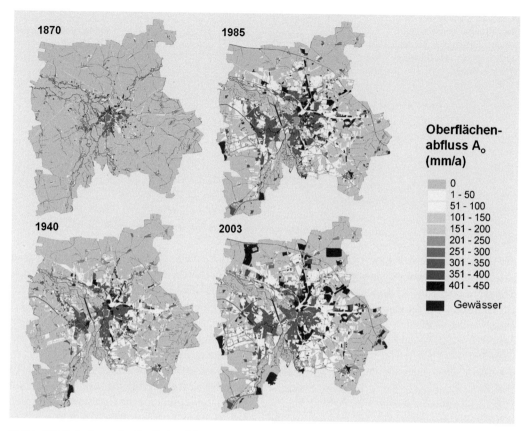

Abb. 5.10 Veränderung des Oberflächenabflusses A_o in der Stadt Leipzig seit 1870. (Haase 2009; Haase und Nuissl 2007, modifiziert)

Neben dem Faktor Lufttemperatur spielt ebenso der technische Hochwasserschutz (Dämme, Deiche, Polder) für die Anpassung an zunehmende Niederschlagsextreme in Städten nach wie vor eine großen Rolle (Krysanova et al. 2008). Städte sind als Orte von hoher Bevölkerungsdichte und der Akkumulation vieler Sachwerte einem erhöhten Hochwasserrisiko ausgesetzt, wenn sie in einem Gebiet mit hoher Überflutungswahrscheinlichkeit liegen (Scheuer et al. 2011). Ökosysteme gehören zu den Risikoelementen entsprechend ihrer Toleranz gegenüber der Höhe und Dauer von überstehendem bzw. überstauendem Wasser. Insbesondere Stadtwälder sind durch lange Überstauung bedroht (Faulwasser infolge anaerober Bedingungen sowie Intoleranz von typischen Stadtbaumarten wie der Spitzahorn *Acer platanoides* gegenüber längerer Überstauung), ebenso durch Einträge toxischer Substanzen von urbanen Gewerbe-, Industrie- und

Brachflächen (Kubal et al. 2009). Ein Beispiel einer urbanen multikriteriellen Hochwasserrisikokarte für die Weiße Elster in Leipzig zeigt ◘ Abb. 5.11.

5.3.3 Erholungsfunktion

Das Stadtökosystem dient als Lebensraum von Menschen, Pflanzen und Tieren (▶ Kap. 4). Dabei ist die Lebensraumfunktion in Bezug auf die Gesundheit und Lebensqualität der Stadtbewohner, also die Erholungsfunktion, von besonderer Bedeutung, begreift man die Stadt als „Habitat des Menschen" (siehe auch Breuste et al. 2013; Leser 2008). Allgemein umfassen die Ökosystemdienstleistungen urbaner Grünflächen Biotopbildungsfunktion (am Standort) im eigentlichen Sinne über die Naturschutzfunktion (die Artenvielfalt), die Filterfunktion (zur Luftreinhaltung), die Klimaregula-

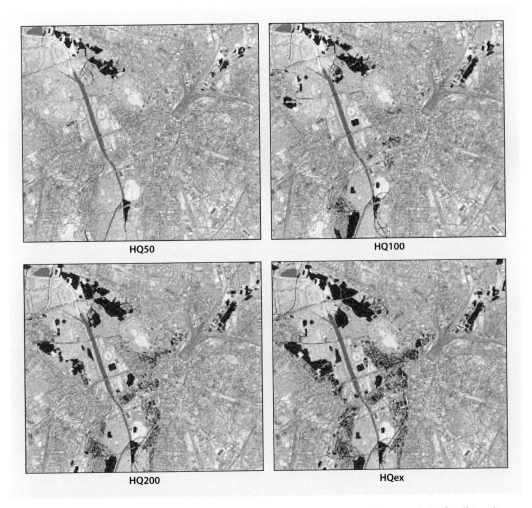

◨ Abb. 5.11 *Rot* gekennzeichnet sind die Gebiete in der Stadt Leipzig, in welchen bei Hochwässern der Weißen Elster mit verschiedener Wiederkehrhäufigkeit (Hochwasserwiederkehr aller 50, 100 und 200 Jahre und extreme Hochwässer HQex) ökonomische Schäden (gemessen als Gebäude- und Hausrat-/Inventarschaden) auftreten können. (Kubal et al. 2009)

tion (Kaltluftentstehung und Kaltluftspeicherung), die Bodenschutzfunktion (Filter, Puffer) und die für den Menschen besonders wichtige Erholungsfunktion. Letztere beinhaltet Aspekte wie mentale und physische Gesundheit, Lärmschutz, das Stadtbild, pädagogische und historische Funktionen (u. a. Bolund und Hunhammar 1999; Givoni 1991; Norberg 1999; Coles und Caseiro 2001; für schrumpfende Städte: Schetke und Haase 2008 sowie Haase et al. 2013).

Eines der wichtigsten Stadtökosysteme sind urbane Grünflächen (vor allem Parks, Kleingärten, Hausgärten, Spielplätze, Wiesen, Friedhöfe, be-

grünte Brachen, urbane Wälder und in gewissem Umfang auch begrünte Balkons), denn sie sichern die Möglichkeit zur Erholung des Menschen in der Stadt. Sie ermöglichen sowohl eine Verbesserung der physischen Gesundheit als auch Naturerlebnisse und Naturerfahrungen (Yli-Pelkonen und Nielema 2005; Bolund und Hunhammar 1999; Chiesura 2004). Sie tragen damit wesentlich zur urbanen Lebensqualität in der Stadt bei (Troye 2002; Santos und Martins 2007). Zudem dienen sie der ästhetischen Gestaltung der Stadt (Breuste 2004). Grünflächen bereichern das direkte Wohnumfeld und können somit das Image einer Stadt bzw. ei-

5

Multikriterielle Hochwasseranalyse im urbanen Raum

Städte sind hochkomplexe Systeme in denen bei einem Hochwasser eine Vielzahl von Komponenten betroffen sind, in erster Linie die Bewohner, zudem Sachwerte, Immobilien, Industriegelände, Verkehrs- und andere technische Infrastruktur aber eben auch Stadtökosysteme, also Stadtparks, Stadtwälder oder Brachflächen. Für die Hochwasserrisikoabschätzung in solchen multifaktoriellen Systeme sind

Multikriterienanalysen (MCA) ein sehr gut geeigneter Ansatz, um der Komplexität des Systems gerecht zu werden und einzelne Faktoren detailliert untersuchen und gewichtet bewerten zu können (▶ Gl. 5.3):

$$R_{MCA} = \sum_{i=1}^{n} w_i \overline{D_i'} \tag{5.3}$$

Hochwasserrisiko (R) ist immer das gewichtete (w) Produkt aus dem

potenziellen Schaden (D) und der Eintrittswahrscheinlichkeit (P) und Größe eines Hochwasserereignisses, also R = P D (Scheuer et al. 2012). Der Schaden D bezieht sich auf die soziale, ökonomische und ökologische Dimension des Stadtgebietes und lässt sich für einzelne Risikoelemente mit Hilfe von Schadensfunktionen (*damage functions*) berechnen/bestimmen (◘ Tab. 5.3).

◘ **Tab. 5.3** Risikoelemente für die Berechnung von Schadensfunktionen und multikriterielles Risiko

Sozial	Ökonomisch	Ökologisch
Bevölkerung	Gebäude	Seltene Arten
Kinder	Hausrat	Trockenrasen
Rentner	Industrie	Wasserintolerante Bäume
Krankenhäuser	Gewerbe	Altlastenflächen
Schulen, Kitas	Zentrale Einrichtungen	Düngemittellager
Seniorenheime	Kunst	Öltanks
...		

nes Stadtteils verbessern und zur Identifikation der Stadtbewohner mit der Umgebung beitragen. Sie bilden charakteristische Elemente der Stadtstruktur und verleihen ihr damit Eigenart bzw. einen eignen Charakter (Breuste 2004). Zudem besitzen urbane Grünflächen ein breites Potenzial sozialer Funktionen. Sie sind Räume der freien Interaktion verschiedener Bevölkerungsgruppen, bieten Sport- und Spielmöglichkeiten als auch ruhige Rückzugsräume. Wichtig ist es zudem, zwischen öffentlich nutz- und begehbaren sowie privaten Grünflächen zu unterscheiden. Die Fläche der privaten Grünflächen kann bis zu 45 % der Gesamtgrünfläche einer Stadt ausmachen.

In Deutschland gibt es zwar keine verbindlichen bundesweiten Grenz- oder Zielwerte für die urbane Grünversorgung zur Erholung, es gibt jedoch stadtspezifische Mindest-Grünversorgungswerte. In Leipzig sind beispielsweise als Minimalwert $5\,m^2$ angegeben und als Richtwert $10\,m^2$. Für Berlin gelten $6\,m^2$ als Richtwert für das pro-Kopf-Mindestgrün. Messen kann man den „Erholungsservice"

urbaner Grünflächenmit verschiedenen Indikatoren (◘ Abb. 5.12), z. B. mit der absoluten Grünfläche oder mit dem Flächenanteil (in %), die oder den die Grünflächen einnehmen, dem pro-Kopf-Anteil an Grün bzw. die pro-Kopf-Fläche, welche man mit der Bevölkerungszahl ins Verhältnis setzen kann. Dabei zeigt die Analyse des pro-Kopf-Grünanteils für Berlin beispielsweise, dass die Versorgung gemessen mit diesem Indikator mit $36\,m^2$ pro Einwohner auffällig hoch ist (Kabisch und Haase 2014, 2011). Darüber hinaus kann die direkte Erreichbarkeit der Grünflächen von den Wohngebieten aus mittels einer GIS-basierten Netzwerkanalyse unter Verwendung digitaler Daten zu Bevölkerungsverteilung und Straßen-, Wegenetz einer Stadt berechnet werden (Comber et al. 2008; Handley et al. 2003; ◘ Abb. 5.12 und 5.13). In den meisten Städten sind Bevölkerung (also die Nutzer) und vorhandene öffentliche Grünflächen (das Angebot) ungleich verteilt, d. h. ein größerer Anteil der städtischen Bevölkerung hat weitere Wege zu großen Park- und Erholungsflächen als der Durchschnitt. Quantitativ

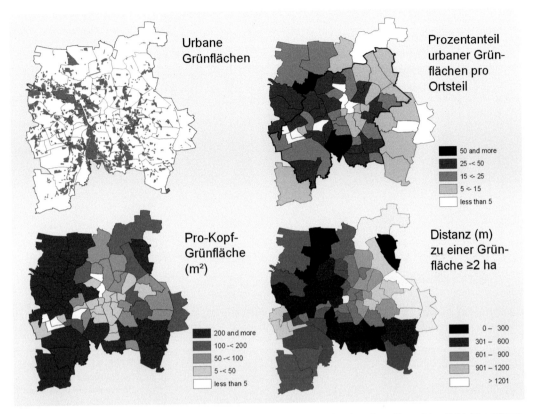

■ **Abb. 5.12** Größe, Anteil, Bedarf und Erreichbarkeit urbaner Grünflächen (Parks, Kleingärten, Hausgärten, Spielplätze, Wiesen, Friedhöfe, begrünte Brachen, urbane Wälder), beispielhaft dargestellt an der Großstadt Leipzig. Deutlich kann man über- und unterversorgte Ortsteile (pro-Kopf-Grün < 5 m²) erkennen. Zudem bedeutet ein hoher Grünflächenanteil nicht immer eine sehr gute Erreichbarkeit einer Mindestgröße an Grünflächen. (Breuste et al. 2013)

bestimmen kann man das mittels einer statistischen Massenkonzentrationsanalyse, mit Gini- oder Theil-Koeffizienten, welche die Gleich- bzw. Ungleichverteilung von Variablen im Raum widergeben, bzw. mittels einer Wegenetzwerk-Distanzanalyse in einem Geographischen Informationssystem (*GIS-network analysis*, Kabisch und Haase 2014).

Für die oben dargestellte Stadt Leipzig zeigt sich eine deutliche Verteilungsungerechtigkeit in den pro Stadtteil zur Verfügung stehenden Grünflächen sowie eine Zugangsungerechtigkeit. Für Berlin konnten Kabisch und Haase (2013) zeigen, dass der hohe pro-Kopf-Grünflächenanteil von 36 m² sehr ungleich über die Gesamtbevölkerung bzw. deren Wohngebiete verteilt ist (Gini-Koeffizient von über 0,8) und man im inneren Süd-Westen der Kernstadt grünflächenbezogen unterversorgte Bereiche vorfindet (Kreuzberg, Neukölln, ■ Abb. 5.13). Zudem

kann man erkennen, dass vor allem die Bevölkerung mit Migrationshintergrund im Vergleich zur Gesamtstadt Grünflächen weniger gut erreichen kann, ein Ergebnis, das sich für viele Städte in Europa ebenso wie in den Vereinigten Staaten, Großbritannien und vielen anderen Ländern zeigt (Breuste und Rahimi 2014). Zugang zu Grün ist damit eine der Grundfragen der Umweltgerechtigkeit in Städten.

Neben der numerischen Messbarkeit der Grünversorgung der städtischen Bevölkerung kann man auch mit qualitativen Methoden deren wahrnehmbare Qualitäten bestimmen (Rink 2005; ■ Abb. 5.14). Eine soziologische interview- und fokusgruppenbasierte Untersuchung in der Stadt Leipzig zeigte, dass vor allem gepflegte Grünflächen der ungepflegten Brachen und Sukzessionsflächen (auch als *urban wilderness* bezeichnet) vorgezogen werden. Innerhalb der Natur der ersten Art sind es

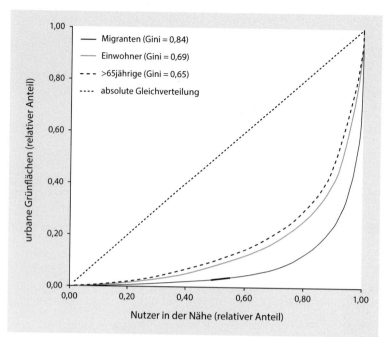

◨ Abb. 5.13 Konzentration der Variablen Parks und Nutzer dieser Parks (alle Einwohner, Einwohner über 65 Jahre und Migranten) für Berlin, dargestellt mit der Lorenzkurve, einem graphischen Maß für die Gleich- bzw. Ungleichverteilung von Eigenschaften (im Raum). (Basierend auf Urban Atlas Daten von 2006; Kabisch und Haase 2014)

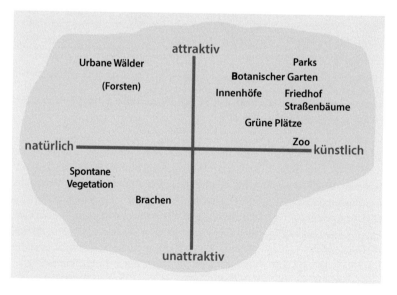

◨ Abb. 5.14 Wahrnehmung von Stadtnatur durch die Stadtbewohner. (Nach einer sozialwissenschaftlichen Studie von Rink 2005, modifiziert)

v. a. urbane Wälder und Auenwälder, welche sehr positiv von der Stadtbevölkerung wahrgenommen werden. Eine andere Studie zur Aufforstung von urbanen Brachflächen zeigte, dass Sukzessionsstadien von Wäldern eher als negativ, gestaltete parkartige Baumflächen als positiv von Stadtbewohnern wahrgenommen werden (Rink und Arndt 2011; ◨ Abb. 5.15).

☐ **Abb. 5.15** Beispiele
für revitalisierte urbane
Brachflächen, welche
jetzt zur Erholung der
Stadtbevölkerung dienen.
(Fotos © Haase)

Sozialwissenschaftliche Bedarfsanalyse der Erholungsfunktion

Die ursprüngliche Bewertung von Ökosystemdienstleistungen im Rahmen landschaftsökologischer Untersuchungen betrachtet vorrangig die *supply*-Seite als das Angebot, und weniger die *demand*-Seite – die Nachfrage durch die Bevölkerung. Die ökologische Bewertung schaut sich die Ergebnisse von Ökosystemprozessen an, und ob bzw. wie diese für den Menschen von Nutzen sein könn(t)en. Sie sind hier anschlussfähig an soziologische oder sozialwissenschaftliche Methoden, die diesen Nutzen oder die Nützlichkeit der Natur/der Ökosysteme für den Menschen (die Nutzer) erfragen. Methodisch sind es vor allem Wahrnehmungsanalysen bzw. -befragungen und Fokusgruppen, die hauptsächlich die klassische Fragebogenform aber zunehmend auch das Internet nutzen. Letzteres kann zu einem gewissen nutzer- und altersbedingten Bias in den

Antworten führen (Chan et al. 2012). Auch Interviews tauchen hin und wieder im Methodenspektrum auf, v. a. wenn es um die Implementierung als wichtig empfundener Ökosystemdienstleistungen geht (Mäkinen und Tyrvainen 2008). Aktuelle Studien untersuchen die Bedeutung von bestimmten Plätzen und Orten für Stadtbewohner (*sense of place*; Schetke et al. 2012) oder auch traditionelles Wissen und spirituelle Werte über/von Ökosysteme und Natur (Gómez-Baggethun et al. 2013). Weitere nicht-monetäre Bewertungsansätze analysieren den Zusammenhang von Landnutzungsmanagement und der Bereitstellung von ökosystemaren Dienstleistungen (Barthel et al. 2005), wobei Strategien und Konzepte der Land- bzw. Flächennutzung bewertet bzw. die biophysikalische Ausstattung eines Raumes mit der von den Nutzern wahrgenomme-

nen Erholungsleistung verglichen werden (Fuller et al. 2007). Ein Nachteil von wahrnehmungsbezogenen Studien ist ihre Kosten- und Zeitintensivität. Außerdem sind für Naturwissenschaftler viele der publizierten Ergebnisse derartiger „Erfragungen des Nutzens von Ökosystemen" schwer in die messungs- oder modellbasierten Analysen der *supply*-Seite einzubeziehen (Chan et al. 2012). Unter anderem aus diesen Gründen werden zur Entscheidungsunterstützung in der Stadtplanung zumeist – wenn überhaupt – monetäre Untersuchungen genutzt, obwohl man weiß, dass sie oft wesentlich enger und unterkomplex gegenüber den hier diskutierten nicht-monetären Analysen und Bewertungsansätzen sind.

Zwischennutzungen von Wohn- und Gewerbebrachen (Gestattungsvereinbarung)

Um dem Schrumpfen der Stadt etwas entgegenzusetzen, startete die Stadt Leipzig im Jahr 1999 eine Reihe von Revitalisierungsprojekten. Eines davon war das der „Gestattungsvereinbarungen", eine Form der Zwischennutzung von Brachen bei bestehendem Baurecht. Im Zuge dieser Zwischennutzungen entstanden viele neue Grünflächen in vormals eng bebauten Gründerzeitvierteln im Leipziger Osten und Westen. Als eine innovative Form der Nutzung von innerstädtischen Abriss- und Brachflächen bei gleichzeitig unangetasteten Eigentumsverhältnissen wurde 1999 die Gestattungsvereinbarung ins Leben gerufen. Sie gestattet als eine Art informelles Planungs- und Steuerungsinstrument die vorübergehende Nutzung privater Flächen durch die Öffentlichkeit bei bestehendem Baurecht. So können zeitlich begrenzte Grünflächen geschaffen, die Umgebung aufgewertet und die Kohäsion der von Schrumpfung, Leerstand und Abriss betroffenen Ortsteile erhalten werden. Sie hat auch für die Eigentümer der Flächen Vorteile: Beräumung und Entwicklung der Flächen werden kommunal gefördert, Grundsteuer wird während der Gestattungsvereinbarung erlassen, Pflegekosten des Standortes zur Vertragszeit (Müllbeseitigung, Grünflächenpflege) übernimmt teilweise die Kommune.

Derzeit hat Leipzig 134 Gestattungsvereinbarungen für 235 Flächen mit einer Gesamtfläche von 165.905 m². Verglichen mit der Gesamtfläche urbaner Brachen in Leipzig von 7 Mio. m² (1942 Flächen, Stadt Leipzig, 2014) erscheint diese Fläche gering, aber dadurch, dass sie sich auf die Standorte der Zwischennutzung in besonders von Leerstand und Abriss betroffenen innerstädtischen Gebieten – den Inneren Osten und Westen – konzentriert, wird die Intervention durchaus sichtbar. Die durchschnittliche Dauer der Gestat-

tungsvereinbarung liegt bei acht Jahren. Allerdings wurde inzwischen eine Mindestnutzungsdauer von zehn Jahren durch den Freistaat Sachsen angewiesen, um die Zwischennutzung nachhaltiger zu machen. Das Interesse an der Maßnahme ist weiterhin ungebrochen, zumal bestehende Gestattungsvereinbarungen aufgrund fehlender Baunachfrage oft verlängert werden (Haase und Lorance Rall 2010). Zur Bestimmung der Nachhaltigkeit von Flächennutzungen und deren „Umweltqualitäten" werden seit vielen Jahren Indikatoren erfolgreich eingesetzt. Angelehnt an ein Auswahlverfahren nach Combes und Wong (1994), die Nachhaltigkeitsstrategie Leipzigs und die Ziele der Gestattungsvereinbarung zu sichern, wurde in einer Untersuchung in Leipzig ein Indikatorenbündel entwickelt, welches den drei Säulen der Nachhaltigkeit ebenso Rechnung trägt wie die quantitativen und qualitativen Aspekte der urbanen Flächennutzung. Erfassung und Bewertung der ökologischen und sozialen Qualität der Zwischennutzungen erfolgten unter Nutzung oben genannter Indikatoren, welche mittels eines entsprechenden Katalogs und der den Indikatoren zugeordneten Zustandsstufen realisiert wurden. Dabei spielten vor allem der Zustand der Flächen (Versiegelung, Grünanteil, Pflanzenvielfalt, Müll, Bänke etc.) und deren Erreichbarkeit (ÖPNV-Anschluss, Zugänglichkeit, Fußwege) eine große Rolle. Auch die Faktoren Sicherheit und Vandalismus wurden aufgenommen. Zu Vergleichszwecken wurden nahe Brachen ohne Zwischennutzung, bewaldete Flächen sowie rezente Abrissflächen ebenso kartiert und bewertet. Zudem wurde eine Beobachtung der Nutzeraktivitäten auf den Flächen durchgeführt. Insgesamt wurden vierzig Standorte untersucht. Eine Nutzerbefragung mittels Fragebogen wurde an insgesamt sechs der

vierzig Standorte durchgeführt. Dabei wurde darauf geachtet, dass ein möglichst repräsentatives Spektrum im Hinblick auf Alter, Geschlecht und Nationalität einbezogen wurde. Gefragt wurde nach der Einschätzung des Zustandes der Flächen und der eigenen Nutzung. Um die vielen Daten der Erhebung am Ende zusammenzufassen und eine für die Stadtplanung wertvolle Gesamtbewertung abgeben zu können, wurde die SWOT-Analyse (*Strengths, Weaknesses, Opportunities, Threats* – Stärken, Schwächen, Chancen, Gefahren) angewendet.

Die Stärke der Gestattungsvereinbarung liegt klar im besseren Zustand der Flächen gegenüber anderen Typen von Brachflächen. Die Nutzungsfrequenz übersteigt die anderen Brachen – das heißt die Zwischennutzung wird angenommen. Zudem bietet der Rahmen einer kommunal subventionierten, zeitlich begrenzten Grünflächengestaltung und -nutzung viel kreatives Potenzial. Wie die Antworten zum Eigenengagement gezeigt haben, fördert die Strategie auch die Bürgerbeteiligung. Es gibt aber auch deutliche Schwächen, allen voran ist das der mangelhafte Zustand vieler Flächen, die fehlende Pflege und mäßige Ausstattung. Zudem orientieren sich die aktuellen Zwischennutzungen noch zu wenig an den Freizeitinteressen der Bürger (zu wenige Bänke für Erholung suchende Rentner, zu wenige Möglichkeiten für Trendsportarten wie Biking oder Skateboarding). Zudem ist das Wissen über die Strategie an sich gering. Allgemein sind bisher zu wenige ökologische Akzente in Bezug auf Diversität und Grünstruktur gesetzt worden.

Trotz dieser Schwächen, könnte die Gestattungsvereinbarung zur Zwischennutzung von Brachen als Grünflächen aber einen wichtigen Beitrag zur sozialen Integration im Wohnviertel leisten, wenn die Flächen noch öfter genutzt würden und einen „Treffpunkt" im Viertel darstellen Sie stellt zudem erste Erfolge einer PPP (*public private partnership*) in Leipzig dar. Natürlich steht und fällt dieses Potenzial mit der zukünftigen Bereitstellung öffentlicher Gelder für den Erhalt der bestehenden und die Gestaltung neuer Zwischennutzungen. Die Gestattungsvereinbarung als Interventions- und Brachennutzungsstrategie besitzt viele Eigenschaften und Potenziale, welche in der Literatur der „urbanen Wildnis" durchweg im positiven Sinne zugesprochen werden: Ward-Thompson (2002) und Chiesura (2004) argumentieren für solche wenig gestalteten Flächen als Orte für Kreativität und Entdeckung. Viele Autoren sprechen solchen gestalteten Brachen viel Potenzial als Kinderspielplätze und Abenteuerorte zu. In jedem Falle stellt die Leipziger Gestattungsvereinbarung ein kreatives Instrument für die Zwischennutzung urbaner Brachen dar, welches große Potenziale für die soziale und ökologische Nachhaltigkeit besitzt. Gerade für schrumpfende bzw. alternde Städte spielen zeitlich begrenzte, flexible Maßnahmen eine große Rolle. Trotz der Einschränkung einer möglichen Langzeitentwicklung stellen die Standorte der Zwischennutzung wichtige Pfeiler der urbanen Grünstruktur dar – sie besitzen Erholungsfunktion.

5.3.4 Zur Luftreinhaltefunktion von Stadtbäumen

Stadtbäume erhöhen nicht nur die Qualität des Wohn- und Lebensraumes in der Stadt, sondern sie sind auch an der Luftreinhaltefunktion, d. h. der Sauerstoffproduktion, Staubfilterung und dem Lärmschutz beteiligt (Leser 2008). Feinstaub gehört zu den wichtigsten Schadstoffen in der urbanen Luft; er beeinträchtigt nachweislich die Gesundheit des Menschen und unterliegt gesetzlichen Grenzwerten [95]. Feinstaub oder auch TSP (*total suspended particulates*) beinhaltet lungengängige Partikelemissionen bis zu einem Durchmesser von < 2,5 μm (flüssige und solide Materie in der Luft = Aerosol). Dazu kommen noch ultrafeine Partikel mit < 0,1 μm Durchmesser, welche im Blut des Menschen aufgenommen werden können (◻ Tab. 5.4).

Stadtbäume filtern partikuläre Substanzen durch Deposition, Sedimentation, Diffusion, Turbulenz oder Auswaschung. Die Pflanzen wirken dabei nicht physiologisch sondern physikalisch durch die anatomisch-morphologische Beschaffenheit ihrer Blatt-, Zweig- und Stammoberflächen sowie deren Rauigkeit, Relief, Behaarung, Blattnervatur, Vorhandensein von Drüsen, Benetzbarkeit, Wölbungen, Blattrandmorphologie sowie Blattfiederung. Dabei fangen Gehölze mit steiler, fester Blattspreite (Nadelhölzer) und unebener Blattoberfläche Partikel wirksamer aus der Luft als glatte, leicht bewegliche, elastische Blätter (Laubhölzer). Zudem sind Blattwinkel, Blattstellung, die Anzahl der Blätter pro Kronenvolumen, der Blattflächenindex (*Leaf Area*

◻ **Tab. 5.4** Feinstaub in der Stadt (Hausstaub setzt sich aus beiden Komponenten zusammen)

Organischer Feinstaub	Anorganischer Feinstaub
Pollen, Bakterien, Sporen, Schuppen, Humus, Ruß, Pflanzenfasern, Sägemehl, VOC (*volatile organic compound* = flüchtige organische Verbindungen, Kohlenwasserstoff, Proteine …)	Mineralien: Sand, Meersalz, Zement, Asbest, Metalle und deren Oxide

Index LAI) sowie die absolute Belaubungsdauer (blattwerfend, immergrün) für die Filterleistung von Bedeutung. Datenbankgestützte Modelle wie i-Tree (Nowak et al. 2002) können aufgrund der inventarisierten Bauminformationen, die allerdings für Baumarten zusammengestellt wurden, die in Nordamerika verwendet werden, die Luftreinhaltefunktion von Stadtbäumen abschätzen (Baró et al. 2015; ◻ Tab. 5.5). Um die Ökosystemdienstleistungen der Luftreinhaltung und des Lärmschutzes erfüllen zu können, muss eine optimale Vorbereitung eines Baumstandortes mit Ausbau der Baumgrube und Einbau eines speziellen Baumsubstrates erfolgen, die richtige Art- und Sortenwahl, darüber hinaus eine standortgemäße Pflanzung sowie regelmäßige Pflegemaßnahmen.

Tab. 5.5 Messung und Modellierung der Luftreinhaltefunktion von Stadtbäumen

Indikator	Modell	Quellen, Literatur
PM$_{10/2,5}$ Speicherung in der Baumvegetation (Mg ha^{-1} Jahr^{-1})	i-Tree-Eco-Trockendepositionsmodell unter Verwendung der Variablen Kronendach, LAI, Luftverschmutzung, Niederschlag, Lufttemperatur	Nowak et al. (2006), i-Tree Canopy (i-Tree Datenbank für Baumkronen) (► www.itreetools.org), Datenbank zur Luftverschmutzung der Europäischen Umweltbehörde EEA (AirBase v7 EEA 2013)

Exkurs: Beispiel zur Staubfilterung eines Spitzahorns (Acer platanoides)

- 9 m hoch
- Gesamtblattzahl 41.000
- Mittlere Blattfläche 68 cm^2
- Gesamtblattfläche 278 m^2

- 2 kg Gesamt-Staubauflage (Vegetationszeit), davon 20 % Feinstaub (2–10 μm)

- Feinstaubfreisetzung vor Ort (Umgebung des Baumes) 3,5 kg

5.3.5 Urbane Landwirtschaft – Produktion lokaler Nahrungsmittel und soziale Kohäsion

Nicht nur in den Städten des globalen Südens spielt urbane Landwirtschaft eine Rolle (Elmqvist et al. 2013); auch die Städte der Industrieländer des Westens erleben ein Art Revival urbaner Landwirtschaft und damit auch der Ökosystemdienstleistungen „Produktion von Nahrungsmitteln" vor Ort sowie der Erholungsfunktion (◘ Abb. 5.16). Urbane Landwirtschaft ist dabei mehr als der Anbau von Nutzpflanzen und – eher seltener – die Haltung von Nutztieren in der Stadt. Jac Smit, der Vordenker von urban agriculture, verstand darunter „… agrarkulturelle Tätigkeiten als Selbsthilfe im engeren wie weiteren Sinne", wobei die unterschiedlichste Ziele verfolgt werden – von der Gemeinschaftsbildung über Umweltschutz und Umweltbildung, Selbstversorgung, Erholung und Einkommensgenerierung bis hin zur Wiederaneignung der Gemeingüter (commons). Urban Landwirtschaft oder urbane Gärten können in vielfältigen Formen auftreten: Kleingärten (► Kap. 4) Gemeinschaftsgärten, Community Gardens (► Kap. 7), City Farms, Interkulturelle Gärten, Nachbarschaftsgärten, Krautgärten etc. Aber auch der klassischen landwirtschaftlichen Pro-

duktion in der Stadt wird vor dem Hintergrund der Diskussionen um die lokale Versorgung mit Nahrungsmitteln und die regionalen Wirtschaftskreisläufe eine neue Bedeutung zugesprochen. Vielfältig sind sowohl die verschiedenen Projekte als auch die daran beteiligten Akteure (www.stadtacker.de).

Neben der reinen Produktion von lokalen Nahrungsmitteln sind Partizipation, Gemeinschaft, die Aneignung von Flächen sowie politisches Handeln die zentralen Elemente des urbanen Gärtnerns. Die Wiederentdeckung des Erntens im urbanen Alltag wird als Kontrapunkt zur Globalisierung und Mobilität der Stadtgesellschaft verstanden. Urbanes Gärtnern ist ein sogenannter „niedrigschwelliger" Einstieg in die partizipative Stadtentwicklung. Die Bürger, die sich für diese Projekte engagieren, wollen sich nicht nur an einem Garten beteiligen, sondern zudem an Stadtentwicklung teilhaben, sie wollen Nachbarschaften mitgestalten und interessieren sich für ihre Stadt. In diesem Kontext können Projekte des urbanen Gärtnerns allerdings auch zu Konflikten mit Stadtentwicklungsprojekten führen (Smit 1996). Zudem ist das urbane Gärtnern auch selbst Träger von Innovationen, wenn man an Obst und Gemüse aus Hochhausgewächshäusern der Zukunft denkt, wie es derzeit bereits Realität in New Yorks Stadtteil Brooklyn ist (◘ Abb. 5.17).

◘ **Abb. 5.16** Innovative Beispiele urbaner Landwirtschaft bzw. urbanen Gärtnerns aus Chicago und Berlin. (Fotos © Haase)

Neue Formen der stadtnahen Landwirtschaft erfordern seitens der Kommune Kooperation und Kommunikation mit den Landwirten als unverzichtbarer Partner. Die Akzeptanz der Landwirte für kommunale Konzepte und innovative Ansätze ist eine wichtige Voraussetzung für die Stärkung urbaner Landwirtschaft. Dies ist zum Beispiel im Falle der solidarischen Landwirtschaft im Umkreis großer deutscher Städte festzustellen (Elsen 2011). Wichtig ist, dass städtische Kommunen mit ihren eigenen landwirtschaftlichen Betrieben den Wandel zur ökologischen Landwirtschaft auf nationaler Ebene und in der EU unterstützen und als Vorbild auftreten können. Die ökologischen und sozialen Funktionen der städtischen landwirtschaftlichen Betriebe rücken angesichts der zunehmenden Bedeutung einer nachhaltigen und verbraucherorientierten Landwirtschaft und der erhöhten Nachfrage nach regional erzeugten landwirtschaftlichen Produkten immer stärker in den Vordergrund.

◘ **Abb. 5.17** Tomaten vom Hochbeet. (Foto © Haase 2015)

5.3.6 Kohlenstoffspeicherung in der Stadt – ein Beitrag zur Minderung des urbanen Fußabdrucks?

Ein Beitrag zur globalen Klimaregulation können städtische Ökosysteme mittels Kohlenstoffspeicherung leisten. Kohlenstoff und Kohlendioxid (CO_2) werden überwiegend in Böden und Baumvegetation festgelegt. Der aktuelle Wissenstand des CO_2-SpeicherPotenzials städtischer Gehölze geht auf verschiedene Studien amerikanischer Forscher seit Beginn der 1990er Jahre zurück (siehe u. a. Rowntree et al. 1991; Nowak 1994; Nowak und Crane 2002; McPhearson 1998; McPherson und Simpson 2003). Die CO_2-Fixierung basiert bei allen Projekten auf der allometrischen Regression (Beziehung zwischen Stammumfang und Gesamtbiomasse des Baumes) zwischen verschiedenen Baumkompartimenten wie der Höhe, dem Durchmesser oder dem Kronenvolumen des Baumes. Aus dem Vergleich der internationalen Studien lassen sich die Parameter Bestandsdichte und Durchmesserverteilung als wichtigste Einflussgrößen auf den Kohlenstoffvorrat je Flächeneinheit ableiten (McPherson 1998). Wichtig für das Kohlenstoffspeichervermögen ist die Baumart, d. h. bei der Beachtung artspezifischer Charakteristika wie Lebensdauer, Wachstumsverhalten und Holzdichte kann die Artenzusammensetzung von Stadtwäldern und Straßenbäumen das CO_2-Speicherpotenzial beeinflussen. Die internationale Literatur, insbesondere die Forst-Literatur, stellt zudem umfassende Sammlungen standortspezifischer Biomassegleichungen bereit. Diese Gleichungen wurden allerdings in Forstbeständen erstellt, denn der Forschungsstand explizit an Stadtbäumen entwickelter Formeln steht dagegen noch am Anfang und birgt einige Unsicherheiten (Vollrodt et al. 2012).

Es gibt verschiedene Methoden und Modelle, die CO_2-Fixierung in oberirdischer Holzbiomasse zu bestimmen, zwei gängige Ansätze sind in ◪ Tab. 5.5 dargestellt. Bei der Feldmethode werden mittels stichprobenartiger Messungen der Brusthöhendurchmesser (1,30 m; BHD) und die Art des Baumes im Gelände bestimmt (◪ Abb. 5.18). Für die Extrapolation der Daten infolge Baumwachstums werden zumeist forstliche Ertragstafeln ge-

◪ **Abb. 5.18** Ermittlung des Brusthöhendurchmessers (BHD) im Gelände. (Foto © Strohbach)

nutzt. Das jährliche Wachstum ist jedoch nicht nur artspezifisch, sondern in besonderem Maße auch standortbeeinflusst, was gerade bei Stadtbäumen auf ungünstigen Substraten eine nicht zu vernachlässigende Unsicherheit darstellt. ◪ Abb. 5.19 zeigt das für die Rotbuche (*Fagus sylvatica*).

Im Verlauf ihres jährlichen Wachstums nehmen Bäume CO_2 während der Photosynthese auf. Einen Teil davon speichern sie längerfristig in ihrem Holzgewebe (Nowak und Crane 1998). Ein Gramm der organischen Trockensubstanz besteht dabei zu etwa 50 % aus Kohlenstoff (▶ Gl. 5.4; Larcher 2001):

$$\begin{aligned} 1 \text{ g org. Trockensubstanz} &= 0{,}42 - 0{,}51 \text{ g C} \\ &= 1{,}5 - 1{,}7 \text{ g } CO_2 \end{aligned} \quad (5.4)$$

(Massenumrechnungsfaktor $1 \text{ g C} = 3{,}67 \text{ g } CO_2$).

Die oberirdische Holzbiomasse eines Einzelbaumes wird durch Schätzfunktionen bestimmt. Der Schlüssel für diese Kalkulation liegt in deren allometrischen Regression zwischen der Baumhöhe/-breite und dem BHD. Beschrieben wird diese allometrische Funktion mit Gleichungen wie in ▶ Gl. 5.5 (Braeker 2008):

$$y = a \times x^b \quad (5.5)$$

mit y = oberirdische Holzbiomasse (oHB) und x = BHD; a und b sind Schätzungsparameter.

Mittels dieser Feldmethodik konnte für mitteleuropäische Städte wie Leipzig gezeigt werden, dass es keinen klaren urban-ruralen Gradienten der

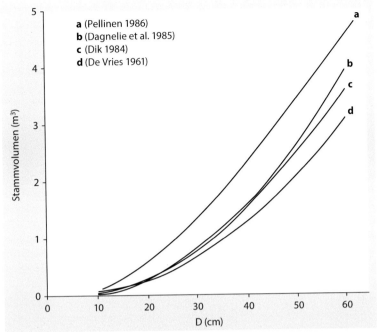

◻ **Abb. 5.19** Unsicherheiten bei der Bestimmung des Stammvolumens bzw. der oberirdischen Holzbiomasse aus dem BHD für eine Baumart in der Stadt. (Vollrodt et al. 2012)

a (Pellinen 1986)
b (Dagnelie et al. 1985)
c (Dik 1984)
d (De Vries 1961)

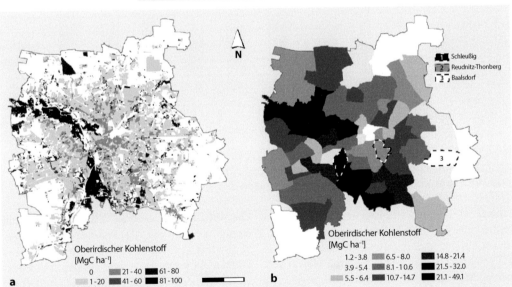

◻ **Abb. 5.20** Kohlenstoffspeicherung durch die oberirdische Holzbiomasse in der Stadt Leipzig, **a** auf Einzelflächenebene (Grundstücke) und **b** aggregiert für die 63 Ortsteile der Stadt. Deutlich sind die Leipziger Flussauen als prominenter Kohlenstoffspeicher zu sehen, aber auch die hohen Werte der Altbaugebiete entlang der Auen und in der östlichen Vorstadt. (Strohbach und Haase 2012, Bildrechte bei den Autoren)

Kohlenstoffspeicherung in der Stadt gibt – also eine Zunahme der CO_2-Fixierung mit größerer Distanz zum Stadtzentrum, vor allem dann, wenn es sich um rurale peri-urbane Regionen handelt (◻ Abb. 5.20, ◻ Abb. 5.21 und ◻ Abb. 5.22). Vergleichsweise hohe Werte im gesamtstädtischen Vergleich erzielen innenstadtnahe Altbaugebiete, da sie häufig hohe alte Bäume aufweisen, die viel Kohlenstoff fixieren

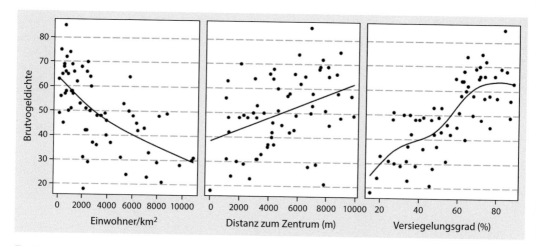

◻ **Abb. 5.21** Gradienten der Kohlenstoffspeicherung in Leipzig: Man kann sehr gut erkennen, dass es einen eindeutigen Gradienten nicht gibt, und dass selbst vergleichsweise hochversiegelte Bereiche (> 60 %) ein für die Stadt vergleichsweise hohes CO_2-Bindungspotenzial bieten können. (Dissertation Michael Strohbach an der MLU Halle)

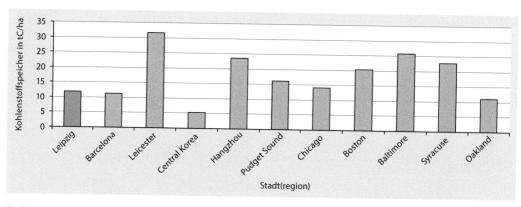

◻ **Abb. 5.22** Kohlenstoffspeicherung in verschiedenen Städten (in Tonnen C pro Hektar). Man kann erkennen, dass die kompakten Städte Leipzig und Barcelona wenig Kohlenstoff speichern im Vergleich zu chinesischen und US-Städten, welche bezogen auf die gesamte Stadtfläche weniger dicht und kompakt sind

können im Gegensatz zu „jüngeren" Strukturen wie Reihenhaus- oder Einfamilienhausgebieten. Das bedeutet, dass beim Stadtumbau im Altbaubereich das Fällen dieser alten CO_2-Speicher nach Möglichkeit vermieden werden sollte (Kändler et al. 2011).

5.3.7   Urban Ecosystem Disservices

Ecosystem Disservices werden als unerwünschte Effekte von Ökosystemfunktionen verstanden. Lyytimäki und Sipilä (2009) definieren *Ecosystem Disservices* als „Funktionen von Ökosystemen, welche negative Auswirkungen für das menschli-

che Wohlergehen auslösen". Das Konzept nimmt Bezug auf das der Ökosystemdienstleistungen (*Ecosystem services*) und vor diesem Hintergrund können *Ecosystem Disservices* als negative Nebenwirkungen von Ökosystemfunktionen bezeichnet werden. Ein Zusammenhang zwischen *Ecosystem Services* und *Ecosystem Disservices* lässt sich aus der Betrachtung der Wirkmechanismen von Ökosystemprozessen erkennen. Ökologische Prozesse bewirken Effekte, die je nach ihrem Nutzen oder Schaden als *Ecosystem Services* oder *Disservices* bewertet werden. Diese Bewertung hängt letztendlich davon ab, was die betroffenen Menschen, unter den gegebenen Umständen, als nützlich, bzw. schädlich

■ **Tab. 5.6** Den Zusammenhang zwischen *Ecosystem Services* und *Disservices* erhellt eine Gegenüberstellung vor dem Hintergrund der jeweils zugrundeliegenden Ökosystemfunktionen

Ökosystemfunktion	Beispiele Urban Ecosystem Services	Beispiele Urban Ecosystem Disservices
Photosynthese/Primärproduktion	Sauerstoffproduktion	Produktion von biogenen Schwebstoffen
Akkumulation von Biomasse (Pflanzenwachstum)	Kohlenstoffspeicherung Kühleffekte Ästhetischer Gewinn	Schäden an urbaner Infrastruktur Sichtbeschränkungen Mögliche Unfallquelle
Pflanzliche Reproduktion	Erhaltung der Pflanzenpopulation	Pflanzenallergien
Ökologische Nischen für Pflanzen	Erhaltung/ Erhöhung der Biodiversität	Vorkommen unerwünschter oder gefährlicher Pflanzen Verbreitung invasiver Arten
Ökologische Nischen für Tiere	Erhaltung/ Erhöhung der Biodiversität	Vorkommen unerwünschter oder gefährlicher Tiere Verbreitung invasiver Arten
Ökologische Nischen für Mikroorganismen	Erhaltung/ Erhöhung der Biodiversität	Vorkommen und Verbreitung gefährlicher Infektionskrankheiten
Photosynthese/Primärproduktion	Sauerstoffproduktion	Produktion von biogenen Schwebstoffen
Akkumulation von Biomasse (Pflanzenwachstum)	Kohlenstoffspeicherung Kühleffekte Ästhetischer Gewinn	Schäden an urbaner Infrastruktur Sichtbeschränkungen Mögliche Unfallquelle
Pflanzliche Reproduktion	Erhaltung der Pflanzenpopulation	Pflanzenallergien

für ihr Wohlbefinden erachten. *Ecosystem Services* und *Ecosystem Disservices* sind neben ökologischen auch sozialen und ökonomischen Einflüssen unterworfen. Dies gilt insbesondere für die Effekte von Stadtökosystemen auf die Lebensqualität der Stadtbewohner, da hier besonders viele Menschen von den in ■ Tab. 5.6 genannten Effekten betroffen sind. Die empirische und messtechnische Untersuchung und Erfassung von urbanen *Ecosystem Disservices* ist noch nicht sehr weit entwickelt. Von besonderem Interesse für zukünftige Quantifizierungs- und Modellierungsarbeiten sind *Ecosystem Disservices*, die im Zusammenhang mit städtischem Grün stehen (■ Tab. 5.6). In diesem Zusammenhang relevante Indikatoren sind VOCs, biogene Schwebstoffe in der Stadtluft, Schadensaufkommen im Zusammenhang mit städtischen Pflanzen sowie die Verbreitung von allergenen Pollen.

5.3.8 Synergie- und Trade-off-Effekte

Bisher wurden einzelne urbane Ökosystemdienstleistungen detailliert diskutiert und ihre Wirkung auf das menschliche Wohlbefinden beschrieben. Da urbane Flächen – wie in ▶ Abschn. 5.2 beschrieben – oft multiplen Ansprüchen gegenüberstehen, gibt es auch zwischen verschiedenen Ökosystemdienstleistungen einerseits Synergieeffekte – sich gegenseitig verstärkende, nutzende Effekte – und sogenannte *Trade-offs* oder Konflikte, d. h. eine bestimmte Leistung kann nur bei Minderung einer anderen gut erfüllt werden (Haase et al. 2012; Haase et al. 2014). Klassische Beispiele sind zum Beispiel der Konflikt zwischen lokaler Produktionsfunktion (▶ Abschn. 5.3.5) und Biodiversität (▶ Kap. 4) bzw. auch teilweise lokaler Klimaregulation (▶ Abschn. 5.3.1): Während der Baumbestand für die beiden letzteren ebenso wie für die CO_2-Speicherung sehr wichtig und fördernd ist, stört er bei der Nutzung des Bodens für urbanes Gärtnern. Ebenso gibt es *Trade-offs* zwischen einem – zumeist künstlichen – Design von Parks und Grünflächen inklusive der Einführung allochtoner Arten (▶ Kap. 4) und der lokalen Biodiversität. Synergieeffekte dagegen sind zwischen einem eingriffsextensiven Parkdesign unter Verwendung autochtoner Arten und Biodiversität zu sehen, sowie zwischen Erholungsfunktion und lokaler Klimaregulation, welche beide das Vorhandensein von Bäumen nutzen.

Selbstverständlich gibt es auch eine Reihe von Konflikten und Synergien zwischen urbanen Ökosystemdienstleistungen einerseits und anderen Ansprüchen an urbane Flächen wie die Wohnfunktion, an die industrielle und gewerbliche Produktion oder an das soziale Wohlbefinden (Einkauf, Vergnügen, Freizeit etc.). So schließen sich, wie in ▶ Abschn. 5.2 beschrieben, Ökosystemleistungen und Versiegelung oft aus (Nuissl et al. 2009; Haase et al 2014). Im bebauten Bereich gibt es allerdings sogenannte indirekte Klimaregulationseffekte durch Begrünung von Gebäuden und Gebäudeumfeld (Strohbach et al. 2014). Vor allem in innerstädtischen Lagen, wo größere Baumpflanzungen nicht immer möglich sind, bietet Gebäudebegrünung neben einer Vielzahl von positiven Wirkungen auch das Potenzial, energetische Belange zu fördern und dadurch das Klima zu schützen (Pfoser 2013).

Schlussfolgerungen zur Anwendung des Ansatzes der urbanen Ökosystemdienstleistungen in der Stadtplanung

Der nachhaltige Umgang mit natürlichen Ressourcen in der Stadt und mit Stadtökosystemen ist eine der zentralen gesellschaftlichen Herausforderungen der Gegenwart. Um eine ökologisch und sozialverträgliche Wirtschaft (u. a. der neue Weg der *Green Economy*) langfristig zu sichern, sind eine verantwortungsvolle Nutzung der Leistungen der Stadtökosysteme und eine Minderung negativer Auswirkungen menschlicher Einflussnahme unabdingbar. ▶ Kapitel 5 zeigt, dass das Wohlbefinden der Menschen von einem funktionierenden Naturhaushalt abhängt (Haase et al. 2014). Gerade die *Green Economy*, aber auch Klimaanpassungsstrategien von Städten, setzen zunehmend auf Ökosysteme als Erbringer wichtiger Leistungen für die Gesellschaft (Breuste et al. 2013). Urbane Ökosystemleistungen stiften Nutzen für die städtische Gesellschaft, welcher aus einem sozialen und ökonomischen Blickwinkel heraus bewertet werden kann (Gómez-Baggethun et al. 2013).

Da aber die Bereitstellung von Ökosystemleistungen von den Ökosystemstrukturen und -prozessen der Stadtnatur abhängt, wie ebenfalls in ▶ Kap. 5

gezeigt, wird immer häufiger auf die Gefahr ihrer Übernutzung bzw. Zerstörung hingewiesen (Elmqvist et al. 2013; MA 2005). Parallel dazu werden diese Leistungen infolge der Auswirkungen des Klimawandels, welche vor allem Städte betrifft, einerseits, aber auch gesellschaftlicher Wandlungsprozesse (z. B. Alterung, Energiewende) andererseits immer wichtiger, ihre Erbringung aber auch immer unsicherer (Albert et al. 2014).

Das Wissen über die komplexen Wechselwirkungen zwischen Ökosystemen, Ökosystemprozessen und Biodiversität auf der einen, und Gesellschaft, Wirtschaft und menschlichem Wohlbefinden auf der anderen Seite nimmt in Deutschland beständig zu (WBGU Gutachten 2013). Dieses Wissen liegt jedoch in sehr heterogenen Expertengruppen vor, und selten ist die Stadtplanung direkt involviert (Daily et al. 2009). Und so müssen am Schluss des Kapitels zu urbanen Ökosystemdienstleistungen die Schwierigkeiten und noch zu lösenden Probleme des Konzeptes bzw. Ansatzes angesprochen werden:

1. Stadtplanung muss – wie auch im Buch gezeigt (▶ Kap. 1 und 6) – oft pragmatische Entscheidungen treffen auf basierendem Wissen. Neue Konzepte, zumal wenn sie auf einem recht theorielastigen Ansatz basieren und vor allem englisch-sprachig diskutiert und weiterentwickelt werden, finden schwer den Weg in die tägliche Stadtplanung in Deutschland (Kabisch et al. 2013).

2. Für die verschiedenen Ökosystemdienstleistungen gibt es eine Vielzahl an Bewertungs-, Modellierungs-, Mess- und Monitoringverfahren, die mitunter nur schwer vergleichbar und integrierbar sind – für den urbanen Raum zumal nur sehr wenige (Haase et al. 2014). In verschiedenen Städten weltweit liegen Einzelerhebungen liegen vor, ihre Ergebnisse werden jedoch bisher nicht zusammengeführt.

3. Zudem ist wenig über den Bedarf an urbanen Ökosystemdienstleistungen bekannt, da sozialwissenschaftliche Erhebungen oft sehr zeit- und personalaufwendig sind und das Konzept der Ökosystemdienstleistungen bisher wenig Eingang in die empirischen Sozialwissenschaften gefunden hat. Zudem, das zeigt der andauernde demographische und Lebensstilwandel, ändert sich die Nachfrage an die Leistungen des urbanen Naturhaushaltes sehr dynamisch.

4. Es fehlt an einer übergreifenden Strategie – also vor allem einer nationalen Strategie erstmals –, wie man Stadtnatur mittels des Konzeptes der Ökosystemdienstleistungen effektiver und einheitlicher schützen kann.

❓ 1. Was sind urbane Ökosystemdienstleistungen, und in welchem Verhältnis stehen sie zur urbanen Lebensqualität?
2. Wie wirkt sich der Versiegelungsgrad auf das Regulationsvermögen städtischer Oberflächen aus, Niederschläge zu regulieren?
3. Welche Faktoren tragen zur Herausbildung der urbanen Hitzeinsel bei?
4. Woran liegt es, ob ein Stadtbaum viel oder wenig Kohlenstoff speichern kann?
5. Was ist der BHD?
6. Von welchen Faktoren hängt es ab, ob Bäume zur Luftreinigung beitragen können? Sind Nadel- oder Laubbäume besser geeignet und warum?

✅ **ANTWORT 1**
– Prozesse des Naturhaushaltes, welche Menschen für ihr Wohlbefinden, also ihre physische und mentale Gesundheit, (häufig gratis) nutzen.
– Beispiele: Luftreinhaltefunktion, Produktionsfunktion, Wasserdargebot, Erholung, Bestäubung etc.

✅ **ANTWORT 2**
– Je höher der Versiegelungsgrad, desto geringer die Aufnahme von Regenwasser an der Erdoberfläche und desto höher der direkte Oberflächenabfluss.

✅ **ANTWORT 3**
– Versiegelungsgrad,
– Bebauungsdichte,
– Lage,
– Anteil an Wasser- und Grünflächen,
– Heizverhalten,
– Emissionen.

✅ **ANTWORT 4**
– An seinem Brusthöhendurchmesser,
– an seiner Wuchsgeschwindigkeit.

✅ **ANTWORT 5**
– Der Brusthöhendurchmesser.

✅ **ANTWORT 6**
– Laubbäume können Schadstoffe effektiver aus der Luft filtern, da sie einen größeren Blattflächenindex (LAI) haben als Nadelbäume.

Literatur

Verwendete Literatur

Albert C, Neßhöver C, Wittmer H, Hinzmann M, Görg C (2014) Sondierungsstudie für ein Nationales Assessment von Ökosystemen und ihren Leistungen für Wirtschaft und Gesellschaft in Deutschland. Helmholtz-Zentrum für Umweltforschung – UFZ, Leipzig (unter Mitarbeit von K Grunewald und O Bastian (IÖR)
Barthel S, Colding J, Elmqvist T, Folke C (2005) History and local management of a biodiversity-rich, urban cultural landscape. Ecology and Society 10:10
Baró F, Frantzeskaki N, Gómez-Baggethun E, Haase D (2015) Assessing the match between local supply and demand of urban ecosystem services in five European cities. Ecological Indicators 55:146–158
Bastian O, Haase D, Grunewald K (2012) Ecosystem properties, Potenzials and services – the EPPS conceptual framework and an urban application example. Ecological Indicators 21:7–16. doi:10.1016/j.ecolind.2011.03.014
Berlin Bauen – Senatsverwaltung für Stadtentwicklung (Hrsg) (2010) Konzepte der Regenwasserbewirtschaftung. Gebäudebegrünung, Gebäudekühlung. Senatsverwaltung Selbstverlag, Berlin
Bolund P, Hunhammar S (1999) Ecosystem services in urban areas. Ecological Economics 29:293–301 (http://dx.doi.org/10.1016/S0921-8009 (99)00013-0)
Bowler DE, Buyung-Ali L, Knight TM, Pullin AS (2010) Urban greening to cool towns and cities: a systematic review of the empirical evidence. Landscape and Urban Planning 97:147–155
Braeker OU (2008) Waldwachstum I / II. Allometrische Funktionen. Eidgenössische Forschungsanstalt für Wald, Schnee und Landschaft WSL. Professur Forsteinrichtung und Waldwachstum ETH Zürich, Birmensdorf (URL: http://www.wsl.ch/forest/waldman/vorlesung/ww_tk25.ehtml. Zuggegriffen: 17. April 2011)
Breuste J (2004) Decision making, planning and design for the conservation of indigenous vegetation within urban development. Landscape and urban Planning 68:439–452
Breuste J, Rahimi A (2014) Many public urban parks but who profits from them? – The example of Tabriz, Iran. Ecological Processes 4:6 doi:10.1186/s13717-014-0027

Breuste J, Haase D, Elmqvist T (2013) Urban landscapes and ecosystem services. In: Sandhu H, Wratten S, Cullen R, Costanza R (Hrsg) Ecosystem Services in Agricultural and Urban Landscapes. John Wiley & Sons, Ltd., Hoboken, S 83–104

Burkart K, Canário P, Scherber K, Schneider A, Breitner S, Andrade H, João Alcoforado M, Endlicher W (2013) Interactive short-term effects of equivalent temperature and air pollution on human mortality in Berlin and Lisbon. Environmental Pollution 183:54–63

Chan KMA, Satterfield T, Goldstein J (2012) Rethinking ecosystem services to better address and navigate cultural values. Ecological Economics 74:8–18

Chiesura A (2004) The role of urban parks for the sustainable city. Landscape and. Urban Planning 68:129–138

Coles R, Caseiro M (2001) Social Criteria for the Evaluation and Development of Urban Green Spaces. In: UFZ-Helmholzzentrum für Umweltforschung (Hrsg) Comparisons Report to European Commission, Project URGE – Development of Urban Green Spaces to Improve the Quality of Life in Cities and Urban Regions. EVK4-CT-2000-00022, Part B Annex B1. UFZ-Helmholzzentrum für Umweltforschung, Leipzig. (www.urge-project.ufz.de/. Zugegriffen: 23. Januar 2016)

Comber A, Brunsdon C, Green E (2008) Using a GIS-based network analysisto determine urban greenspace accessibility for different ethnic and religiousgroups. Landscape and Urban Planning 86(1):1–18

Combes M, Wong C (1994) Methodological steps in the development of multivariate indexes for urban and regional policy analysis. Environ Plann A 26:1297–1316

Costanza R, D'Arge R, de Groot R, Farber S, Grasso M, Hannon B, Limburg KE et al (1997) The value of the world's ecosystem services and natural capital. Nature 25:253–260

Cowling RM, Egoh B, Knight AT, O'Farrell PJ, Reyers B, Rouget M, Roux DJ, Welz A, Wilhelm-Rechman A (2008) An operational model for mainstreaming ecosystem services for implementation. Proceedings of the National Academy of Sciences of the United States of America 105:9483–9488

Daily GC (Hrsg) (1997) Nature's Services: Societal Dependence on Natural Ecosystems. Island Press, Washington, DC

Daily GC, Polasky S, Goldstein J, Kareiva PM, Mooney HA, Pejchar L, Ricketts TH, Salzman J (2009) Ecosystem services in decision making: time to deliver. Frontiers in Ecology and the Environment 7:21–28. doi:10.1890/080025

DIE ZEIT ONLINE (2013) Smog in Peking erreicht Rekordwerte. http://www.zeit.de/wissen/umwelt/2013-01/china-peking-smog. Zugegriffen: 30. Juni 2015

EEA (European Environment Agency) (2013b) AirBase – The European airquality database (version 7). http://www.eea.europa.eu/data-and-maps/data/airbase-the-european-airquality-database-7. Zugegriffen: November 2013

Elmqvist T, Fragkias M, Goodness J, Güneralp B, Marcotullio PJ, McDonald RI, Parnell S, Schewenius M, Sendstad M, Seto KC, Wilkonson C (Hrsg) (2013) Global Urbanisation, Biodiversity and Ecosystem Services: Challenges and Opportunities. A global assessment. Springer, Dordrecht, Heidelberg, New York, London

Elsen S (2011) Ökosoziale Transformation. Solidarische Ökonomie und die Gestaltung des Gemeinwesens. Perspektiven und Ansäze von unten. Münchner Hochschulschriften für angewandte Sozialwissenschaften, Neu-Ulm

Endlicher W, Hostert P, Kowarik I, Kulke E, Lossau J, Marzluff J, van der Meer E, Mieg H, Nützmann G, Schulz M, Wessolek G (2011) Perspectives in Urban Ecology. Studies of ecosystems and interactions between humans and nature in the metropolis of Berlin. Springer, Berlin, Heidelberg

Endlicher W (2012) Einführung in die Stadtökologie. Ulmer, Stuttgart

Fisher B, Turner R, Morling P (2009) Defining and classifying ecosystem services for decision making. Ecological Economics 68:643–653

Franck U, Krüger M, Schwarz N, Großmann K, Röder S, Schlink U (2013) Heat stress in urban areas: Indoor and outdoor temperatures in different urban structure types and subjectively reported well-being during a heat wave in the city of Leipzig. Meteorologische Zeitschrift 22(2):167–177

Fuller RA, Irvine KN, Devine-Wright P, Warren PH, Gaston KJ (2007) Psychological benefits of green space in crease with biodiversity. Biol Lett 3:390–394

Gill SE, Handley JF, Ennos AR, Pauleit S (2007) Adapting cities for climate change: the role of the green infrastructure. Built Environ 33:115–133

Glugla G, Fürtig G (1997) Dokumentation zur Anwendung des Rechenprogramms ABIMO. Mimeograph, Bundesanstalt für Gewässerkunde, Berlin

Gómez-Baggethun E, Mingorría S, Reyes-García V, Calvet L, Montes C (2010) Traditional ecological knowledge trends in the transition to a market economy: Empirical study in the Donana natural areas. Conservation Biology 24:721–729

Gómez-Baggethun E, Gren A, Barton DN, Langemeyer J, McPherson T, O'Farrell P, Andersson E, Hamsted Z et al et al (2013) Urban ecosystem services. In Urbanization, biodiversity and ecosystem services: challenges and opportunities. A global assessment. In: Elmqvist T, Fragkias M, Goodness J, Güneralp B, Marcotullio PJ, McDonald RI, Parnell S, Schewenius M (Hrsg). Springer, Dordrecht (From http://link.springer.com/book/10.1007%2F978-94-007-7088-1. Zugegriffen: 30. Juni.2015)

De Groot RS, Wilson MA, Boumans RMJ (2002) A typology for the classification, description and valuation of ecosystem functions, goods and services. Special issue: The dynamics and value of ecosystem services: integrating economic and ecological perspectives. Ecological Economics 41:393–408

Großmann K, Franck U, Krüger M, Schlink U, Schwarz N, Stark K (2012) Soziale Dimensionen von Hitzebelastung in Grossstädten (Social dimensions of heat stress in large urban areas). disP The Planning Review 48(4):56–68

Grunewald K, Bastian O (Hrsg) (2015) Ecosystem Services – Concept, Methods and Case Studies. Springer, Heidelberg, Berlin

Guo Z, Zhang L, Li Y (2010) Increased dependence of humans on ecosystem services and biodiversity. PLoS ONE 5(10):1–7 (http://dx.doi.org/10.1371/journal.pone.0013113)

Haase D (2012) The importance of ecosystem services for urban areas: valuation and modelling approaches. Interdisciplinary Initiatives for an Urban Earth 7:4–7

Haase D (2008) Urban ecology of shrinking cities: an unrecognised opportunity? Nature and Culture 3:1–8

Haase D (2003) Holocene floodplains and their distribution in urban areas – functionality indicators for their retention Potenzials. Landscape & Urban Planning 66:5–18

Haase D (2009) Effects of urbanisation on the water balance – a long-term trajectory. Environment Impact Assessment Review 29:211–219

Haase D, Larondelle N, Andersson E, Artmann M, Borgström S, Breuste J, Gómez-Baggethun E, Gren A, Hamstead Z, Hansen R, Kabisch N, Kremer P, Langemeyer J, Lorance Rall E, McPhearson T, Pauleit S, Qureshi S, Schwarz N, Voigt A, Wurster D, Elmqvist T (2014) A quantitative review of urban ecosystem services assessment: concepts, models and implementation. AMBIO 43(4):413–433

Haase D (2011) Urbane Ökosysteme IV-1.1.4. Handbuch der Umweltwissenschaften. VCH Wiley, Weinheim

Haase D, Nuissl H (2007) Does urban sprawl drive changes in the water balance and policy? The case of Leipzig (Germany) 1870–2003. Landscape and Urban Planning 80:1–13

Haase D, Lorance Rall ED (2010) Gestaltungsvereinbarungen: Zwischennutzungsform urbaner Brachen. Statistischer Quartalsbericht/Stadt Leipzig 1:44–50

Haase D, Nuissl H (2010) The urban-to-rural gradient of land use change and impervious cover: a long-term trajectory for the city of Leipzig. Land Use Science 5(2):123–142

Haase D, Kabisch N, Haase A (2013) Endless Urban Growth? On the Mismatch of Population, Household and Urban Land Area Growth and Its Effects on the Urban Debate. PLoS ONE 8(6):e66531 doi:10.1371/journal.pone.006653

Haase D, Walz U, Neubert M, Rosenberg M (2007) Changes to Saxon landscapes – analysing historical maps to approach current environmental issues. Land Use Policy 24:248–263

Hämmerle F (2010) Die Wirtschaftlichkeit von Gründächern aus Sicht des Bauherrn. Eine Kosten-Nutzen-Analyse. http://www.efb-greenroof.eu/verband/fachbei/fa01.html. Zugegriffen: 22. August 2013

Handley J, Pauleit S, Slinn P, Barber A, Baker M, Jones C. (2003) Accessible natural green space standards in towns and cities: A review and toolkit for theirimplementation. English Nature Research Reports, Report Nr. 526

Happiness index (2015): http://www.happycounts.org/. Zugegriffen: 30. Juni 2015

IPCC (2014) Climate Change 2014: Synthesis Report. Contribution of Working Groups I, II and III to the Fifth Assessment Report of the Intergovernmental Panel on Climate Change. Synthesis Report. IPCC, Geneva

i-Tree (2015) Tool for Assessing and Managing Community Forests. http://www.itreetools.org/. Zugegriffen: 30. Juni 2015

Kabisch N, Haase D (2014) Just green or justice of green? Provision of urban green spaces in Berlin, Germany. Landscape and Urban Planning 122:129–139

Kabisch N, Haase D (2011) Diversifying European agglomerations: evidence of urban population trends for the 21st century. Population, Space and Place 17:236–253

Kändler G, Adler P, Hellbach A (2011) Wie viel Kohlenstoff speichern Stadtbäume? – Eine Fallstudie am Beispiel der Stadt Karlsruhe. FVA-Einblick 2:7–10

Köhler M, Malorny W (2009) Wärmeschutz durch extensive Gründächer. In: Venzmer H (Hrsg) Europäischer Sanierungskalender

Kottmeier C, Biegert C, Corsmeier U (2007) Effects of urban land use on surface temperature in Berlin: case study. J Urban Plan Dev 133:128–137

Krysanova V, Buiteveld H, Haase D, Hattermann FF, Van Niekerk K, Roest K, Martínez-Santos P, Schlüter M (2008) Practices and Lessons Learned in Coping with Climatic Hazards at the River-Basin Scale: Floods and Droughts. Ecology and Society 13(2):32 (URL: http://www.ecologyandsociety.org/vol13/iss2/art32/. Zugegriffen: 30. Juni 2015)

Kubal T, Haase D, Meyer V, Scheuer S (2009) Integrated urban flood risk assessment – transplanting a multicriteria approach developed for a river basin to a city. Nat Hazards Earth Syst Sci 9:1881–1895

Kuttler W (2000) Stadtklima. In: Guderian R (Hrsg) Handbuch der Umweltveränderungen und Ökotoxikologie, Bd I B. Atmosphäre, Berlin, S 420–470

Larcher W (2001) Ökophysiologie der Pflanzen. Leben, Leistung und Stressbewältigung der Pflanzen in ihrer Umwelt, 6. Aufl. UTB, Stuttgart

Leser H (2008) Stadtökologie in Stichworten. Hirt's Stichwörterbücher. Hirt-Verlag, Stuttgart

Lorance Rall ED, Haase D (2011) Creative Intervention in a Dynamic City: a Sustainability Assessment of an Interim Use Strategy for Brownfields in Leipzig, Germany. Landscape and Urban Planning 100:189–201

Lütke-Daldrup E (2003) Die „perforierte Stadt" – neue Räume im Leipziger Osten. Informationen zur Raumentwicklung 1(2):55–67

Lyytimäki J, Sipilä M (2009) Hopping on one leg – the challenge of ecosystem disservices for urban green management. Urban Forestry and Urban Greening 8:309–315

Mäkinen K, Tyrvainen L (2008) Teenage experiences of public green spaces in suburban Helsinki. Urban Forestry and Urban Greening 7:277–289

McPherson EG (1998) Atmospheric carbon dioxide reduction by Sacramento's urban forest. Journal of Arboriculture 24:215–223

McPherson EG, Simpson JR (2003) Potenzial energy savings in buildings by an urban tree planting programme. Urban Forestry and Urban Greening 2:73–86

Menne B, Ebi K (Hrsg) (2006) Climate Change and Adaptation Strategies for Human Health. Steinkopff-Verlag, Darmstadt, Germany

Messer J (1997) Auswirkungen der Urbanisierung auf die Grundwasserneubildung im Ruhrgebiet unter besonderer Berücksichtigung der Castroper Hochfläche und des Stadtgebietes Herne. DMT-Berichte aus Forschung und Entwicklung, Bd 58. Deutsche Montan Technologie GmbH, Essen

Millennium Ecosystem Assessment (MA) (2005) Ecosystems and human well-being: Synthesis. World Resources Institute, Washington, DC

NEA-Sondierungsstudie ESS 2014: Albert C, Neßhöver C, Wittmer H, Hinzmann M, Görg C (2014) Sondierungsstudie für ein Nationales Assessment von Ökosystemen und ihren Leistungen für Wirtschaft und Gesellschaft in Deutschland. Helmholtz-Zentrum für Umweltforschung, Leipzig (Helmholtz-Zentrum für Umweltforschung – UFZ, unter Mitarbeit von K Grunewald und O Bastian (IÖR))

Norberg C (1999) Linking Nature's services to ecosystems: some general ecological concepts. Ecological Economics 29:183–202

Nowak DJ (1994) Atmospheric carbon dioxide reduction by Chicago's urban forest. In: McPherson EG, Nowak DJ, Rowntree RA (Hrsg) Chicago's urban forest ecosystem: Results of the Chicago Urban Forest Climate Project. United States Department of Agriculture, Forest Service, Selbstverlag, S 83–94

Nowak DJ, Crane DE (2002) Carbon storage and sequestration by urban trees in the USA. Environmental Pollution 116(3):381–389

Nowak DJ, Crane DE (1998) The Urban Forest Effects (UFORE) Model: Quantifying Urban Forest Structure and Functions. In: USDA Forest Service (Hrsg) Northeastern Research Station. Canadian Urban Forest Conference, Syracuse, NY, S 714–720 (http: / /nrs.fs.fed.us /pubs /gtr /gtr_nc212 /gtr_nc212_714.pdf. Zugegriffen: 30. November 2010)

Nowak DJ, Stevens JC, Sisinni SM, Luley CJ (2002) Effects of urban tree management and species selection on atmospheric carbon dioxide. Journal of Arboriculture 28(3):113–122

Nuissl H, Haase D, Wittmer H, Lanzendorf M (2009) Environmental impact assessment of urban land use transitions – A context-sensitive approach. Land Use Policy 26(2):414–424

Pfoser N (2013) Gebäude Begrünung Energie: Potenziale und Wechselwirkungen. Abschlussbericht. TU-Darmstadt, TU-Braunschweig, Selbstverlag

Rink D (2005) Surrogate nature or wilderness? Social perceptions and notions of nature in an urban context. In: Kowarik I, Körner S (Hrsg) Wild urban woodlands. Springer, Berlin, Heidelberg, S 67–80

Rink D, Arndt T (2011) Urbane Wälder: Ökologische Stadterneuerung durch Anlage urbaner Waldflächen auf innerstädtischen Flächen im Nutzungswandel. Ein Beitrag zur Stadtentwicklung in Leipzig. UFZ. Bericht, Bd 3/2011. UFZ-Selbstverlag, Leipzig

Rowntree RA, Nowak DJ (1991) Quantifying the role of urban forests in removing atmospheric carbon dioxide. Journal of Arboriculture 17(10):269–275

Santos LD, Martins I (2007) Monitoring Urban Quality of Life – the Porto Experience. Social Indicators Research 80:411–425

Schetke S, Haase D (2008) Multi-criteria assessment of socio-environmental aspects in shrinking cities. Experiences from Eastern Germany. Environmental Impact Assessment Review 28:483–503

Schetke S, Haase D, Kötter T (2012) Innovative urban land development – a new methodological design for implementing ecological targets into strategic planning of the City of Essen, Germany. Environmental Impact Assessment Review 32:195–210

Scheuer S, Haase D, Meyer V (2011) Exploring multicriteria flood vulnerability by integrating the economic, ecologic and social dimensions of flood risk and coping capacity. Natural Hazards. doi:10.1007/s11069-010-9666-7

Schröder M, Wyrwich D (1990) Eine in Nordrhein-Westfalen angewendete Methode zur flächendifferenzierten Ermittlung der Grundwasserneubildung. Dtsch Gewässerkdl Mitt 34(1/2):12–6

Seto KC, Fragkias M, Güneralp B, Reilly MK (2011) A meta-analysis of global urban land expansion. PLoS ONE 6:e23777

Smit J (1996) Urban agriculture: food, jobs and sustainable cities. United Nations Development Program, New York

Sommer T, Karpf C, Ettrich N, Haase D, Weichel T, Peetz JV, Steckel B, Eulitz K, Ullrich K (2009) Coupled Modelling of Subsurface Water Flux for an Integrated Flood Risk Management. Nat Hazards Earth Syst Sci 9:1–14

Steinhardt U, Volk M (2002) An investigation of water and matter balance on the meso-landscape scale: a hierarchical approach for landscape research. Landscape Ecology 17:1–12

Strohbach MW, Haase D (2012) Estimating the carbon stock of a city: a study from Leipzig, Germany. Landscape and Urban Planning 104:95–104. doi:10.1016/j.landurbplan.2011.10.001

Stülpnagel von A (1987) Klimatische Veränderungen in Ballungsgebieten unter besonderer Berücksichtigung der Ausgleichswirkung von Grünflächen: dargestellt am Beispiel Berlin. Dissertation, TU Berlin

Sukopp H, Wittig R (1998) Stadtökologie: Ein Fachbuch für Studium und Praxis. Spektrum Akademischer Verlag, Braunschweig

Sustainable Seattle Initiative (1991): http://www.sustainableseattle.org/programs/regional-indicators/124. Zugegriffen: 30. Juni 2015

TEEB (2011) TEEB Manual for Cities: Ecosystem Services in Urban Management. http://www.naturkapitalteeb.de/aktuelles.html. Zugegriffen: 26. August 2014

Troye ME (2002) A spatial approach for integrating and analysing indicators of ecological and human condition. Ecological Indicators 2(5):211–220 (http://dx.doi.org/10.1016/S1470-160X (02)00044-4. Zugegriffen: 30. Juni 201)

UK NEA (2009–2012) UK National Ecosystem Assessment. http://uknea.unep-wcmc.org/. Zugegriffen: 30. Juni 2015)

URGE-Team (2004) Making Greener Cities – a practical guide. UFZ-Bericht Nr. 8/2004. Stadtökologische Forschungen, Bd 37. UFZ Leipzig-Halle GmbH, Leipzig (http://www.urge-project.ufz.de/html_web/icc.htm (Zugegriffen: 29. Juni 2015))

Vollrodt S, Frühauf M, Haase D, Strohbach M (2012) Das CO2-SenkenPotenzial urbaner Gehölze im Kontext postwendezeitlicher Schrumpfungsprozesse. Die Waldstadt-Silberhöhe (Halle/Saale) und deren Beitrag zu einer klimawandelgerechten Stadtentwicklung. Hallesches Jahrbuch für Geowissenschaften 34:71–96

Ward-Thompson C (2002) Urban open space in the 21st century. Landscape Urban Plan 60(2):59–72

WBGU Gutachten (2013): http://www.wbgu.de/hauptgutachten/. Zugegriffen: 30. Juni 2015

Wessolek G (1988) Auswirkungen der Bodenversiegelung auf Boden und Wasser. Informationen zur Raumentwicklung 8(9):535–541

Yli-Pelkonen V, Nielema J (2005) Linking ecological and social systems in cities: urban planning in Finland as a case. Biodiversity and Conservation 14:1947–1967 (http://dx.doi.org/10.1007/s10531-004-2124-7. Zugegriffen: 30. Juni 2015)

Weiterführende Literatur

Google Earth (2015) Zugegriffen 30. Juni 2015

IPBES (2015) International Science-Policy Platform on Biodiversity and Ecosystem Services. http://www.ipbes.net/. Zugegriffen: 30. Juni 2015

Kabisch N, Haase D (2012) Green space of European cities revisited for 1990–2006. Landscape and Urban Planning 110:113–122 (http://dx.doi.org/10.1016/j.landurbplan.2012.10.017. Zugegriffen: 30. Juni 2015)

Larondelle N, Haase D (2013) Urban ecosystem services assessment along a rural-urban gradient: a cross-analysis of European cities. Ecological Indicators 29:179–190

Nowak DJ (1993) Atmospheric carbon-reduction by urban trees. Journal of Environmental Management 37(3):207–217

Nowak DJ, Walton JT, Stevens JC, Crane DE, Hoehn RE (2008) Effect of plot and sample size on timing and precision of urban forest assessments. Arboriculture & Urban Forestry 34:386–390

Reuter B (2015) Weil es Kosten und Energie spart, erobert die Landwirtschaft weltweit die Innenstädte. Hochhausfarmen sind keine Seltenheit mehr. In: Wirtschaftswoche 15.11.2015. http://www.wiwo.de/technologie/umwelt/landwirtschaft-tomaten-vom-hochhaus-/5798174.html. Zugegriffen: 14. August 2015

Strohbach MW, Arnold E, Haase D (2012) The carbon mitigation Potenzial of urban restructuring – a life cycle analysis of green space development. Landscape and Urban Planning 104:220–229. doi:10.1016/j.landurbplan.2011.10.013

Strohbach MW, Haase D, Jenner N, Klingenfuß D, Pfoser N (2016) Der Beitrag urbaner Ökosystemdienstleistungen zum Klimaschutz. In: Hansjürgens B (Hrsg) Ökosystemleistungen in der Stadt – Gesundheit schützen und Lebensqualität erhöhen (Stadtbericht – TEEB Stadt)

Tratalos J, Fuller RA, Warren PH, Davies RG, Gaston KJ (2007) Urban form, biodiversity Potenzial and ecosystem services. Landscape Urban Plan 83:308–317

URGE-Team (2004) Making Greener Cities – a practical guide. UFZ-Bericht Nr. 8/2004. Stadtökologische Forschungen, Bd 37. UFZ Leipzig-Halle GmbH, Leipzig (http://www.urge-project.ufz.de/html_web/icc.htm (Zugegriffen: 29. Juni 2015))

WBGU (2011) Welt im Wandel: Gesellschaftsvertrag für eine Große Transformation. Wissenschaftlicher Beirat der Bundesregierung Globale Umweltveränderungen (WBGU). http://www.wbgu.de. Zugegriffen: 30. Juni 2015

Weber N, Haase D, Franck U (2014) Assessing traffic-induced noise and air pollution in urban structures using the concept of landscape metrics. Landscape and Urban Planning 125:105–116

Weischet W, Endlicher W (2008) Einführung in die Allgemeine Klimatologie, 7. Aufl. Gebrüder Borntraeger Verlagsbuchhandlung, Stuttgart, S 342

Wirtschaftswoche (2014) Die Zukunft der urbanen Lebensmittelproduktion – vor der Haustür durch Stadtbauern? Wirtschaftswoche 09.01.2014

workstation Ideenwerkstatt Berlin e. V. (2013) Stadtacker. Urbane Landwirtschaft im Netz. http://www.stadtacker.net. Zugegriffen: 30. Juni.2015

Wie verwundbar sind Stadtökosysteme und wie kann mit ihnen urbane Resilienz entwickelt werden?

Jürgen Breuste, Dagmar Haase, Stephan Pauleit, Martin Sauerwein

6.1   Was ist Vulnerabilität? – 166

6.2   Verwundbarkeit von Stadtökosystemen durch offene Stoffkreisläufe – 169

6.3   Verwundbarkeit gegenüber Naturgefahren – 170

6.4   Auswirkungen des Klimawandels – 176

6.5   Urbane Resilienz – der Umgang mit Krisen – 180
6.5.1   Was ist Urbane Resilienz? – 180
6.5.2   Wachsende versus schrumpfende Städte – 181
6.5.3   Resilienz von Stadtstrukturen im dynamischen Wandel – 182
6.5.4   Kompakte Stadt versus Flächenstadt – 184
6.5.5   Ist Resilienz von der Stadtgröße abhängig? – 188
6.5.6   Anpassung an den Klimawandel – 192
6.5.7   Stadt und Umland als resiliente Region – 196

Literatur – 200

J. Breuste et al., *Stadtökosysteme,*
DOI 10.1007/978-3-642-55434-6_6, © Springer-Verlag Berlin Heidelberg 2016

Die Empfindlichkeit gegenüber externen Störungen wie beispielsweise Hochwasser, Hitzewellen, Tsunamis oder Wirbelstürme, ist in den sensiblen Stadtökosystemen sehr hoch. Stadtökosysteme sind generell auch durch ihre offenen Stoffkreisläufe verwundbar. Speziell wird dargestellt, welche Auswirkungen der vorhersehbare Klimawandel auf Städte haben wird und wie ihnen entgegen gewirkt werden kann. Es wird darüber hinaus aufgezeigt, welchen Problemen gerade Stadtökosysteme unter dem Aspekt des globalen Wandels ausgesetzt sind, und welche Konzepte für eine Minderung der Verwundbarkeit denkbar sind. Dem Aufbau von urbaner Resilienz wird besondere Aufmerksamkeit gewidmet. Stadtstruktur, Stadtgröße und Stadtregion werden hier mit Fallbeispielen besonders in den Blick genommen.

6.1   Was ist Vulnerabilität?

Vulnerabilität bedeutet „Verwundbarkeit" oder „Verletzbarkeit". In der Entwicklungs- sowie der Risikoforschung wird das Konzept der Vulnerabilität/Verwundbarkeit seit ca. dreißig Jahren verwendet und hat seither verschiedene Weiterentwicklungen erfahren. Verwundbarkeit ist einer der zentralen Begriffe in der Entwicklungsforschung und stellt dort eine Art Erweiterung der klassischen Forschungsansätze zur Armut dar (Adger 2006).

Allerdings ist diese Begrifflichkeit in Bezug auf die Verletzbarkeit von Städten und Stadtregionen deutlich unschärfer. Birkmann (2006) definiert Vulnerabilität einerseits als einen Mangel nicht befriedigter Bedürfnisse und andererseits als einen gesellschaftlichen Zustand, der durch Anfälligkeit, Unsicherheit und Schutzlosigkeit geprägt ist. Verwundbare Bevölkerungsgruppen sind unter anderem ökologischen Stressfaktoren oder auch Schocks wie Hitze, Hochwasser, Trockenheit oder Tsunamis ausgesetzt und haben Schwierigkeiten, diese zu bewältigen. Diese Schwierigkeiten resultieren nicht nur aus dem Mangel an materiellen Ressourcen, sondern weil den Betroffenen die gleichberechtigte Teilhabe und Teilnahme an Wohlstand und Einkommen verwehrt wird, und weil sie nicht ausreichend in soziale Netzwerke eingebunden sind (Bohle 2001). Vulnerabilität besitzt folglich eine ökonomische (Armut), eine politische, eine soziale und eine ökologische Dimension (Birkmann 2006). Verwundbar sein heißt also, Stressfaktoren ausgesetzt sein (externe Dimension), diese nicht bewältigen zu können (interne Dimension) und unter den Folgen der Schocks und der Nichtbewältigung leiden zu müssen. Verwundbarkeit muss als ein dynamischer Prozess verstanden werden. Stadtbewohner können je nach Situation unterschiedlich verwundbar sein oder werden. Einzelne Phasen dieses Verwundbarkeitsprozesses reichen vom Stadium der Grundanfälligkeit (Phase der Bewältigung oder des Sich-Arrangierens) über mehrere Zwischenschritte bis hin zur existenziellen Katastrophe, die durch einen Kollaps der Lebensabsicherung und durch totale Abhängigkeit der Betroffenen von externen Hilfsmaßnahmen gekennzeichnet ist. Eine Tsunami-/Hochwasserkatastrophe wie im Falle von New Orleans 2005 durch den Hurrikan Katrina, ist ein Beispiel für einen solchen Kollaps (◼ Abb. 6.1).

Im urbanen Katastrophenmanagement wird in erster Linie an der Frage gearbeitet, wie der Schutz für die potenziell von Schadereignissen Betroffenen verbessert werden kann. Hierzu werden Indikatoren entwickelt, die dem Schadereignis im Stadtraum Puffer- und Schutzmöglichkeiten – sichere Orte, finanziellen Ausgleich, Hilfeleistungen vor Ort, Aufbaukosten – gegenüberstellen. Konzeptionell wird das Risiko R einer Stadt, eines Stadtteils, aber auch eines einzelnen Stadtbewohners als die Wahrscheinlichkeit P verstanden, mit welcher ein bestimmter Schaden D auftritt oder eintritt (Fuchs 2009; ▶ Gl. 6.1):

$$R = P \cdot D. \tag{6.1}$$

Im Falle von urbanen Hochwässern aber auch Hitzewellen oder Stürmen bezieht sich der Schaden D auf alle negativen Konsequenzen des Schadereignisses (Smith und Ward 1998). Einer Definition von Cardona (2004) folgend, wird das Schadereignis H selbst als die Wahrscheinlichkeit P verstanden, mit welcher ein Schadereignis mit einer definierten Intensität I (in einem bestimmten Raum zu einer bestimmten Zeit) eintritt (▶ Gl. 6.2):

$$H \sim (P, I). \tag{6.2}$$

◘ Abb. 6.1 Typische urbane Verwundbarkeiten, dargestellt an aktuellen Fallbeispielen der letzten Jahre. (Quelle: Hyndman und Hyndman 2011)

Die sogenannte Eintrittswahrscheinlichkeit P (mit $P = 1/t$) wird dabei von Faktoren oder Parametern wie Hochwasser- oder Hitzewellenausdehnung, -dauer, -intensität etc. beschrieben (Merz et al. 2007). Der jeweilige Schaden D wird ebenfalls durch eine Reihe von Faktoren beschrieben (Meyer et al. 2009): (1) Ereignisintensität; (2) Anzahl der Risikoelemente; und (3) das Verhältnis des Schadens zur Intensität des Schadereignisses, auch als Suszeptibilität bezeichnet.

Messner et al. (2007) unterscheiden bei der Vulnerabilität einer (Stadt-)Gesellschaft zwischen verschiedenen Aspekten hinsichtlich direkter und indirekter Effekte: Direkte Schäden resultieren somit aus dem Ereignis selbst, z. B. Wasserschäden, Hurrikanverletzte oder Gebäudeschäden nach einem Tornado. Indirekte Schäden stehen in Zusammenhang mit dem Schadereignis, sind aber zeitlich nicht simultan einzuordnen – vor allem verschiedene Stressreaktionen und mental-gesundheitliche Aspekte eines extremen Ereignisses oder Verluste bzw. Engpässe in Wertschöpfungsketten (Handel, Industrie, Gewerbe)

und Versorgungsleistungen (Nahrungsmittel-, Wasser- und Energieversorgung). Während direkte Schäden zum allergrößten Teil monetär zu beziffern sind (tangible Kosten), sind es indirekte häufig nicht (intangible Kosten) (Messner et al. 2007). Bei letzteren muss auf semi-quantitative, teils subjektive Bewertungen wie *Contingent Valuation* oder *Hedonic Pricing* zurückgegriffen werden (Markantonis und Meyer 2011). Der Verlust menschlichen Lebens infolge hoher urbaner Vulnerabilität kann z. B. weder monetär ausgedrückt, noch im engeren Sinne „gezählt" werden (Kubal et al. 2009).

Zusammenfassend kann man sagen, dass Vulnerabilität (V) in Städten das Verhältnis zwischen Extremereignissen (H) und der Widerstandsfähigkeit in verschiedenen Dimensionen (zusammengefasst als Risiko R) ist (▶ Gl. 6.3), entsprechend der sehr häufig gebrauchten Definition nach Downing (1993; ◘ Abb. 6.2 und 6.3):

$$R = H \cdot V. \tag{6.3}$$

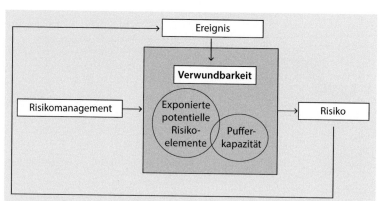

■ **Abb. 6.2** Das Konzept der urbanen Vulnerabilität nach Cardona (2004) und Birkmann (2006): Das urbane Risiko ist dabei die Funktion, welche beschreibt, wie verschiedene verletzbare oder vulnerable Risikoelemente in Bezug zu verschiedenen Schadereignissen exponiert sind. (Haase in Anlehnung an Scheuer et al. 2011)

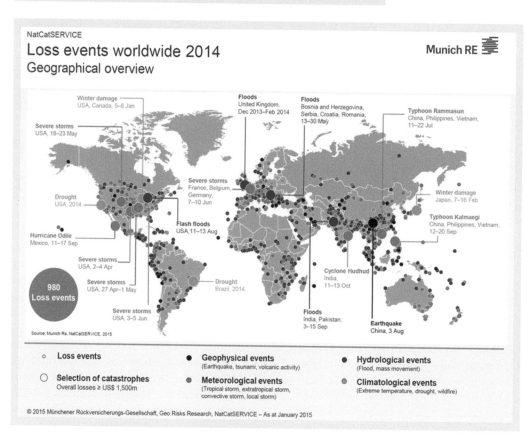

■ **Abb. 6.3** Schadereignisse des Jahres 2014 nach der Münchner RE: Fast ausschließlich Städte und deren Umland bzw. Küstenbereiche sind betroffen. (Munich RE 2015)

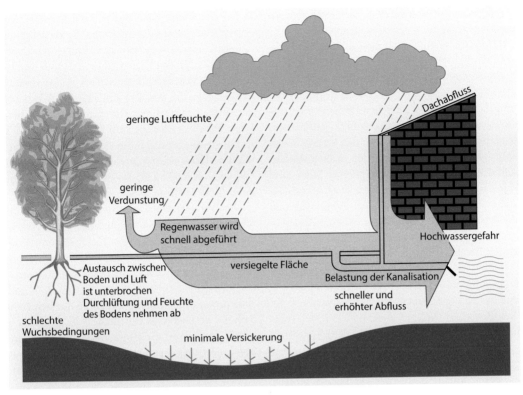

Abb. 6.4 Auswirkungen der Bodenversiegelung auf den Wasserhaushalt. (Sauerwein 2006)

6.2 Verwundbarkeit von Stadtökosystemen durch offene Stoffkreisläufe

Stadtsysteme sind offene Systeme. Dies bedeutet, dass bei Stoffhaushaltsbetrachtungen Input- und Output-Faktoren berücksichtigt werden müssen. Da sie dynamische Systeme sind, genügt es nicht, momentane Ist-Zustände zu erfassen, um Aussagen über das „Funktionieren" des Systems abzuleiten, sondern es müssen die das System steuernden und regelnden Größen erfasst und diese dann in ihrem zeitlichen Verlauf betrachtet werden (Symader 2001).

In Anlehnung an Leser (1997) können somit auch urbane Ökosysteme als Funktionseinheiten eines real vorhandenen Ausschnitts der Geobiosphäre, in welchem ein sich selbst regulierendes Wirkungsgefüge abiotischer und darauf eingestellter biotischer Faktoren räumlich manifestiert ist, das ein stets offenes stoffliches und energetisches System mit einem dynamischen Gleichgewicht reprä-

sentiert (▶ Abschn. 2.2), definiert werden. Versucht man, diese Definition zu instrumentalisieren, also messbar nachvollziehbar zu machen, so stößt man schnell auf die beiden Hauptprobleme, die „Funktionseinheit" räumlich abzugrenzen, und die „Offenheit" der räumlichen Funktionseinheit (Input und Output) entsprechend zu berücksichtigen.

Interne Einflüsse auf die ökologische Empfindlichkeit von Städten ergeben sich aus den negativen, nicht-nachhaltigen Veränderungen in Energie, Stoff- und Wasserflüssen. Ein entscheidender Faktor ist die Versiegelung, bzw. die Versiegelungsart und Versiegelungsintensität. Versiegelung kann als ökologische Komplexgröße betrachtet werden, da sie sowohl Energie- als auch Stoff- und Wasserflüsse verändert (▶ Kap. 1 und 3; Abb. 6.4).

Auswirkungen von (Boden-)Versiegelung können sehr vielfältig sein. Beispielsweise sind nach Starkregenereignissen innerstädtische Überflutungen möglich oder die Mobilisierung von Schadstoffen, die in Sedimenten innerstädtischer Flussauen abgelagert sind (Winde 1997). Dies wiederum hat negative Folgen für die urbane Biosphäre.

Stadtökosysteme unterliegen aufgrund ihrer Offenheit einer Vielzahl externer Einflüsse im Energie-, Stoff- und Wasserhaushalt. Andererseits beeinflussen sie selbst die mittelbar und unmittelbar umgebenden nicht-städtischen Ökosysteme (geo-ökologische Nah- und Fernwirkung). Stadtökosysteme haben im Unterschied zu den terrestrischen naturbetonten Ökosystemen, den halbnatürlichen und den Agrar- und Forstökosystemen keine oder eine nur vergleichsweise geringe pflanzliche und tierische Biomasseproduktion (Bick 1998). Während die letztgenannten Ökosysteme in ihrem Energiehaushalt nahezu ausschließlich die Sonnenstrahlung als unmittelbare Energiequelle verwenden, wird in Stadtökosystemen in großem Umfang Energie aus fossilen Brennstoffen sowie Wasserkraft/Windkraft und Kernenergie genutzt. Die Nahrungsenergie für den Menschen wird aus anderen Bereichen, regionalen, überregionalen (und globalen) Agrarökosystemen zugeführt. Da im Stadtökosystem kein geschlossener Stoffkreislauf besteht, gelangt z. B. ein beträchtlicher Anteil der anfallenden Abfälle in den Stoffkreislauf anderer Ökosysteme (Friege et al. 1998). Beim Export von Kompost und Klärschlamm in Agrarökosysteme handelt es sich um eine gezielte Stoffrückführung (Recycling). In anderen Fällen liegt eine stoffliche Beeinträchtigung vor, die oft sehr entfernt liegende Ökosysteme trifft. So können luftverunreinigende Stoffe (z. B. NO_x, SO_2) mit Luftströmungen über weite Strecken verfrachtet werden. Gleiches gilt für Abwasserinhaltsstoffe oder Pflanzennährstoffe aus Kläranlagenausläufen, die über Fließgewässer weit transportiert werden und u. U. schließlich ins Meer gelangen. Stadtökosysteme sind also in hohem Maß angewiesen auf Energie-, Wasser- und Stoffinput. Dadurch sind sie allerdings auch sehr empfindlich gegenüber einer Limitierung dieser Umweltfaktoren.

6.3   Verwundbarkeit gegenüber Naturgefahren

Die Münchener Rückversicherung vermeldete schon 2001, dass die Häufigkeit großer Naturkatastrophen in den letzten vierzig Jahren auf das Dreifache angestiegen ist. Die volkswirtschaftlichen Schäden stiegen auf das Achtfache, die versicherten Schäden stiegen sogar um das Fünfzehnfache an (Berz 2001). In den letzten Jahren erregten immer mehr Naturkatastrophen weltweit Aufmerksamkeit, so etwa das Sumatra-Andamanen-Beben am 26. Dezember 2004, der Hurrikan Katrina in den USA 2005, das Erdbeben auf Haiti 2010 oder das Erdbeben von Tōhoku in Japan 2011, das einen Tsunami auslöste, welcher große Schäden verursachte und mehrere Reaktorblöcke des Atomkraftwerks bei Fukushima zerstörte.

Die Vereinten Nationen hatten bereits zuvor auf diesen Trend reagiert und, um diesem entgegenzuwirken, die letzte Dekade des 20. Jahrhunderts zur „*International Decade for Natural Disaster Reduction*" (Dikau und Weichselgartner 2005) ausgerufen. Wenige Jahre später brachen die Jahre 2004 und 2005 neue Rekordmarken: In den USA traten 2004 mehrere verheerende Hurrikane auf, gleichzeitig wurde der Rekord für Tornados gebrochen (Gore 2006), und auch Japan wurde von 23 Taifunen getroffen – mehr, als je zuvor (Dikau und Weichselgartner 2005). 2005 erreichte die Anzahl großer Wirbelstürme in den USA eine Rekordhöhe, Europa erlitt zahlreiche starke Überschwemmungen, und auch China verzeichnete mehr Flutkatastrophen als jemals zuvor (Gore 2006). Dies betraf in besonderer Weise Städte, vor allem in exponierten Bereichen der Küsten. Siedlungsgebiete, insbesondere viele Küstengebiete, die vor allem der Gefahr von Stürmen und Überschwemmungen ausgesetzt sind, zählen auf verschiedenen Kontinenten seit langem zu den katastrophengefährdeten Gebieten (Berz 2001; Pearce 2007).

Der englische Begriff *hazard* ist weiter gesteckt und wird auch in der deutschsprachigen Forschung verwendet. Hazards bezeichnen generell Ereignisse, „die erhebliche Einwirkungen auf die Struktur der Gesellschaft einer größeren Region haben, insbesondere Menschen verletzen oder töten sowie Güter schädigen" (Dikau und Pohl 2007, S. 1031). Laut dem Rahmenaktionsplan der Internationalen Strategie zur Katastrophenvorsorge der Vereinten Nationen (*United Nations International Strategy for Disaster Reduction*, UNISDR) können auch menschliche Aktivitäten als Hazards eingestuft werden, wenn sie die o. g. Bedingungen erfüllen.

Ein **Naturereignis** (*natural event*) ist „das tatsächliche Auftreten eines natürlichen Prozesses". In diesem Sinne kann ein Naturereignis auch eine Ressource sein: Eine Überschwemmung kann beispielsweise von Nutzen sein, wenn sie fruchtbaren Schlamm mit sich bringt (Dikau und Pohl 2007, S. 1034). Überschreitet ein Naturereignis einen gewissen Schwellenwert hinsichtlich der Häufigkeit seines Auftretens oder seines Ausmaßes, wird es als potenzielle Gefahr für Leben und Besitz wahrgenommen und somit zur Naturgefahr. Dieser Schwellenwert ist je nach Individuum bzw. Gesellschaft temporär veränderlich (Dikau und Pohl 2007; S. 1034, Dikau und Weichselgartner 2005, S. 180).

Naturgefahr (*natural hazard*) bezeichnet die Einwirkung eines Naturereignisses auf die Struktur der Gesellschaft einer größeren Region, bei dem insbesondere Menschen verletzt oder getötet, sowie Güter geschädigt werden (Dikau und Pohl 2007, S. 1031).

Technologische Gefahren sind Gefahren in Verbindung mit technologischen oder industriellen Unfällen und Zusammenbruch der Infrastruktur.

Bestimmte menschliche Aktivitäten mit Todesopfern und Verletzten, Sachschäden, soziale und ökonomische Störungen, Umweltzerstörungen werden auch als **anthropogene Gefahren** bezeichnet. Beispiele: Verschmutzung durch Industrieanlagen, radioaktive Verseuchung, Giftabfälle, Dammbruch, Industrieunfälle, Flugzeugabsturz, Pipelinebruch, Explosionen, Feuer, Ölverschmutzung, Sabotage, chemische Angriffe, terroristische Angriffe (Dikau und Weichselgartner 2005).

Das **Naturrisiko** (*natural risk*) hingegen schließt im Gegensatz zur Naturgefahr auch die anthropogenen Wechselwirkungen mit ein und ist durch natürliche Prozesse und Phänomene erzeugt bzw. begünstigt (Dikau und Weichselgartner 2005, S. 180). Ein Naturrisiko entsteht also, wenn Menschen sich bewusst den Gefahren durch Naturereignisse aussetzen, um bestimmte Ziele zu erreichen oder Vorteile daraus zu gewinnen (Dikau und Pohl 2007, S. 1033).

Zu einer **Naturkatastrophe** kommt es dann, wenn ein extremes Naturereignis Menschen (oder deren Besitz bzw. von ihnen geschaffene Werte) in direkter Weise negativ beeinflusst. Der Begriff ist anthropozentrisch gebraucht (Dikau und Pohl 2007, S. 1034; Dikau und Weichselgartner 2005, S. 180; Felgentreff und Dombrowsky 2008, S. 13; Plate et al. 1993, S. 2).

Unter diese Bedingungen bzw. Folgen von Hazards fallen gemäß der UNISDR Umweltzerstörungen ebenso wie soziale und wirtschaftliche Disruptionen (*social and economic disruptions*), welche dort als Einwirkungen auf die Gesellschaft näher beschrieben sind (UNISDR 2009). Die UNISDR hat eine Klassifikation von Hazards vorgenommen, in der Naturgefahren, technologische Gefahren und Umweltzerstörung voneinander abgegrenzt werden (◻ Tab. 6.1). Die Naturgefahren lassen sich dabei in meteorologische, hydrologisch-glaziologische, geologisch-geomorphologische, biologische und extraterrestrische Naturgefahren unterteilen (Dikau und Weichselgartner 2005).

Eine Vielzahl großer Städte liegt in Regionen mit bedeutenden Naturgefahren (◻ Tab. 6.2). Es zeigt sich, dass nahezu alle der zwanzig größten Agglomerationsräume der Welt gegenüber den beiden Naturgefahren Erdbeben und Überschwemmungen exponiert sind. Dies bedeutet, dass dauerhaft potenzielle Gefahren für diese Stadtökosysteme und ihre Bewohner gegeben sind.

Ausbrüche von Infektionskrankheiten (Seuchen) beschäftigen die Menschen schon seit Jahrtausenden. Beschreibungen finden sich bereits in sehr frühen Aufzeichnungen wie im Gilgamesch-Epos oder in der Bibel. Plötzlich und massenhaft auftretende lebensbedrohliche Erkrankungen mit Hunderten oder Tausenden von Toten haben den Alltag ganzer Städte lahmgelegt bis hin zum Versagen der gesellschaftlichen Ordnung. Erst nach und nach setzte sich die Erkenntnis durch, dass der Mensch Teil der komplexen Umwelt ist und damit deren Einflüssen in vielfacher Weise unterliegt. So setzt Hippokrates im 4. Jahrhundert v. Chr. erstmals Krankheit und Gesundheit in Beziehung zur Umwelt. Besonders urbane Räume sind – früher und heute – durch die Konzentration von Menschen anfällig für die Ausbreitung. Auch wenn die Infektionskrankheiten in den Industrieländern durch entsprechende Medikamente und Impfungen viel von ihrem Schrecken der vergangenen Jahrhunderte verloren haben, sind sie immer wieder aktuelle Themen, denn Bakterien, Viren und Parasiten verändern sich ständig und oft nicht vorhersehbar (Kistemann et al. 1997). Auslöser für die pandemische Influenza (Schweinegrippe) 2009 war ein bis dahin unbekannter Subtyp des Influenza A/H1 N1-Virus, der zunächst in Mexico aufgetreten ist und sich dann innerhalb weniger Wochen weltweit verbreitet hat. Betroffen waren ge-

◻ Tab. 6.1 Naturgefahren können aufgrund ihrer Ursachen klassifiziert werden. (Nach einem Vorschlag der Internationalen Strategie für Katastrophenvorsorge der Vereinten Nationen (UNISDR) in Anlehnung an Dikau und Weichselgartner 2005, S. 22)

Ursache	Phänomen/Beispiel
Meteorologische Naturgefahren Natürliche Prozesse oder Phänomene der Atmosphäre, d. h. der überwiegend gasförmigen Hülle der Erde	Tropische Wirbelstürme (Hurrikan, tropischer Zyklon, Taifun), Tornado, Wintersturm Hagelsturm, Eissturm, Eisregen, Schneesturm, Sandsturm Extremniederschlag Blitzschlag, Hitzewelle, Kältewelle Nebel
Hydrologische und hydrologisch-glaziologische Naturgefahren Natürliche Prozesse oder Phänomene der Hydrosphäre und der Kryosphäre	Überschwemmung Sturmfluten Sturzfluten Dürre Schneelawine Gletscherabbrüche Ausbruch von Gletschern Permafrostschmelze Frosthub
Geologisch-geomorphologische Naturgefahren Natürliche Prozesse oder Phänomene der Erdkruste (Lithosphäre) und der Erdoberfläche (Reliefsphäre). Unterschieden werden endogene Ursachen (z. B. Tektonik, Magmatismus) und exogene Ursachen (Hangrutschung oder Bodenerosion durch Niederschlag)	Erdbeben Vulkaneruption Tsunami gravitative Massenbewegungen Bergsenkung Bodenerosion Küstenerosion Flusserosion
Biologische Naturgefahren Prozesse der Biosphäre im weitesten Sinne mit organischer Ursache sowie jener Vorgänge, die durch biologische Pfade übertragen werden, einschließlich pathogener Mikroorganismen, Gifte und bioaktiver Substanzen. Weiterhin Prozesse der Interaktion biologischer Systeme einschließlich des Menschen mit der Natur	Epidemien Tier- und Pflanzenkrankheiten Seuchen Waldbrände Heuschreckenschwärme Insektenplage
Extraterrestrische Naturgefahren Prozesse der Meteoritenbewegung im Weltall	Meteoriteneinschlag

◻ Tab. 6.2 Die größten Städte in Naturgefahren(Hazard)-Regionen (geordnet nach der Einwohnerzahl von 2010). (Daten: Wendell Cox Consultancy 1999–2013)

Stadt/Großraum	Einwohner 2010 (in Mio.)	Prognostizierte Einwohner 2030 (in Mio.)	Exponiert gegenüber folgenden Hazards:
Tokio-Yokohama	35,2	36,0	Erdbeben, Zyklon
Jakarta	22,0	37,0	Erdbeben, Überschwemmung, Hangrutschung
Mumbai	21,3	31,4	Hangrutschung, Überschwemmung
Delhi	21,0	32,8	Wintersturm, Zyklon
Manila	20,8	34,1	Erdbeben, Überschwemmung
New York	20,6	22,7	Überschwemmung, Taifun

◻ **Tab. 6.2** (*Fortsetzung*)

Stadt/Großraum	Einwohner 2010 (in Mio.)	Prognostizierte Einwohner 2030 (in Mio.)	Exponiert gegenüber folgenden Hazards:
Sao Paolo	20,2	23,4	Erdbeben, Hangrutschung, Waldbrand, Überschwemmung
Mexiko Stadt	18,7	21,0	Zyklon, Überschwemmung
Shanghai	18,4	24,9	Überschwemmung
Kairo-Gizeh	17,3	23,7	Erdbeben
Osaka	17,0	17,1	Überschwemmung
Kolkata	15,5	22,8	Erdbeben, Zyklon, Überschwemmung
Los Angeles	14,8	18,7	Hangrutschung, Überschwemmung
Peking	14,0	19,1	Überschwemmung, Hitze- und Kältewellen
Karatschi	13,1	22,2	Erdbeben, Überschwemmung
Buenos Aires	13,0	14,1	Überschwemmung, Erdbeben
Rio de Janeiro	11,7	13,6	Überschwemmung, Zyklon
Dhaka	10,1	18,0	Überschwemmung, Zyklon
Lagos	9,5	17,2	Erdbeben, Vulkanausbruch
Teheran	8,2	10,6	Erdbeben

Wirbelsturm Katrina 2005

„Katrina" bildete sich am 23. August 2005 als gemäßigter Hurrikan der Stufe 1 über dem Atlantik, östlich der Bahamas. Seine Bahn führte über Florida in den Golf von Mexiko, wo er mit Windgeschwindigkeiten bis zu 280 Stundenkilometern seine größte Kraft entwickelte. Am 29. August traf „Katrina" in Louisiana auf die US-Südküste und verlor an Kraft. Auch New Orleans stellte sich auf eine Überflutung ein. Was die Situation für die Stadt besonders gefährlich machte, war die hohe Vulnerabilität der Stadt, da weite Teile der Stadt mit seinen damals 450.000 Bewohnern unterhalb des Meeresspiegels liegen. New Orleans ist an drei Seiten von Wasser umgeben – dem Mississippi, dem Golf von Mexiko und dem Lake Pontchartrain, der die Stadt nach Norden abgrenzt. Die Dämme der Stadt waren nur auf maximale fünfeinhalb Meter hohe Überschwemmungen ausgelegt. Am Nachmittag des 29. August durch-

brach eine Sturmflut die Dämme auf 150 m und überflutete das Zentrum mit einem Wasserstand von bis zu 7,60 m. Etwa 1500 Einwohner starben. Schon vor der Ankunft Katrinas standen weite Teile der Stadt unter Wasser. Durch den Totalausfall der Elektrizität hatten die Pumpen ihren Dienst eingestellt. Ihre Leistung war auch zu schwach, um das nachströmende Wasser abzupumpen (Hartman und Squires 2006). Dazu kamen noch die ständigen Verluste an schützenden Marschen und Sumpfwäldern im Umland von New Orleans, denen der steigende Meeresspiegel im Golf und mehr noch die ausbleibenden Sedimente aus dem Mississippi die Lebensgrundlage entzogen hatten. Durch Eindeichungen, Ausbaggerungen und Stichkanäle wurde in den letzten Jahrzehnten zunehmend die Strömungsdynamik des größten nordamerikanischen Flusses vom Oberlauf bis zur Mündung verändert, sodass er seine verringerten Sedi-

mentfrachten nicht mehr in ausreichendem Maße in seinem Delta aufschütten kann. Auch aus Pelzfarmen entflohene südamerikanische Nutrias verursachten durch Wurzelfraß starke Schäden am Marschökosystem. Die Folge ist eine erhöhte Erosion des Schlickes, wodurch wiederum neue Bereiche der Küstenvegetation dem schädlichen Einfluss reinen Salzwassers ausgesetzt sind. Und schließlich tragen auch noch natürliche Absenkbewegungen des unbefestigten Neulandes – bei fehlendem Sedimentnachschub – ebenfalls zum Küstenabtrag bei. Auf diese Weise verlor diese natürliche Barriere der Stadt zum Meer im 20. Jahrhundert mehr als 4900 km^2 Fläche (Childs 2005). Folgen der Überflutung sind heute noch erhöhte Schadstoffkonzentrationen in den im Stadtgebiet abgelagerten Hochflutsedimenten und den Standgewässern wie dem Lake Pontchartrain.

6

Das Elbehochwasser 2002 und seine Folgen für das Stadtökosystem Dresden

Zu den größten hydrologischen Naturereignissen und -katastrophen der letzten Jahrzehnte gehören die Elbehochwässer 2002 und 2013. Mehrere Städte entlang der Elbe waren davon betroffen. Beide Ereignisse lassen sich auf starke und lang andauernde Regenfälle in den südlichen Alpen sowie im Erzgebirge/Riesengebirge (Vb-Wetterlagen) zurückführen. Die Folgen dieser regenreichen und teils stationären Tiefs, welche sich über begrenzten Gebieten „abregnen", sind für städtische Systeme oft katastrophal: schwere Überflutungen, Schlammlawinen und wochenlanges Grundhochwasser. Das Elbehochwasser von 2002 übertraf flächendeckend das Hochwasser des Jahres 1954, dem stärksten Hochwasser des 20. Jahrhunderts, und kann daher als „Jahrhundertereignis" gelten. Besonders Städte und urbane Gebiete waren von den extremen Hochwässern betroffen, denn hier konzentrieren sich Menschen, materielle und ideelle Werte. In der Großstadt Dresden wurden 2002 die verheerenden Schäden durch das Flüsschen Weißeritz und später dann auch von der zweiten, höheren Welle der Elbe verursacht. Die gesamte Innenstadt wurde überflutet, einschließlich des Hauptbahnhofs, der weltberühmten Semperoper, des Zwingers und des sächsischen Landtags. Ganze Stadtteile wie die Friedrichstadt wurden evakuiert bzw. komplett überflutet (Laubegast, Kleinzschachwitz, Zschieren). Auch die Verkehrsinfrastruktur wurde schwer getroffen. So mussten die Bahnstrecken Leipzig-Dresden sowie Riesa-Chemnitz geschlossen werden, und damit

vor allem der Fernverkehr. Beim Höchststand der Elbe von 9,40 m wurde zusätzlich noch alle Dresdner Elbbrücken gesperrt bis auf die Autobahnbrücke der A4. Entsprechend der Durchflussmengen lag das Elbehochwasser 2002 an fünfter Stelle aller registrierten Hochwässer in Sachsen; daher wird rein statistisch heute ein Wiederkehrintervall von 100–200 Jahren veranschlagt. Die Schäden, welche eine solche Naturkatastrophe verursacht, sind enorm: Für das Elbegebiet schätzte man über 15 Mrd. Euro für die Überschwemmung des Jahres 2002, in Dresden allein verzeichneten die Semperoper 27 Mio. Euro und die Staatlichen Kunstsammlungen 20 Mio. Euro. Schlimmer als die materiellen Schäden waren die 21 Todesopfer und 110 Verletzte allein in Sachsen, wo darüber hinaus fast 26.000 Wohngebäude beschädigt oder zerstört wurden. Zudem waren 11.961 Unternehmen und 108.198 Arbeitnehmer direkt betroffen. Auch die Schäden der Infrastruktur stellen die Pufferkapazität eines Gebietes, vor allem einer Stadt, vor große Herausforderungen: Beim Elbehochwasser 2002 registrierte man 740 beschädigte Straßenkilometer, 450 beschädigte Brücken, und 280 beschädigte Sozialeinrichtungen. Zehn Prozent der Krankenhäuser in Sachsen und noch mehr Schulen waren betroffen. Zudem fielen in den sächsischen Städten Dresden-Kaditz, Pirna, Meißen und Riesa während des Hochwassers 32 Kläranlagen an der Elbe durch Überflutung oder Stromausfall aus, was zum Eintrag ungeklärter Abwässer in die Elbe führte. Für die

Hochwasserforschung war die Elbeflut von 2002 allerdings von großer Bedeutung, da in ihrer Folge 300 weitere überschwemmungsgefährdete Gebiete auf einer Fläche von 76.000 ha erfasst und ausgewiesen wurden. Dazu haben Auswertungen von Luft- und Satellitenbildern, als auch 2D-Modellierung zur Ausbreitung von Durchflüssen in der Fläche beigetragen. In den betroffenen Ländern wurden neue Wassergesetze sowie erstmalig auch eine EU-Hochwasserrahmenrichtlinie (2007) erlassen. Für viele große und kleinere Städte entlang der Elbe wurden Risiko-Abschätzungen für zukünftige Hochwässer vorgenommen, welche neben absoluten Gebäude- und Hausratschäden auch Personengefahren und indirekte Schäden (Umsiedlung, mentale Folgen) in die Betrachtung der Vulnerabilität einer Region/Stadt einbeziehen. Hochwasserrisikokarten für Städte wie Dresden wurden grundlegend überarbeitet, Pegelsysteme verbessert. Bis auf eine Siedlung in der Elbeaue (Röderau-Süd) wurden mit erheblicher finanzieller Unterstützung alle baulichen Strukturen wiedererrichtet. Teile der 2002 wiederaufgebauten Bereiche in Dresden, Grimma oder Bitterfeld wurden 2013 beim nächsten großen Hochwasser der Elbe wieder überschwemmt. Ob die Städte entlang der Elbe nun wirklich resilienter gegenüber Hochwässern sind und ob erweiterte bauliche Nutzungen von überflutungsgefährdeten Bereichen betrieben werden sollten, ist vor diesem Hintergrund durchaus zu hinterfragen (◘ Abb. 6.5).

rade die urbanen Räume. Historische und jüngere Beispiele finden sich dargestellt in Kartenwerken wie z. B. bei Carl Friedrich Weiland 1832 (Übersicht über die progressive Verbreitung der Cholera seit ihrer Erscheinung im Jahr 1817 über Asien, Europa und Afrika), Johann Nicolaus Carl Rothenburg 1836 (Die Cholera-Epidemie in Hamburg) oder Ernst

Rodenwaldt 1961 (Globale Verbreitung der Pocken 1939–1955). In allen Fällen sind Städte besonders betroffen, wobei die städtischen Umweltbedingungen und die (human-)ökologische Situation die entscheidenden Steuergrößen sind.

Diese Gefahren stehen in Verbindung mit technologischen oder industriellen Unfällen, die zu

▣ **Abb. 6.5** Elbehochwasser 2002 in Pirna. (Foto © Haase)

Erdbeben

Das Erdbeben vom 18. April 1906 im Raum San Francisco gilt als eine der schlimmsten Naturkatastrophen in der Geschichte der Vereinigten Staaten. In San Francisco kamen durch das Beben und die anschließend ausgelösten Feuer nach offiziellen Angaben rund 3000 Menschen ums Leben. Die Schäden durch das Beben schätzte man seinerzeit auf etwa 405 Mio. Dollar (in heutiger Kaufkraft 11 Mrd. Dollar). Die wirtschaftlichen Auswirkungen sind damit denen der Hurrikan Katrina-Katastrophe des Jahres 2005 vergleichbar (Kilpatrick und Dermisi 2007).

Vulkaneruptionen

Am 13. November 1985 tötete eine Schlammlawine in der Folge des Ausbruchs des kolumbianischen Vulkans Nevado del Ruiz mehr als 25.000 Einwohner der 70 km entfernt liegenden Stadt Armero. Der Ausbruch des Tambora auf Sumbawa (Indonesien) vom 10.–15. April 1815 hatte 12.000 Todesfälle zur Folge, weitere 50.000 bis 80.000 Menschen starben durch die folgenden Erdbeben und Flutwellen sowie den Ascheregen auf Lombok. Er gilt als größter Vulkanausbruch der letzten 10.000 Jahre (Oppenheimer 2003). Im Jahre 1669 produzierte der Ätna einen seiner schwerwiegendsten Ausbrüche. Dabei wurde die Stadt Catania zerstört und etwa 20.000 Menschen starben (Schmincke 2000). Trotz des extrem hohen Naturrisikos ist Catania heute eine der am meisten wachsenden Regionen Siziliens. Einer der berühmtesten Vulkanausbrüche der Welt ist der des Vesuvs am 24. August des Jahres 79 n.Chr. Er endete mit der Zerstörung der Städte Pompeji und Herculaneum, vor allem durch Glutwolken und Pyroklastische Ströme (Schmincke 2000). Der Vesuv gilt als ein gefährlicher Vulkan. Trotzdem sind Siedlungsgebiete auch hier bis an den Hangfuß des Vulkans herangewachsen.

Tsunami

Tsunamis werden zu etwa 90% durch starke Erdbeben unter dem Ozeanboden ausgelöst. Tsunamis zählen zu den verheerendsten Naturkatastrophen von denen dicht besiedelte Küstenstreifen und damit häufig auch Städte betroffen sein können. Ohne schützende Küstenfelsen oder Küstenvegetation können schon drei Meter hohe Wellen mehrere hundert Meter tief ins Land eindringen. Am 26. Dezember 2004 wurden durch einen großen Tsunami in Südostasien mindestens 231.000 Menschen getötet. Mehrere Großstädte wie Galle in Sri Lanka und Banda Aceh in Indonesien waren schwer betroffen. Ausgelöst wurde die Welle durch eines der stärksten Erdbeben seit Beginn der Aufzeichnungen (Koldau 2013).

Wald- und Torfbrände in Russland 2010, Auswirkung von SMOG auf Moskau

Auf einer Fläche von bis zu 188.500 ha gab es im Juli und August 2010 zwischen Karelien, Woronesh und der Region südöstlich von Moskau geschätzte 700 Wald- und Torfbrände. Allein in Moskau starben infolge der Hitze und der Brände im Juli und August 10.900 Menschen mehr als im gleichen Zeitraum des Vorjahres. Durch die Brände kam es zu gesundheitsgefährdenden hohen Konzentrationen von Kohlendioxid und Kohlenmonoxid. In der russischen Hauptstadt Moskau breitete sich Anfang August der Rauch so weit aus, dass die Bewohner davor gewarnt wurden, ihre Häuser zu verlassen. Der Rauch erlaubte teilweise nur noch eine Sichtweite bis 50 m und drang bis in die U-Bahnschächte vor. Ausländisches Botschaftspersonal wurde zum Teil evakuiert, und die Regierungen (darunter auch das deutsche Auswärtige Amt) erließen Reisewarnungen nach Russland. Der Flugverkehr war unter anderem an den drei internationalen Moskauer Flughäfen wegen der schlechten Sicht massiv beeinträchtigt (Barriopedro et al. 2011).

Beispiel Fukushima 11.03.2011

Am 11. März 2011 um 14:46 Uhr ereignete sich unter dem Meeresboden vor der Ostküste der japanischen Hauptinsel Honshū das Tōhoku-Erdbeben. Das Epizentrum lag 163 km nordöstlich des Atom-Kraftwerks Fukushima I, sodass die Primärwellen des Bebens das Kraftwerksgelände nach 23 Sekunden erreichten. Das Beben erreichte eine Stärke von 9,0. Alle sechs Blöcke schalteten daraufhin auf Notkühlung um. Ab 15:35 Uhr trafen am Kraftwerk Tsunamiwellen mit einer Höhe von ungefähr 13–15 m ein. Für den meerseitigen Teil des Geländes existierte nur eine 5,70 m hohe Schutzmauer. Große Mengen an radioaktivem Material wurden freigesetzt und kontaminierten Luft, Böden, Wasser und Nahrungsmittel in der land- und meerseitigen Umgebung. Ungefähr 100.000–150.000 Einwohner mussten das Gebiet vorübergehend oder dauerhaft verlassen (Flüchter 2011). Das Beispiel zeigt eindrucksvoll, wie durch (auch natürliche) singuläre Ereignisse Infrastruktur und Lebensraum so belastet werden, dass ein Leben in einem solchen Raum nicht mehr gewährleistet ist. Besonders betroffen können davon Stadtökosysteme sein, die sich in Küstenhöfen befinden und exponiert gegenüber Meereserdbeben sind.

---

großen Schäden bis hin zum Zusammenbruch der Infrastruktur führen. Die Folgen können sehr unterschiedlich sein, beispielsweise Verschmutzung durch Industrieanlagen, radioaktive Verseuchung, Giftabfall, Dammbruch, Industrieunfall, Flugzeugabsturz, Pipelinebruch, Explosionen, Feuer, Ölverschmutzung, Sabotage, chemische Angriffe, terroristische Angriffe.

6.4   Auswirkungen des Klimawandels

Zwischen 1901 und 2012 haben sich global die mittleren Lufttemperaturen auf Bodenniveau um 0,89 °C erhöht. Nach den Szenarien des Weltklimarats (IPCC 2013) ist eine Erhöhung um 1,1–3,1 °C für die mittleren Repräsentativen Konzentrations-Pfade (RCP4.5 & RCP6.0) über das vorindustrielle Niveau bis zum Ende des 21. Jahrhunderts wahrscheinlich. Das Klima wandelt sich allerdings regional sehr unterschiedlich. In Mitteleuropa beispielsweise wird sich der Klimawandel vergleichsweise moderat auswirken, wobei Südeuropa und auch der hohe Norden deutlich stärker betroffen sein werden, etwa in Bezug auf die vorausgesagten Temperaturerhöhung (CEC 2007; EEA 2008). Diese Unterschiede sind stets zu berücksichtigen, wenn nachfolgend die möglichen Auswirkungen des Klimawandels auf Städte und Stadtnatur diskutiert werden.

Städtische Siedlungen tragen nicht nur in erheblichem Umfang zu den Treibhausgasemissionen bei (▶ Kap. 1), die den Klimawandel verursachen, sondern sie werden von diesem auch in besonderer Weise betroffen sein. Katastrophen wie die Wirbelstürme Katrina und Sandy, die New Orleans und New York schwere Schäden zufügten, oder auch die Überschwemmungen deutscher Städte durch Flusshochwässer im Sommer 2013, zeigen die Risiken, denen Städte durch Naturgefahren ausgesetzt sind. Auch die Hitzewellen im Sommer 2003, durch die bis zu 70.000 Menschen in Europa zusätzlich starben (Robine et al. 2008), betrafen vor allem Städte.

Neben den zunehmenden Risiken durch katastrophale Naturereignisse wie Sturmfluten, Flusshochwässern, Wirbelstürme und Hitzewellen (s. o.) geht es auch um die sich langfristig ändernden klimatischen Bedingungen, wie Temperaturerhöhungen und Veränderung der Niederschlagsmengen. In Mitteleuropa könnte sich die Anzahl von sogenannten tropischen Nächten, in denen die Minimumtemperaturen nicht unter 20 °C fallen, und die für Menschen besonders belastend sind, den heutigen Verhältnissen im Mittelmeerraum annähern (EEA 2008). In Städten werden diese klimatischen Veränderungen verstärkt spürbar werden, denn die starke bauliche Überprägung, Bodenversiegelung und entsprechend geringere Vegetationsbedeckung haben bereits zu erhöhten Temperaturen (Wärmeinseleffekt) und einem schnelleren und stärkeren oberflächlichen Abfluss von Regenwasser geführt (▶ Kap. 6). Modellberechnungen für London und den Verdichtungsraum Manchester deuten beispielsweise an, dass sich die Temperaturunterschiede zwischen Stadt und Land verstärken werden (Wilby 2007; Gill et al. 2007). Betroffen sind vor allem dicht bebaute Stadtquartiere mit schlechter Grünausstattung, in denen häufig sozial benachteiligte Bevölkerungsgruppen leben (Schwarz und Seppelt 2009; Lindley et al. 2006).

In Dänemark nahm die Intensität der Starkregenereignisse mit einer zehnjährigen Wiederkehrhäufigkeit in den letzten 30 Jahren bereits um etwa 10 % zu (Madsen et al. 2009). Nach Modellrechnungen ist eine weitere Verstärkung um 20 % bis zum Ende des 21. Jahrhunderts möglich (DMI 2007). Es werden auch Dürreperioden zunehmen, in den es zu Engpässen in der Trinkwasserversorgung und Wassermangel für das Stadtgrün kommen kann (EEA 2008; Gill et al. 2007).

Neben den direkten Auswirkungen des Klimawandels ist aber auch mit Folgewirkungen zu rechnen. Erhöhte Lufttemperaturen können beispielsweise auch zu höheren Ozonkonzentrationen in der Luft führen. Für Los Angeles wurde geschätzt, dass der städtische Wärmeinseleffekt die Ozonkonzentrationen um 10–15 % erhöht (USEPA 2001). Verstärkt sich der Wärmeinseleffekt, so ist auch von einer weiteren Zunahme der Luftbelastungen auszugehen.

In diesem Zusammenhang können auch die städtische Vegetation, und insbesondere Baumbe-

stände, eine Rolle spielen. Sie filtern nicht nur in einem gewissen Umfang Luftschadstoffe (▶ Kap. 6), sondern sie können auch Luftschadstoffe emittieren, sogenannte biogene flüchtige organische Substanzen (biogene volatile organic compounds, BVOC) wie etwa Isoprene und Monoterpene, die an der Entstehung von Ozon beteiligt sind. Die Höhe dieser Emissionen ist wiederum abhängig von den Lufttemperaturen, Intensität der Sonneneinstrahlung, aber auch der Wasserversorgung der Bäume und nicht zuletzt den Baumarten (Steinbrecher et al. 2009). Bei zunehmendem Wasserstress, wie er im Klimawandel wahrscheinlicher wird, verstärken sich auch die Emissionen von flüchtigen organischen Substanzen. Für die Höhe dieser Emissionen liegen kaum Daten vor, aber die Ergebnisse einer Literaturstudie legen nahe, dass Bäume in südlichen Städten mit heiß-trockenen Klimata in erheblichem Umfang zur Erhöhung der Konzentration von flüchtigen organischen Verbindungen in der Luft beitragen können, während in Städten mit gemäßigtem Klima und guten Wuchsbedingungen eher die Absorption von Ozon durch die Stadtbäume überwiegt (Calfapietra et al. 2013).

Früher einsetzende Vegetationsperioden und höhere Temperaturen können möglicherweise auch die Pollenproduktion der Vegetation erhöhen, mit negativen Folgen für Allergiker (Shea et al. 2008). Weitere Folgewirkungen können beispielsweise in der Ausbreitung von Krankheitserregern bestehen. Der Klimawandel könnte beispielsweise die weitere Ausbreitung der Mückenart Aedes aegypti fördern, die der Hauptüberträger von Dengue- und Gelbfieber ist (Eisen et al. 2014).

Es soll nicht unerwähnt bleiben, dass Klimaänderungen auch positive Folgen haben können, etwa wenn in den Städten der mittleren und höheren Breiten höhere Temperaturen einen verringerten Heizenergiebedarf, eine verlängerte Vegetationsperiode, mehr laue Sommernächte, in denen man sich angenehm im Freien aufhalten kann, sowie eine verringerte Wintermortalität der Bevölkerung mit sich bringen. Diese erfreulichen Begleiterscheinungen des Klimawandels werden voraussichtlich aber deutlich von den in ◻ Tab. 6.3 dargestellten negativen Auswirkungen überwogen werden (EEA 2008). Weitere negative Auswirkungen des Klimawandels, wie etwa die Schädigung von Vegetation (insbe-

◨ Tab. 6.3 Mögliche Auswirkungen des Klimawandels in Städten (global). (Nach Wilbanks et al. 2007)

Klimawandel	Auswirkung auf Städte
Änderung der mittleren klimatischen Verhältnisse	
Temperaturerhöhung und Verstärkung des Wärmeinseleffekts	Erhöhter Energiebedarf für Klimatisierung überwiegt verringerten Heizenergiebedarf Schlechtere Luftqualität
Niederschlag (Zu- oder Abnahme)	Erhöhtes Überschwemmungsrisiko Größere Gefahr von Hangrutschungen Verstärkte Zuwanderung aus ländlichen Gebieten Gefährdung der Nahrungsmittelversorgung von Städten
Meeresspiegelanstieg	Überschwemmung küstennaher Bereiche Geringere Einnahmen aus Landwirtschaft und Tourismus
Zunahme der Extremereignisse	
Extreme Niederschlagsereignisse/ tropische Wirbelstürme	Stärkere Überschwemmungen Höheres Risiko von Hangrutschungen Beeinträchtigung der Lebensunterhalts der Bevölkerung und der ökomischen Prozesse in der Stadt Beschädigung von Häusern, Infrastrukturen und Wirtschaftsunternehmen
Dürre	Wassermangel Höhere Lebensmittelpreise Beeinträchtigung der Stromerzeugung durch Wasserkraft Verstärkte Zuwanderung aus besonders betroffenen ländlichen Gebieten
Hitzewellen/Kältewellen	Energiespitzen für Klimaanlagen bzw. Raumheizungen Gesundheitsbelastungen der Bevölkerung
Sprunghafter Klimawandel	Mögliche gravierende Auswirkungen eines plötzlichen Anstiegs des Meeresspiegels Mögliche gravierende Auswirkungen eines plötzlichen starken Anstiegs der Lufttemperaturen
Veränderung der Exposition	
Bevölkerungsbewegungen	Von betroffenen ländlichen Gebieten
Biologische Veränderungen	Ausbreitung von Krankheitserregern

sondere von Straßenbäumen), durch häufigere und längere Dürreperioden oder auch durch eine mögliche Veränderung der städtischen Pflanzen- und Tierwelt, wären dieser Tabelle noch hinzuzufügen.

Städtische Verwundbarkeit ist ein Ergebnis ihrer unterschiedlichen Exposition, Sensitivität und Anpassungskapazität (◨ Abb. 6.6). Die Auswirkungen des Klimawandels werden also nicht nur davon bestimmt, wie sehr sich die Naturgefahren (z. B. Flusshochwässer) in ihrer Häufigkeit und Höhe verstärken. Ganz entscheidend ist auch die Exposition der Städte oder Stadtteile gegenüber diesen Naturgefahren. Höhere Sommertempe-raturen und Hitzewellen treffen Städte im Süden Europas voraussichtlich stärker als im Norden (EEA 2008). Wurden Siedlungen in den Flussauen gebaut? Befinden sich Häuser auf durch Rutschungen gefährdeten Hängen? Liegen Städte an Küsten, die vom Anstieg des Meeresspiegels und höheren Sturmfluten betroffen werden? Weltweit leben über 600 Mio. Menschen in Küstengegenden, die höchstens 10 m über dem Meeresspiegel liegen (McGranahan et al. 2007). Der Anteil dieser gefährdeten Bevölkerungsgruppen wird besonders in den rasant wachsenden Städten der sich entwickelnden Länder noch stark zunehmen (▶ Kap. 1: Case Study – Vier

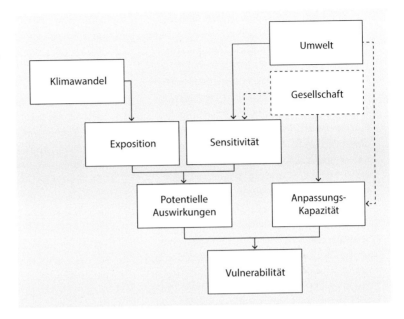

■ **Abb. 6.6** Vulnerabilität als Ergebnis von klimawandelbedingter Naturgefahr, Exposition und Sensitivität der Stadt sowie ihrer Anpassungskapazität. (BMZ 2014)

Beispiele für unterschiedliche Stadtentwicklung: Daressalam).

Zur Sensitivität von Stadtökosystemen gegenüber dem Klimawandel gibt es bisher nur wenige wissenschaftliche Erkenntnisse (z. B. Wilbanks et al. 2007), so dass hier nur einige der möglichen Probleme angedeutet werden können:

— Eine mögliche Verschiebung der Vegetationszonen durch den Klimawandel wird sich auch auf die Lebensräume für die Pflanzen- und Tierwelt in der Stadt auswirken, etwa in Form einer Veränderung der Artenzusammensetzung. Betroffen werden vermutlich vor allem die naturnäheren Lebensräume sein (s. Colding 2013).

— Veränderte klimatische Verhältnisse haben möglicherweise aber auch weitere Auswirkungen auf die städtische Pflanzen- und Tierwelt und deren Zusammenleben, etwa wenn sich Austriebs- und Blüh- bzw. Reproduktionszeitpunkte ändern, die Wuchsleistung der Arten auf unterschiedliche Weise beeinflusst wird und sich damit auch die Konkurrenzverhältnisse ändern (Wilbanks et al. 2007). Auswirkungen können beispielsweise die verstärkte Schädigung von Bäumen und Sträuchern durch Spätfröste, erhöhten Schädlingsbefall bis zur Veränderungen in der Zusammensetzung

der Vegetation umfassen, die ihrerseits wiederum Auswirkungen auf Ökosystemfunktionen und -dienstleistungen wie Nährstoffkreisläufe oder die Verdunstungsleistung haben können. Wärmeliebende und dürretolerante Pflanzen- und Tierarten aus südlichen Regionen werden sich möglicherweise verstärkt in Städten der mittleren und höheren Breitengrade ausbreiten und sogar invasiv werden (Nobis et al. 2009; Sukopp und Wurzel 2003), während feuchtigkeitsbedürftige Arten noch mehr unter Druck geraten werden. Der Klimawandel kann also weitreichende Auswirkungen auf die städtische Biodiversität und ihre Ökosystemdienstleistungen mit sich bringen (Kendal et al. 2012), die bisher jedoch kaum abgeschätzt werden können. Trotz dieser Unsicherheiten sind bereits jetzt Überlegungen zur Anpassung der Stadtnatur an den Klimawandel anzustellen, um ihre Sensitivität gegenüber den möglichen Auswirkungen des Klimawandels zu vermindern und damit ihre ökologische Leistungsfähigkeit (▶ Kap. 5), etwa zur Regulierung des Mikroklimas, zu sichern.

— Häufigere und länger andauernde Dürreereignisse während der Vegetationsperiode können das Wachstum der Pflanzen hemmen, sie sogar schädigen und somit ihre Verdunstungsleistung einschränken. Braune Rasen und ausgetrocknete Dachbegrünungen verlieren ihre Kühlwirkung, die Oberflächentemperaturen erhöhen sich (Gill et al. 2013). Straßenbäume leiden bereits heute häufig unter Wasserstress aufgrund des eingeschränkten Wurzelraums (Bühler et al. 2006). Eine Verschärfung von Dürreperioden wird ihre Wuchs- und die damit verbundenen Ökosystemleistungen weiter einschränken. In den Städten der sich entwickelnden Länder, in denen die lokale Versorgung der Bevölkerung mit Lebensmitteln eine große Rolle spielt, könnte die urbane und peri-urbane Landwirtschaft davon ganz besonders betroffen werden. Dürreresistenz wird auch zu einem entscheidenden Kriterium für die Auswahl von Baumarten für befestigte Plätze und Straßen (Roloff et al. 2009; Gillner et al. 2013). Auch Möglichkeiten zur Bewässerung von Straßenbäumen sind in Überlegungen zur Klimaanpassung einzubeziehen, etwa durch die Speicherung und Nutzung von Regenwasser. Lokales Regenwassermanagement und Klimaregulation können so verbunden werden.

6.5 Urbane Resilienz – der Umgang mit Krisen

6.5.1 Was ist Urbane Resilienz?

Anpassung an wechselnde Lebensbedingungen und gleichzeitig Weiterentwicklung und Erneuerung bezeichnen den Fortschritt in der Gesellschaft und die Evolution des Lebens. Das menschliche Streben nach Sicherheit und Stabilität und der Bewahrung der geschaffenen Strukturen stehen dazu nicht im Widerspruch und treffen auch und im Besonderen auf Städte zu. Die Balance zwischen Wandel und Stabilität steht dabei für gute Stadtentwicklung (Jakubowski 2013, S. 371). Der Begriff Resilienz scheint in der Raumplanung eine langfristige Strategie anzudeuten, die das Scheitern einschließt und den auf Adaption und Mitigation begründeten Begriff der nachhaltigen Stadtentwicklung ablösen könnte (Ersöz 2013). Resilienz kann aber auch als die Grundlage für eine auf Nachhaltigkeit ausge-

richtete Entwicklung und nicht nur als bloße Reaktion auf Krisen und als neuer Gegenbegriff zur Nachhaltigkeit aufgefasst werden (Kegler 2013).

> **Definition**
>
> Resilienz bezeichnet die Fähigkeit eines Systems, auf Krisen und Störungen reagierend, ein dynamisches Gleichgewicht aus Selbsterneuerung und Gestaltungsmöglichkeiten anzustreben (Selbstregulation). In einem Transformationsprozess werden bestehende Strukturen in widerstandfähige und zukunftsweisende Formen überführt. Dies ist in einem stadtregionalen System Grundlage für eine auf Nachhaltigkeit ausgerichtete Entwicklung, bei der in planerischen, selbstgestalteten und natürlichen Prozessen resiliente Strukturen entwickelt und gestärkt werden (s. a. Vale und Campanella 2005; Walker et al. 2006; Newman et al. 2009; Kegler 2013).

Das Makrosystem Stadt und Region kann aus Resilienz-Perspektive in Mikrosysteme, z. B. Stadtstrukturen, unterschieden und in die relevanten Untersysteme Wirtschaft, Umwelt, Infrastruktur, Governance und Soziales untergliedert werden (Jakubowski 2013). Urbane Resilienz kann also auf unterschiedlichen Hierarchieebenen betrachtet werden und schließt eine ökosystemische Betrachtung ein. Bei der Betrachtung der Stadtökosysteme müssen Vulnerabilität, Management, Leistungseigenschaften (Ökosystemdienstleistungen, ▶ Kap. 5), Sicherheit, Stabilität und Risiken für die Stadtbewohner im Vordergrund stehen.

Newman et al. (2009) begründen, warum man Städte hin zu mehr Resilienz entwickeln sollte. Die Abhängigkeit der Städte von der sich nicht regenerierenden Ressource Öl und der Klimawandel werden als Hautargumente angeführt. Newman et al. (2009) stellen vier Szenarien für die Stadtentwicklung vor:

- Zusammenbruch (*Collapse*),
- Suburbanisierung (*Ruralizing*),
- Zergliederung (*Segregation, Dividing*),
- Resilienz (*Resilient City*).

Für die *Resilient City* werden folgende Merkmale ausgeführt: Nutzung erneuerbarer Energie, CO_2,

Resilienz-Kriterien urbaner Systeme (Kegler 2013; s. a. Newman et al., 2009; Newman 2010; Evans 2011)

Autarkie und Austausch
Selbstständigkeit von Städten bedeutet Selbstbestimmung und weniger Abhängigkeit von äußeren Einflüssen. Gerade Städte beruhen jedoch auf regionaler, überregionaler und globaler Vernetzung. Eine reine Selbstbezogenheit ist nicht nur unmöglich, sondern auch kontraproduktiv. Durch fehlenden Austausch können Bedrohungen leicht übersehen werden. Ein gut funktionierender Kontakt- und Informationsaustausch ist die Voraussetzung, um resilient auf Krisen zu reagieren.

Redundanz und Vielfalt
Redundante Systembestandteile und Angebote in Städten tragen zur Funktionsstabilität und zur Sicherung von Ressourcen im Krisenfall bei, schaffen im Wettbewerb Antrieb zur ständigen Verbesserung. Eine Vielfalt unterschiedlicher Systembestandteile sowie Angebote in

den verschiedenen Bereichen – Geschäftszweige, Nachrichtenquellen, Vernetzungen, Menschen mit unterschiedlichen Fähigkeiten, Steuerungsmöglichkeiten, Stadtökosysteme etc. – ermöglichen eine flexible Reaktion, Anpassung und Weiterentwicklung.

Kompaktheit und Dezentralität
Urbane Kompaktheit sorgt für effizienten Ressourceneinsatz (z. B. für kurze Wege und im Energieverbrauch). Dies erhöht aber auch die Empfindlichkeit und Verwundbarkeit des Systems. Dezentralität sorgt dafür, dass Ressourcen optimal verteilt sind und eine Versorgung nicht gefährdet wird (z. B. Versorgung mit Grünflächen, klimatische Moderation).

Stabilität und Flexibilität
Stabilität ermöglicht, kalkuliert zu handeln und zu planen, bietet eine langfristige und vorausschauende

Versorgung, bezieht einen notwendigen Wandel jedoch nicht ein. Beharrendes Erhalten ist keine angemessene Reaktion auf Herausforderungen. Flexibilität bedeutet Anpassung an veränderte Bedingungen, Anpassungsfähigkeit der gebauten und geplanten Stadtstrukturen, flexible Planungsstrukturen sowie Orientierung hin zu zukunftsentscheidenden Maßnahmen.

Diversität und Stabilität
In der Ökologie wurde Diversität als Voraussetzung für Stabilität erkannt und diskutiert. Dies trifft auch abgewandelt auf andere Systeme zu. Vielfältige Strukturen sind besser geeignet, unerwartete Einwirkungen abzupuffern (Stabilität), ohne dass das System zerstört wird. Dies unterstützt auch das Ziel der Vielfalt in ökologischen Stadtstrukturen (Baustrukturen und Freiraum) als Beitrag zur Resilienz in Städten.

Neutralität, Grünausstattung (Photosynthetic City), Öko-Effizienz (Nutzung der ökologischen Funktionen und Zyklen), Einbettung in die Umgebung, nachhaltiger Transport. Urbane Resilienz hat demnach viel mit der Realisierung des Ziels Ökostadt (▶ Kap. 7) zu tun.

Ein engerer Fokus der Betrachtung der urbanen Resilienz betrifft die Vermeidung katastrophaler Naturereignisse und den Umgang mit diesen Ereignissen (*Disaster Risk Management* Perspektive) (UNISDR 2005).

Die Risiken, denen Städte weltweit ausgesetzt sind, und ihr Potenzial an Resilienz sind nicht gleich verteilt. Dies trifft nicht nur zwischen den Städten untereinander zu, sondern auch innerhalb von Städten, insbesondere dann, wenn sie groß bzw. sehr groß sind.

6.5.2 Wachsende versus schrumpfende Städte

Neue Risiken in einer globalisierten Welt erfordern neue Ideen und Strategien für resiliente Städte, und zwar im ökologischen, sozialen und ökonomischen Sinn. Auch Wachstum und Schrumpfung, zumeist getrieben durch Bevölkerungszunahme oder -abnahme (Haase et al. 2014), bergen Aspekte von Risiko und zwingen Städte und urbane Systeme, sich zu verändern und sich anzupassen. Eine resiliente Stadt ist in der Lage, größere Veränderungen – z. B. Extremereignisse, soziale Spannungen, ökonomische Einbrüche etc. – zu moderieren, flexibel damit umzugehen und zu „puffern", um grundlegende Daseinsfunktionen der Stadt – vor allem in den Bereichen Gesundheit, Sicherheit und Lebensqualität der Stadtbewohner – aufrechtzuerhalten (s. o.). Dies trifft gleichermaßen auf wachsende und schrumpfende Städte zu: Erstere müssen sich mit den Risiken einer Zunahme an Einwohnern, Bevölkerungsdichte und nachfolgend mit einem deutlich

◻ Tab. 6.4 Risiken und Chancen wachsender und schrumpfender Städte

	Wachsende Stadt	Schrumpfende Stadt
Bevölkerung und Fläche	Flächeninanspruchnahme und Bodenversiegelung durch Bevölkerungswachstum (Zuzug) und Wohnungsbau	Brachen als Folge von Bevölkerungsrückgang und Deindustrialisierung
Wasser- und Energieversorgung	Verknappung von Wasserressourcen und Ausbeutung von umliegenden Reservoiren; Energieimportabhängigkeit wachsender Städte steigt	Nichtauslastung von Wasserversorgungs- und Energieversorgungsinfrastruktur und entsprechende Toxizität im Leitungsnetz wegen mangelnden Durchflusses
Stadtklima	Durch Zunahme von Bevölkerungsdichte kann es zum Zubau von Grünflächen kommen sowie zu höherer Wärmebelastung (Hitzestress) in den Straßen durch höheres Verkehrsaufkommen	Ersatz von Gebäuden durch Freiflächen führt zu einer Verbesserung des Lokalklimas durch bessere Durchlüftung und der Zunahme an klimaverbessernden vegetationsbestandenen Flächen (Haase et al. 2014)
Verkehr	Vermehrte Staubildung und entsprechende Konzentrationen von Partikel-, Stickstoff- sowie Schwermetallemissionen im Straßenraum	Wegfall des Industrieverkehrs im Stadtinnenbereich führt zu innerstädtischer Entlastung
Stadtnatur einschließlich Auen und Wäldern	Gefährdung aufgrund von Baumaßnahmen (Wohnungen, Straßen, Gewerbe); immer geringere Chance auf Vernetzung urbaner Habitate; Fragmentierung	Zunahme von Natur in der Stadt auf Brachflächen; aktive Neugestaltung urbaner Grünflächen und Entstehung von neuen Habitaten (Haase 2014; Haase et al. 2014)
Böden	Gefahr von sehr hoher Bodenversiegelung und Zunahme von oberflächlichem Abfluss; lokale Hochwasserentstehung	Möglichkeit der Bodenentsiegelung; Gefahr der Verwehung schadstoffbelasteten Materials von offenen Brachen

höheren Verkehrsaufkommen sowie Partikeln und Lärmemissionen auseinandersetzen (Weber et al. 2014), letztere eher mit dem Umgang von Gebäudeleerstand und großen Industrie- und Wohnbrachen (Haase 2014).

◻ Tabelle 6.4 zeigt eine Übersicht von Risiken und Chancen von wachsenden und schrumpfenden Städten in Bezug auf ihre sozial-ökologische Dimension, welche gleichzeitig Ausdruck der Verletzbarkeit (Vulnerabilität), aber auch der Pufferkapazität (Resilienz) solcher Städte sind.

Wachstum und Schrumpfung, und somit auch die oben genannten Risiken und Chancen, kommen in Städten häufig gleichzeitig vor, mit unterschiedlicher Dominanz (Haase et al. 2014). Stadtplanung und *Governance*-Ansätze haben die Chance, die Resilienz einer Stadt zu erhöhen und damit ihre Vulnerabilität gegenüber äußeren Einflüssen zu verringern, indem sie die Risiken und Chancen von Wachstum und Schrumpfung erkennen, räumlich lokalisieren und entsprechende Gegenmaßnahmen aufeinander abstimmen. So kann man Effekte der

Stadtschrumpfung – zum Beispiel das Freiwerden von Flächen – zur Verbesserung des Grünanteils und zur Vergrößerung des Erholungspotenzials nutzen und somit den Verdichtungen in wachsenden Stadtteilen einen offeneren, grünen und für alle zugänglichen Stadtraum entgegensetzen.

6.5.3 Resilienz von Stadtstrukturen im dynamischen Wandel

In Bezug auf Resilienz kommt der Stadtstruktur (▶ Kap. 2) besondere Bedeutung zu. Sie definiert die „Bausteine" des Stadtökosystems als nutzungsbestimmte bauliche Elemente aus anthropogenen und natürlichen Bestandteilen (z. B. Gebäude, Grünbestanteile), aber auch deren Anordnungsmuster (*urban pattern*). Beide Seiten sind gleichermaßen für Stabilität und Resilienz der Stadtstruktur verantwortlich. Es kommt also bei resilienten Stadtstrukturen nicht nur auf die Bestandteile an, sondern auch und vor allem auf das Muster, das sie bilden. Damit ergeben

Aktuelle Herausforderungen, die die Erhöhung der Resilienz städtischer Strukturen in einem dynamischen Stadtstrukturwandel des 21. Jahrhunderts erfordern (▶ Kap. 1) (s. a. UN-Habitat 2009)

- Weitere Zunahme der Konzentration der Bevölkerung in Städten, die darauf nur unzureichend vorbereitet sind.
- Rasche und weiter zunehmende Urbanisierung, besonders in Asien, verbunden mit zunehmenden sozialen und räumlichen Ungleichheiten.
- Ungeplantes und nicht reguliertes Stadtwachstum in vielen Ländern Asiens, Afrikas und Lateinamerikas.
- Dynamische Ausdehnung der Städte weit über die politischen Stadtgrenzen hinaus ohne Steuerung durch Verwaltungen der Städte; es entstehen Stadtregionen aus Kommunen unterschiedlicher Größe, wirtschaftlicher Orientierung und Stärke sowie unterschiedlicher politischer Positionen.
- Limitierung der Entwicklungsmöglichkeiten (besonders von Großstädten) durch einzelne ökologische Faktoren wie z. B. ausreichende sommerliche Wasserversorgung in ariden und semi-ariden Regionen (z. B. Los Angeles, Sao Paulo).

- Weiterbestehen der Abhängigkeit der Städte von fossilen Energieträgern und individuellem Autoverkehr.
- Demographische Herausforderungen, Überalterung und Bevölkerungsrückgang in entwickelten Ländern, dominante, wachsende und oft arbeitslose junge Bevölkerung in Entwicklungsländern.
- Schrumpfende Städte in entwickelten Industrieländern.
- Klimawandel mit sommerlicher Hitze, Meeresspiegelanstieg, Extremereignissen.
- Unsicheres Zukunftswachstum und fundamentale Zweifel an der Wirtschaftssteuerung durch den Markt.
- Verringerte Steuerungsmöglichkeiten durch Planung und Stadtverwaltung, Rückgang der finanziellen Aufwendungen für städtische Infrastruktur trotz dynamischen Stadtwachstums.
- Zunehmende Demokratisierung der Entscheidungsprozesse und Wahrnehmung von sozialen und demokratischen Rechten durch Stadtbürger.

- Zunehmende Vielfalt an Bedürfnissen, Kulturen, Interessen und Gestaltungsbeteiligungen der Stadtbewohner.

Daraus ergeben sich Fragen zur Erhöhung urbaner Resilienz durch Stadtstrukturentwicklung.
- Welche Stadtstrukturen erhöhen die Resilienz?
- Welche Stadtstrukturmuster sind besonders resilient?
- Welche Stadtstrukturen sind unverzichtbar, welche ersetzbar?
- Wo müssen bestehende Strukturen umgebaut werden, um Resilienz zu erhöhen, weil Vulnerabilität vorliegt?
- Kann dieser Umbau im Bestand durch Umbau bestehender Strukturen erfolgen oder müssen neue Strukturen ergänzt (z. B. durch Grünräume), bzw. alte beseitigt werden (z. B. durch die Verringerung baulicher Dichte)?
- Wie können öffentliche Räume, Grünräume und Stadtökosysteme zur Resilienz der Städte beitragen?

sich viele Fragen, darunter die, wie urbane Resilienz durch angepasste dynamische Wandlungsprozesse der Stadtstrukturmuster erreicht werden kann und welche Herausforderungen bereits jetzt absehbar sind.

Zweifellos müssen bestehende Stadtstrukturen zur Erhöhung der Resilienz umgebaut und damit angepasst werden (▶ Kap. 2; Henseke 2013; Henseke und Breuste 2014). Für den Neubau von Stadtstrukturen muss jedoch von vornherein eine hohe Flexibilität und Anpassungsmöglichkeit der baulichen und Freiraum-Strukturen an neue, zukünftige Herausforderungen gefordert werden. Flexible Nutzungsmöglichkeit als Voraussetzung, Monitoring und Anpassung an neue Herausforderungen muss zur Normalität städtischen Wandels gehören.

Ökosystemdienstleistungen (▶ Kap. 5) sollten dabei nicht reduziert, sondern nach Möglichkeit gesteigert werden. Umwelt- und Lebensqualität sollten in diesem Prozess zunehmen und die Verwundbarkeit gegenüber Naturgefahren abnehmen.

Es kann keine Lösung sein, einen bestimmt Stadtstrukturtyp zu präferieren und diesen bei Stadterweiterungen immer wieder zu wiederholen (z. B. Stadtstrukturtypen mit viel Grünausstattung wie Einzel- und Reihenhausbebauung) oder z. B. das Gartenstadtmodell zu präferieren. Stattdessen kommt es darauf an, bestehende Stadtstrukturen in ihrer Vulnerabilität bezogen auf wesentliche aktuelle und zu erwartende Herausforderungen richtig zu beurteilen und rechtzeitig vorbereitende Gegenmaßnahmen zur Anpassung einzuleiten (Henseke und Breuste 2014). Damit wird für jeden Stadtstrukturtyp in seiner spezifischen Lage ein spezifisches Anpassungsmuster notwendig sein, das auch dessen Umgebung einbezieht. Trotz der damit zusammenhängenden Spezifik städtischer Räume sind aber einige stadtökologische Prinzipien generell anwendbar, soweit sie mit keinen oder nur geringen Risiken verbunden sind:

- natürliche Prozessabläufe statt technische Lösungen fördern (z. B. Regenwasserinfiltration),
- Nutzung der Klimamoderation durch Photosynthese von Pflanzen,
- Nutzung der Verdunstungsleistung von Vegetation und Wasserflächen sowie von Beschattung, speziell durch Bäume,
- Integration vielfältiger Naturstrukturen für Erholung, Naturkontakt und Umweltbildung in den Wohngebieten und ihren Nachbarschaften,
- Nutzung der Wasserreinigung durch Naturprozesse,
- natürlicher Hochwasserschutz etc.

Diese Aspekte werden derzeit als naturgestützte Lösungen (*nature based solutions*), gefördert von der Europäischen Union diskutiert (European Union 2015) und auch bereits angewandt. Natur als Bestandteil der städtischen Lebensumwelt zu fördern, ist eine die Resilienz fördernde Strategie, die durch zielgerichtete, lokal angepasste Maßnahmen umgesetzt werden kann. Diversität kann dabei zur Stabilität stadtstruktureller Systeme beitragen.

6.5.4 Kompakte Stadt versus Flächenstadt

Sollten Städte kompakt und damit ressourcensparender oder besser aufgelockert und grün und damit besser angepasst für den Klimawandel gestaltet werden? Diese (vermeintlichen) Gegensätze werden häufig als ein Dilemma der ökologisch orientierten Stadtentwicklung benannt (▶ Kap. 1), ohne dabei zu berücksichtigen, dass mit jedem der Konzepte nicht allen Herausforderungen begegnet werden kann. Es kommt darauf an, beide Konzepte zu verbinden.

Grundprinzipien einer „kompakten Stadt", die häufig auch als „europäische Stadt" oder „Stadt der kurzen Wege" bezeichnet wird, sind: Stadt-Land-Gegensatz (klare Trennung zwischen Stadt und Umland), Konzentration der städtischen Funktionen wie Wohnen, Arbeiten und Versorgen, Schaffung von dichten baulichen Strukturen, welche die zentralen Stadtteile bilden, sowie städtebauliche Dichte und Nutzungsmischung. Das Leitbild scheint mit der Neuen Charta von Athen bereits aufgegriffen zu sein. Realität ist zumindest in vielen Teilen Europas eher die raumgreifende Stadtlandschaft, bestehend aus „Stadt" und „Zwischenstadt" (Sieverts 1997, 2000; Sieverts et al. 2005). Dichte und Kompaktheit sind nicht gleichzusetzen. Zur kompakten Stadt gehören auch gemischte Bebauung, Nutzungsmischung, Förderung von nachhaltiger Mobilität, Zugang zu Grünflächen.

Ausgehend von der Kritik an zerstörerischer modernistischer Planung in US-amerikanischen Städten nach dem Zweiten Weltkrieg (Jacobs 1961) entstand in den 1960/70er Jahren die Idee der kompakten Stadt als multikriterielle, analytische, quasi berechenbare Entscheidungsfindung zur Lösung des Problems (Dantzig und Saaty 1973). Die Idee wurde bereits früh in den Niederlanden als praktische Stadtentwicklungspolitik (z. B. Randstad mit dem sogenannten Grünen Herzen) und später in Großbritannien angewandt. Kompakte neue Wohnstadtteile mir guter öffentlicher Verkehrsinfrastrukturanbindung und angegliedert an bestehende Kernstädte waren besonders in den Niederlanden praktische Beispiele, um das Stadtwachstum zu lenken und Landschaft und Natur dabei zu bewahren (VROM 2000). Auch heute ist das Konzept der kompakten Stadt immer wieder als Problemlösungsstrategie für Stadtwachstumsfragen in der Diskussion (VROM 2000; Boeijenga 2011). Für Los Angeles mit 17,8 Mio. Einwohnern in der Metropolregion wurde berechnet, dass weitere 10 % Flächenwachstum 5,7 % Zunahme der Kohlenstoffdioxid-Emissionen und um 9,6 % höhere Schadstoffemissionen je Einwohner und 4,1 % bzw. 2,9 % reduzierte Wertschöpfung von Wohneigentum als Besitzer oder Vermieter bedeuten. Flächenzuwachs ist also mit konkreten Einschränkungen und Belastungen verbunden, die berechenbar sind, was in der Folge die Resilienz reduziert (Barragan 2015).

Definition

Die kompakte Stadt, oft auch „Stadt der kurzen Wege", ist ein Stadtplanungs- und Entwurfskonzept. Es beinhaltet meist Wohnquartiere mit hoher baulicher und Einwohnerdichte mit Nutzungsmischung, weniger Autoverkehr und Infrastruktur je Einwohner. Es schließt effizienten öffentlichen Nahverkehr, Fuß- und Radverkehr, Energieeffizienz beim Bauen und geringe Umweltbelastungen ein. Häufig werden auch soziale Aspekte wie Angebote sozialer Interaktionen und soziale Sicherheit angeführt (s. a. ▶ Kap. 1; Williams et al. 2000; Dempsey 2010).

Flächenstadt

Die „Flächenstadt" ist durch ihre große räumliche Ausdehnung bei geringer Dichte an Einwohnern und baulichen Strukturen in weiten Bereichen gekennzeichnet (▶ Kap. 1, Zersiedlung, *urban sprawl*, Peri-Urbanization). Sie wächst durch die Einrichtung von Nutzungen und die Errichtung von Gebäuden, ohne Zusammenhang mit bebauten Ortsteilen. Stadtteile (Wohnen, Gewerbe) wachsen unstrukturiert in den unbebauten Raum des Stadtumlandes hinein, oft außerhalb der administrativen Stadtgrenzen. Neben einer Beeinträchtigung des Landschaftsbildes sind weitere Begleiterscheinungen: ineffiziente Ressourcennutzung, Beeinträchtigung ökologischer Funktionalität, Biodiversität und Ökosystemdienstleistungen (▶ Kap. 5) (Newman et al. 2009; Jaeger et al. 2010; Breuste 2014a).

Ausbau der Verkehrsinfrastruktur, insbesondere der Straßenausbau, aber auch hohe Immobilienpreise sowie geringe Verfügbarkeit von Flächen im Kernraum der Städte fördern den Prozess der Suburbanisierung. Ermöglicht und befördert wird diese Entwicklung durch die breite Verfügbarkeit von privaten Kraftfahrzeugen. Infolge dieses Prozesses entstehen miteinander funktional nicht verbundene urbane Nutzungsstrukturen im meist agrarischen Stadtumland, die ehemals ökologisch verbundene Flächen trennen (Zersiedlung). Positive gesundheit-

liche und Umwelt-Wirkungen werden ebenso wie ineffiziente Ressourcennutzung (besonders Energie) immer wieder diskutiert, ohne dass konkrete Indikatoren und Zahlen dies genauer belegen (Jackson 1985; Ewing 1997; Bruegmann 2005; Bullard et al. 2000).

Die Flächenstadt ist nur scheinbar das Gegenbild der kompakten Stadt. Beide sind extreme Visionen, die zum Teil bereits Realität sind. Resilienz entsteht jedoch besonders dann, wenn die Vorteile der fünf Resilienz-Kriterien (▶ Box: Resilienz-Kriterien urbaner Systeme) in der Stadtstruktur berücksichtigt werden können.

Dafür gibt es keine alles gleichermaßen berücksichtigende Strategie, doch vielversprechende Ansätze wie z. B. „Doppelte Innenentwicklung" oder „Stadt im Grünen Netz" (◻ Abb. 6.7 und 6.8).

Stadtwachstum kann als Raumphänomen sowohl Fläche als auch Höhe betreffen. Zu einer kompakten, verdichteten Stadt – also einer Stadt mit großen geschlossenen Siedlungskomplexen, mit hoher Einwohner- und Bebauungsdichte – gehören auch Hochhausbauten. Wenn Dichte ein Ziel ist, muss, um Fläche zu sparen, auch die Höhe von Gebäuden in die Diskussion eingebunden werden. In Mitteleuropa zum Beispiel, wo deutlich weniger Wachstumsdruck besteht als im Weltdurchschnitt, wo es eine fehlende Hochhaustradition und teilweise schrumpfende Städte gibt (▶ Kap. 4), ist dies keine allgemein geteilte Vision. In vielen anderen Ländern mit dynamischem Wachstum ist die Nutzung der dritten Dimension nicht nur für Bürotürme, sondern auch als Wohnoption bereits Realität (z. B. China, Japan, Thailand, Singapur, Chile, Brasilien, Kolumbien, USA u. v. a.). Weniger Fläche wird durch größere (Bau)Höhe ersetzt. Dabei spielen auch die Kosten-Nutzen-Relation, die Verfügbarkeit von Fläche und der Preis eine wichtige Rolle. Das Wohnhochhaus verbindet in vielen Ländern effiziente Ressourcennutzung, minimierte Infrastruktur, vertretbare Preise und großzügige Grünoptionen. Etwa die Hälfte der in Shanghai bebauten Wohnfläche (148 von 294 km^2) sind Wohnflächen mit Wohngebäuden über acht Stockwerke (Shanghai Municipal Statistics Bureau 2006). Die ökologischen Wirkungen sollten jedoch dabei berücksichtigt werden, finden bisher aber meist wenig Beachtung (◻ Abb. 6.10).

◨ **Abb. 6.7** Gartenstadt Blasewitz in Dresden. (Foto © Breuste)

◨ **Abb. 6.8** Kompakte Innenstadt von Sao Paulo, Brasilien. (Foto © Breuste)

Bundesamt für Naturschutz (BfN) zur Reduzierung der Flächeninanspruchnahme

Das Bundesamt für Naturschutz unterstreicht in einer Studie die Notwendigkeit der Reduzierung der Flächeninanspruchnahme in Deutschland (Schweppe-Kraft et al. 2008). Die kontraproduktiven ökonomischen Anreize, basierend auf der derzeitigen Aufteilung der Steuereinnahmen (z. B. Gewerbesteuer und Einkommenssteuer) sowie der nachträglichen Zuteilung von Steuermitteln im kommunalen Finanzausgleich, sollten durch neue Instrumente beseitigt bzw. gemildert werden. Gleichzeitig soll das planerische Instrumentarium verstärkt eingesetzt werden, um die besten, den jeweiligen speziellen Bedingungen angepassten Problemlösungen vor Ort zu ermöglichen. Nach Einschätzung des Bundesamtes für Naturschutz gehören dazu:

- Die Einführung ökonomischer Instrumente soll die Ausweisung von neuen Siedlungsflächen im Außenbereich

einschränken und ökonomisch weniger attraktiv machen. Dafür können eine Neuausweisungsabgabe, handelbare Flächenausweisungskontingente und eine Änderung der Grundsteuer angewandt werden. Dies könnte dazu führen, dass die Bautätigkeit im Außenbereich nur dort stattfindet, wo sie auch einen hohen Nutzen für die kommunale Entwicklung verspricht (s. Breuste 2001a).
- Durch die Honorierung naturschutzorientierter Leistungen im kommunalen Finanzausgleich könnte ein positiver Anreiz, um unversiegelte Flächen zu erhalten und sie im Sinne der Erhaltung der biologischen Vielfalt weiterzuentwickeln, erfolgen.
- Obligatorische Prüfungen (etwa fiskalische Wirkungsanalysen) sollen den Kommunen neben den ökologischen Auswirkun

gen deutlich machen, inwieweit von einer Baulandneuausweisung tatsächlich ökonomische Vorteile zu erwarten sind.
- Das planerische und naturschutzfachliche Instrumentarium sollte so weiterentwickelt werden, dass bestehende Innenentwicklungspotenziale in den Siedlungskernen verstärkt in Übereinstimmung mit ökologischen Zielen baulich genutzt werden. Das Ziel ist eine „doppelte Innenentwicklung", die die ökologische Qualität der innerstädtischen Wohnstandorte erhält und verbessert und sie hierdurch als Wohnstandorte attraktiver macht.

Eine solche Strategie ist nicht nur umwelt- und naturschutzpolitisch erforderlich, sie ist auch ökonomisch sinnvoll (Schweppe-Kraft et al. 2008).

Leitbild „Doppelte Innenentwicklung"

Der Deutsche Rat für Landespflege geht in einer Stellungnahme 2006 davon aus, dass zu städtischen Qualitäten neben einem reichhaltigen Angebot an Kultur, Kommunikation, Freizeitgestaltung, Einkaufsmöglichkeiten und guter Infrastruktur vor allem ein attraktives Wohnumfeld, eine gute Versorgung mit gestalteten und naturnahen Freiräumen, schadstoffarme Luft sowie unbelastete Böden und Gewässer gehören. Er entwickelte dazu ein künftiges städtebauliches Leitbild der doppelten Innenentwicklung. Städtischen Freiräumen und ihrer ökologischen Qualität wird darin besondere Aufmerksamkeit zuteil. Dazu werden Qualitätsziele und Orientierungswerte für die Dimensionierung von

drei Typen städtischer Freiräume entwickelt:

- unmittelbares Wohnumfeld,
- wohngebietsbezogenes Wohnumfeld,
- siedlungsnahe Freiräume.

Damit wird anerkannt, dass es bei Stadtentwicklung nicht nur um bauliche Aspekte und Infrastruktur geht, sondern genauso um die „zweite Seite der Stadtentwicklung", den dazugehörigen Freiraum. Diese muss nicht nur in, gemessen an Zielkriterien, ausreichender Quantität, sondern auch an Qualität und Lage zur Funktionserfüllung geplant und realisiert werden. Freiraumqualität erhält damit die Bedeutung eines Entwicklungspotenzials für Städte (DLR 2006). Dazu bearbeitete das Deutsche Institut für Urbanistik

(DifU) im Auftrag des Bundesamtes für Naturschutz (BfN) (2013–2015) ein Forschungsprojekt zu Strategien, Konzepten und Kriterien im Spannungsfeld von Städtebau, Freiraumplanung und Naturschutz, um Kriterien dahingehend zu entwickeln, wie einzelne städtische Flächen(typen) (Stadtökosysteme) und ihre Funktionen zu bewerten sind und mit welchen konkreten Instrumenten diese Funktionen gesichert bzw. weiterentwickelt werden können (Difu 2013).

Dresden – Die kompakte Stadt im ökologischen Netz

Die kompakte Stadt im ökologischen Netz" – an diesem Leitbild orientiert sich der Landschaftsplan der Landeshauptstadt Dresden. Stadtgrün wird als Infrastruktur verstanden, Freiräume sind Leitstrukturen der Stadtentwicklung. Trotzdem ist die Stadt „kompakt". Eine kompakte Stadt ist resilienter gegenüber den Herausforderungen durch Ressourcenverknappung, alternde Gesellschaft und Klimawandel. Kompakte Städte können die Wasserversorgung und den öffentlichen Personennahverkehr wirtschaftlicher betreiben, brauchen weniger Energie und verursachen weniger Emissionen, allein schon, weil die innerstädtischen Wege kürzer sind und das private Auto seltener gebraucht wird (REGKLAM 2015; Wende et al. 2014; ◼ Abb. 6.9). Die notwendige Anpassung an den Klimawandel erfordert mehr Grünflächen, um sommerliche Hitze zu mildern und Niederschlagswasser besonders bei Starkregen

versickern zu lassen, anstatt es in die oft überforderte Kanalisation abzuleiten. Wie harmonisiert dies mit kompakter dichter Bebauung? Mit dem Landschaftsplan hat das Umweltamt Dresden 2012 einen Vorschlag entwickelt, wie sich diese scheinbar widersprüchlichen Ziele verbinden lassen. Die Lösung: Kompakte Siedlungsbereiche sind in ein Netz von miteinander verbundenen Grünflächen, die sich auch in die bebauten Bereiche fortsetzen, eingebettet, welches vielfältige ökologische Dienstleistungen für den Menschen sowie vielerlei Funktionen in der Umwelt erfüllt. Um den Dresdner Landschaftsplan umzusetzen, müssen Flächen gezielt entsiegelt und begrünt werden. Welche Grünstruktur passt wo am besten? Können Grünbereiche mit wenig Pflege und viel spontaner Entwicklung einen Platz finden? Bislang ist das der Stadt Dresden vor allem in den Außenbereichen gelungen, wo zum Beispiel ehemalige militärische

oder landwirtschaftliche Anlagen zu Grünflächen umgestaltet wurden. In Wohngebieten ist das schwieriger. Die vierhundert kommunalen Bäche bilden ein fast flächendeckendes Netz. Schrittweise will man es zusammen mit Grünräumen zu einem ökologischen Netz ausbauen. So erreicht man mit einer Maßnahme gleich drei Ziele: den Schutz der Gewässerökologie, den Erhalt von Rückhalteflächen bei Überflutungen und die Moderation des Stadtklimas. Gerade in der jetzigen Wachstumsphase Dresdens ist es wichtig, Flächen mitten in der Stadt als Freiräume von Bebauung freizuhalten, und zwar nicht zuerst aus ästhetischen Gründen, sondern weil sie wichtige Ökosystemdienstleistungen anbieten. Wo eine Nutzung aufgegeben wird, kann die Stadt versuchen, das Gelände zu pachten oder zu kaufen, um es in das ökologische Netz zu integrieren. An dieser Aufgabe wird Dresden weiter wachsen (REGKLAM 2015; Wende et al. 2014).

6.5.5 Ist Resilienz von der Stadtgröße abhängig?

Vielfach wird angenommen, dass Städte ab einer bestimmten Größe besonders effizient, aber auch mit vielfältigen potenziell zunehmenden Problemen behaftet und wenig resilient sind (Krämer et al. 2011; Kraas et al. 2014). Kleine oder mittlere Städte scheinen auf den ersten Blick besser organisiert zu sein. Die Begrenzung des Größenwachstums, auch unabhängig von der Stadtstruktur, ist deshalb vielfach ein Ziel (u. a. Moskau und Beijing). Es wurde und wird allerdings bisher kaum erreicht. Gibt es aus Gründen der Resilienz eine optimale Stadtgröße? Aus vielerlei anderen Gründen wird immer wieder versucht, diese optimale Stadtgröße zu bestimmen (allgemein z. B. Getz 1979 oder speziell, gemessen an der Einwohnerzahl, aus dem Entscheidungsverhalten der Haushalte, Schöler 2009). Getz kam bereits 1979 zu dem Schluss: „… our understanding of the relationship between city size and human

welfare is too primitive to justify active policies to promote a particular pattern of city sizes …" (Getz 1979:210). Dieses begrenzte Wissen über komplexe Zusammenhänge städtischer Resilienz lassen uns von der Idee Abstand nehmen, dass kleinere oder größere Städte resilienter sind, oder dass eine optimale Stadtgröße Resilienz auch optimieren könnte. Stattdessen wirken sich ein arbeitsteiliges Städtenetz (▶ 1. Kriterium der Resilienz) und der Aufbau der Städte aus verschiedenster Perspektive (▶ 2.–5. Kriterium der Resilienz) dahingehend aus, dass Krisen robuster begegnet werden kann. Damit können sowohl kleinere als auch größere Städte Resilienz entwickeln und verbessern. Auch Megacitys können resiliente Strukturen aufbauen und sich robust gegenüber Krisen entwickeln. Dafür werden im Folgenden zwei Beispiele der Resilienz-Verbesserung mit den Mitteln der Grünraumplanung und Stadtstrukturentwicklung vorgestellt. Die Grünausstattung von Städten kann sicher nicht allein urbane Resilienz begründen. Sie kann aber sehr wohl ein

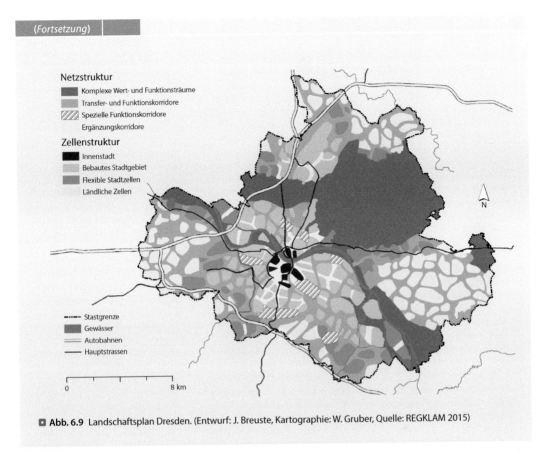

(Fortsetzung)

Netzstruktur
- Komplexe Wert- und Funktionsträume
- Transfer- und Funktionskorridore
- Spezielle Funktionskorridore
- Ergänzungskorridore

Zellenstruktur
- Innenstadt
- Bebautes Stadtgebiet
- Flexible Stadtzellen
- Ländliche Zellen

- Stastgrenze
- Gewässer
- Autobahnen
- Hauptstrassen

N

0   8 km

◾ **Abb. 6.9** Landschaftsplan Dresden. (Entwurf: J. Breuste, Kartographie: W. Gruber, Quelle: REGKLAM 2015)

◾ **Abb. 6.10** Wohnviertel der gehobenen Mittelschicht in Beijing. (Foto © Breuste)

Dynamische Megacity Shanghai

Die Megacity Shanghai in China hat 6341 km^2 Fläche und etwa 24 Mio. Einwohner (Resident Population). Damit hat Shanghai etwa sieben Mal so viel Einwohner und Fläche wie Berlin. In Shanghai sind 6000 km^2 Stadtumland unter Urbanisierungsdruck! Eines der dringendsten Probleme ist mit der hohen baulichen Dichte und dem Stadtwachstum umzugehen, um eine resiliente Stadtstruktur entstehen zu lassen. Diese Frage stellten sich die Stadtplaner in Shanghai bereits in den 1980er Jahren. Sie entschieden sich für kompakte Baustrukturen verbunden mit Grünflächen. Bis dahin hatte Shanghai einen der niedrigsten Grünflächenanteile aller chinesischen Städte. Dieser machte 1978 lediglich 8,2 % des gesamten Stadtgebiets aus. Der Grünflächenanteil pro Einwohner betrug 0,69 m^2, der Anteil öffentlicher Grünflächen pro Einwohner 0,35 m^2.

2003 entschieden sich die Stadtplaner für einen ambitionierten Greening Master Plan mit folgenden Elementen:

- Entwicklung von zwei Grünringen, der innere um die Innenstadt, der äußere um die äußeren Stadtbezirke. Die Grünringe bestehen aus Aufforstungsflächen, Baumschulen und Erholungsparks und sollen damit ökologische und wirtschaftliche Funktionen gleichermaßen erfüllen.
- Acht große zusammenhängende Grüninseln (*greenlands*) um die Stadt, um das Stadtklima positiv zu beeinflussen.
- Grünkorridore entlang von Hauptstraßen in die Stadt, Eisenbahnlinien und Gewässern
- Erreichbare Grünflächen für alle mit dem Ziel, in allen Wohngebieten in maximal 500 m Distanz Grünflächen einzurichten.
- Ziele des Greening Master Plans sind: Schutz der Biodiversität, Klimaverbesserung, Schutz der Feuchtgebiete, Wassereinzugsgebiete.

Die Anstrengungen, der Stadt eine völlig neue Struktur zu geben, sind gewaltig und in vielen Bereichen erfolgreich. Eine hohe Baudichte soll auch bei der Stadterweiterung erhalten bleiben, aber sie soll durch eine stabilisierende Grünstruktur begleitet werden. Diese grüne Infrastruktur wird das Gerüst der neuen Stadt sein. Der Grünflächenanteil an der Gesamtfläche der Stadt erhöhte sich 2013 auf 38,4 %. Sowohl öffentliche Grünflächen als auch Grünflächen in Baugebieten und die Infrastruktur begleitend, konnten einen rasanten Anstieg verzeichnen. Im Jahr 2013 hatten Straßengrün und Aufforstungsflächen außerhalb mit ca. 68 % an allen städtischen Grünflächen den größten Anteil. Die städtische Politik mit dem Motto „Wherever there is a road, there is greening" hatte angesichts des schnellen Ausbaus des Straßennetzes Erfolg, ohne damit wirklich nutzbare und Ökosystemdienstleistungen bietende Grünflächen zu erzeugen. Seit 2003 wird in die Entwicklung des Straßenbegleitgrüns aufwendig investiert. 2013 wurden 9,9 Mio. Bäume als Straßenbegleitgrün registriert (Shanghai Municipal Statistics Bureau 2014). Die öffentlichen Parkflächen stiegen nach 2005 nicht mehr an. Sie fehlen in den aktuellen Statistiken (◘ Tab. 6.5). Der Anteil öffentlicher Grünflächen pro Einwohner stieg seit den 1980er Jahren stetig an. Im Jahr 2013 kamen auf jeden (registrierten) Einwohner der Stadt 86,8 m^2 Grünflächen (124.295 ha), davon 12,0 m^2 öffentlicher Grünflächen. Noch 1998 waren es nur 2,96 m^2 gewesen, was einer Vervierfachung in 15 Jahren entspricht.

Im Jahr 2004 erhielt Shanghai den Status der „Nationalen Gartenstadt". Dieser Titel wird vom chinesischen Bauministerium an diejenigen Städte verliehen, deren „Urban Green Coverage Rate" mindestens 35 % beträgt und deren Anteil öffentlicher Grünflächen pro Einwohner mindestens 6,5 m^2 ausmacht (Leung 2005; Shanghai Municipal Government 2007; Shanghai Municipal Statistics Bureau 2014).

◘ **Tab. 6.5** Grünentwicklung Shanghai (Shanghai Municipal Statistics Bureau 2006, 2014e), Angaben in ha

Jahr	Stadtgrünfläche	Öffentliche Grünfläche	Parks	Straßenbegleitgrün und neuer Wald	Grünanteil in %
1990	3570	983	712		12,4
2000	12.601	4812	1153		22,2
2005	28.856	12.038	1521	1284	37,0
2010	120.148	16.053	?	83.340	38,2
2013	124.295	17.142	?	84.152	38,4

Salzburg – Magistratsdeklaration schreibt 1985 den ausgedehnten Grünbestand bis heute fest

Nur wenige Städte weltweit verfügen über so viel qualitativ hochwertigen Freiraum wie Salzburg. Hier wird nur einen Kilometer vom historischen Zentrum entfernt noch immer Ertragslandwirtschaft betrieben. Das macht Salzburg zweifellos zu einer besonderen Stadtlandschaft!

Die administrative Stadt Salzburg stellt stolz heraus, dass auf ihrem Territorium 58 % Grünräume sind (Landwirtschaft, Forst, Parks etc.). 16 % der gesamten Stadtfläche (27,5 % des Grünraums) sind gesetzlich geschützt (LSG, NSG, geschützter Landschaftsbestandteil). Damit sind in Salzburg Schutzgebiete etwa halb so groß dimensioniert wie die gesamte Baugebietsfläche. 50 % aller Salzburger Wohnungen (über 20.000 WE) sind in Ein- und Zweifamilienhäusern lokalisiert, deren Flächen weit über die Hälfte der Wohnbauflächen einnimmt. Hier steckt Salzburgs zusätzliches, verborgenes (privates) Grün in Form von Gärten und Bäumen. Das üppig vorhandene Grün weist jedoch nicht überall die gleichen Nutzungsqualitäten und ökologischen Funktionen auf und ist auch nicht gleich verteilt. 1985 hat der Magistrat der Stadt Salzburg erstmals eine Deklaration „Geschütztes Grünland" (Grünlanddeklaration) beschlossen. Seit dem betreibt Salzburg auf seinem Territorium eine klare Politik, Grünraum in seinen Grenzen zu schützen und zu erhalten und hat dies in die Stadtentwicklungsplanung integriert.

1998 wurde die „Grünlanddeklaration" textlich und räumlich konkretisiert bzw. erweitert. Im Jahr 2007 wurde sie als Teil des Räumlichen Entwicklungskonzeptes (REK 2007) der Stadt Salzburg integriert. Das Deklarationsgebiet umfasst mit rund 3700 ha ca. 57 % der ca. 6570 ha des Stadtgebietes Salzburgs. Die vier Ziele der Grünlanddeklation sind:

1. Schutz noch bestehender größerer zusammenhängender Frei- und Landschaftsräume,
2. Sicherung des Fortbestandes der Landwirtschaft durch Flächenfreihaltung,
3. Erhaltung von Naherholungsgebieten und schützenswerten innerstädtischen Freiflächen,
4. Verhinderung eines auf die Bebauung bezogenen Zusammenwachsens von Stadt und Nachbargemeinden.

Ziel 1 ist mit Arten- und Biotopschutz zu erklären. Ziel 2 soll den agrarischen Landschaftscharakter in der Stadt erhalten. Stadtnahe Landwirtschaft, kurze Wege zwischen Erzeuger und Verbraucher oder qualitative Aspekte (reduzierter Einsatz von Düngemitteln und Pestiziden) werden jedoch nicht angestrebt. Ziel 3 orientiert sich ebenfalls am Landschaftscharakter, aber auch an der Qualität der Erholungslandschaft in der Stadt. Ziel 4 ist ökologisch nicht begründet und entspricht auch nicht der bereits bestehenden Realität. Mit dem Schutz von Grün- und Freiflächen

in Salzburg wurde die Stadtentwicklung in den Außenraum der Nachbargemeinden verlagert und hat dort indirekt die Suburbanisierung gefördert.

Dies ist Ausdruck des Bestrebens, einen Status quo der bestehenden Freiraum- und Bebauungs-Situation, zumindest in der politischen Stadt Salzburg, und damit des als Ideal empfundenen Stadtbilds dauerhaft zu erhalten. Es basiert allerdings nicht auf vorheriger Analyse und Bewertung der ökologischen und anderer Funktionen der Grünräume, die unabhängig von ihrer differenzierten Bedeutung und Leistungsfähigkeit lediglich im Bestand erhalten werden sollen. Es bleibt zu vermuten, dass weniger deren Funktionen als das „Bild der schönen Stadt" erhalten werden soll. Nebeneffekt ist, dass in den politischen Grenzen Salzburgs die Bauflächen damit verknappt werden. Dies führt zu einer Preissteigerung für Immobilien in Salzburg, zu einer Verdichtung der bestehenden Bebauung, zu einem Ausweichen der Bauträger mit ihren Bauprojekten in die Nachbargemeinden der Stadtlandschaft des Ballungsraumes, die eine solche Regelung nicht übernommen haben und nur wenige Kilometer entfernt ihre eigene Politik betreiben, und letztlich zu einem Abwandern weniger zahlungskräftiger Mieter und Immobilienkäufer ins Stadtumland, den äußeren Ring der Salzburger Stadtlandschaft (REK 2007; Breuste 2014b; ◘ Abb. 6.11).

(Fortsetzung)

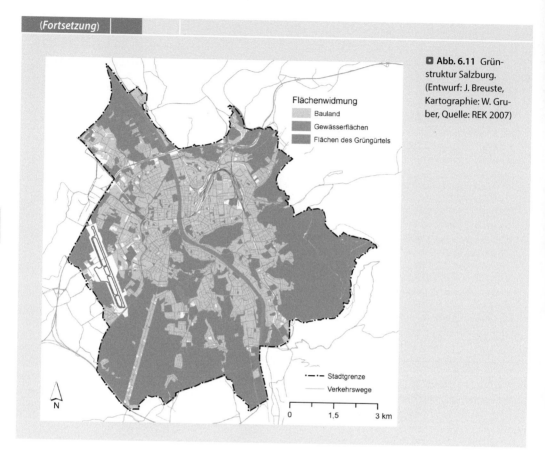

Flächenwidmung

Bauland

Gewässerflächen

Flächen des Grüngürtels

Stadtgrenze

Verkehrswege

0   1,5   3 km

N

■ **Abb. 6.11** Grünstruktur Salzburg. (Entwurf: J. Breuste, Kartographie: W. Gruber, Quelle: REK 2007)

wesentlicher Faktor dabei sein. Dies zeigen sowohl große als auch kleine Städte mit Erfolg. Sie entwickeln damit nicht nur ihre eigene besucherfreundliche Attraktivität und damit den Tourismussektor, sondern auch eine zunehmende Attraktivität als Unternehmensstandorte und Wohnorte für dort Beschäftigte. Salzburg in Europa und Shanghai in Asien sind gute Beispiele dafür.

6.5.6   Anpassung an den Klimawandel

Der Klimawandel wird Gebäude und Infrastrukturen, städtische Funktionen und Dienstleistungen und ganz besonders die Bewohner der Städte beeinträchtigen (Rosenzweig et al. 2011; UN-Habitat 2011). Strategien und Maßnahmen zum Klimaschutz, also zur Reduzierung von Treibhausgasemissionen, müssen daher durch Klimaanpassung ergänzt werden, um die Städte auf den Klimawandel

vorzubereiten. Geht man davon aus, dass sich der Klimawandel aufgrund der weiterhin hohen Emission von Treibhausgasen und ihrer langen Verweildauer in der Atmosphäre in den kommenden Dekaden nicht rückgängig machen lässt, sondern wahrscheinlich noch verstärken wird, so sollte der Klimawandelanpassung eine hohe Priorität in der Stadtentwicklung eingeräumt werden. Klimaschutz und -anpassung sollten dabei aber nicht getrennt voneinander betrachtet werden, um zu vermeiden, dass Maßnahmen zum Klimaschutz die städtische Verwundbarkeit erhöhen und umgekehrt die Anpassung an den Klimawandel die Ziele des Klimaschutzes konterkariert.

In ► Abschn. 6.4 wurden bereits die möglichen Klimawandelauswirkungen auf Städte dargestellt. Ihre Ursachen liegen in der Exposition von urbanen Räumen (z. B. Lagen an Küsten oder großen Flüssen), in der Sensitivität städtischer Flächennutzungen und Infrastrukturen gegenüber Naturgefahren wie Hitzewellen oder Überschwemmungen und sind der oftmals geringen Anpassungskapazität begründet (s. Komponenten der Vulnerabilität, ▶ Abschn. 6.4). Letztere ist besonders in Städten der sich entwickelnden Länder sehr gering, etwa durch die Armut der Bevölkerung und eine schwache Stadtverwaltung, die kaum in der Lage ist, auf die Folgen von natürlichen Katastrophen wie Überschwemmungen angemessen zu reagieren und die wenig Einfluss auf die Stadtentwicklung hat.

Während Strategien und Maßnahmen zum Klimaschutz inzwischen von zahlreichen Städten entwickelt und umgesetzt werden, sind umfassende Ansätze zur Klimawandelanpassung noch selten. Eine laufende Auswertung von Klimaanpassungsstrategien in 58 deutschen Großstädten (Zölch, unveröff., Stand April 2015) zeigte, dass nur etwa ein Drittel der Städte die Ziele und Maßnahmen für die Anpassung an den Klimawandel verfolgt, entweder in Form einer eigenständigen Anpassungsstrategie oder als Teil einer Klimaschutzstrategie. Die bislang immer noch geringe Beachtung, die der Klimawandelanpassung geschenkt wird, hat sicherlich damit zu tun, dass große Klimawandelauswirkungen erst mittel- bis längerfristig zu erwarten sind und daher von kurzfristig zu lösenden Problemen in den Hintergrund gedrängt werden. Strategien und Maßnahmen zur Klimawandelanpassung stehen aber auch prinzipiell vor zwei schwierig zu bewältigenden Herausforderungen. Erstens beziehen sich Anpassungsmaßnahmen praktisch immer auf bestimmte Räume, etwa Flüsse und ihre Überschwemmungsbereiche. Damit sind unvermeidlich viele Interessen in der Anpassung zu berücksichtigen, etwa verschiedene Nutzungsansprüche und Landbesitzer oder gesellschaftliche Anliegen wie Naturschutz, Erholung usw. Eine Anpassung erfordert also immer querschnittsorientierte Ansätze, die deutlich schwieriger zu entwickeln und umzusetzen sind, als sektorale Ansätze, etwa zur Verminderung des Energiebedarfs im städtischen Gebäudebestand.

Eine zweite große Herausforderung besteht in der Unsicherheit der prognostizierten Auswirkungen des Klimawandels. Vorhersagen sind nicht möglich, sondern nur Szenarien, die einen weiten Korridor der möglichen Klimaänderungen und der damit verbundenen Naturgefahren aufspannen. Worauf aber soll sich eine Stadt wie Kopenhagen anpassen, wenn das Klima am Ende des 21. Jahrhunderts dem heutigen, gemäßigt atlantischen Klima von Bordeaux oder den heißen Sommern von Tirana in Albanien ähneln könnte (s. Hallegatte et al. 2007)? Angesichts dieser Unsicherheiten erscheint es verlockend, erst einmal abzuwarten, um zu sehen, wie sich die Dinge tatsächlich entwickeln werden. Wie bereits das Gutachten des britischen Ökonomen Sir Nicholas Stern (Stern-Report, *Stern Review on the Economics of Climate Change*; Stern 2007) auf der Grundlage volkswirtschaftlicher Berechnungen veranschaulicht hat, birgt Nichtstun aber erhebliche Risiken, weil es sehr hohe Kosten für dann sehr viel höhere Schäden und den Zwang zu drastischeren Anpassungsmaßnahmen auf zukünftige Generationen abwälzt. Sinnvoller ist es daher bereits heute systematische Ansätze für die Klimawandelanpassung in die Wege zu leiten, um schrittweise die Anpassung an den Klimawandel vorzunehmen. Diese allgemeinen Überlegungen gelten auch für Städte.

Anpassung an den Klimawandel kann durch autonome Maßnahmen von Einzelnen oder Organisationen erfolgen. Ein Beispiel ist die Anschaffung von Klimaanlagen durch Hausbesitzer, um Wärmebelastungen durch zunehmende Hitze zu vermeiden. Dass es sich dabei um eine aus energetischer Sicht sehr problematische Maßnahme handelt, die bei einer Umsetzung durch viele Hausbesitzer den Energiebedarf stark erhöhen und damit auch dem Klimaschutz zuwiderlaufen würde, ist wohl einsichtig. Geplante Anpassung, die zu effektiven, und ganzheitlichen Lösungsansätzen kommt, ist daher besonders wichtig. Für eine frühzeitige und geplante Anpassung sprechen auch weitere Gründe (nach: Burton 1996; Willows und Connell 2003):

— Der Klimawandel kommt möglicherweise schneller, und er hat dramatischere Auswirkungen als bisher angenommen. Daher ist es wichtig, frühzeitig Risiken zu vermindern.
— Sofortige Maßnahmen schützen vor Klimaextremen und führen zu weiteren Verbesserungen der Umwelt, etwa zur Erhöhung der Erholungsqualität durch die Anlagen von Grünflächen.
— Die Vorteile des Klimawandels können genutzt werden, etwa wenn sich die Aufenthaltsqualität im Freien durch wärmere Sommer erhöht. Dieser Vorteil kann aber nur genutzt werden, wenn es auch Freiräume gibt, die einen längeren Aufenthalt im Freien ermöglichen.

- Die Verabschiedung von Strategien zur Klimawandelanpassung erhöht die politische Sensibilität, weil sie fester Teil des Diskurses wird.

Prinzipien für das Planen unter großer Unsicherheit und zur Förderung von resilientem Verhalten des Stadtsystems wurden bereits in ▶ Kap. 1 (◻ Tab. 1.2) und in diesem Kapitel eingeführt. Dem Konzept der Vulnerabilität zufolge, wie es in ▶ Abschn. 6.4. eingeführt wurde, geht es bezogen auf die Klimawandelanpassung um

- die Verringerung der Exposition gegenüber Naturgefahren, etwa durch das Freihalten von Flussauen von Bebauung,
- die Verringerung der Sensitivität gegenüber klimawandelbedingten Naturgefahren und
- die Steigerung der Anpassungskapazität.

Die Steigerung der Anpassungskapazität ist wiederum ein vielschichtiges Handlungsfeld. Es umfasst einerseits die Sicherung und Stärkung der Anpassungsfähigkeit der physischen Umwelt, und andererseits muss die Gesellschaft, vom einzelnen Bürger bis hin zur städtischen Verwaltung und Politik, in die Lage versetzt werden, sich erfolgreich anzupassen. Das oben bereits genannte Strategiepapier der Vereinten Nationen UNISDR, erstellt vom Office for Disaster Risk Reduction, hebt unter der Überschrift „Ten Essentials for Making Cities Resilient" die besondere Bedeutung gut funktionierender Organisationen und ihrer Koordination als Voraussetzung für eine Verringerung von Katastrophen sowie die Stärkung städtischer Resilienz hervor (UNISDR 2012). Partizipation von bürgerschaftlichen Organisationen wird als besonders wichtig angesehen. Auch eine funktionierende Flächennutzungsplanung und der Schutz von Ökosystemen werden genannt.

Die Bedeutung von Ökosystemen für die Klimawandelanpassung wird zunehmend unter dem Begriff der ökosystembasierten Anpassung (*ecosystem-based adaptation*) speziell im Zusammenhang mit sich entwickelnden Ländern betont und gefördert (Naumann et al. 2011, Doswald et al. 2014). Welchen Beitrag aber kann Stadtnatur zur Anpassung an den Klimawandel tatsächlich leisten? Spontan könnte man antworten: einen sehr großen! Denn eine wesentliche Ursache für die Verwundbarkeit der Städte ist die Veränderung natürlicher Prozesse durch die Siedlungsentwicklung. Dichte Bebauung und ein hoher Anteil von wasserundurchlässigen, versiegelten Flächen (▶ Kap. 2, ◻ Abb. 2.9) erzeugen verstärkte und schnellere Abflüsse von Regenwasser nach Starkregenereignisse, und sie verursachen den Wärmeinseleffekt, also höhere Temperaturen in der Stadt gegenüber dem Umland (▶ Kap. 3, 5). Die Rückhaltefähigkeit von Hochwässern ist beispielsweise durch die Kanalisierung von Fließgewässern und die Bebauung von Auenbereichen häufig eingeschränkt. Maßnahmen, die natürliche Prozesse in Städten fördern, sollten daher auch ihre Anpassungskapazität erhöhen. Die Renaturierung der Isar in München, etwa ist ein Beispiel für eine Anpassungsmaßnahme, mit der die Hochwassersicherheit erhöht wurde, gleichzeitig auch neue Lebensräume für die Pflanzen- und Tierwelt geschaffen wurden, sowie die Erholungsqualität der Freiräume entlang der Isar wesentlich gesteigert werden konnte (▶ Kap. 4 Case Study – Renaturierung der Isar in München 2000–2011).

In ▶ Kap. 5 wurde bereits auf die Ökosystemdienstleistungen der Stadtnatur ausführlich eingegangen. Mit der Darstellung dieser Leistungen ist allerdings noch nicht beantwortet, inwieweit Stadtnatur in der Lage sein wird, zukünftig steigende Belastungen durch den Klimawandel zu vermindern oder gar auszugleichen. Bisher gibt es nur wenige Untersuchungen, die versuchen, eine Antwort zu geben. Ergebnisse einer Studie für den Verdichtungsraum Manchester (England) deuten aber darauf hin, dass die Sicherung und Erhöhung des Anteils von Stadtnatur einen bedeutenden Beitrag zur Klimawandelanpassung erbringen kann (▶ Case Study – Beitrag von Stadtnatur für die Klimawandelanpassung: das Beispiel Manchester). Zusätzlich zu den in der Fallstudie Manchester dargestellten Ökosystemdienstleistungen, die direkt die Folgen des Klimawandels vermindern, spielt Stadtnatur auch eine Rolle für den Klimaschutz. Bäume können beispielsweise Kohlenstoff speichern (Nowak 2002; Strohbach und Haase 2012), sowie den Heiz- und Kühlenergiebedarf von Gebäuden durch Verdunstung und durch Verschattung von Sonne signifikant senken (z. B. Huang et al. 1992).

Der ökologisch orientierten Planung kommt eine Schlüsselaufgabe zu, um Grünflächensysteme strategisch zu entwickeln, die die Potenziale von Stadtnatur zur Klimawandelanpassung möglichst weitgehend realisieren, und gleichzeitig auch andere ökologische und soziale Funktionen erfüllen.

Beitrag von Stadtnatur für die Klimawandelanpassung: das Beispiel Manchester

Im Verdichtungsraum von Groß-Manchester leben etwa 2,5 Mio. Menschen auf einer Fläche von etwa 1300 km². Mit Hilfe von Modellberechnungen wurde in Szenarien untersucht, welche Anpassungsleistungen an den Klimawandel die Stadtnatur erbringen kann. Für die Modellierung wurde eine Strukturtypenkartierung durchgeführt (▶ Kap. 3), die detaillierte Informationen zur Flächennutzungsstruktur, sowie der Verteilung von Grünflächen und Gewässern in der Stadt lieferte. Informationen zu den Flächenanteilen von Gebäuden, befestigten Oberflächen und den verschiedenen Formen von Grün (Bäume und Sträucher, Wiesen und Rasenflächen, u. a. m.), sowie den Klimadaten und Klimawandelszenarien waren Grundlage für die räumliche Modellierung der Oberflächentemperaturen (◻ Abb. 6.12). Eine regionale Bodenkarte diente als eine weitere Grundlage, um auch den oberflächlichen Regenwasserabfluss nach einem Starkregenereignis zu simulieren (Gill et al. 2007). Die Oberflächentemperaturen sind in den Stadtzentren dieser polyzentralen Stadtregion und weiteren dicht bebauten Stadtvierteln annähernd 10 °C höher als in gut durchgrünten

Wohngebieten und Grünflächen. Durch die weitere Klimaerwärmung werden sich die Unterschiede noch verstärken. Während für die Stadtzentren im extremsten Klimaszenario eine Erhöhung der Oberflächentemperaturen um 4,3 °C ermittelt wurde, erhöhen sie sich in den locker bebauten Wohnvierteln nur um 3,1 °C. Ein besonders interessantes Ergebnis der Studie ist, dass eine Erhöhung des Flächenanteils von vegetationsbedeckten Oberflächen in den Stadtzentren von derzeit knapp 20 % um weitere 10 % die klimawandelbedingten Temperatursteigerungen annähernd ausgleichen könnte (Szenario 1). Die Oberflächentemperaturen würden in diesem Szenario durchschnittlich nur um 0,6 °C zunehmen. Würde sich der Grünflächenanteil dagegen durch eine weitere Zunahme versiegelter Flächen halbieren, hätte dies eine Steigerung der Oberflächentemperaturen um 8,6 °C zur Folge (Szenario 2). Mit der Vorstellung dieser Modellergebnisse soll nicht behauptet werden, dass die Erhöhung des Grünflächenanteils in Städten den Klimawandel ausgleichen oder gar rückgängig machen könnte, aber sie liefern doch einen deutlichen Hinweis

auf die Bedeutung von Grünflächen für städtische Anpassungsstrategien. Die Niederschlagsmengen bei Starkregenereignissen werden sich nach dem Extremszenario in Manchester von 18 mm auf 28 mm innerhalb von 24 h erhöhen. Unter Status-quo-Bedingungen verstärkt sich dadurch der Anteil des oberflächlich abfließenden Regenwassers von 56 % auf 82 %, was zu einer erheblichen Mehrbelastung des Kanalnetzes führen wird. Eine Erhöhung des Anteil von vegetationsbedecken Flächen um 10 % kann in den Stadtzentren 4–5 % dieses Regenwassers zusätzlich zurückhalten. Die Erhöhung des Grünflächenanteils allein wird also das Problem nicht lösen können. Erforderlich sind dazu weiterführende Konzepte für das lokale Regenwassermanagement, beispielsweise zur Rückhaltung und Versickerung von Regenwasser in Mulden-Rigolen-Systemen. Wichtig ist aber auch der Schutz von besonders versickerungsfähigen Böden vor weiterer Flächenversiegelung. Stadtnatur kann die angedeuteten Anpassungsleistungen aber nur erbringen, wenn sie auch im Klimawandel funktionsfähig bleibt, beispielsweise durch Verwendung dürreresistenter Rasen und Baumarten im Straßenraum.

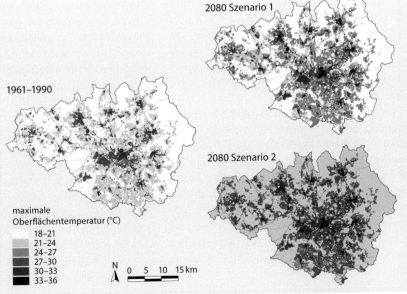

◻ **Abb. 6.12** Auswirkungen des Klimawandels auf die Oberflächentemperaturen im Verdichtungsraum von Groß-Manchester. (Gill et al. 2007, verändert)

1961–1990

2080 Szenario 1

2080 Szenario 2

maximale Oberflächentemperatur (°C)
18–21
21–24
24–27
27–30
30–33
33–36

N   0   5   10   15 km

Sie werden auch zunehmend als „grüne Infrastrukturen" bezeichnet. Mit dem Begriff der grünen Infrastrukturen wird angedeutet, dass sie ebenso unverzichtbar für die Funktionsfähigkeit der Stadt sind, wie technische und soziale Infrastrukturen, und mit diesen zusammen gedacht und geplant werden sollen – für gleichermaßen anpassungsfähige, grüne und klimaschonende, kompakte Städte (▶ Abschn. 1.2.3). Gemeint sind damit vernetzte Systeme von Grünflächen, die vielfältige Ökosystemdienstleistungen erbringen (Pauleit et al. 2011; Hansen und Pauleit 2014). Sie beschränken sich nicht nur auf die öffentlichen Grünflächen, sondern können und müssen sogar alle Arten von Stadtnatur umfassen, von naturnahen Wäldern, Mooren und Gewässern, landwirtschaftlich genutzten Flächen, gestalteten Grünflächen wie Parks, Gärten und Alleen bis hin zu Stadtbrachen. Auch technisches Grün wie Dach- und Fassadenbegrünung oder Mulden-Rigolensysteme sind Teil grüner Infrastrukturen.

Um grüne Infrastrukturen gezielt für die Klimaanpassung zu entwickeln, sollten wissenschaftliche Erkenntnisse, etwa der Stadtklimatologie, zum Zusammenhang zwischen Größe und Verteilung von Grünflächen und ihren klimatischen Wirkungen, berücksichtigt werden (Bowler et al. 2010; Horbert 2000). Dies gilt auch für die Gestaltung und Pflege von einzelnen Freiräumen, etwa Parks oder Straßenräumen. Bäume sind besonders geeignet, um tagsüber Hitzebelastungen durch Verschattung und Verdunstung von Wasser in Freiräumen zu vermindern. Sie benötigen allerdings Platz, sowohl für den Kronen- als auch den Wurzelraum. In ober- und unterirdisch intensiv genutzten städtischen Straßenräumen ist es jedoch bereits jetzt äußerst schwierig, dem Baumbestand die Voraussetzungen für vitales Wachstum zu ermöglichen.

Wenn die in der Fallstudie über Manchester vorgestellten Ergebnisse das Potenzial zur Klimaanpassung durch Stadtnatur andeuten, dann zeigt eine nachfolgende Studie, wie schwer es sein wird, ambitionierte Ziele wie eine Erhöhung des Gehölzanteils in dicht bebauten Stadtvierteln um 10 % zu erreichen. Nach Hall et al. (2012) könnte der Flächenanteil von Bäumen in vier dichten Formen der Wohnbebauung in Manchester, der derzeitig von 1,6–14,8 % reicht, um höchstens 2,8–5,3 % erhöht werden.

Solche Zahlen beruhen selbstverständlich auf verschiedenen Annahmen zur Eignung und Verfügbarkeit von Flächen für das Pflanzen von Bäumen. Um noch deutlich mehr Bäume pflanzen zu können, wären jedoch umfassende und nach heutigem Verständnis radikale Maßnahmen erforderlich, etwa eine ausgedehnte Verkehrsberuhigung verbunden mit der Verringerung des Platzbedarfs für den ruhenden Verkehr. Wer will aber freiwillig auf sein Auto verzichten, um Platz für einen Straßenbaum zu schaffen? Auch andere Begrünungsmaßnahmen, wie Hinterhof-, Dach- oder Fassadenbegrünung, lassen sich im baulichen Bestand nur sehr schwer in größerem Umfang verwirklichen. Dieses einfache Beispiel mag andeuten, wie schwierig es sein wird, umfassende Klimaanpassungsstrategien mit Hilfe von grüner Infrastruktur zu entwickeln, die auch umgesetzt werden können. Aber gerade weil die Schwierigkeiten so groß sind und es nur in kleinen Schritten vorangehen wird, ist es umso wichtiger, jetzt mit der Anpassung zu beginnen! Immer wieder neu zu diskutieren und zu beantworten ist dabei die Frage nach dem wünschenswerten Verhältnis von baulicher Dichte und angemessener Durchgrünung der Stadt (s. ◼ Abb. 1.10, ▶ Abschn. 6.5.3).

6.5.7 Stadt und Umland als resiliente Region

„Städte zerfließen in die Landschaft hinein. Heute können wir vor allem von einer Unwirtlichkeit des Umlandes sprechen. Gleichzeitig deutet sich eine Dualisierung zwischen Kernstadt und Umland an. In den Kernstädten konzentrieren sich Arme und Ausländer. Die Umlandgemeinden werden stärker zu den Gebieten der Mittelschichten und des Einfamilienhausbaus. Bei der Lösung der neuen Aufgaben kann nicht auf Konzepte der 60er und 70er Jahre zurückgegriffen werden. Auch eine weitere Konzentration auf die Innenentwicklung wie in den 80er Jahren bringt keine Lösung" (BmBau 1993:8).

Diese Feststellung einer Kommission namens „Zukunft Stadt 1993" kann als direkte Aufforderung zu integrativen Entwicklungen von Stadt und Umland als Stadtregion verstanden werden. Ohne dass diese Aufgabe bisher in Deutschland bereits gelöst wäre, gibt es dazu auch bereits vielversprechende Beispiele (▶ Case Study – Planungsverband Ballungsraum Frankfurt/Rhein-Main). Ziel ist es, dynamische Stadtregionen zu entwickeln, die wirtschaftlich und strukturell vielfältig sind, auf einer Wirtschafts- und Natur-Infrastruktur aufbauen, die ihnen Resilienz verschafft und dynamische Entwicklung ohne Zerstörung der natürlichen Dienstleistungen der Stadt-Umland-Ökosysteme ermöglichen. Immer mehr ursprünglich auf Kernstädte konzentrierte Funktionen und Nutzungen verlagern sich auf ein weiteres landschaftliches Umfeld in einer Stadtregion. Damit sind ökologische Auswirkungen verbunden (Breuste 2001b, ▶ Kap. 1, 3 und 7).

Die Stadtregion bildet sich als ein Mosaik aus den „Landschaftsinventaren" der agrarisch-forstlichen Kulturlandschaft und dem der urbanen Kernlandschaft ab, in dem ein Nutzungskonkurrenzprozess die Struktur bestimmt. Diesen Prozess sucht man durch die Raumplanung zu moderieren. Typische Situationen im suburbanen Raum sind gegenwärtig:

- Rückgang von nicht regelmäßig gepflegten Flächen,
- flächenwirksame Schadstoffemissionen und Lärmausbreitung („Verlärmung") in breiten Streifen entlang des dichten Straßennetzes,
- Landschaftsfragmentierung und Zerstörung des Lebensraumpotenzials (z. B. durch Zerschneidung von Lebensräumen, Errichtung von Ausbreitungsbarrieren oder Entkopplung von Komplexlebensräumen durch Beseitigung einzelner Lebensraumteile),
- Verlust der Kleinteiligkeit der Kulturlandschaft und der Strukturvielfalt durch zunehmende Versiegelung und Erhöhung der Pflegeintensität, Beseitigung von Kleinstrukturen wie Mauern, Randstreifen, Dorfteiche, Dorfanger, Kleingewässer etc.,
- Verlust an Regenerationseigenschaften der Ökosysteme durch moderne Intensiv-Landwirtschaft und Häufigkeit des Nutzungswandels auf einer Fläche (*biotope turnover*),
- Verringerung des agrarischen Produktionspotentials des Bodens durch Bebauung,
- Verringerung des Grundwasserneubildungspotentials durch Flächenversiegelung und Erhöhung der Abflussspitzen (mit Hochwässern) der Vorfluter,
- anthropogene Gestaltung des gesamten Gewässernetzes und seiner Ufern bis hin zur Kanalisation und Verlegung in den Untergrund,
- Veränderung des Freizeitwertes der Landschaft für viele Arten der Freiraumerholung (z. B. Wandern, Spazierengehen, Radfahren usw.) durch Verlust des Landschaftszusammenhanges durch Barrieren, die im Zuge der Infrastrukturentwicklung erweitert werden,
- Verlust an schutzwürdiger Natur und vollständige, Identität zerstörende Veränderung des Landschaftsbildes (Breuste 1997, 2014a, 115; Spehl 1998; Villa et al. 2002).

Die Angebote an Ökosystemdienstleistungen in einer Stadtregion können in besonderer Weise aus

Draft City of Cape Town Bioregional Plan

Südafrikas zweitgrößte Stadt Kapstadt (3,7 Mio. Ew.) hat sich ein ehrgeiziges Ziel gesetzt. Sie will die Biodiversität ihrer Stadt und ihres Umlandes in den Mittelpunkt ihrer Planung stellen (◘ Abb. 6.13). „The vision of the City's adopted Local Biodiversity Strategy and Action plan (LBSAP) is to be a City that leads by example in the protection and enhancement of biodiversity. A City within which biodiversity plays an important role, where the right of present and future generations to healthy, complete and vibrant biodiversity is entrenched, and to be a City that actively protects its biological wealth and prioritises long term responsibility over short-term gains" (CCTM 2013:3). Dazu hat Kapstadt 2013 einen „Bioregional Plan" erarbeitet. Er setzt die schon früheren Bestrebungen von 2006 und 2009 (Biodiversity Network, BioNet) fort, ist Teil des steuernden Gesamtplans „Cape Town

Spatial Development Framework" (CTSDF) und umfasst die gesamte Metropolregion von 2460 km². Für Kapstadt ist es eine sehr große Herausforderung, angesichts der vielen sozialen und wirtschaftlichen Probleme die Biodiversität, die in der Kapregion – einem globalen Biodiversitätshotspot – unter hohem Nutzungsdruck steht, zu schützen. Der „Bioregional Plan" bildet eine Grundlage für den Naturschutz in dieser sich dynamische entwickelnden Stadtregion. Zur Biodiversität tragen nicht nur viele Schutzgebiete bei, allen voran der Table Mountain National Park inmitten der Stadt, sondern auch eine Vielzahl bisher nicht geschützter Flächen mit vielfältiger Flora und Fauna. Der „Bioregional Plan" hat nicht einen nur konservierenden, alle Entwicklungen blockierenden Charakter, sondern er will zu einer nachhaltigen Entwicklung beitragen. Alle Gebiete (terrestrische und aquatische)

Bereiche, die wertvoll für Biodiversität und Ökosystem-Funktionen sind, werden als *Critical Biodiversity Areas* (CBAs) und *Critical Ecological Support Areas* (CESAs) erfasst. Dies setzt damit das *National Spatial Biodiversity Assessment* von 2004 als gesamtstaatliche Aufgabe lokal um. Im Mittelpunkt des Plans steht die Ermittlung der ökologischen Eigenschaften dieser verschiedenen Ökosysteme, die in einem Netzwerk (*Biodiversity Network*) eine ökologische Infrastruktur vorgeben und als Ganzes ökologische Leistungseigenschaften aufweisen. Damit wird eine nachhaltige Stadtentwicklung angestrebt, die auf den Leistungen der Natur aufbaut, um eine resiliente Stadtregion zu entwickeln (◘ Abb. 6.14). Die Umsetzung des „Bioregional Plans" wird anhand von Biodiversitätszielen und Indikatoren alle fünf Jahre überprüft (CCTM 2013).

◘ **Abb. 6.13** Kapstadt. (Foto © Breuste)

(Fortsetzung)

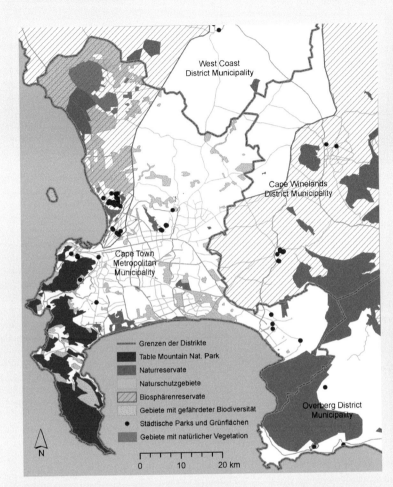

■ **Abb. 6.14** Bioregion Kapstadt. (Entwurf: J. Breuste, Kartographie: W. Gruber, Quelle: CCTM 2013)

West Coast District Municipality

Cape Winelands District Municipality

Cape Town Metropolitan Municipality

Overberg District Municipality

Grenzen der Distrikte
Table Mountain Nat. Park
Naturreservate
Naturschutzgebiete
Biosphärenreservate
Gebiete mit gefährdeter Biodiversität
Städtische Parks und Grünflächen
Gebiete mit natürlicher Vegetation

N

0   10   20 km

dem suburbanen Raum kommen und bei Beachtung ihres Erhalts, ihrer Entwicklung und Nutzung zu einer stringenten und resilienten Stadtregion beitragen.

❓ 1. Was bedeutet Hochwasserrisiko für ein Stadtsystem?

2. Inwieweit können interne und externe Einflüsse die ökologische Empfindlichkeit von Stadtökosystemen beeinflussen?

3. Unter welchen Umständen können Naturereignisse in urbanen Räumen zu Naturkatastrophen führen?

4. Was sind mögliche Effekte von Stadtschrumpfung auf das Stadtklima?

5. Was verstehen Sie unter „doppelter Innenentwicklung"?

6. Nennen Sie Resilienz-Kriterien Urbaner Systeme!

✅ **ANTWORT 1**
Konzeptionell wird das Risiko R einer Stadt, eines Stadtteils, aber auch eines einzelnen Stadtbewohners als die Wahrscheinlichkeit P verstanden, mit welcher ein bestimmter Schaden D auftritt oder eintritt.

✅ **ANTWORT 2**
Stadtökosysteme sind bezüglich ihres Energie-, Stoff- und Wasserhaushaltes offene Systeme.

Dies bedeutet, dass sie abhängig sind vom Input einer Vielzahl von Stoffen, Wasser und Energie. Werden einzelne dieser Faktoren limitiert, ist die Funktionsfähigkeit der urbanen Systeme u. U. stark eingeschränkt. Andererseits laufen in den urbanen Systemen Kreisläufe ab. Werden diese intern gestört, ist ebenso die Funktionsfähigkeit u. U. beeinträchtigt.

✅ ANTWORT 3

Naturereignisse werden dann zu Naturkatastrophen, wenn ihnen Menschenleben zum Opfer fallen oder die betroffene Gesellschaft auf Hilfe von außen angewiesen ist. Viele urbane Räume sind so gelegen, dass sie gegenüber Hazards exponiert sind, z. B. sind viele Küstenstädte durch die Auswirkungen von Erdbeben und in der Folge Tsunamis gefährdet.

✅ ANTWORT 4

Es kommt durch Abriss und „Freiwerden" von vormals bebauten Flächen zu einer Verbesserung des Lokalklimas, einer besseren Durchlüftung und zu einer Zunahme an vegetationsbestandenen Flächen im Stadtraum.

✅ ANTWORT 5

Mit diesem Konzept des Deutschen Rates für Landespflege 2006 wird anerkannt, dass es bei Stadtentwicklung nicht nur um bauliche Aspekte und Infrastruktur, sondern genauso um die „zweite Seite der Stadtentwicklung", den dazugehörigen Freiraum, geht. Diese zweite Seite der Stadtentwicklung, der Freiraum, muss an Zielkriterien ausgerichtet werden, die ausreichende Quantität, Qualität und Lage zur Funktionserfüllung betreffen. Freiraumqualität erhält damit die Bedeutung eines Entwicklungspotenzials für Städte.

✅ ANTWORT 6

– Autarkie und Austausch,
– Redundanz und Vielfalt,
– Kompaktheit und Dezentralität,
– Stabilität und Flexibilität,
– Diversität und Stabilität.

Literatur

Verwendete Literatur

Adger WN (2006) Vulnerability. Global Environmental Change 16:268–281

Barragan B (2015) Los Angeles is the Least Sprawling Big City in the US. CurdBed Los Angeles, Tuesday, February 17, 2015. http.www.la.curbed.com/.../los_angeles_is_the_least_sprawlin. Zugegriffen: 04. April 2015

Barriopedro D, Fischer EM, Luterbacher J, Trigo RM, García-Herrera R (2011) The Hot Summer of 2010: Redrawing the Temperature Record Map of Europe. doi: 10.1126/science.1201224.

Berz G (2001) Naturkatastrophen im 21. Jahrhundert – Trends und Schadenspotenziale. http://www.dkkv.org/forum2001/Datei36.pdf. Zugegriffen: 04. April 2015

Bick H (1998) Grundzüge der Ökologie. G. Fischer Verlag, Stuttgart

Birkmann J (2006) Measuring vulnerability to promote disaster-resilient societies: Conceptual frameworks and definitions. In: Birkmann J (Hrsg) Measuring Vulnerability to Natural Hazards: Towards Disaster Resilient Societies. United Nations University Press, Tokyo, Japan, New York, USA, Paris, France, S 9–54

BmBau (Bundesministerium f. Raumordnung, Bauwesen und Städtebau) (Hrsg) (1993) Zukunft Stadt 2000: Bericht der Kommission Zukunft Stadt 2000. BMV, Bonn

BMZ (Bundesministerium für wirtschaftliche Zusammenarbeit und Entwicklung) (2014) The Vulnerability Sourcebook: Concept and guidelines for standardised vulnerability assessments. Deutsche Gesellschaft für Internationale Zusammenarbeit (GIZ) GmbH, Eschborn, S 20

Boeijenga J (2011) Compacte Stad Extended. Agenda voor toekomstig beleid, oderzoek en ontwerp (Compact City Extended. Outline for future policy, research, and design). Design and Policy 10(4):24–37

Bohle HG (2001) Vulnerability and criticality: Perspectives from social geography. Newsletter of the International Human Dimensions Programme on Global Environmental Change 1:1–7

Bowler DE, Buyung-Ali L, Knight TM, Pullin AS (2010) Urban greening to cool towns and cities: A systematic review of the empirical evidence. Landscape and Urban Planning 97:147–155

Breuste J (1997) Der suburbane Raum als neue Kulturlandschaft. In: Breuste J (Hrsg) 2. Leipziger Symposium Stadtökologie: „Ökologische Aspekte der Suburbanisierung", S 3–16 (= UFZ-Bericht 7/1997)

Breuste J (2001a) Nachhaltige Flächennutzung durch den Einsatz mengen- bzw. preissteuernder Instrumente. Zeitschrift für Angewandte Umweltforschung 14(1–4):360–369

Breuste J (2001b) Kulturlandschaften in urbanen und suburbanen Räumen. ARL-Forschungs- und Sitzungsberichte 215:79–83

Breuste J (2014a) Gutes Leben mit der Natur in der Zwischenstadt? – Der suburbane Raum in ökologischer Perspektive.

In: NÖ Forschungs- und Bildungsges.m.b.H. (NFB) (Hrsg) Die Krise und das gute Leben Proceedings of the Symposion Dürnstein, 6. Bis 8. März 2014. St. Pölten, S 69–77

Breuste J (2014b) Salzburger Stadtlandschaft – der lange Weg vom Mythos zum Konzept. In: Ferch C, Luger K (Hrsg) Die bedrohte Stadt. Strategien für menschengerechtes Bauen in Salzburg. Studienverlag, Innsbruck, S 250–278

Bruegmann R (2005) Sprawl: A Compact History. University of Chicago Press, Chicago

Bühler O, Nielsen CN, Kristoffersen P (2006) Growth and phenology of established Tilia cordata street trees in response to different irrigation regimes. Arboriculture & Urban Forestry 32(1):3–9

Bullard RD, Johnson GS, Torres AO (Hrsg) (2000) Sprawl City: Race, Politics, and Planning in Atlanta. Island Press, Washington

Burton I (1996) The growth of adaptation capacity: Practice and policy. In Adapting to climate change: An international perspective. Springer, New York, S 55–67

Calfapietra C, Fares S, Manes F, Morani A, Sgrigna G, Loreto F (2013) Role of Biogenic Volatile Organic Compounds (BVOC) emitted by urban trees on ozone concentration in cities: A review. Environmental Pollution 183:71–80

Cardona OD (2004) The need for rethinking the concepts of vulnerability and risk from a holistic perspective: A neccessary review and criticism for effective risk management. In: Bankoff G, Frerks G, Hilhorst D (Hrsg) Mapping Vulnerability-Disasters, Development and People. Earthscan, London, UK, S 37–51

CEC (Commission of the European Communities) (2007) Adapting to climate change in Europe – options for EU action. COM(2007) 354 final, Brussels

Childs JB (Hrsg) (2005) Hurricane Katrina. Response and Responsibilities. New Pacific Press, Santa Cruz

City of Cape Town Municipality (CCTM), Energy, Environmental & Spatial Planning Directorate, Environmental Resource Management Department (2013) City of Cape Town. Bioregional Plan (Draft). Cape Town. www.capetown.gov.za/en/.../Bioregional-Plan.aspx (Zugegriffen: 28. Juni 2015)

Colding J (2013) Local Assessment of Stockholm: Revisiting the Stockholm Urban Assessment. In: Elmqvist T, Fragkias M, Goodness J, Güneralp B, Marcotullio PJ, McDonald RI, Parnell S, Schewenius M, Sendstad M, Seto KC, Wilkinson C (Hrsg) Urbanization, Biodiversity and Ecosystem Services: Challenges and Opportunities. Springer, Dordrecht, S 313–335

Dantzig GB, Saaty TL (1973) Compact City: Plan for a Liveable Urban Environment. W. H. Freeman, San Francisco

Dempsey N (2010) Revisiting the Compact City? Built Environment 36(1):5–8

DifU (2013) Doppelte Innenentwicklung. Difu-Berichte 4/2013 (› Publikationen). www.difu.de. Zugegriffen: 15 April 2015

Dikau R, Pohl J (2007) „Hazards": Naturgefahren und Naturrisiken. In: Gebhardt H, Glaser R, Radtke U, Reuber P (Hrsg) Geographie. Physische und Humangeographie. Spektrum, München, S 1030–1076

Dikau R, Weichselgartner J (2005) Der unruhige Planet. Der Mensch und die Naturgewalten. Wissenschaftliche Buchgesellschaft, Darmstadt

DMI (Danish Meteorological Institute) (2007) Klimaet i Danmark i 2100 i forhold til 1990 for A2- og B2-scenarierne (dänisch). http://www.dmi.dk/dmi/index/klima/fremtidens_klimaaendringer_i_danmark.htm. Zugegriffen: 11. April 2010

Downing TE (1993) Concepts of vulnerability to famine and applications in subsaharan Africa. In: Downing TE, Field JO, Ibrahim FO (Hrsg) Coping with Vulnerability and Criticality: Case Studies on Food Insecure Peoples and Places. Freiburger Studien zur Geographischen Entwicklungsforschung, Saarbrücken, Germany, Fort Lauderdale, USA, S 205–259

EEA (European Environment Agency) (2008) Impacts of Europe's changing climate – 2008 indicator-based assessment. EEA Report, Bd 4/2008. Office for Official Publi-cations of the European Communities, Luxembourg

Eisen L, Monaghan AJ, Lozano-Fuentes S, Steinhoff DF, Hayden MH, Bieringer PE (2014) The Impact of Temperature on the Bionomics of Aedes (Stegomyia) aegypti, With Special Reference to the Cool Geographic Range Margins. Journal of Medical Entomology 51(3):496–516

Erzös HH (2013) Urbane Resilienz – Stadtplanung in Zeiten der Beschleunigung. 08. Februar 2013. Stadtaspekte. http://www.stadtaspekte.de. (Zugegriffen: 23. Januar 2016)

EU-Hochwasserrahmenrichtlinie (2007) Richtlinie 2007/60/EG des Europäischen Parlaments und des Rates vom 23. Oktober 2007 über die Bewertung und das Management von Hochwasserrisiken. http://eur-lex.europa.eu/legal-content/EN/TXT/?uri=CELEX:32007L0060 (Zugegriffen: 29. Juni 2015)

European Commission (2015) Nature-Based Solutions. https://ec.europa.eu/research. (Zugegriffen: 23. Januar 2016)

Evans JP (2011) Resilience, ecology and adaptation in the experimental city. Transactions of the Institute of British Geographers 36(2):223–237

Ewing R (1997) Is Los Angeles-Style Sprawl Desirable? Journal of the American Planning Association 63(1):107–126

Felgentreff C, Dombrowsky WR (2008) Hazard-, Risiko- und Katastrophenforschung. In: Felgentreff C, Glade T (Hrsg) Naturrisiken und Sozialkatastrophen. Spektrum, Berlin, S 13–25

Flüchter W (2011) Das Erdbeben in Japan 2011. Die Optionen einer Risikogesellschaft. Geographische Rundschau, 12:52–59

Friege H, Engelhardt C, Henseling KO (Hrsg) (1998) Das Management von Stoffströmen: geteilte Verantwortung – Nutzen für alle. Umweltbundesamt, Berlin

Fuchs S (2009) Susceptibility versus resilience to mountain hazards in Austria – paradigms of vulnerability revisited. Natural Hazards and Earth System Sciences 9:337–352

Getz M (1979) Optimum city size: Fact or fantasy? Land and Contemporary Problems 43(2):197–210

Gill S, Handley J, Ennos R, Pauleit S (2007) Adapting cities for climate change: the role of the green infrastructure. Built Environment 30(1):97–115

Gill SE, Rahman MA, Handley JF, Ennos AR (2013) Modelling water stress to urban amenity grass in Manchester UK under climate change and its potential impacts in reducing urban cooling. Urban Forestry & Urban Greening 12:350–358

Gillner S, Vogt J, Roloff A (2013) Climatic response and impacts of drought on oaks at urban and forest sites. Urban Forestry & Urban Greening 12:597–605

Gore A (2006) Eine unbequeme Wahrheit. Die drohende Klimakatastrophe und was wir dagegen tun können. Riemann, München

Haase D et al (2013) Shrinking cities, biodiversity and ecosystem services. In: Elmqvist T, Fragkias M, Güneralp B (Hrsg) Global Urbanisation, Biodiversity and Ecosystem Services: Challenges and Opportunities. Springer, Berlin, S 253–274

Haase D (2014) The Nature of Urban Land Use and Why It Is a Special Case. In: Seto K, Reenberg A (Hrsg) Rethinking Global Land Use in an Urban Era. Strüngmann Forum Reports, Bd 14. MIT Press, Cambridge, MA (Julia Lupp, series editor)

Haase D, Haase A, Rink D (2014) Conceptualising the nexus between urban shrinkage and ecosystem services. Landscape and Urban Planning 132:159–169

Hall JM, Handley JF, Ennos AR (2012) The potential of tree planting to climate-proof high density residential areas in Manchester, UK. Landscape and Urban Planning 104:410–417

Hallegatte S, Hourcade JC, Ambrosi P (2007) Using climate analogues for assessing climate change economic impacts in urban areas. Climatic Change 82:47–60

Hansen R, Pauleit S (2014) From multifunctionality to multiple ecosystem services? A conceptual framework for multifunctionality in green infrastructure planning for urban areas. AMBIO 43(4):516–529

Hartman C, Squires GD (Hrsg) (2006) There Is No Such Thing as a Natural Disaster: Race, Class, and Hurricane Katrina. Routledge, London

Henseke A (2013) Die Bedeutung der Ökosystemdienstleistungen von Stadtgrün für die Anpassung an den Klimawandel am Beispiel der Stadt Linz. Dissertation, Universität Salzburg

Henseke A, Breuste J (2014). Climate-Change Sensitive Residential Areas and Their Adaptation Capacities by Urban Green Changes: Case Study of Linz, Austria. J. Urban Plann. Dev., 10.1061/(ASCE)UP.1943-5444.0000262, A5014007

Horbert M (2000) Klimatologische Aspekte der Stadt- und Landschaftsplanung. Schriftenreihe Landschaftsentwicklung und Umweltforschung. Fachbereich 7 – Umwelt und Gesellschaft. Technische Universität Berlin, Berlin

Huang J, Ritschard R, Sampson N, Taha H (1992) The benefits of urban trees. In: Akbari H, Davis S, Dorsano S, Huang J, Winnett S (Hrsg) Cooling our communities. US Environmental Protection Agency, Washington DC, S 27–42

Hyndman D, Hyndman D (2011) Natural Hazards and Disasters, 3. Aufl. Brooks/Cole, Cengage Learning, Belmont CA

IPCC (Intergovernmental Panel on Climate Change) (2013) Summary for Policy Makers. In: Climate Change 2013: The Physical Science Basis. Contribution of Working Group I to the Fifth Assessment Report of the Intergovernmental Panel on Climate Change. Cambridge University Press, Cambridge, United Kingdom and New York, NY, USA

Jackson KT (1985) Crabgrass Frontier: The Suburbanization of the United States. Oxford University Press, New York

Jacobs J (1961) The Death and Life of Great American Cities. Random House, New York

Jaeger J, Bertiller R, Schwick C, Kienast F (2010) Suitability criteria for measures of urban sprawl. Ecological Indicators 10:397–406

Jakubowski P (2013) Resilienz – eine zusätzliche Denkfigur für gute Stadtentwicklung. Informationen zur Raumentwicklung 4:371–378

Kegler H (2013) Resilienz. Eine Informationsbroschüre der Initiative für Raum und Resilienz. Bauhaus-Universität Weimar, Weimar

Kendal D, Williams NSG, Williams KJH (2012) A cultivated environment: Exploring the global distribution of plants in gardens, parks and streetscapes. Urban Ecosystems 15:637–652

Kilpatrick JA, Dermisi S (2007) Aftermath of Katrina: Recommendations for Real Estate Research. Journal of Real Estate Literature

Koldau LM (2013) Tsunamis. Entstehung, Geschichte, Prävention. C.H. Beck, München

Kraas F, Aggarwal S, Coy H, Mertins G (Hrsg) (2014) Megacities – Our global urban future. Springer, Heidelberg

Krämer A, Khan MMH, Kraas F (Hrsg) (2011) Health in Megacities and Urban Areas. Springer, Heidelberg

Kubal C, Haase D, Meyer V, Scheuer S (2009) Integrated urban flood risk assessment – adapting a multicriteria approach to a city. Natural Hazards and Earth System Sciences 9:1881–1895

Leser H (1997) Landschaftsökologie. Eugen Ulmer, Stuttgart

Leung KH (2005) Wherever there is a road, there is greening. Hong Kong Highways Department Newsletter Landscape. (2):1–4 (http://www.hyd.gov.hk/ENG/PUBLIC/PUBLICATIONS/newsletter/2005/Issue2/E205A10.pdf . (Zugegriffen: 15 April 2015))

Lindley SJ, Handley JF, Theuray N, Peet E, Mcevoy D (2006) Adaptation strategies for climate change in the urban environment: assessing climate change related risk in UK urban areas. Journal of Risk Research 9:543–568

Madsen H, Arnbjerg-Nielsen K, Mikkelsen PS (2009) Update of regional intensity–duration–frequency curves in Denmark: tendency towards increased storm intensities. Atmospheric Research 92(3):343–349

Markantonis V, Meyer V (2011) Valuating the intangible effects of natural hazards: A review and evaluation of the cost-assessment methods Proceedings of the ESEE 2011 Conference, Istanbul, Turkey, 14.–17. Juni 2011. Istanbul

McGranahan G, Balk D, Anderson B (2007) The rising tide: assessing the risks of climate change and human settlements in low elevation coastal zones. Environment and Urbanization 19(1):17–37

Merz B, Thieken AH, Gocht M (2007) Flood risk mapping at the local scale: concepts and challenges. In: Begum S, Stive MJF, Hall JW (Hrsg) Flood Risk Management in Europe – Innovation in Policy and Practice. Springer, Dordrecht, Netherlands, S 231–251

Messner F, Penning-Rowsell E, Green C, Meyer V, Tunstall S, van der Veen A (2007) Evaluating flood damages: guidance and recommendations on principles and methods. http://www.floodsite.net/html/partner_area/project_docs/T09_06_01_Flood_damage_guidelines_D9_1_v2_2_p44.pdf. Zugegriffen: 09. Juni 2011

Meyer V, Haase D, Scheuer S (2009) Flood risk assessment in European river basins – concept, methods, and challenges exemplified at the Mulde river. Integrated Environmental Assessment and Management 5(1):17–26

Munich RE (2015) Loss events worldwide 2014 – Geographical overview. Geo Risk Research. reliefweb 07 Jan 2015. http://www.reliefweb.int/. Zugegriffen: 23. Januar 2016

Newman P (2010) Resilient Cities. In: Cork SJ (Hrsg) Resilience and Transformation: Preparing Australia for Uncertain Futures. CSIRO Publishing, Victoria, S 81–98

Newman P, Beatley T, Boyer H (2009) Resilient Cities: Responding to Peak Oil and Climate Change. Island Press, Washington

Nobis MP, Jaeger JAG, Zimmerman NE (2009) Neophyte species richness at the landscape scale under urban sprawl and climate warming. Diversity and Distributions 15:928–939

Nowak DJ (2002) he effects of urban forests on the physical environment. In: Randrup TB, Konijnendijk CC, Christophersen T, Nilsson K (Hrsg) COST Action E12 'Urban Forests and Urban Trees'. Proceedings No. 1. Office for Official Publications of the European Communities, Luxembourg, S 22–42

Oppenheimer C (2003) Climatic, environmental and human consequences of the largest known historic eruption. Tambora 1815. Progress in Physical Geography 27:230–259 (27.2)

Pauleit S, Liu L, Ahern J, Kazmierczak A (2011) Multifunctional green infrastructure planning to promote ecological services in the city. In: Niemelä J (Hrsg) Handbook of Urban Ecology. Oxford University Press, Oxford, S 272–285

Pearce F (2007) Die Erde. Früher und heute. Bilder eines dramatischen Wandels. Fackelträger, Köln

Plate E, Kron W, Seiert S (1993) Beitrag der deutschen Wissenschaft zur „International Decade for Natural Disaster Reduction (IDNDR)" – Zusammenfassende Übersicht. In: Plate EL, Clausen U, de Haar HB, Kleeberg G, Klein G, Mattheß R, Roth R, Schmincke HU (Hrsg) Naturkatastrophen und Katastrophenvorbeugung. Bericht des wissenschaftlichen Beirats der DFG für das Deutsche Komitee für die „International Decade for Natural Disaster Reduction" (IDNDR). VCH Verlagsgesellschaft, Weinheim, S 1–71

Regionalverband FrankfurtRheinMain (2015) der Landschaftsplan. Frankfurt. www.region-frankfurt.de/Planung/Landschaftsplanung/Landschaftsplan. Zugegriffen: 15. April 2015

REGKLAM Regionales Klimaanpassungsprogramm für die Modellregion Dresden (2015) Grüne und kompakte Städte. www.regklam.de/...programm/.../gruene-und-kompakte-staedte/?tx. Zugegriffen: 15. April 2015

REK (2007) Räumliches Entwicklungskonzept der Landeshauptstadt Salzburg. Entwurf – Entwurf – Ziele und Maßnahmen. – Salzburg, Strukturuntersuchung und Problemanalyse.

Salzburg () Home › Stadtplanung › REK). www.stadt-salzburg.at. Zugegriffen: 13. August 2013

Robine JM, Cheung SL, Le Roy S, Van Oyen H, Herrmann SR (2008) Report on excess mortality in Europe during summer 2003. EU Community Action Programme for Public Health, Grant Agreement 2005114. http://ec.europa.eu/health/ph_projects/2005/action1/docs/action1_2005_a2_15_en.pdf. Zugegriffen: 27. Januar 2010

Roloff A, Korn S, Gillner S (2009) The climate-species-matrix to select tree species for urban habitats considering climate change. Urban Forestry and Urban Greening 8:295–308

Rosenzweig C, Solecki W, DeGaetano A, O'Grady M, Hassol S, Grabhorn P (2011) Responding to climate change in New York State: The ClimAID integrated assessment for effective climate change adaptation: Synthesis report. New York State Energy Research and Development Authority, New York

Sauerwein M (2006) Urbane Bodenlandschaften – Eigenschaften, Funktionen und Stoffhaushalt der siedlungsbeeinflussten Pedosphäre im Geoökosystem. Habil.schr. Univ. Halle, Halle/Saale

Scheuer S, Haase D, Meyer V (2011) Exploring multicriteria flood vulnerability by integrating the economic, ecologic and social dimensions of flood risk and coping capacity. Natural Hazards 58(2):731-751

Schmincke HU (2000) Vulkanismus. Darmstadt, WBG

Schöler K (2009) Ein einfaches Modell zur optimalen Stadtgröße. Wirtschafts- und Sozialwissenschaftliche Fakultät der Universität Potsdam, Diskussionsbeitrag Nr. 98/2009

Schwarz N, Seppelt R (2009) nalyzing Vulnerability of European Cities Resulting from Urban Heat Island Vortrag, 5. Urban Research Symposium, Marseille, 28.–30. Juni 2009

Schweppe-Kraft B, Wilke T, Hendrischke O, Schiller J (2008) Stärkung des Instrumentariums zur Reduzierung der Flächeninanspruchnahme. Bundesamt für Naturschutz, Bonn

Shanghai Municipal Government (2007) Shanghai China. http://www.shanghai.gov.cn. Zugegriffen: 10. September 2009

Shanghai Municipal Statistics Bureau (2006) Shanghai Statistics. http://www.stats-sh.gov.cn/2004shtj/tjnj/tjnj2007e.htm. Zugegriffen: 2. April 2009

Shanghai Municipal Statistics Bureau (2014) Shanghai Statistical Yearbook 2014. http://www.stats-sh.gov.cn/ data/toTjnj.xhtml?y=2014e. Zugegriffen: 8. Mai 2015

Shea KM, Truckner RT, Weber RW, Peden DB (2008) Climate change and allergic disease. Journal of Allergy and Clinical Immunology 122:3

Sieverts T (1997) Zwischenstadt. Zwischen Ort und Welt, Raum und Zeit, Stadt und Land. Vieweg, Braunschweig

Sieverts T (2000) Die verstädterte Landschaft – die verlandschaftete Stadt. Zu einem neuen Verhältnis von Stadt und Natur. Wolkenkuckucksheim 2:1

Sieverts T, Koch M, Stein U, Steinbusch M (2005) Zwischenstadt – inzwischen Stadt? Entdecken, Begreifen, Verändern, Wuppertal

Smith K, Ward RC (1998) Floods: Physical Processes and Human Impacts. Wiley, Chichester, UK, New York, USA

Spehl H (1998) Nachhaltige Raumentwicklung als Herausforderungen für Raumordnung, Landes- und Regionalplanung. ARL, Hannover, S 19–33

Steinbrecher R, Smiatek G, Köble R, Seufert G, Theloke J, Hauff K, Ciccioli P, Vautard R, Curci G (2009) Intra- and inter-annual variability of VOC emissions from natural and semi-natural vegetation in Europe and neighbouring countries. Atmospheric Environment 43:1380–1391

Stern N (2007) The Economics of Climate Change: The Stern Review. Cambridge University Press, Cambridge, UK

Strohbach M, Haase D (2012) Above-ground carbon storage by urban trees in Leipzig, Germany: Analysis of patterns in a European city. Landscape and Urban Planning 104:95–104

Sukopp H, Wurzel A (2003) The Effects of Climate Change on the Vegetation of Central European Cities. Urban Habitats 1(1):66–86

Symader W (2001) Boden und Landschaftswasserhaushalt. Handbuch Bodenk (Kap. 4.4.1)

UN-Habitat (2011) Cities and climate change: Global report on human settlements 2011. Earthscan, London

UNISDR (2012) Making cities resilient report 2012. My city is getting ready! A global snapshot of how local governments reduce disaster risk. UNISDR, Geneva (ttp://www.unisdr.org/we/inform/publications/28240. Zugegriffen: 31. August 2014)

United Nations Human Settlements Programme (UN-Habitat) (2009) Planning Sustainable Cities. Policy Directions. Global Report on Human Settlements 2009. UN-Habitat, London, Sterling, VA (USA) (Abridged Edition)

United Nations International Strategy for Disaster Reduction (UNISDR) (2005) Hyogo Framework for Action 2005–2015: Building the Resilience of Nations and Communities to Disasters Extract from the final report of the World Conference on Disaster Reduction (A/CONF.206/6). Geneva (Hyogo Framework for Action). http://www.unisdr.org/we/inform/publications/1037. Zugegriffen: 2. April 2009

United Nations International Strategy for Disaster Reduction (UNISDR) (2009) Five years after the Indian Ocean Tsunami – are we better prepared and more resilient to disasters?. http://www.preventionweb.net/files/12158_UNISDRPR242009.pdf. Zugegriffen: 20. April 2015

USEPA (United States Environmental Protection Agency) (2001) Inside the greenhouse: a state and local resource on global warming. USEPA, Washington DC

Vale LJ, Campanella TJ (2005) The Resilient City: How Modern Cities Recover From Disaster. Oxford University Press, New York

Villa F, Wilson MA, de Groot R, Farber S, Costanza R, Boumans RMJ (2002) Designing an integrated knowledge base to support ecosystem services valuation. Ecological Economics 41:445–456

VROM Ministerie van Volkshuisvesting, Ruimtelijke Ordening en Milieubeheer (2000) Mensen, wensen, wonen; wonen in de 21e eeuw. VROM Ministerie, Den Haag

Walker B, Salt D, Walter R (2006) Resilience Thinking: Sustaining Ecosystems and People in a Changing World. Island Press, Washington

Weber N, Haase D, Franck U (2014) Assessing traffic-induced noise and air pollution in urban structures using the concept of landscape metrics. Landscape and Urban Planning 125:105–116

Wende W, Rößler S, Krüger T (Hrsg.) (2014) Grundlagen für eine klimawandelangepasste Stadt- und Freiraumplanung. Publikationsreihe des BMBF-geförderten Projektes REGKLAM – Regionales Klimaanpassungsprogramm für die Modellregion Dresden H. 6

Wendell Cox Consultancy (Hrsg.) (1999–2013) Demographia. http://www.demographia.com. Zugegriffen: 24. Juni 2015

Wilbanks T, Romero Lankao P, Bao M, Berkhout F, Cairncross S, Ceron JP, Kapshe M, Muir-Wood R, Zapata-Marti R (2007) Industry, Settlement and Society. In: Parry M, Canziani O, Palutikof J, van der Linden P, Hanson C (Hrsg) Climate Change 2007: Impacts, Adaptation and Vulnerability. Contribution of Working Group II to the Fourth Assessment Report of the Intergovernmental Panel on Climate Change. Cambridge University Press, Cambridge

Wilby RL (2007) A review of climate change impacts on the built environment. Built Environment 33(1):31–45

Williams K, Burton E, Jenks M (Hrsg) Achieving Sustainable Urban Form. E & FN Spon, London

Willows R, Connell R (Hrsg) (2003) Climate adaptation: risk, uncertainty and decision-making. UKCIP, Oxford

Winde, F (1997) Schlammablagerungen in urbanen Vorflutern – Ursachen, Schwermetallbelastung und Remobilisierbarkeit untersucht an Vorflutern der Saaleaue bei Halle. Diss. Edition Wissenschaft. Reihe. Geowissenschaften. Bd 23 S 144, Marburg

Weiterführende Literatur

Breuste J (1996) Landschaftsschutz – ein Leitbild in urbanen Landschaften. In: Bork H-R, Heinritz G, Wießner R (Hrsg) 50. Deutscher Geographentag Potsdam 1995, Bd 1. Franz Steiner Verlag, Stuttgart, S 134–143

Deutscher Rat für Landespflege (DLR) (2006) Freiraumqualitäten in der zukünftigen Stadtentwicklung. Schriftenreihe des Deutschen Raten für Landespflege, Bd 78. (www.landespflege.de/aktuelles/freiraum/freiraum-publikation.htm) Zugegriffen: 20. Juni 2015

Doswald N, Munroe R, Roe D, Giuliani A, Castelli I, Stephens J, Moller I, Spencer T, Vira B, Reid H (2014) Effectiveness of ecosystem-based approaches for adaptation: review of the evidence-base. Climate and Development 6:185–201

von Elverfeldt K, Glade T, Dikau R (2008) Naturwissenschaftliche Gefahren- und Risikoanalyse. In: Felgentreff C, Glade T (Hrsg) Naturrisiken und Sozialkatastrophen. Springer, Heidelberg, S 31–42

European Commission (Hrsg) (2015) EU Research and Innovation policy agenda for Nature-Based Solutions & Re-Naturing Cities. Final Report of the Horizon 2020 Expert Group on 'Nature-Based Solutions and Re-Naturing Cities' (full version). Publications Office of the European Union, Luxembourg (http://www.ec.europa.eu/research/.../pdf/renaturing/nbs.pdf . (Zugegriffen: 29. Juni 2015))

Frank N, Husain SA (1971) The deadliest tropical cyclone in history? Bulletin of the American Meteorological Society 1971:1

Gabriel KMA, Endlicher W (2011) Urban and rural mortality rates during heat waves in Berlin and Brandenburg, Germany. Environmental Pollution 159:2044–2050

Houghton JT (20094): Global Warming. The Complete Briefing. Cambridge: Cambridge University Press. http://www.demographia.com/db-wuaproject.pdf (Zugegriffen: 30. April 2015)

IPCC (Intergovernmental Panel on Climate Change) (2007) Climate change 2007: synthesis report. Contribution of working groups I, II and III to the fourth assessment report of the intergovernmental panel on climate change. IPCC, Geneva, Switzerland

Kistemann T, Leisch H, Schweikhart J (1997) Geomedizin und Medizinische Geographie. Entwicklung und Perspektiven einer „old partnership". Geographische Rundschau 49(4):198–203

Kuttler W (Hrsg) (1993) Handbuch zur Ökologie. Westarp Wissenschaften, Berlin

Naumann S, Anzaldua G, Berry P, Burch S, Davis M, Frelih-Larsen A, Gerdes H, Sanders M (2011) Assessment of the potential of ecosystem-based approaches to climate change adaptation and mitigation in Europe. In: Final Report to the European Commission, D.E. Contract No. 070307/2010/580412/ SER/B2, Ecologic Institute and Environmental Change Institute, Oxford University Centre for the Environment. http:// ec.europa.eu/environment/nature/climatechange/pdf/ EbA_EBM_CC_FinalReport.pdf. Zugegriffen: 26. April 2015

Wie sieht die Ökostadt von morgen aus und welche Wege führen dahin?

Jürgen Breuste

7.1   Von der Vision zum Leitbild – Stadtentwicklung
        des 20. Jahrhunderts – 208
7.1.1   Das Prinzip der idealen Stadt – 208
7.1.2   Ideale Städte als Leitbilder der Moderne im 20. Jahrhundert – 209
7.1.3   Nachhaltige Stadtentwicklung als Leitbild
        für das 21. Jahrhundert – 212

7.2   Ökostädte – Städte im Einklang mit der Natur – 218
7.2.1   Eco-Cities – Sustainable Cities – 218
7.2.2   Kriterien der Ökostadt – 221
7.2.3   Die reale Ökostadt – Beispiele – 226

        Literatur – 242

J. Breuste et al., *Stadtökosysteme,*
DOI 10.1007/978-3-642-55434-6_7, © Springer-Verlag Berlin Heidelberg 2016

Dieses Kapitel greift die große Vision der ökologischen Zukunftsstadt auf und beschreibt ihre Wurzeln, Zugänge und Umsetzungen. Im ersten Kapitel werden ideale Städte als Leitbilder definiert und beschrieben. Es wird gezeigt, dass die Moderne als Initiator funktionaler und effizienter Stadtentwicklung bestehende Ansätze aufgriff und weiterentwickelte. Darauf baute das Leitbild der sogenannten Nachhaltigen Stadt des 21. Jahrhunderts auf, deren Interpretation vielfältig ist, ökologische Komponenten einschließt und verbindlicher Beurteilungs- und Gestaltungskriterien bedarf. Im ▶ Abschn. 7.2 werden die Kriterien, die das Konzept von Ökostädten bilden, näher erläutert. Es soll deutlich werden, dass, je nach Perspektive und bezogen auf Naturprozesse („ökologische" Kriterien) eine große Zahl von Kriterien oder auch nur wenige herangezogen werden können. Im 3. Abschnitt wird das Leitbild Ökostadt anhand von Beispielen in Neubauprojekten „von oben" vorgestellt, in Stadtteilprojekten und in Aktionen zu mehr Freiraum und Natur „von unten". Das Leitbild Ökostadt nimmt so reale Gestalt an, kann aus verschiedener Perspektive beurteilt werden und ist damit in jedem einzelnen Projekt neu zu definieren. Es wird gezeigt, dass die große Vision der Ökostadt oftmals sicher ambitioniert und in jedem Einzelprojekt neu zu definieren ist, dass es aber auch in kleinen Schritten angestrebt werden kann. So entsteht ein aufbauender Zugang zum Thema, der die Vision zu einem praktisch handhabbaren Projekt werden lässt.

7.1 Von der Vision zum Leitbild – Stadtentwicklung des 20. Jahrhunderts

7.1.1 Das Prinzip der idealen Stadt

Die ideale Stadt war aus verschiedenen Blickwinkeln im Laufe der historischen Stadtentwicklung eine Vision von Architekten und Städteplanern (Lang 1952). Es sollte die bestmögliche Stadt angestrebt werden, die mit dem höchsten Grad an Perfektion, die „ideale Stadt" eben. Dem liegt die Vorstellung zugrunde, mit Hilfe der menschlichen Vorstellungskraft könnte das hochkomplexe Gebilde Stadt zumindest in seinen physisch-technischen Elementen in allen Details vorhersehbar und planerisch bewusst gestaltet werden. Auf ihre Lage, die

natürlichen und anderen Bedingungen vor Ort oder bereits vorhandene Städte, wurde wenig Rücksicht genommen. Die ideale Stadt sollte von einer geistigen Elite mit Einsicht in die universellen Gesetze neu geschaffen werden. Ob sie dabei ein Prototyp bleiben sollte, an dem sich andere messen sollten, oder ob viele „ideale Städte" gleichen Aufbaus ein Netzwerk bilden sollten, blieb meist offen. Thomas Morus' Staat weist 54 nahezu gleiche Städte über die Insel Utopia verteilt auf (Morus 2009, erstmals erschienen 1516). Er griff Platons Gedanken auf, dass jede Abweichung von einem idealen Modell von Nachteil sein kann (Platon 1998, erstmals erschienen 380 v. Chr.). Diese Idee der Vervielfachung des idealen Bauplans findet sich auch später wieder.

Ideale Städte wurden oft in Phasen eines historischen Umbruchs oder eines Paradigmenwechsels der gesellschaftlichen Vorstellungen geplant und zum Teil auch errichtet. Die Utopien präsentieren sich als Alternativen zur bestehenden Situation, von der man sich bewusst abwendet und die kritisiert wird. Wissenschaftlicher Fortschritt und effiziente Umgestaltung der Gesellschaft kennzeichnen das Alternativmodell. Die „chaotische Natur" sollte durch die „Rationalität des Menschen" beherrscht werden. Meinungsvielfalt und Toleranz, Wesensmerkmale der Demokratie, finden sich in den Gesellschaftsvorstellungen, die den utopisch-idealen Stadtvorstellungen zugrunde liegen, nicht (Eaton 2003).

Die ideale Stadt muss in ihrem gesellschaftlichen Kontext gesehen werden. Sie sollte, obwohl selbst nur Ausdruck der Gesellschaft, oft die gesellschaftlichen Probleme lösen – eine utopische Aufgabe.

Drei bedeutende Leitbilder haben als ideale Stadt das 20. Jahrhundert bestimmt. Zwei davon wurden aus der Moderne als Antworten auf die Krise der realen Stadt entwickelt. Sie könnten gegensätzlicher nicht sein: Die Gartenstadt (Ebenezer Howard), die als Gegenbild zur industriellen Großstadt entstand; die Funktionale Stadt/Ville Radieuse (Le Corbusier), die das Leitbild der Großstadt der technisierten Moderne bildete; und die Nachhaltige Stadt (Nachhaltigkeit als Leitbild der lokalen Entwicklung), die aus der Umwelt- und Ressourcenkrise in der zweiten Hälfte des 20. Jahrhunderts erwuchs. Das Bild der idealen Stadt existiert in vielen Teil-Leitbildern mit mehr oder minder großer Komplexität (z. B. Compact City, Smart City, Green City, ElCity, Healthy City, Eco-City etc.).

⚫ Abb. 7.1 Erste deutsche Gartenstadt Dresden-Hellerau. (Foto © Breuste 2012)

7.1.2 Ideale Städte als Leitbilder der Moderne im 20. Jahrhundert

Die Vorstellung, durch neue, die Vorzüge von Land- und Stadtleben in sich vereinigende Städte, die gesellschaftlichen Probleme zu lösen, entwickelte sich im ausgehenden 19. Jahrhundert in der am weitesten entwickelten Industriegesellschaft, in England. Ihr Proponent, Ebenezer Howard (Howard 1898, 1902) war davon überzeugt, dass die industriellen Städte, wenn sie sich entweder zunehmend ausbeuterisch oder gesundheitszerstörend entwickeln, einen gewaltsamen Klassenkonflikt heraufbeschwören. Seine Lösung war die ideale Stadt als Zukunftsstadt – die Gartenstadt –, die als physische Neuorganisation mit einer zivilisierteren Stufe der sozialen Entwicklung und verbunden mit dem Genossenschaftswesen diese Entwicklung vermeiden würde (Eaton 2003). Der Garten als Symbol für bessere, hygienischere Lebensverhältnisse mit „Licht, Luft und Sonne" stand dabei für eine neue Hinwendung zur Natur, die alle Teile der Gesellschaft berührte. Das „Natürliche" wurde zum Ideal, und sie Kritik an der Industrialisierung, Materialisierung und Urbanisierung zur „Lebensreform",

die eine „naturnahe Lebensweise" (Lebensreform-Bewegung) propagierte. Lebensreform-Bewegung und Gartenstadt kommen zum Beispiel in der Gartenstadt Dresden-Hellerau (1909) zusammen (⚫ Abb. 7.1). Howards Gartenstädte waren konzentrische Entwürfe von Einfamilien- und Reihenhaus-Strukturen, deren Wohnringe durch Parkringe getrennt waren. Die relativ kleinen Städte (32.000–58.000 Ew.) waren nur mit Gewerbe ausgestattet und als Gegenbild zur großen Industriestadt gedacht. 1903 wurde Lechtworth und in den 1920er Jahren das wesentlich größere Welwyn Garden City in der Nähe Londons gebaut.

Dass die Gartenstadt das erste und sicher erfolgreichste Leitbild der städtebaulichen Moderne wurde, ist wohl weniger diesen beiden Beispielen zu verdanken als vielmehr der weitgehenden Abwandlung der Idee in großräumige Realitäten. Diese waren einerseits der genossenschaftliche Wohnungsbau in Mitteleuropa nach dem Ersten Weltkrieg zur Beseitigung der großen Wohnungsnot. Andererseits steht das Leitbild der Gartenstadt hinter den noch wesentlich erfolgreicheren, geplanten randstädtischen und später suburbanen Einzel- und Reihenhaussiedlungen weltweit. Dass Haus und

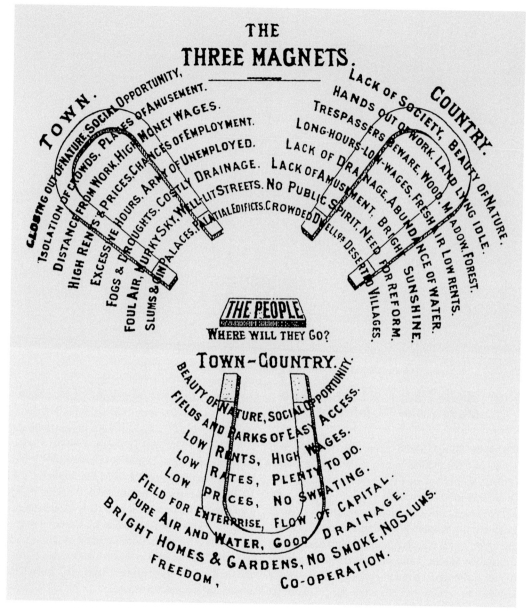

Abb. 7.2 Der dritte „Magnet" – Town-Country ist für Howard die Lösung der Stadtprobleme. Die Gartenstadt vereinigt alle positiven Aspekte von Stadt und Land. (Howard 1898)

Garten für jedermann erschwinglich wurden, wurde zum gesellschaftlichen Konzept und zum Motor einer ausufernden, flächenhaften Urbanisierung im 20. Jahrhundert.

Die Gartenstadt wurde zur Gartenstadtbewegung, erreichte am Anfang des 20. Jahrhunderts auch den europäischen Kontinent und war besonders in Deutschland ein erfolgreiches Modell. 1902

wurde in Berlin die Deutsche Gartenstadt-Gesellschaft (DGG) gegründet, eine lebens- und sozialreformerische Organisation, deren Ziel die Errichtung von Gartenstädten war.

Bereits 1896 hatte Theodor Fritsch in Leipzig sein Buch „Die Stadt der Zukunft" publiziert. Es präferiert eine technisch dominierte und sozial hierarchisierte Gesellschaft, deren Mittelpunkt die

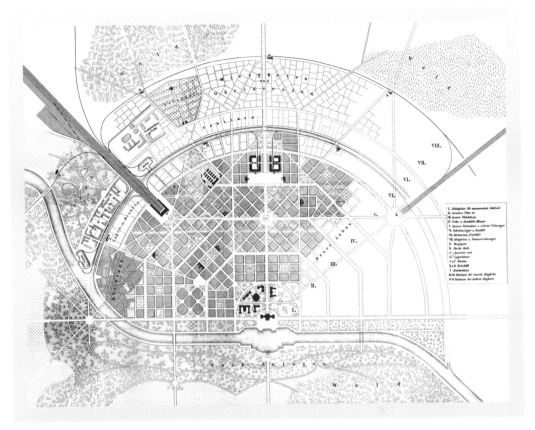

■ **Abb. 7.3** Entwurf II von Fritsch (1896) – eine die Altstadt integrierende Stadt

großen, deutlich wachsenden Städte sind. Fritsch entwickelte seine Zukunftsstadt in zwei Varianten. Im ersten Entwurf konzipierte er wie Howard eine neue Stadt, im zweiten Entwurf eine Stadterweiterung, die die historisch gewachsene Stadt nur mehr als randständiges Stadtviertel enthält (■ Abb. 7.3). Beide Entwürfe greifen das radial-konzentrische Stadtmodell auf, reduzieren es aber auf einen Halbkreis, der durch eine Wald- und Parklandschaft ergänzt und von Grünflächen durchzogen wird. Natur in unterschiedlicher Form ist Wesensbestandteil von Fritschs Zukunftsstadt, einer neuen wegweisenden Idee an der Wende zum 20. Jahrhundert.

Die Moderne der ersten Hälfte des 20. Jahrhunderts entwickelte ein zweites Modell der Zukunftsstadt als Leitbild: Die funktionale Stadt als Ausdruck einer kollektiven, funktionalen Gesellschaft, die Stadt der Moderne.

Die klassische Moderne in der Architektur ist an einem klaren Rationalismus, einer Unterord-

nung der Form unter die Funktion, an Minimalismus und kollektiven Lösungen orientiert. Die Standardisierung des Lebens sollte in standardisierten Städten höchste Effizienz ermöglichen. Moderne Baumaterialien (Stahlbeton, Stahlskelett, Glas etc.) erlauben die Loslösung von überkommenen Bau- und Stadtstrukturen. Auflösung von Stadtstrukturen wie Baublock und Straße, sowie die Trennung der Funktionen (z. B. Wohnen und Arbeiten) stehen bezeichnend dafür. Das gemeinschaftlich genutzte Haus mit standardisierten Wohnungen und Infrastruktureinrichtungen (*Unité d' habitation*) ist der Grundbaustein dieser idealen Stadt- und Gesellschaftsvorstellungen (Le Corbusier 1935).

Der Schweizer Architekt Le Corbusier (1887–1965) steht mit seinen Arbeiten symbolhaft für die ideale Stadt der Moderne. Er entwickelte zwei weitreichende Pläne dafür: die „Ville contemporaine pour trous millions d'habitants" (Le Coubusier

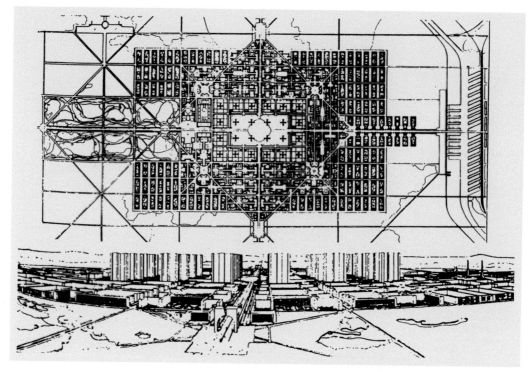

◘ **Abb. 7.4** Eine zeitgenössische Stadt für 3 Mio. Einwohner, Gesamtansicht. (Le Corbusier 1922)

1922; ◘ Abb. 7.4) und die „Ville radieuse" (1930, Le Corbusier 1935) (später auch noch eine Bandstadt). Die Architekten der Moderne waren, anders als die Vertreter der Gartenstadtbewegung, den Großstädten sowie Technik und Industrie enthusiastisch zugewandt und prägten sie durch Großwohnsiedlungen mit vielgeschossigen Wohnhochhäusern und bedarfsgerechter Infrastruktur in vielen Teilen der Welt – von den USA, über Brasilien, Europa, die Sowjetunion bis Australien. Aber auch ganze neue realisierte Idealstädte, z. B. die brasilianische Hauptstadt Brasilia (verantwortliche Architekten waren Oscar Niemeyer und Lúcio Costa, 1956–1960), stehen dafür.

Auf der vierten Internationalen Kongress Moderner Architektur (*Congrès Internationaux d'Architecture Moderne*, CIAM) wurde 1933 eine Charta in 95 Thesen über den modernen Städtebau verabschiedet (veröffentlicht 1943), deren Kern, die Trennung der Schlüsselfunktionen des Städtebaus (Wohnen, Arbeiten, Erholen, Bilden, Fortbewegen), programmatische Bedeutung erlangte (Charta von Athen).

7.1.3 Nachhaltige Stadtentwicklung als Leitbild für das 21. Jahrhundert

Nach dem Zusammenbruch des Zweiten Weltkrieges war der Glaube an jegliche Form von Ideologie und auch an das Prinzip von Autorität überhaupt erschüttert. Die Auflehnung gegen die politischen Autoritäten der 1960er Jahre war Ausdruck dessen. Alternative Lebensformen und Lebensgemeinschaften wurden erprobt. Der notwendige schnelle Wiederaufbau der Städte in Europa hatte den „Internationalen Stil", die Massenproduktion und Vorfabrikation auch im Städtebau gefördert. Monotone Mietskasernenviertel schufen „urbanes Nirgendwo" (Eyck 1999) (Aldo van Eyck 1918–1999). Die Moderne war akademisch geworden, Individualität und Vielfalt wurden eingefordert. Die vielfältigen Leitbilder der 1960er–1980er Jahre spiegeln dies wider.

Die „ökologisch orientierte Stadtentwicklung" (z. B. Hoffjann 1994 u. v. a.) wurde im Zuge des seit den 1970er Jahren wachsenden Umweltbewusstseins und einer breiten Akzeptanz des Umwelt-

Die glückliche Stadt („Cité radieuse") – Die Unité d'Habitation von Le Corbusier

Insgesamt fünf der sogenannten Unités d'habitation (Wohneinheiten) wurden gebaut, die erste 1947–1952 in Marseille. Der 138 m lange, 25 m breite und 56 m hohe 18-geschossige Stahlbetonbau sitzt einem Erdgeschoss aus Pylonen auf. Die 337 Appartements aus 23 Grundtypen unterschiedlicher Größe sind jeweils zweigeschossig, nehmen in einem Geschoss das ganze Stockwerk ein, im anderen die Hälfte und werden von einem durchgehenden Gang erschlossen. Die Gebäudezeile ist in Nord-Süd-Richtung ausgerichtet, so dass beide Seiten ausreichend Sonne erhalten. In der siebten und achten Etage befinden sich Geschäfte, ein kleines Hotel für Besucher und eine Wäscherei. In der letzten Etage befinden sich eine Grundschule und eine Turnhalle. Auf dem begehbaren Dach wurden zur gemeinschaftlichen Nutzung Kindergarten, Planschbecken für Kinder, Spielbereiche, Freilufttheater und Sporthalle platziert. Das Gebäude ist nicht weniger als der Versuch eines neuen „Wohnsystems", einer „Wohnmaschine" und Grundbaustein der neuen Städte (s. a. Haberlik 2001, Eaton 2003, Office de Tourisme et des Congrés Marseille 2013; ◼ Abb. 7.5).

◼ **Abb. 7.5** Unité d'Habitation, Marseille, Le Corbusier. (Foto © Breuste 2007)

Die Funktionale Stadt der Moderne

Die insgesamt elf Internationalen Kongresse Moderner Architektur (*Congrès Internationaux d'Architecture Moderne*, CIAM) zwischen 1928 und 1959 waren eine Denkfabrik zu verschiedensten Themen der Architektur und des Städtebaus der Moderne. In den urbanistischen Modellen der CIAM wird Städtebau nicht als eine Fortentwicklung historischer Städte, sondern als ein umfassender, rationalistisch geplanter Neuentwurf verstanden. Städte werden in zu entflechtende Funktionsbereiche Wohnen, Arbeit, Erholung und Verkehr unterteilt.

Die Gründungserklärung aus CIAM I (1928) konstatiert:

- Bauen ist eine elementare Tätigkeit des Menschen.
- Architektur soll den Geist einer Epoche ausdrücken.
- Die Umwandlung der sozialen und wirtschaftlichen Struktur bedarf einer entsprechenden Umwandlung der Architektur.
- Architektur hat eine wirtschaftliche und soziologische Aufgabe im Dienste des Menschen.

Auf der vierten CIAM 1933 wurde die Charta über die „Funktionale Stadt" (ursprünglich „funktionelle Stadt") verabschiedet (Charta von Athen). Sie hatte für den Städtebau des 20. Jahrhunderts große Bedeutung. Die Charta von Athen (*La charte d'Athènes*) zielte unter Leitung von Le Corbusier auf die Entflechtung städtischer Funktionsbereiche und die Schaffung von lebenswerten Wohn- und Arbeitsumfeldern in der Zukunft. Die Charta wurde 1943 in 95 Thesen veröffentlicht und beruht auf einer Analyse von 33 Städten. Folgende Feststellungen wurden getroffen (Le Corbusier 1943, Conrads 1981, Keul 1995, Inhaltswiedergabe der Thesen):

(Fortsetzung)

- Die derzeitigen Städte befriedigen nicht die vordringlichen biologischen und psychologischen Bedürfnisse ihrer Einwohner (These 71).
- Rücksichtslose Privatinteressen als Ausdruck der wachsenden ökonomischen Kräfte führen angesichts der immer schwächeren und machtloseren administrativen Kontrolle und sozialen Solidarität zu einem Ungleichgewicht in den Städten (These 73).
- Die Schlüssel im Städtebau liegen in den vier Funktionen: Wohnen, Arbeiten, Erholung, Bewegung (Verkehr) (These 77).

- Jeder der vier Schlüsselfunktionen werden Viertel zugewiesen, im Stadtganzen sinnvoll lokalisiert und durch interne Planung strukturiert (These 78).
- Ein rationales Netz großer übergeordneter Verkehrsadern für den Autoverkehr verbindet die neu gegliederten Stadtbezirke (These 81).
- Der Mensch muss das Maß für die Stadtarchitektur sein (These 87).
- Grundbestandteil des Städtebaus ist eine Wohnzeile (eine Wohnung) und ihre Einfügung in eine Gruppe, die eine Wohneinheit zweckentsprechender Größe bildet (These 88).

- Das Privatinteresse muss im Städtebau dem Interesse der Gemeinschaft untergeordnet werden (These 95).

Nach der Publikation der Charta von Athen in deutscher Sprache (1962) wurden die Grundsätze als ideologisches Dogma zum Leitbild für den Städtebau. Die städtebaulichen Leitbilder der 1950er (Die gegliederte und aufgelockerte Stadt) und 1960er Jahre (Die autogerechte Stadt/ Flächensanierung) sind zu großen Teilen aus der Charta von Athen abgeleitet (◘ Abb. 7.6). Erst Mitte der 1980er Jahre begann angesichts der negativen Folgen der Funktionstrennung eine Abwendung von den Idealen der Charta.

◘ **Abb. 7.6** Brasilia, Hauptstadt Brasiliens, 1956 bis 1960 realisierter Stadtentwurf der Moderne (Costa, Niemeyer). (Foto © Breuste 1998)

schutzes zu einem Leitbild, das die Grundlage der Leitbilder der Ökostadt und der Nachhaltigen Stadt bildete.

Um 1975 benutzte der US-amerikanische Architekt Charles Jencks (geb. 1939) (Jencks 1988) erstmals den Begriff „postmodern", um neue Tendenzen in der Architektur zu beschreiben. Die Postmoderne lehnte die modernistische Einteilung der Stadt in Funktionszonen ab und forderte eine Neue Charta von Athen. Historische Bezüge und traditionelle

Formen zogen wieder in die Stadtplanung ein (Eaton 2003) (◘ Abb. 7.7).

Die Nachhaltige Stadt oder Nachhaltigkeit als Leitbild der lokalen Entwicklung wurde zum postmodernistischen Leitbild des letzten Viertels des 20. Jahrhunderts, das bis heute aktuell ist. Es existiert in Konzepten, Ansätzen und exemplarischen Realitäten, nicht aber in einem großen Modellprojekt, der Modellstadt. Ausgangspunkt der Sorge um eine zukunftsfähige Entwicklung im Einklang

■ Abb. 7.7 Der Große Stil in der Postmoderne – Stadtteil Antigone, Architekt Ricardo Bofill, 1979 („jeder öffentliche Raum ist ein Theater"). (Foto © Breuste 2007)

Die Neue Charta von Athen 2003. Vision für die Städte des 21. Jahrhunderts

1998 hat der 1985 gegründete Europäische Rat der Stadtplaner (ECTP), der 25.000 in Verbänden zusammengeschlossene Planer Europas vertrat, in Athen eine Neue Charta von Athen beschlossen, die alle vier Jahre überprüft und weiterentwickelt werden und die Orientierung für die städtebauliche Planung Europas im 21. Jahrhunderts bilden sollte.

Die Trends und Herausforderungen der modernen Stadtentwicklung werden untersucht und Reaktionen darauf beschrieben. Kern der Darstellung ist der Entwurf der Vision „Vernetzte Stadt". Die vernetzte Stadt umfasst eine Vielzahl von Wechselwirkungen auf unterschiedlichen Ebenen und in unterschiedlichen Maßstäben. Sie beinhaltet konkrete und sichtbare Verbindun-

gen zur gebauten Umwelt ebenso wie Verbindungen zwischen einer Vielfalt urbaner Funktionen, Infrastrukturnetzen sowie Informations- und Kommunikationstechnologien. Gesellschaftliche, wirtschaftliche und ökologische Vernetzung und die Gestaltung eines Raumsystems werden behandelt (ECTP/SRL 2003).

mit der Umwelt waren die Veröffentlichungen des *Club of Rome*, besonders „Die Grenzen des Wachstums" (Meadows et al. 1972), und 1987 der „Brundtland-Bericht der Weltkommission für Umwelt und Entwicklung" (WCED und Hauff 1987). Die Begrenztheit der verfügbaren Ressourcen und die Verletzlichkeit der ökologischen Systeme als Lebensgrundlage wurden erstmals weltweit anerkannt und im Begriff „Umwelt" fixiert. Gleichzeitig wurde der ursprünglich zur Bezeichnung einer Wissenschaft verwendete Begriff „Ökologie" in die Alltagssprache, in Politik und Planung normativ transformiert, allerdings mit der neuen Bedeutung „ökologisch" im Sinne von „umweltgerecht". Eine z. B. ökologische Stadtentwicklung bedeutete nun nicht mehr eine wissenschaftliche, auf der Ökologie basierende Stadtentwicklung, sondern eine umweltgerechte Stadtentwicklung.

Kapitel 3 des Brundtland-Berichtes (1987) führt den Begriff *sustainable development* ein, das Konzept der „zukunftsfähigen" oder „nachhaltigen Entwicklung", das fortan als Leitbild die postmoderne Stadtentwicklung weltweit prägt.

Das neue Prinzip der Nachhaltigkeit ist deutlich breiter als „umweltgerechte" oder „ökologische" Handlungsweisen, schließt diese jedoch ein. Es geht bei nachhaltiger Stadtentwicklung nun nicht mehr nur um die Auseinandersetzung Mensch-Umwelt in der Stadt, sondern auch um soziale Gerechtigkeit, *Governance* (Lenkungsformen zur Steuerung und Regelung von Strukturen und Intensionen), wirtschaftliche Resilienz u. v. a. Themen mehr. Drei Hauptkomponenten – Ökologie (normativ verstanden als Struktur- und Funktionsgefüge der Natur, nicht als Wissenschaft), Ökonomie und Gesellschaft – bilden seine Teilbereiche.

Lokale Agenda 21 für Nachhaltige Entwicklung

„Eine nachhaltige Entwicklung stellt einen positiven sozio-ökonomischen Wandel dar, der die ökologischen und sozialen Systeme, von denen Gesellschaften und ihre Teilgruppen abhängen, stärkt. Ziel einer nachhaltigen Kommunalentwicklung ist es, die lokale Lebensqualität unter allen sozialen, kulturellen und materiellen Aspekten zu erhöhen, ohne die Lebenschancen zukünftiger Generationen oder der Menschen in anderen Städten und Gemeinden der Welt zu beeinträchtigen" (Ecolog 2013).
Die Rio-Konferenz 1992 hat ein Aktionsprogramm für die nachhaltige Entwicklung im 21. Jahrhundert formuliert. Ihre kommunale

Umsetzung ist die Lokale Agenda 21 (BMU 1992).
Die Agenda 21 umfasst 359 Seiten, gegliedert in 40 Kapiteln und vier Abschnitte:
1. soziale und wirtschaftliche Dimensionen,
2. Erhaltung und Bewirtschaftung der Ressourcen für die Entwicklung,
3. Stärkung der Rolle wichtiger Gruppen,
4. Möglichkeiten der Umsetzung.

Kapitel 28 („Initiativen der Kommunen zur Unterstützung der Agenda 21") unterstreicht, dass sich viele der globalen Probleme am besten auf der örtlichen Ebene lösen lassen

(„Global denken – lokal handeln!"), fordert die Kommunen damit direkt zum Handeln auf, obwohl vorrangig internationale Organisationen und nationale Regierungen angesprochen sind. Jede Kommune der 178 Unterzeichnerländer war aufgerufen, eine eigene (lokale) Agenda 21 zu erarbeiten. Die Vertreter der Kommunen bilanzierten anlässlich des Weltgipfels für nachhaltige Entwicklung in Johannesburg (2002) nach zehn Jahren nur mittelmäßige Erfolge der „Lokalen Agenda 21" und wollten ihre Bemühungen der nächsten zehn Jahre verstärkt auf die Umsetzung der „Agenda 21"-Ziele durch *local action 21*-Kampagnen konzentrieren.

Nachhaltigkeit oder *sustainability* kann also nicht für „Ökologie" oder „Mensch-Umwelt-Beziehungen" in der Stadt stehen. *Sustainable City* (Speer und Partner 2009) als Leitbild übertragen auf Städte sollte damit auch nicht identisch mit „ökologische Stadt" oder kürzer „Öko-Stadt" sein, da „Öko-" kein Synonym für *sustainable* ist.

Auch Endlicher (2012) zeigt, dass das „stadtökologische" System sowohl am sozioökonomischen als auch am ökologischen System Anteil hat und sich aus dem Zusammenwirken beider „Systeme" die Charakteristika des Stadtökosystems ergeben. Stadtökologie untersucht aber nicht die Bevölkerungs- oder Wirtschaftsentwicklung in Städten, obwohl diese zweifelllos erheblichen Einfluss auf das Stadtökosystem haben (◨ Abb. 7.8, ▶ Kap. 1).

Nachhaltigkeit als Leitbild der Stadtentwicklung hat damit, anders als bei den zwei früheren Leitbildern der Stadtentwicklung des 20. Jahrhunderts, eine breite Palette von Zugängen und dient als Orientierung zum Erreichen eines idealen Zieles ohne ein konkretes, regulatives Modell. Es kommt letztlich auf die Auswahl der Zugänge und Bereiche an, die das Leitbild ausfüllen sollen. Diese sind nicht zwangsläufig gesetzt, sondern werden von Akteuren, Planern oder Wissenschaftlern zum Teil in kommunikativen Prozessen ausgewählt.

Was eine zukunftsfähige Stadt ausmachen könnte, könnte nur definiert werden, wenn die Herausforderungen der Zukunft bekannt wären. Hier muss von Annahmen und Prognosen ausgegangen werden.

Handlungsfelder nachhaltiger Stadtentwicklung sind:

- haushälterisches Bodenmanagement,
- vorsorgender Umweltschutz,
- stadtverträgliche Mobilitätssteuerung,
- sozialverantwortliche Wohnungsversorgung,
- standortsichernde Wirtschaftsförderung.

Die europäischen Städte begannen 1994 eine Initiative Europäischer Städte und Gemeinden auf dem Weg zur Zukunftsbeständigkeit. Dies führte zur Aalborg-Charta als gemeinsame Entschließung von rund 2500 lokalen und regionalen Verwaltungen in 39 Ländern und der Selbstverpflichtung der unterzeichnenden 80 europäischen Städte und Gemeinden für eine zukunftsbeständige, nachhaltige Politik. Dies war Ausgangspunkt der Europäischen Kampagne zukunftsbeständiger Städte und Gemeinden (*Sustainable Cities and Towns Campaign*).

Im Lissaboner Aktionsplan 1996 wurde der Weg der Lokalen Agenda 21 weiter mit nunmehr 250 lokalen Gebietskörperschaften Europas beschritten. Das verabschiedete Dokument *From Charter to Ac-*

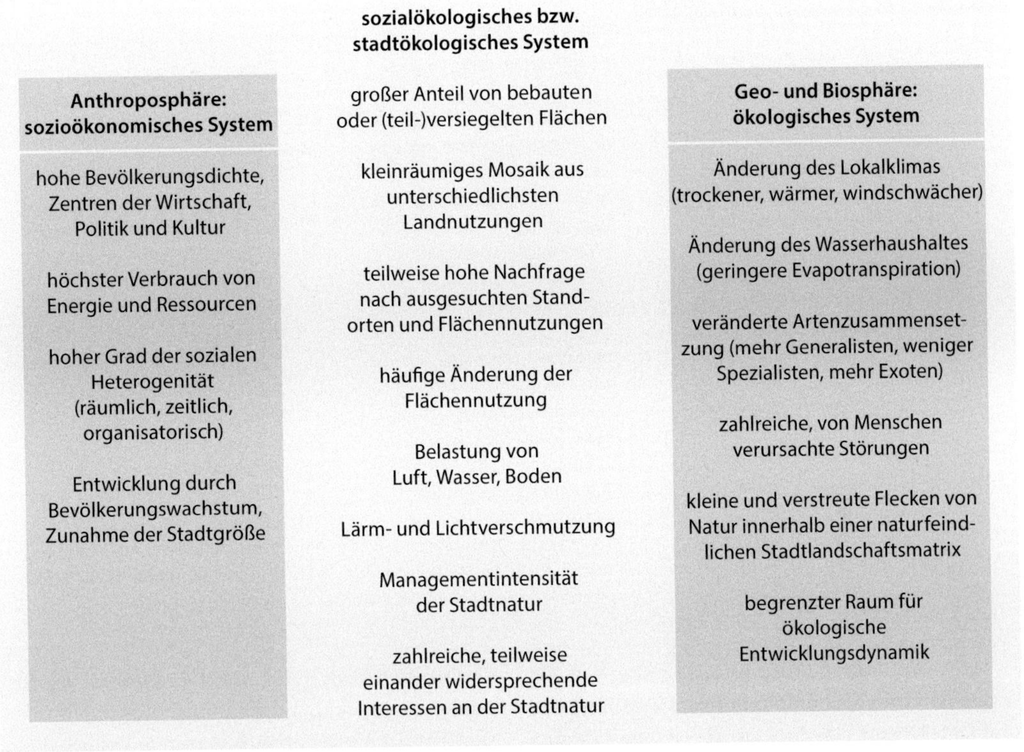

Anthroposphäre: sozioökonomisches System	sozialökologisches bzw. stadtökologisches System	Geo- und Biosphäre: ökologisches System
	großer Anteil von bebauten oder (teil-)versiegelten Flächen	
hohe Bevölkerungsdichte, Zentren der Wirtschaft, Politik und Kultur	kleinräumiges Mosaik aus unterschiedlichsten Landnutzungen	Änderung des Lokalklimas (trockener, wärmer, windschwächer)
höchster Verbrauch von Energie und Ressourcen	teilweise hohe Nachfrage nach ausgesuchten Stand- orten und Flächennutzungen	Änderung des Wasserhaushaltes (geringere Evapotranspiration)
hoher Grad der sozialen Heterogenität (räumlich, zeitlich, organisatorisch)	häufige Änderung der Flächennutzung	veränderte Artenzusammenset- zung (mehr Generalisten, weniger Spezialisten, mehr Exoten)
	Belastung von Luft, Wasser, Boden	zahlreiche, von Menschen verursachte Störungen
Entwicklung durch Bevölkerungswachstum, Zunahme der Stadtgröße	Lärm- und Lichtverschmutzung	kleine und verstreute Flecken von Natur innerhalb einer naturfeind- lichen Stadtlandschaftsmatrix
	Managementintensität der Stadtnatur	begrenzter Raum für ökologische Entwicklungsdynamik
	zahlreiche, teilweise einander widersprechende Interessen an der Stadtnatur	

◘ Abb. 7.8 Eine Auswahl sozioökonomischer und ökologischer Charakteristika des Stadtsystems sowie sozial-ökologische bzw. stadt-ökologische Interaktionen. (Endlicher 2012, S. 176, nach Borgström 2011)

Ziele einer nachhaltigen Urbanisierung – UN-Habitat 2009

UN-Habitat 2009 setzt Ziele einer nachhaltigen Urbanisierung (*goals of sustainable urbanization*). Die umweltbezogene nachhaltige Urbanisierung (*environmentally sustainable urbanization*) erfordert:
- Reduzierung der klimaschäd-lichen Gasemissionen und ernsthafte Vermeidungs- und Anpassungsstrategien an den Klimawandel,
- Minimierung des Stadtwachs-tums und Entwicklung von

kompakten, durch öffentliche Verkehrsmittel erschlossenen Städten,
- nicht erneuerbare Ressourcen werden sensibel und erhaltend genutzt,
- erneuerbare Ressourcen sollen nicht erschöpft werden,
- Pro-Kopf Nutzung von Energie und Abfall wird reduziert,
- der Abfall wird wiederverwertet oder ohne Umweltschäden zu verursachen deponiert,

- der ökologische Fußabdruck von Städten wird reduziert.

Ausführlich werden weitere Kriterien der „ökonomischen Nachhaltigkeit von Städten" und von „sozialen Aspekte der Urbanisierung" behandelt. Deutlich wird, nachhaltige Stadt-entwicklung ist kein auf Mensch-Umwelt-Beziehungen festgelegtes Thema (UN-Habitat 2009).

---

tion betont, dass nun Aktionen folgen sollten. Die *European Sustainable Cities & Towns Campaign*, die den *Aalborg Process* der selbstverpflichtenden Aktionen angestoßen hatte, hat seitdem weitere Konferenzen in Hannover 2000, Aalborg 2004 (Aalborg +10), Sevilla 2007, Dunquerque 2010 und Genf 2013 durchgeführt. In Aalborg wurden 2004 die *Aalborg Commitments*, eine Liste von fünfzig Qualitätszielen zu zehn Themenbereichen für Europäische Nachhaltige Stadtentwicklung, verabschiedet. Auf der 7. Konferenz in Genf 2013 wurde die *European Sustainable Cities Platform* (▶ www.sustainablecities.eu)

Die Aalborg Commitments

1. Governance: Verpflichtung zu mehr direkt-demokratischer Mitwirkung in Entscheidungsprozessen.
2. Urbanes Management für Zukunftsbeständigkeit: Verpflichtung, effektive Managementabläufe zu implementieren, von der Formulierung über die Umsetzung bis zur Evaluierung.
3. Gemeinschaftliche Naturgüter: Verpflichtung, die volle Verantwortung für den Schutz und die Erhaltung der natürlichen Gemeinschaftsgüter zu übernehmen.
4. Verantwortungsbewusste Konsum- und Lebensweise: Verpflichtung zur Unterstützung von umsichtigem Gebrauch von Ressourcen und zukunfts-

beständigem Konsum und Produktion.
5. Stadtplanung und Stadtentwicklung: Verpflichtung, eine strategische Rolle bei der Städteplanung und -entwicklung im Hinblick auf ökologische, soziale, wirtschaftliche, gesundheitsspezifische und kulturelle Fragen zu übernehmen.
6. Verbesserte Mobilität, weniger Verkehr: Beachtung der Wechselbeziehungen zwischen Verkehr, Gesundheit und Umwelt und Verpflichtung, zukunftsbeständige Mobilitätsalternativen zu fördern.
7. Kommunale gesundheitsfördernde Maßnahmen: Verpflichtung zum Schutz und zur

Förderung von Gesundheit und Wohlbefinden der Bürgerinnen und Bürger.
8. Dynamische, zukunftsbeständige, lokale Wirtschaft: Verpflichtung zur Entwicklung und Sicherung einer dynamischen lokalen Wirtschaft, die Arbeitsplätze schafft, ohne dabei die Umwelt zu beeinträchtigen.
9. Soziale Gerechtigkeit: Verpflichtung zur Sicherung eines integrativen und unterstützend wirkenden Gemeinwesens.
10. Von lokal zu global: Verpflichtung zu lokalen Maßnahmen zum Wohle des globalen Friedens, der globalen Gerechtigkeit und der globalen zukunftsbeständigen Entwicklung.

als Informationsknoten zur Unterstützung von Aktionen für europäische Kommunen, Organisationen und Interessierte eingerichtet. Sie ist eine Initiative von *Local Governments for Sustainability* (ICLEI) mit Sitz in Freiburg, Deutschland und der Stadt Aalborg (ESCTC 2013).

7.2   Ökostädte – Städte im Einklang mit der Natur

7.2.1   Eco-Cities – Sustainable Cities

Der Terminus Ökostadt (*Ecocity*) kam in den 1970er und 1980er Jahren auf (in Russland z. B. Brudny et al. 1981, in den USA z. B. Register 1987). Er entstand damit weit vor der breiten Verwendung des Begriffs *urban sustainability*. Der wesentlich breiter gefasste Begriff *Sustainable City* („nachhaltige Stadt") (s. o.) (Speer und Partner 2009) ist kein Synonym für Ecocity („ökologische Stadt"). Beide enthalten normative Vorstellungen zukünftiger urbaner Entwicklung. Bei der ökologischen Stadt geht es um das Verhältnis von Stadt, Mensch und Natur zueinander, also den Ökologie-Aspekt der Nachhaltigkeit. Wirtschaft und Gesellschaft sind hier keine gleichwertigen Untersuchungsgegenstände (s.

Nachhaltigkeitsdreieck). Die Ökostadt ist also ein sektoraler Aspekt der nachhaltigen Stadt. Die Ökostadt-Bezeichnung erlaubt konkrete Bezüge. Dass das Internet-Lexikon Wikipedia im Januar 2013 ankündigte, die Seite zum Begriff Sustainable City in die zum Begriff Ecocity zu integrieren, zeigt, dass hier noch keine begriffliche Klarheit herrscht. Dies entspräche entweder einer ganz anderen Sicht von Nachhaltigkeit oder aber der synonymen Verwendung der Begriffe (Ecocities 2013).

> **Definition**
>
> Register (1987, S. 3) meint:
> *„An ecocity is an ecologically healthy city. No such city exists. There are bits and pieces of the ecocity scattered about in present-day cities and sprinkled through history, but the concept - and hopefully, the reality- is just beginning to germinate."*
> Unter *sustainable city* verstand Register eine Stadt, die „friedlich mit der Natur koexistiert" (Register 1987, S. 5, eigene Übersetzung).

Geringer Ressourcenverbrauch (Fläche, Energie) stehen von Anfang an im Mittelpunkt, ergänzt durch die Verwendung erneuerbarer Energie, Widerverwen-

⬛ Tab. 7.1 Ökostadt (Ecocity) und verwandte Bezeichnungen mit abweichenden Inhalten. (Nach Joss 2011)

Bezeichnung	Erklärung
Ökostadt (Eco City)	Begriff für eine Reihe von österreichischen, deutschen und schweizerischen Städten, die in den 1990er Jahren ihre Absicht erklärt haben, Leitlinien zur umweltfreundlichen Stadtentwicklung und zur nachhaltigen Entwicklung einzuführen, oftmals als Teil der Agenda 21
Sustainable City (Nachhaltige Stadt)	Synonym für „Öko- Stadt". Das UN-Wohnstandortprogramm Nachhaltige Städte bewirbt dieses Konzept seit den frühen 1990er Jahren
Smart City	Unterstreicht die Bedeutung von High-Tech-Entwicklung, intelligenten Stromnetzen, IT-Netzwerken und ähnlicher Produktivität in der Energie- und Dienstleistungsversorgung
Slim City	Eine Wissensvermittlungsinitiative des Weltwirtschaftsforums, um Städte anzuregen, die Leistungsfähigkeit bestimmter Sektoren wie z. B. Energie, Transport, Bauwesen zu erhöhen
Compact City	Gegenkonzept zur Flächen in Anspruch nehmenden (Sub-)Urbanisierung. Leitprinzipien eine hohe Einwohnerdichte und die Reduzierung der privaten Kraftfahrzeugmobilität
Zero Energy City/Zero Net Energy City	Komplette Eigenerzeugung des Energieverbrauchs Dies wird erreicht durch eine Kombination aus Maßnahmen zur Verbrauchsreduktion und die Nutzung erneuerbarer Energiequellen
Low Carbon City	„Kohlenstoff" wird als Synonym für alle Treibhausgase verwendet. Das Hauptaugenmerk liegt auf der Reduzierung dieser Emissionen in den Bereichen Energie, Transport, Infrastruktur und Gebäude
Carbon neutral city	Eine Stadt, die Kohlenstoff/Treibhausgas-Emissionen ausgleicht, so dass ihre Netto-Emissionen null sind
Zero Carbon City	Eine Stadt, die keine Treibhausgase produziert und ausschließlich mit erneuerbaren Energien arbeitet
Solar City	Ersatz von fossilen Energieträgern durch ausschließlich Sonnenenergie
Transition Town	Die „Stadt im Wandel"-Bewegung hat ihren Ursprung in Großbritannien und Irland. Aktivitäten dazu finden typischerweise an der Basis statt und sind nicht eingebettet in die Politik. Ziel ist es, die soziale und ökologische Belastbarkeit der lokalen Bevölkerung in Bezug auf die Auswirkungen des Klimawandels und den Ersatz der fossilen Energieträger zu stärken. Dies wird als notwendiger „Übergang" angesehen
„Eco-Municipality"	Das Label „Eco-Municipality" bezeichnet Kommunen, die ökologische und soziale Nachhaltigkeitswerte in die lokale Politik übernommen haben. Die Bewegung wird stark mit Schweden assoziiert, wo sie in den 1980er Jahren entstand, findet aber immer größere Bedeutung auch in den USA

dung von Abprodukten, Renaturierung (besonders Gewässer), städtisches Gärtnern (*urban gardening*) und Baumpflanzungen. Das Ganze wurde, aufbauend zu einem „Konzept Natur", in die moderne Stadtentwicklung mit viel höherem Stellenwert einbezogen. Gemeint waren dabei immer die von der Natur zur Verfügung gestellten Güter (Ressourcen, Services, ▶ Kap. 4 und 5), die Natur als ethisches Objekt, ästhetische Naturschönheit und Lernen von und mit der Natur. Dafür stehen Begriffe und Zugänge wie „Ecopolis" (Brudny und Kawtaradse 1984; Downton 2009; Wang et al. 2011), „Ecocity/Ökostadt" (Register und Peaks 1970; Register 1987, 2001, 2006; Tjallingii 1995; Roseland 1997; Archibugi 1997; Graedel 1999; Breuste und Riepel 2007, 2008; Harvey 2010; Breuste 2011; Joss 2011; Yang 2012; Su et al. 2012), „Green Cities" (Gordon 1990), „ökologisch ideale Stadt", „ökologisch orientierte Stadtentwicklung" (MURL 1993; Hoffjann 1994; Wittig et al. 1995, 2008; Betker 2002; Speer und Partner 2009), „Biophilic City" (Beatley 2010), „Green Urbanism" (Lehmann 2010) und „El-City" (Lipp 2010). Es sind Wissenschaftler, aber auch Architekten und Planer, die sich um das Konzept hinter der Vision Ökostadt bemühen (⬛ Tab. 7.1).

Eine zusammenfassende und historische Perspektive zur Ökostadtentwicklung formuliert Joss (2011). Er sieht die Quellen in der Umweltbewegung der 1970er Jahre und der Nachhaltigkeitsdebatte der 1990er Jahre.

Aber erst in den letzten zwanzig Jahren ist die Diskussion um Ökostädte und die Umsetzung der Konzepte weltweit geworden. Sie findet nicht in erster Linie für Großprojekte (z. B. in China) statt, obwohl diese international die meiste Beachtung erfahren.

Definition

Ecocity Builders (2013) bezeichnen eine Ökostadt als
- eine gesunde Stadt, basierend auf selbstregulierenden, widerstandsfähigen (resilienten) Strukturen und Funktionen natürlicher Ökosysteme und von Lebewesen,
- eine Raumeinheit, die ihre Einwohner und ihre ökologischen Einflüsse einschließt,
- eine Substruktur von Ökosystemen, denen sie angehört – von Flusseinzugsgebieten, Bioregionen und letztlich der Erde,
- ein Subsystem des regionalen, nationalen und weltweiten ökonomischen Systems.

Klar ist der Bezug zu Ökosystemen, und klar ist auch, dass die Ökostadt selbst ein solches Ökosystem oder eine Summe aus diesen darstellt. Die lange verdrängte Beziehung der Stadt zur (belebten und unbelebten) Natur ihres Raumes und der von ihr neu geschaffenen Natur wird beim Ökostadt-Konzept in den Mittelpunkt gestellt. Diese Natur bietet unverzichtbare Dienstleistungen (Ökosystem-Dienstleistungen, ▶ Kap. 5), die, da sie keinen Marktwert besitzen, meist unterbewertet wurden. Genau diese Beziehung steht aber nun gerade im Mittelpunkt des Konzepts.

Definition

Das sich immer weiter entwickelnde Konzept der Ökostadt versucht, eine praktische, nicht zuerst illusionäre Vision vom Zusammenwirken von Mensch und Natur im städtischen Lebensraum des Menschen zu konkretisieren.

Das sich dabei herausbildende Modell ist keine existierende Stadt, wie Register noch 1987 schreibt, sondern realisiert sich in „bits and pieces" (Ecocity Builders 2013), die bereits überall als gelungene Beispiele entstehen.

Prinzipien des Ecocity Konzeptes

Inhalte des Ecocity Konzepts

Downton (2009) nennt zehn Prinzipien, die in einigen Punkten ebenfalls über den Umgang mit Natur hinausgehen und sich dem generellen Nachhaltigkeitskonzept annähern:
1. Renaturierung,
2. Integration in die Bioregion,
3. ausgewogene Entwicklung,
4. kompakter Siedlungsbau,
5. optimierte Energienutzung,
6. Unterstützung der Wirtschaft,
7. Gesundheit und Sicherheit,
8. Unterstützung der sozialen Gemeinschaft,
9. Förderung sozialer Gerechtigkeit und Gleichheit,
10. Bereicherung durch Geschichte und Kultur.

Ökologische Stadtentwicklung

Wittig et al. 1995 nennen sechs auf ökologischen Kriterien beruhende Kern-Prinzipien für eine ökologische Stadtentwicklung:
- gesundes Leben mit Bezug zur Natur,
- Reduzierung des Energieeinsatzes,
- Vermeidung bzw. Zyklisierung von Stoffflüssen,
- Schutz aller Lebensmedien (Luft, Boden, Wasser),
- Erhaltung und Förderung von Natur und von städtischen Freiräumen,
- Kleinräumige Strukturierung und reichhaltige Differenzierung.

Das Thema Gesundheit und Lebensqualität in der Stadt wird nur selten zentral angesprochen (Lötsch 1994). Bei den zehn wichtigen Punkten von Downton steht „Gesundheit" an Position 7 (Downton 2009).

◻ Tab. 7.2 Leitlinien für die Planung einer ökologisch idealen Stadt. (Wittig et al. 1995)

Planungsprinzipien	Konkrete Maßnahmen
1. Reduzierung des Energieeinsatzes	Rationelle Energieverwendung in der Bauleitplanung Erhöhung des Ausnutzungsgrades und des Bedarfs an Energie Vermeidung jeglichen unnötigen Energieeinsatzes Bevorzugung des ÖPNV gegenüber dem Individualverkehr Ausbau von Rad- und Fußwegen Verlagerung des Wirtschaftsnetzes auf die Schiene Dezentralisierung und Mischnutzung zur Vermeidung von Kfz-Verkehr Kurze Wege der Produkte zum Verbraucher
2. Vermeidung bzw. Zyklisierung von Stoffflüssen	Reduzierung von Verpackungsmaterial Bevorzugung regionaler Produkte Energieeinsparung Ersatz fossiler durch erneuerbarer Energie Verwendung wiederverwendbarer und lang haltender Bau- und Verpackungsmaterialien Dezentrale Kompostierung organischer Abfälle Entwicklung eines umfassenden Wassermanagements (Regenwasser, Kühl- und Brauchwasserkreisläufe, Förderung der Grundwasserneubildung)
3. Prinzip des Schutzes aller Lebensmedien (Luft, Boden, oberirdische Gewässer und Grundwasser)	Überwachung der Schadstoffkonzentration durch flächendeckende Messnetze Vorbeugende Maßnahmen (Trennkanalisation, Vermeidung der Freisetzung toxischer und gesundheitsschädlicher Stoffe wie z. B. Feinstaub) Sanierende Maßnahmen (Bodensanierung, Verbesserung der Luft- und Wasserqualität)
4. Erhaltung und Förderung von Natur und städtischen Freiräumen	Schaffung von Vorranggebieten für Umwelt- und Naturschutz Förderung der Entwicklung spontaner Natur auch in der Innenstadt Vernetzung von Freiräumen Erhaltung der Vielfalt typischer Elemente der Stadtlandschaft und von Standortunterschieden Unterbindung aller vermeidbaren Eingriffe in Natur und Landschaft
5. Prinzip der kleinräumigen Strukturierung und reichhaltigen Differenzierung	Erhaltung und Förderung einer artenreichen Natur Individuelle und unverwechselbare Gestaltung einzelner Stadtviertel Erhalt der im historischen Kontext gewachsenen Strukturen Förderung der Identifikation der Bewohner mit ihrem Stadtteilen zur Erhöhung des Verantwortungsbewusstseins (partizipative Prozesse)

Downtons (2009) zehn Prinzipien ließen es zu, seine Ecocity auch als Sustainable City zu bezeichnen. Es geht anders als bei Register 1987 nicht mehr primär um die „balance with nature", sondern auch um Kultur, Soziales, Gesundheit, Sicherheit und Wirtschaft. Die eigentlich klaren Bezüge der Ökostadt auf die Natur werden zu genereller Nachhaltigkeit unter dem gleichen Namen Ökostadt erweitert. Das macht es nunmehr erklärbar, warum oft beide Inhalte synonym verstanden werden – Ökostadt = Nachhaltige Stadt.

Wittig et al. (1995) entwickelten Leitlinien für eine „ökologisch ideale Stadt", die die physisch und psychische Gesundheit des Menschen nicht schädigt, sondern fördert, die ihr Umland nicht belastet oder zerstört und die die Entwicklung aller Arten von Natur in der Stadt fördert (◻ Tab. 7.2).

7.2.2 Kriterien der Ökostadt

Die am meisten genannten Gestaltungsbereiche der nachhaltigen Stadt sind: Ressourcenverbrauch, Mobilität, Wohnversorgung, Arbeit, Wirtschaft, Soziales/Kultur, Partizipation. Für diese werden zur Bestimmung des erreichten Standes Indikatoren ausgewiesen, z. B. Flächenverbrauch oder privater Energieverbrauch für die Dimension Ressourcenverbrauch.

Ecocity Builders

Gegründet 1992, bemüht sich die Organisation *Ecocity Builders,* Städte in ihrem Bestreben um zukunftsfähige und gesunde Entwicklung ihres sozio-ökologischen Systems zu unterstützen.

Sie entwickelt und fördert Anwendungen von politischen Zugängen, Entwürfen und Bildungsbausteinen, die das Ziel, das Mensch-Umwelt-System in Städten zu verbessern, verfolgen. Es geht darum, neue Lösungen für Probleme auf dem Weg zur Ökostadt zu finden und anzuwenden. Die Initiative startete in Berkely (Kalifornien) um den Öko-Pionier Richard Register und eine Gruppe innovativer Ökologen und Architekten. Richard Register begann bereits 1975 mit einer Non-Profit Organisation, die 1992 in *Ecocity Builders* aufging.

Ecocity Builders unterstützt die Entwicklung der Ökostadt aus Initialprojekten (*pieces of ecocity*) heraus, indem es die globalen Herausforderungen mit lokalen Aktivitäten verknüpft (s. a. lokale Agenda 21). 1990 organisierte Register die 1. International Ecocity Konferenz mit über 800 Teilnehmern aus dreizehn Ländern. Das zunehmende inter- und transdizünäre öffentliche Interesse am Thema Ökostädte führte zu weiteren, insgesamt zehn Konferenzen: 1990 Berkeley (USA), 1992 Adelaide (Australien), 1996 Dakar/Yoff (Senegal), 2000 Curitiba (Brasilien), 2002 Shenzhen (China), 2006 Bangalore (Indien), 2008 San Francisco (USA), 2009 Istanbul (Türkei), 2011 Montreal (Kanada), 2013 Nantes (Frankreich) (Ecocities 2013).

Ähnlich kann für Ökostädte als spezielle Zugänge zur nachhaltigen Stadtentwicklung vorgegangen werden.

Hier sind die Bereiche allerdings noch etwas unscharf und nicht einheitlich definiert. Lötsch 1994 nennt als Kriterien: Energie, Verkehr, Müll, Ressourcenverbrauch, Wasser, Bauökologie und Wohngesundheit, Stadtlandschaft und Grünplanung, Umgang mit Kindern und Alten, Agrar- und Freiflächen.

Der Blick nach außen, der „Ökologische Fußabdruck" der Städte, kann einen Bewertungsrahmen abgeben.

Für die festzulegenden Dimensionsbereiche einer Ökostadt, Tübingen bestimmt davon 25 (Universitätsstadt Tübingen 2006), können Indikatoren als Messgrößen festgelegt werden:

1. Erreichbarkeit für jeden,
2. öffentlicher Raum für das Alltagsleben,
3. Ausgleich mit der Natur,
4. Integration von Grünzonen,
5. bioklimatischer Komfort,
6. minimierter Flächenverbrauch,
7. Stadt der Fußgänger, Radfahrer und des ÖPNVs,
8. Müllvermeidung und Recycling,
9. geschlossene Wasserkreisläufe,
10. ausgewogene Nutzungsmischung,
11. kurze Wege,
12. neues Verhältnis von Konzentration und Denzentralisierung,
13. Netzwerk von Quartieren,
14. Stadt als Kraftwerk erneuerbarer Energien,
15. Gesundheit, Sicherheit und Behaglichkeit,
16. nachhaltige Lebensweise,
17. qualifizierte Dichte,
18. menschlicher Maßstab und Urbanität,
19. starke lokale Wirtschaft,
20. Stadt gebaut und gelenkt von Bürgern,
21. Konzentration an geeigneten Standorten,
22. Stadt integriert in die umgebende Region,
23. minimalisierter Energieverbrauch,
24. Integration in die globalen Kommunikationsnetze,
25. kulturelle Identität und soziale Mischung.

Breuste und Riepel (2007) entwickelten unter Bezug auf Krusche et al. (1982), Kennedy und Kennedy (1997) und Sperling (1999) einen *Ecological Criteria Catalogue* für Ökostädte. Den Kriterien sind Gestaltungsprinzipien zugeordnet. In einem weiteren Schritt können dafür Indikatoren zur Messung des erreichten Standes bestimmt werden. Einige Indikatoren sind qualitativ oder nur ordinal skaliert zu bewerten.

Freiraum, Energie, Verkehr, Wasser, Abfall, Baumaterial, Umweltqualität in Gebäuden, Lokalisierung, Flächennutzung und Boden werden als Kriterien der Ökostadt bestimmt. Besonders die letzten drei Kriterien werden eher selten oder, wie das Kriterium Boden, bisher meist gar nicht in Ökostadt-Projekte einbezogen.

Die Lokalisierung eines Ökostadtprojektes bei Neubebauungen ist bereits ein erstes wesentliches Kriterium, das weitere, z. B. Verkehr, Erhalt von Natur, Energieeinsatz etc. maßgeblich beeinflusst, aber

Das Portland Sustainability Institute (seit 2013 EcoDistricts) ist eine non-profit Unternehmung, welche innovative Projekte für mehr Grün in Nachbarschaften und Stadtteilen initiiert. EcoDistricts sollen Ideengeber für ökologische Entwicklung sein, die überall auf der Welt zur Anwendung kommen können. Es werden Kooperationen mit Unternehmen und mit Experten für nachhaltige Entwicklung sowie mit Stadtgemeinden für diese Aktivitäten genutzt. Strategien zur Energieversorg, zum Wassermanagement und zur Stadtteilbegrünung stehen im Mittelpunkt (z. B. die Kampagne „We Build Green Cities"). EcoDistricts strebt die Entwicklung von Ökostädten durch Wandlung ihrer Bestandteile, der Stadtteile, an und hat damit weltweit Aufmerksamkeit erfahren. Bereitstellung von Werkzeugen, Forschung, Bildungsinitiativen, Organisation von jährlich stattfindenden EcoDistrict Summits und Interessenvertretungen gehören zum Spektrum der Organisation. Das abstrakte Thema der Ökostädte wird damit plötzlich greifbar und in konkrete Handlungen in Nachbarschaften umsetzbar. Dies spricht auch viele initiativreiche Mitgestalter in den NGOs der Städte an. EcoDistricts sind eine erfolgreiche Initiative zur Handhabbarmachung des Ökostadtkonzepts, z. B. durch „Grüne Nachbarschaften". 2013 wurde der EcoDistricts Summit zum Austausch von Erfahrungen in Boston durchgeführt. 2014 wird dies in Washington sein (EcoDistricts 2013, Portland 2011, Portland Sustainability Institute 2012).

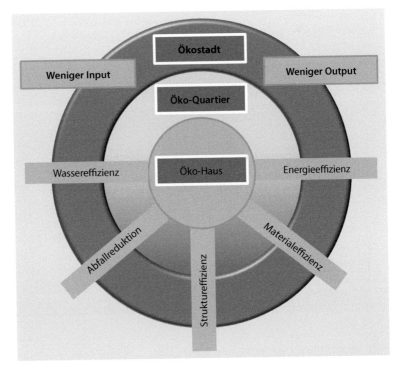

▪ **Abb. 7.9** Raumdimensionen der Ökostadt. (Entwurf Breuste, Zeichnung: Wurster, Artmann 2010)

bisher kaum Berücksichtigung findet. Sowohl Konzepte zur nachhaltige Stadt als auch zur Ökostadt, befassen sich bisher kaum mit der Raumdimension ihrer Untersuchungen und Zielsysteme. Sie gehen von einer politisch bestimmten Raumdimension, dem Stadtgebiet aus. Dies ist in Bezug auf Handlungsoptionen durchaus ein wichtiger Zugang. In Bezug auf ökologische (und auch andere) Zusammenhänge jedoch gänzlich ungeeignet. Es geht um ein prozessuales Gefüge aus urbanen Bausteinen in einem Kultur-Landschaftszusammenhang, ein Stadt-Umland-System und seine Qualitäten als Ökostadt über politische Dimensionen hinaus.

Es kann von einer Hierarchie der Raumdimensionen (vom Detail zum Gesamtsystem) der Ökostadt: Gebäude/Freiraum – Stadtteil – Stadt und Stadtumland in sinnvoller Weise ausgegangen werden (▪ Abb. 7.9).

Sustainable Seattle

1991 begann Seattle mit einer Gruppe von Freiwilligen mit dem Prozess der nachhaltigen Stadtentwicklung. Sustainable Seattle wurde zu einer der ersten Modellstädte, die durch ihr Beispiel urbane Nachhaltigkeit und die zugehörige Entwicklung definierten, und zwar aus bestehenden Städten heraus. Sustainable Seattle war weltweit die erste Sustainable Community-Organisation in den USA. Heute bestehen allein im Staat Washington über fünfzig davon. Von 170 Nachhaltigkeits-Projekten in den USA 2013 verwiesen neunzig auf Sustainable Seattle als Bezugsprojekt und Modell.

Systemdenken, Zusammenarbeit, Verpflichtung und stadtregionale Perspektive (über die politische Stadtgrenze hinaus) kennzeichneten das Projekt von Anfang an. Vierzig Nachhaltigkeitsindikatoren, die auch lokal von der Bevölkerung mitentwickelt, verstanden, unterstützt und verfolgt werden konnten, wurden bestimmt und erfolgreich angewandt. Dies führte zu einer breiten Unterstützung für Sustainable Seattle durch die Bevölkerung und ließ Seattle zum Beispiel und Vorbild für viele andere Städte werden. Seattle gilt weltweit als führend in der Entwicklung eines auf den Werten der lokalen Bevölkerung basierenden

Indikator-Konzepts für urbane Nachhaltigkeit. Der Indikator-Entwicklungsprozess steht im Mittelpunkt und ist Schlüssel des Erfolgs. Er geht von einer einfachen Perspektive aus: Welche Stadt wollen die Einwohner in der Zukunft haben? Was ist ihnen wichtig? Derzeit ist bereits die vierte verbesserte Weiterentwicklung dieses Prozesses erfolgt.
1996 wurden die Sustainable Seattle Indicators durch das United Nations Centre for Human Settlements mit dem „Excellence in Indicators Best Performance"-Preis ausgezeichnet (Sustainable Seattle 2013, Stevens 2013) (◘ Abb. 7.10, ◘ Tab. 7.3).

◘ **Abb. 7.10** Seattle. (Foto © Breuste 1997)

◘ **Tab. 7.3** Kategorien der Nachhaltigkeits-Ziele im Sustainable Seattle-Konzept. (Sustainable Seattle 2013)

Natürlicher Wirkungsbereich	Bebauter Bereich	Sozialer Wirkungsbereich	Sozialer Bereich
Ausreichendes und sauberes Wasser	Lebenswerte Wohngebiete und Gemeinden	Gleichartiges/gleichwertiges Gesundheitswesen	Mündige Bürger
Schadstofffreie Umwelt für Alle	Florierende/blühende Wirtschaft	Nahrungssicherheit und Gleichheit	Gesunde Lebensmöglichkeiten

(Fortsetzung)

◻ **Tab. 7.3** *(Fortsetzung)*

Natürlicher Wirkungs-bereich	Bebauter Bereich	Sozialer Wirkungsbereich	Sozialer Bereich
Erhaltung der regionalen Biodiversität	Verantwortungsvoller Umgang mit Land	Soziale- und Einkommensgerechtigkeit	Starke Heimatgebundenheit/Sinn für Ort und Stelle
Schutz der unberührten Natur	Nachhaltiger Transport	Bezahlbarer, anspruchsvoller Wohnraum für alle	Glückliche, sichere und zufriedene Bürger
Verantwortung für Öko-Dienstleistungen	Saubere Produktion	Nachhaltige Industrien	Mitbestimmung bei Entscheidungsprozessen, Verantwortung und Leitung
	Klimaschutz	Verantwortungsvoller Ressourcenverbrauch	Hochwertige Bildung, lebenslange Weiterbildungsmöglichkeiten
	Grüne Gebäude/Bauten		

Ökostädte der Zukunft sind in erster Linie unsere existierenden Städte, die sich das Ziel einer ökologischen und nachhaltigen Entwicklung vornehmen und entsprechend aktiv werden. Sie tun das in kleinen Schritten, z. B. in kleinen Einzelvorhaben Gebäude und/oder Freiräume betreffend, in der ökologischen Gestaltung eines ganzen Stadtteils oder aber der gesamten Stadt.

Eine ganze bestehende Stadt ökologisch neu zu konzipieren, ist eine besondere Herausforderung. Seattle z. B. hat sie angenommen.

Eine weitere räumliche Kategorisierung betrifft die Art der Ökostadt-Entwicklung.

1. Neubau: Bau einer neuen selbständigen Öko-Stadt, nicht verbunden mit bestehenden Städten.
2. Öko-Stadtteil-Neubau: Bau eines die Stadt ergänzenden neuen Stadtteils.
3. Öko-Stadtteil-Umbau: Umbau eines bestehenden Stadtteils zum Öko-Stadtteil.
4. Öko-Initiative: lokal in einem bestimmten Stadtgebiet.
5. Öko-Label: Bezeichnung für verschiedene Nachhaltigkeitsinitiativen durch lokale Behörden, die über die Stadt verteilt stattfinden (nicht notwendigerweise mit baulichen Aspekten verbunden) (s. a. Joss et al. 2011).

Die Kategorien 1 und 2 bezeichnen Neubauvorhaben, in denen auf baulich Vorhandenes meist keine Rücksicht genommen wird, Natur- und Landschaftsausstattung allerdings sehr wohl einbezogen werden.

Die Kategorien 3, 4 und 5 bezeichnen Umbauaktivitäten bestehender städtischer Strukturen vom ganzen Stadtteil (3) bis zu lokalen Aktivitäten.

Da Ökostadt-Aktivitäten oft bereits frühzeitig in die Öffentlichkeit vermittelt werden, ist es notwendig zu unterscheiden, ob sich diese a) in einer Planungsphase, b) im Bau oder c) in Fertigstellung befinden. Bei der Beurteilung der Projekte ist es auch wichtig zu wissen, ob sie a) auf technischen Innovationen, b) durch integrative, nachhaltige Planung oder c) durch Bürger-Engagement getragen werden (Joss et al. 2011).

2009 konnte Joss 2010 in einer weltweiten Bewertung von Ökostadt-Projekten 79 Ökostadt-Initiativen im Sinne der o. g. Kategorien 1–4 feststel-

Tab. 7.4 Ökostadt-Entwicklung nach Kontinenten. (Joss et al. 2011)

	Asien & Australien	Europa	Naher Osten & Afrika	Nord-, Mittel- und Südamerika	Gesamtanzahl
I-Neubauprojekte	15	2	4	6	27
II-Stadterweiterung	17	45	4	6	72
III-Öko-Stadtteil-Umbau	37	23	2	13	75
Gesamt	69	70	10	25	174

len und dokumentieren. Die Kategorie 5 wurde aus verständlichen Gründen nicht einbezogen, da ihre Verwendung oft lediglich zu Stadtmarketingaspekten erfolgt und folglich eine sehr große Zahl „Stadt-Öko-Labels" inflationär im Umlauf ist. Leider gibt es bis heute keine Zertifizierung der Ökostadt-Aktivitäten, so dass der Gebrauch der Begriffe in der Öffentlichkeit auch ohne die ihm zukommenden Inhalte erfolgt. China z. B. vergibt Ökostadt-Labels nach Bewerbung von Städten auf ministerieller Ebene unter Nutzung von selbstgewählten Statistik-Kategorien.

2011 haben Joss et al. bereits 174 Ökostadt-Initiativen der Kategorien 1–4 weltweit registriert. Das ist eine Zunahme um mehr als ein Drittel in nur zwei Jahren und zeigt die hohe Dynamik, die die Ökostadt-Entwicklung derzeit weltweit hat. Eine offizielle Registrierung (z. B. durch die UN) erfolgt derzeit noch nicht (◘ Tab. 7.4).

Wie ◘ Tab. 7.4 zeigt, ist die Ökostadt-Entwicklung ein weltweites Phänomen und keinesfalls auf die westlichen Gesellschaften begrenzt. Die weltweit häufigsten Ökostadt-Aktivitäten finden in China statt. Allein fünfzehn Neubauprojekte und siebzehn Stadterweiterungen sind hier registriert. Dazu kommt eine Vielzahl von Stadtumbauprojekten (Joss et al. 2011). Das unterstreicht die weltweite Bedeutung Chinas als Initiator und Experimentierfeld der Ökostadt-Entwicklung (◘ Tab. 7.5). Der Motor der Stadtentwicklung liegt bereits in Asien, aber auch der der Ökostadt-Entwicklung. Die geringsten Ökostadt-Aktivitäten finden in Afrika statt.

Die Mehrzahl der Initiativen basiert auf technologischen Innovationen (105), 63 auf innovativer Planung. Lediglich 6 kommen durch bürgerliches Engagement zustande.

7.2.3   Die reale Ökostadt – Beispiele

Stadt-Neubauprojekte, Stadterweiterungen, Stadt-Umbauprojekte und viele kleine Einzelprojekte („bits and pieces") sind die derzeit beobachtbaren Aktivitäten zur Ökostadtentwicklung. Während die ersteren Vorhaben vorwiegend ausschließlich von „oben", also durch zentrale Entscheidung, Planung und Organisation, durchgeführt werden, beginnt in demokratischen Gesellschaften bereits bei Stadtumbau und vor allem in vielen Einzelprojekten die Beteiligung der Stadtbürger und deren Gestaltungswillen berücksichtigt zu werden. Aus allen drei Bereichen sollen hier repräsentative Beispiele vorgestellt werden.

7.2.3.1 Der große Entwurf, Initiativen „von oben"

Neue Städte zu planen und zu bauen ist nur dort notwendig, wo das bestehende Städtenetz durch rasch fortschreitende Urbanisierung nicht mehr ausreicht oder wo die Ambition einer Autorität dies festlegt. Letzteres ist mit der politischen Entscheidung, z. B. eine neue Hauptstadt in wenig urbanisierten Regionen zu bauen im 20. Jahrhundert mehrfach geschehen (z. B. Canberra, Australien, 1927, Arch. W.B. Griffin, Rio de Janeiro, Brasilen, 1960, Arch. O. Niemeyer, L. Costa, Chandigarh, Bundestaaten Punjab und Haryana, 1952, Arch. Le Corbusier, Indien, Abuja, Nigeria, 1991, Arch. K. Tange). Die Planstädte sind große Entwürfe ambitionierter Vorhaben. Erst in den letzten Jahrzehnten werden neue Planstadtvorhaben mit ökologischen Aspekten zu Ökostadt-Vorhaben verbunden, vorrangig in China.

Solche Ökostadt Neubauten sind eher die Ausnahme, nur 15 % aller aktuellen Ökostadt-Aktivitäten betreffen neue Ökostädte (Joss et al. 2011). Die

Tab. 7.5 Beispiele von Ökostadt-Projekten in China. (Eigene unvollständige Recherche)

Projekt	Ausländischer Partner	Status
Beijing Mentougou Eco-City	Finnland (Eero Paloheimo Eco City Ltd., Eriksson Arch.irekts)	Vertragsunterzeichnung im Mai 2010; Bauplanungsphase
Beijing Changxing International Eco-City	England (Arup)	Bauplanungsphase
Caofeidian International Eco-City	Schweden (Sweco)	Baubeginn im September 2008; Baubeginn März 2010 mit 10 Großprojekten, Investitionsvolumen: 11,6 Mrd. RMB
Shanghai Chongming Dongtan Eco-City	England (Arup)	Vertragsunterzeichnung im Januar 2008; Baubeginn2008; Derzeit kein weiterer Baufortschritt; das Projekt gilt als gescheitert
Western Eco-City Suzhou	Deutschland/China (SBA)	Baubeginn Februar 2010
Wanzhuang Eco-City, Langfang	Singapur (SCP)	Baubeginn Juni 2008
Wuxi National Low-Carbon Eco-City Demonstration Zone, Wuxi Sino-Swedish Low-Carbon Eco-City	Schweden (Tengbom)	Baubeginn Juli 2010
Tianjin Sino-Singapore International Eco-City (▶ www.eco-city.gov.cn; ▶ www.tianjineco-city.com)	Singapur (Keppel)	Baubeginn 2008, geplante Gesamtinvestition 17,0 Mrd. RMB
Zhangjiagang Sino-Danmark Ecological Science & Technology Park	Dänemark	Bauplanungsphase
Hubei Xianning Eco-City	Deutschland (Siemens)	Vertragsunterzeichnung im Oktober 2009; derzeit in Bauplanungsphase

Mehrzahl der gegenwärtigen Ökostadt-Projekte ist entweder im Bau (69) oder in Planung (60). Lediglich 45 sind bereits abgeschlossen.

Jede Ökostadt ist ein individueller großer Entwurf. Wenige Beispiele sollen hier angeführt werden.

- **Ökopolis – Pushchino, Russlands Ökostadt-Vision**

1963 wurde die Wissenschaftsstadt Pushchino (20.000 Ew., 120 entfernt von Moskau, sechs Forschungsinstitute der Akademie der Wissenschaften sind hier lokalisiert, keine Industrie) gegründet. Fünfzehn Jahre später (1978) sollte die Stadt nach einem Programm der Moskauer Staats Universität zur ersten russischen „Ökopolis" werden. 22 Moskauer Universitätsinstitute beteiligten sich am Vorhaben.

1985 wurde ein „Ökopolis-Labor" eingerichtet. Das Ökopolis-Programm (1978–1996) umfasste Analysen zu Flora/Fauna, Böden, Geologie, Entwürfe und Planungen, betrafen soziale Aspekte, den Einfluss von Wasser- und Automobilverkehr auf Ökosysteme, Pestizide, Haustiere, den Naturbezug der Einwohner (jährlich werden z. B. ca. 17.000 l Waldbeeren und 250 t Pilze gesammelt und 39 t Fisch gefangen), Tourismus und Naturschutz (Ignatieva 1987, 2000; Brudny et al. 1981).

Besonders hervorzuheben ist die Einbeziehung von Schulen und Kindern, die theoretisches und

7

Vision der Ökostadtentwicklung für Pushchino Russland 1984

„Man stelle sich eine kleine Stadt vor. Die Sonnen- und Wärmeenergie, die auf ihrem Territorium entsteht, wird zur Züchtung von technischen oder Nährpflanzen genutzt. Dabei kann das Produkt an Biomasse je Flächeneinheit der Stadt sogar größer sein als in der natürlichen Pflanzengemeinschaft. Dazu können auch zusätzliche (niedrigeffektive) Wärme und neue biotechnologische Prinzipien beitragen: immobilisierte Fermente und Chloroplaste. Der äußere Teil der Häuser der Ökopolis stellt beispielsweise eine fotosynthetische Oberfläche (immobilisierte Chloroplaste) dar. Der Schlot des Wärmekraftwerks dient als senkrechtes Gerüst und Wärmequelle für Orangerien. Von außen erinnert der Schlot an einen verglasten Turm. Durch die Stadt fließen Bäche, neben ihnen wogt das Leben: Schmetterlinge flattern, Vögel fliegen ... Eintönige Rasen sind durch honigtragende Wiesengräser ersetzt worden. In der Stadt ist die Heuernte im Gange. Im Umkreis der Stadt haben Ökotechnologie und die Bevölkerung gemeinsam mit dem ökologischen Dienst für die Erhaltung der Wälder mit ihren Pilzen und Beeren, ihrem Wild und ihren Vögeln gesorgt. Die Menschen fügen dem Waldboden keinen Schaden zu, weil sie den Wald nur mit entsprechenden großflächigen Schuhen – „Sommerskibrettern" – betreten (Brudny und Kawtaradse 1984, S. 217)."

praktisches Lernen verbinden konnten und die Arbeit von freiwilligen Helfern. Grün und Natur sind Gestaltungsprinzip. Die Stadt hat umfangreiche Agrar- und Waldflächen. Fünf Naturschutzgebiete befinden sich auf dem Stadtterritorium.

Nach 1991 wurde das ambitionierte Vorhaben aus wirtschaftlichen Gründen und weil es aus dem Blickfeld der Politik geriet nur noch wenig weiter entwickelt. Eine Ecopolis 2000-Konferenz in Moskau zog eine eher nüchterne Bilanz geringer Fortschritte.

- **Masdar City, Emirat Abu Dhabi, Ambition eines Emirs**

Masdar City bezeichnet sich stolz als „erste Ökostadt der Welt". Die neue Stadt wird auf einem rund 6 km² großen Areal im Emirat Abu Dhabi gebaut. Ob das 17,5 Mrd. Euro teure Megaprojekt vollständig Realität wird, ist noch zweifelhaft. Erste Gebäude sind bereits fertiggestellt. Der Termin für die Einweihung musste allerdings wegen Finanzierungsproblemen von 2016 auf 2020 verschoben werden.

Etwa 50.000 Menschen sollen die neue Stadt bewohnen und rund 1500 Unternehmen mit Fachkompetenz im Bereich der erneuerbaren Technologie und im Clean-Tech-Bereich. Ziel ist es auch das Masdar Institute of Science and Technology dort anzusiedeln. Bis zu 90 % der benötigten Energie sollen durch Solartechnik erzeugt werden. Zahlreiche Windanlagen, die (Rück-)Gewinnung von Energie aus Abfällen und Reststoffen und anderen Technologien sind vorgesehen. In der City selber sollen Photovoltaik-Anlagen, zur direkten Umwandlung von Sonnenenergie in elektrische Energie sorgen. 300 Mio. m² Dachflächen sollen eine energetische Leistung von 240 MW erbringen. Zur weiteren Energieerzeugung soll ein thermisches Solarkraftwerk, mit einer Leistung von 100 bis 125 MW, auf einer Fläche von über 2,5 km² entstehen. Ein Verkehrskonzept aus drei Ebenen basiert auf dem Personal-Rapid-Transit-System, im Untergrund, spurgebundene, elektrisch betriebene Kabinen, eine Ebene höher Fußgänger und Fahrradfahrer.

In der Anfangsphase soll ein Wasserverbrauch der Stadt von 180 l pro Person und Tag erreicht werden, das liegt deutlich unter dem Landesdurchschnitt von rund 550 l pro Person und Tag. Im weiteren Verlauf soll der Wasserverbrauch nochmals um 40 %, gesenkt werden. Zur Wasserversorgung der City soll eine solarbetriebene Meerwasser-Entsalzungsanlage gebaut werden.

Anfallende Abwässer sollen zu 100 % recycelt werden und für Bewässerung des Stadtgrüns verwendet werden. Dabei werden rund 60 % des durchschnittlich dafür aufzuwendenden Wasserverbrauchs eingespart.

Um den Transport zu minimieren, sollen Gemüse, Obst und Getreide in speziell entwickelte Gewächshäuser landwirtschaftlicher Betriebe in der Stadt produziert werden.

Eine Vielzahl von Freiflächen wird zur Erholung zur Verfügung stehen. Die wichtigen Parks sind keine formalen Plätze, sondern bilden eine grüne Infrastruktur in der Stadt.

◻ Abb. 7.11 Solar-City Linz-Pichling. (Foto © Breuste 2010, 2007)

Steuerbare Schirme und Segel sollen vor der Sonnenstrahlung schützen. Windtürme und eine an Traditionen angelehnte enge Gassenbebauung tragen zusätzlich zur Temperaturregulierung der Wüstenstadt bei.

Die grundsätzliche Abfallstrategie soll sein, den Abfall zu minimieren und diesen zu recyceln (Wiederverwendung, Kompostierung und Rückgewinnung von Energie) (2DAYDUBAI.COM 2010; Lohmann 2010).

7.3.2.2 Der Öko-Stadtteil

- **Solar City Linz, Österreichs Beitrag zur Ökostadtentwicklung**

Der Neubedarf an Wohnraum führte 1990 in Linz dazu, einen neuen Stadtteil Linz-Pichling für die oberösterreichische Landeshauptstadt für 3000 Einwohner in 1300 Wohnungen auf 35 ha Fläche vorrangig in Geschosswohnbauweise zu planen und ab 2001 zu realisieren. Das Ziel, umweltfreundliche Energieerzeugung und die Senkung der klimaschädlichen Emissionen, wurde mit weiteren ökologischen und öko-technischen Aspekten verbunden und in einem beispielgebenden überregionalen Modellprojekt realisiert. Dem Energieziel entsprechend wurde der Name „Solar City" gewählt. Das Projekt wurde 2005 fertiggestellt (Treberspurg 2008; ◻ Abb. 7.11).

Die Nutzung von Solarenergie und Fernwärme spielten beim Bau der Solarstadt eine zentrale Rolle. Die energetische Optimierung betrifft:

- Individuelle Nutzung: Qualität von Tageslicht, Aussicht, gebäudeintegrierte Sonnenplätze.
- Technische Nutzung: durch physikalische oder biologische Energieerzeugung und Umwelt-

entlastung (Fotovoltaik, Solarthermie – Erdwärme, Biomasse, Warmwasseraufbereitung).
- Soziale Nutzung: Besonnung von Außenflächen, Verbesserung des Außenkomforts und des Pflanzenwachstums.
- Tiefe, ostwest- orientierte Baukörper, mit großformatigen Fensterflächen.
- Süd- orientierte Häuser mit maximal sechs Meter hohen Wintergärten als Solarfassade.
- Passivhäuser in unterschiedlicher Bauweise.

Realisiert wurde außerdem ein Mulden-Rigolen-System zur dezentralen Regenwasserversickerung und alternatives Abwasserkonzept mit Pflanzenkläranlage.

Der Stadtteil wurde nach dem „Konzept der kurzen Wege" angelegt. Jeder Ort der Siedlung ist vom Zentrum in weniger als 400 m Entfernung zu Fuß erreichbar. Die Anbindung an die Stadt erfolgt durch eine neue Straßenbahnlinie. Alle Wohnanlagen sind in ein vernetztes Freiraumkonzept mit vielfältigen Grünräumen integriert. Erholungsanlagen, Sport- und Badeflächen sowie Waldbereiche sind direkt benachbart und zu Fuß zu erreichen. Private Pkw-Parkplätze befinden sich nicht direkt an den Häusern, wodurch Freiraum gewonnen wird (Breuste und Riepel 2007, 2008).

- **Eco-District Tübingen-Derendingen**

Das EU-Projekt Ecocity (2002–2005) im 5. Forschungsrahmenprogramm „Cities of Tomorrow" fördert die Entwicklung von Konzepten für eine nachhaltige Stadtentwicklung mit dem Schwerpunkt Siedlungsflächenentwicklung und Verkehrskonzepte. Dreißig Projektpartner aus neun euro-

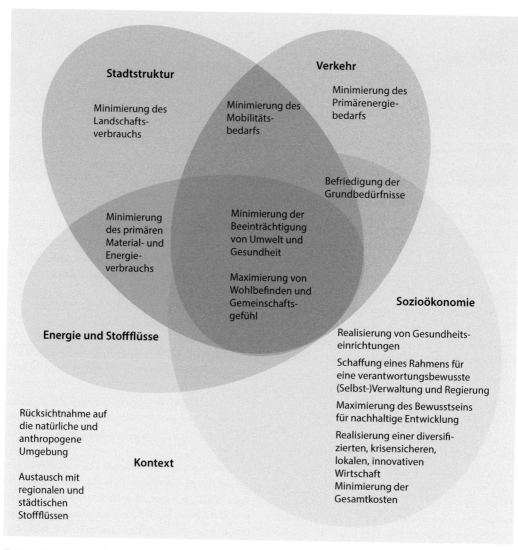

Stadtstruktur

Minimierung des
Landschafts-
verbrauchs

Minimierung des
Mobilitäts-
bedarfs

Verkehr

Minimierung des
Primärenergie-
bedarfs

Befriedigung der
Grundbedürfnisse

Minimierung
des primären
Material- und
Energie-
verbrauchs

Minimierung der
Beeinträchtigung
von Umwelt und
Gesundheit

Maximierung von
Wohlbefinden und
Gemeinschafts-
gefühl

Sozioökonomie

Realisierung von Gesundheits-
einrichtungen

Schaffung eines Rahmens für
eine verantwortungsbewusste
(Selbst-)Verwaltung und Regierung

Maximierung des Bewusstseins
für nachhaltige Entwicklung

Realisierung einer diversifi-
zierten, krisensicheren,
lokalen, innovativen
Wirtschaft

Minimierung der
Gesamtkosten

Energie und Stoffflüsse

Rücksichtnahme auf
die natürliche und
anthropogene
Umgebung

Austausch mit
regionalen und
städtischen
Stoffflüssen

Kontext

Abb. 7.12 Hauptziele des Eco-Stadtteil-Projektes Tübingen-Derendingen. (© Universitätsstadt Tübingen, 2006)

päischen Ländern beteiligten sich. Es galt, durch neue urbane Strukturen eine möglichst nachhaltige Mobilität zu gewährleisten. In sieben verschiedenen europäischen Staaten wurden dazu neue Stadtteile geplant: Tampere (Finnland), Bad Ischl (Österreich), Trnava (Slowakei), Györ (Ungarn), Umbertide (Italien) und Tübingen-Derendingen (Deutschland).

Planungsgrundsätze waren:
- dezentralisierte Konzentration mit
- einem ausgewogenen Verhältnis verschiedener Nutzungstypen in einer

- kompakten Struktur, die kurze Entfernungen ermöglicht.

Die Hauptziele des Eco-Stadtteil-Projekts zeigt **Abb. 7.12.**

Das Projekt wurde auf 24,2 ha Fläche auf einer Industriebrache und auf einer Landwirtschaftsfläche („grüne Wiese") im städtischen Verdichtungsbereich am Rande der Stadt Tübingen (82.000 Ew.) realisiert. 3300 Neubewohner, etwa die Hälfte des prognostizierten Stadtwachstums bis 2010, wurden im Projekt angesiedelt. Folgende

Prinzipien nachhaltiger Stadtentwicklung wurden integriert:

- Vorrang für Innenentwicklung gegenüber Außenentwicklung bei städtebaulicher Entwicklung in Randlagen, Konzentration auf Standorte mit gutem Potenzial für Erschließung durch öffentlichen Verkehr zur Verhinderung einer autoorientierten Suburbanisierung.
- Organisation der Stadt als Netzwerk urbaner Quartiere, Gleichgewicht zwischen Konzentration und Dezentralisation bei Ver- und Entsorgungssystemen auf Quartiersebene sowie auf städtischer und regionaler Ebene.
- Öffentlicher Raum mit hoher Aufenthaltsqualität für soziale Begegnung und mit möglichst wenig Störung und Gefährdung durch den Autoverkehr.
- Attraktive Stadtgestaltung in menschengerechtem Maßstab.
- Minimierung des Flächenverbrauchs durch eine kompakte Stadtstruktur.
- Vielfältiges Angebot hochwertiger, verdichteter und kompakter Gebäudetypologien.
- Gemischte Strukturen für Wohnen, Gewerbe, Kultur, Wissenschaft, Bildung und soziale Funktionen, möglichst kleinmaßstäbliche Nutzungsmischung.
- Integration von Einzelhandelsstandorten zur Nahversorgung, bestmögliche Erreichbarkeit aller Einrichtungen für alle Einwohner.
- Wiederaufbau von „Landschaft in der Stadt" als Natur-Verbund-System.
- Schaffung eines ausreichenden Angebotes an attraktiven Freiflächen.
- Entwicklung neuer Aufgabenfelder für die stadtnahe Landwirtschaft und Integration von urbaner Permakultur zur Bildung einer städtischen Landwirtschaft.
- Betrachtung der Stadt als bioklimatisches System.
- Entwicklung der Quartiersgeometrie zur Förderung des klein- und regionalklimatischen Luftaustauschs.

Freiraum und seine Qualität sind das Rückgrat der Stadtteilentwicklung. Ein wesentliches Element des Freiraumkonzepts ist die Integration des Mühlbachs und eines begleitenden Grünraumes als ein alle Teilgebiete erschließendes Landschaftselement. Ein neuer Stadtrand, der traditionelle Freiraumelemente wie Streuobstwiesen oder Kleingärten sowie ökologische Infrastruktur zur Wasserreinigung und -versickerung enthält und damit ein Weiterwachsen der Siedlungsstruktur in der Zukunft verhindern soll, wurde realisiert.

Durch ein ökologisches Wasserkonzept konnte die Versickerung von 25 % auf 49 % erhöht werden.

7.2.3.3 *Bits and Pieces* – die kleinen Schritte zu mehr Natur in der Stadt – Initiativen „von unten"

Viele kleine Schritte führen sozusagen „von unten" auf dem Weg zur Ökostadt weiter, bringen unmittelbar Vorteile und Verbesserungen und helfen, die Orientierung Ökostadt zu befestigen. Diese Schritte sind nicht spektakulär und schaffen es nicht bis in die überregionalen Nachrichten. Häufig werden sie nicht aufgezeichnet, bilanziert und bewertet. Zusammengenommen machen sie aber oft mehr als manche große Initiative aus. Oft sind deren Kosten überschaubar. Die Beteiligung „von unten" stärkt das Gemeinschaftsgefühl und bringt Dinge voran, die die Bürger wirklich bewegen. Es zeigt sich, dass bürgerliches Engagement, das Gefühl Verantwortung für die Entwicklung der Stadt zu übernehmen, durch Verantwortung im eigenen Viertel, wächst. Einige bedeutende Initiativen zur Ökostadt sind gerade aus diesem Engagement in den letzten Jahren hervorgegangen und haben nationale oder internationale Beachtung erfahren. Einige wenige daraus, sollen im Folgenden als Beispiel angeführt werden.

Die Themen sind dabei so vielfältig wie die der Ökostadt selbst. Es ist deshalb das Thema „Mehr Natur in die Stadt" beispielhaft ausgewählt worden, ohne andere Themen wie Energieeffizienz, Mobilität, Klimaanpassung etc. dabei geringer zu schätzen. Zu diesen Themen ist die Informationsvielfalt meist bereits breit.

Das Thema „Mehr Natur in die Stadt" hingegen wird oft nur am Rande behandelt und ist wegen des geringeren technischen Innovationsgrads (im Vergleich zu Energie, Mobilität, Klima etc.) häufig weniger beachtet.

Natur in jeder Form wird im Zuge der Urbanisierung weltweit durch das Stadtwachstums immer weiter zurückgedrängt. Dabei steht es außer Zweifel,

Hongqiao Low Carbon Business District, Shanghai

Am Hongqiao Airport in Shanghai entsteht Chinas größtes *Low-Carbon Business Center*. 2008 gewann *SBA design* (▶ www.sba-int.com), ein in München, Shanghai und Stuttgart ansässiges Planungsbüro, den städtebaulichen Wettbewerb für das Areal. Das *Low-Carbon Business Center* (1,4 km^2) definiert sich über die Nachhaltigkeitsziele in den Fachbereichen Städtebau, Verkehrsplanung, Gebäudetechnologie und Energieproduktion. Die gesteckten Ziele wurden in Form von Planungsstandards und Richtlinien definiert und gemeinsam mit Energie- und Infrastrukturplanern, Spezialisten für Gebäudetechnik, Verkehrsplanern, Landschaftsarchitekten sowie dem städtischen Planungsamt in Shanghai ausgeführt.

Zusammen mit der Universität Duisburg-Essen wurde im Rahmen eines Forschungsprojektes ein innovatives Planungstool zum Einsatz von Maßnahmen zur Reduzierung der CO_2-Emissionen und deren Wirkungskontrolle entwickelt. Aufgrund der verkehrsgünstigen Lage am Stadtrand von Shanghai und angebunden an den erweiterten Hongqiao Flughafen, sieht das Konzept eine hohe Verdichtung der geplanten Baugrundstücke vor, bei gleichzeitiger Schaffung von ausreichend dimensionierten und klar definierten Freiräumen. Seit 2010 werden die Parzellen mit strengen Auflagen zum nachhaltigen Bauen veräußert und die architektonischen Konzepte für die einzelnen Blöcke evaluiert. Ein effektives Monitoring trägt zur Kontrolle der gesteckten Ziele bei (*SBA design* 2013; ◾ Abb. 7.13).

◾ **Abb. 7.13** Hongqiao Low Carbon Business District. (© SBA design, 2013)

Vision der Fraunhofer-Morgenstadt City Insights – Deutschlands Zukunftsinitiative

Die Hightech-Phantasie „Morgenstadt" als Erzählung. Ein Auszug: „Die Emissionsuhr am Rathaus von Morgenstadt zeigt seit bald 30 Jahren an, welchen Ausstoß an Kohlendioxid jeder Einwohner im Jahr statistisch betrachtet zu verantworten hat. Auf ihrer Homepage zeichnet die Stadt seit mehr als einer Generation ihren ökologischen Fußabdruck detailgetreu nach. Längst hat die Uhr den Kilogrammmaßstab erreicht und wird von den jüngeren Bewohnern Morgenstadts kaum noch wahrgenommen, so selbstverständlich ist ihnen das kohlendioxidneutrale Leben geworden. Für ihre Eltern und Großeltern ist die Uhr ein sichtbarer Zeuge dafür geblieben, mit wie viel Engagement die Stadtverwaltung schon seit Anfang des Jahrhunderts Morgenstadt zu einem Motor des Klimaschutzes gemacht hat. Sie nutzte die vorhandenen Spielräume kommunaler Energiepolitik zielstrebig aus. So stieg sie in der Solarbundesliga beispielsweise bald auf den ersten Tabellenplatz in der Kategorie der Großstädte. Sie legte als erste einen ökologischen Mietspiegel vor, der Vermietern zusätzliche Anreize für die energetische Sanierung ihrer Häuser gab. In Neubaugebieten wurden früh verschärfte Baustandards verordnet und die Nahwärmeversorgung mit Kraftwärmekopplung und Solarenergie systematisch auf große Teile der Stadt ausgedehnt (BBF 2010, S. 1)." (s. a. Fraunhofer 2013)

Abb. 7.14 Postkarte als Werbung für Gartennutzung in der jüngeren Bevölkerung. (© BDG, 2012)

dass gerade Naturkontakt für ein gesundes Leben in Städten von essenzieller Bedeutung ist (▶ Kap. 5).

Natur kann in sehr verschiedener Form in den Städten vorhanden sein bzw. entwickelt werden. Einige für die sich Bürger verstärkt einsetzen und Initiativen bilden, sollen hier kurz beispielhaft vorgestellt werden:

■ **Das Stadtgärtnern – *Urban Gardening***

Der Kleingarten ist in vielen Städten bereits ein fester Bestandteil der Grünausstattung (▶ Kap. 4 und 6). Selbst eigenständig mit der Natur gestaltend umzugehen, ist eine Erfahrung, die man in Städten (und oft auch außerhalb dieser) nur selten selbst machen kann. Dies hält die (Klein-)Gartenidee und die Idee des Gärtnerns überhaupt, über Generationen attraktiv und macht sie immer mehr auch zum Teil der modernen, aktiven Grünkultur unserer Städte. Gärtnern wird nicht nur in eher traditionellen Formen, sondern immer mehr auch in neuen Formen des *community gardening* oder *urban gardening*, sogar des *guerilla gardening* auf besetzten Flächen für Altersgruppen weit vor dem Rentenalter attraktiv. Müller (2011) nennt dies selbstbewusst „die Rückkehr der Gärten in die Stadt" (■ Abb. 7.14).

Die meist kleinräumige, gärtnerisch-landwirtschaftliche Nutzung städtischer Flächen, die umweltschonende Nahrungsmittelproduktion und ein bewusster Konsum des selbst erzeugten Gemüses und Obstes stehen im Vordergrund. Dieser städtischer Gartenbau (*urban gardening*) ist eine Sonderform der urbanen Landwirtschaft (Müller 2011; ■ Abb. 7.15).

■ **High Line New York – mehr Freiraum für Menschen in der Stadt**

Die High Line ist eine zwischen 1934 und 1980 betriebene ehemalige Stadtbahn auf einem aufgeständerten Schienenweg in der West Side von Manhattan (New York). Fast zwanzig Jahre blieb die Stadtbahnlinie ungenutzt, bis sie 1999 abgerissen werden sollte. Anwohner gründeten eine Bürgerorganisation dagegen, die *Friends oft the High Line*. Es ging darum, die historische Struktur als Teil der New Yorker Industriekultur zu erhalten, aber auch darum, daraus etwas Neues zu machen, etwas, das die Menschen in diesem Teil der Stadt New York am meisten brauchten: Freiraum und Stadtgrün. 1999 begannen die Arbeiten, aus der High Line einen öffentlichen Park zu gestalten, der von der 34. Straße bis über die 13. Straße insgesamt neunzehn Baublöcke durchzieht, eine Länge vergleichbar mit dem des Central Park. Die High Line ist damit 2,44 km lang.

Die High Line gehört der Stadt New York, ihre Verwaltung und Finanzierung wurde jedoch in einer Vereinbarung zwischen den *Friends of the High Line* und dem *Department Parks and Recreation* der New Yorker Stadtverwaltung an die *Friends of the High*

◘ **Abb. 7.15** Urban Guerilla Gardening auf einer öffentlich zugänglichen Brachfläche im Zentrum von Łodz (Polen). (Foto © Breuste 2011)

Kleingärten in Peking – Sanyuan Agriculture Gardens

In Peking, einer Stadt mit zwanzig Millionen Einwohnern, werden seit 2010 kleine Gärten für Stadtbewohner, die sich der Natur immer mehr entfremdet fühlen, eingerichtet. Etwa einhundert solcher Anlagen gibt es bereits. Im nordwestlichen Stadtteil Haidian entstand 2008 eine solche Anlage, die weiter wächst und bereits mehr als 1000 Flächen zwischen 60–80 m² hat, die an Interessierte vermietet werden. Mit deutschen Kleingärten (▶ Kap. 4) hat das nur wenig zu tun, sind die Flächen doch sehr klein und nicht für Erholung im Grünen eingerichtet. Sie dienen ausschließlich dazu,

Gemüse zu produzieren, aber auch dies nicht vorrangig, um Kosten zu sparen oder Nahrungsmittel ökologisch zu produzieren. Warum viele Pekinger in solchen Anlagen Flächen pachten und nutzen, hat seinen Grund vorrangig darin, gärtnerisch in „freier Natur" in der Stadt tätig zu sein und daraus Lebensfreue zu gewinnen.
Die *Beijing SanYuan Strong Agricultural Technology Co. Ltd* verpachtet die Flächen (ca. 190 € pro Jahr) und vermietet Gartengeräte, stellt einen Wasserschluss zur Verfügung und pflegt sogar mit eigenen Personal bei Bedarf (ca. 30 % der Flächen) die

kleinen Gärten, wenn die Pächter aus Zeitmangel nicht jede Woche kommen können. In VIP-Gärten (80 m², auch mehrere Flächen können zusammen gemietet werden) stehen auch Plastiksitze mit Tisch und Sonnenschutz zusätzlich zur Verfügung.
Die überwiegend älteren Nutzer kommen mit öffentlichen Verkehrsmitteln oder dem Auto und nehmen für die Anreise bis zu 1,5 h (!) in Kauf. Das zeigt, wie wichtig selbst bewirtschaftete Gärten in Städten sein können, nicht nur in Europa (◘ Abb. 7.16).

◘ **Abb. 7.16** Sanyuan Agriculture Gardens Bejing. (Foto © Breuste 2014)

Abb. 7.17 High Line New York. (Foto © Zepp 2011)

Line übertragen. Mehr als 90 % des jährlich notwendigen Budgets werden durch Spenden von Mitgliedern von *Friends of the High Line* aufgebracht. *Friends of the High Line* organisiert Touren, Workshops und Festivals, wendet sich mit diesen Angeboten an alle Kreise der Bevölkerung, bringt moderne Kunst in den öffentlichen Raum und fördert neue Formen von Gartengestaltung. All das zusammen macht die Besonderheit des „linearen" Parks über den Straßen in einem freiraumarmen dicht bebauten Gebiet aus.

Der Park wurde 2009 nach einem Entwurf von *James Corner Field Operations, Diller Scofidio* und *Renfro and Piet Oudolf* in einem ersten Teil, 2011 dann im zweiten Teil eröffnet. Mit mehr als vier Millionen Besuchern im Jahr, ist der Park auf der High Line als Touristenattraktion ein voller Erfolg. Die größte Nutzergruppe kommt derzeit nicht aus dem umgebenden Wohnviertel. Das deutet auf hohe überregionale Freiraumattraktivität, aber auch auf mangelnde vergleichbar attraktive Angebote in anderen dicht bebauten New Yorker Stadtvierteln hin. Die Bedürfnisse der Bevölkerung in der Stadt nach mehr Freiraum sind jedoch deutlich. Das Projekt wäre nicht zustande gekommen, wenn die Anwohner sich nicht dafür engagiert hätten (FHL 2013; ■ Abb. 7.17).

■ **Der Tempelhofer Park- ein Beispiel für die Stadt von morgen**

Mitten in einer dicht bebauten Stadt eine Parklandschaft mit mehr als zweihundert Hektar zu entwickeln, ist eine europaweit einmalige Chance (SSB 2010).

2008 wurde der Flugbetrieb auf dem innerstädtischen Flughafen Berlin-Tempelhof endgültig eingestellt. Mieterbündnisse riefen zur Verhinderung von Bebauungsplänen zur Nachnutzung zum Protest auf. Befürchtet wurde der Entzug der Fläche für die Öffentlichkeit, Privatisierung, Kommerzialisierung und Gentrifizierung. Dies drückt den großen Bedarf an öffentlichen Freiräumen in einem innerstädtischen Viertel in Berlin aus.

Derzeit ist das ehemalige Flugplatzgelände mit seinen offenen Grasflächen und Asphaltbahnen als Tempelhofer Park ein Erholungsgebiet und umfasst 250 ha des Geländes des ehemaligen Flughafens. Er ist damit Berlins größter Stadtpark und jeweils von Sonnenaufgang bis Sonnenuntergang geöffnet. Der Park wurde am 8. Mai 2010 offiziell eröffnet. Am ersten Wochenende wurde er von ca. 250.000 Bürgern besucht. Bereits vier Monate später wurden mehr als 1 Million Besucher gezählt (SSB 2010; ■ Abb. 7.18).

Die offiziellen Planungen für den Tempelhofer Park werden vom Berliner Senat erarbeitet. Ein internationaler landschaftsplanerischer Wettbewerb wurde 2010 mit 78 Planerteams aus dem In- und Ausland durchgeführt. Die Entwicklung der Parklandschaft Tempelhof ist eine Aufgabe, die nur mit der Bevölkerung erfüllt werden kann. Von Beginn an wurden Bürgerinnen und Bürger in die Planung durch Beteiligungsverfahren einbezogen. Die Bür-

■ **Abb. 7.18** Tempelhofer Park – Tempelhofer Freiheit. (Foto © Breuste 2011)

ger organisierten sich dazu selbst und brachten ihre begründeten Interessen nach grünem Freiraum und gegen weitere Bebauungsabsichten ein. Kernpunkte des Dialogs waren Umfragen, Diskussionen und ein Besuchermonitoring. Wichtig wird sein, die Wünsche und Bedürfnisse der Bewohner der umliegenden Viertel und der Besucher des Parks in die zukünftige Entwicklung einzubeziehen (■ Tab. 7.6).

Es gibt private Initiativen, die ihre Pläne alternativ auf dem Gelände verwirklichen wollen. Seit 2011 verfolgt die Bürgerinitiative „100 % Tempelhofer Feld" das Ziel, eine Bebauung des Geländes zu verhindern und das Tempelhofer Feld als innerstädtischen Freiraum mit besonderen Erholungsfunktionen in der gegenwärtigen Form dauerhaft zu erhalten.

Bis 2012 war geplant, dort die IGA 2017 durchzuführen. Badesee, Grünlandschaft mit See und Kletterfelsen, Neubau der Landesbibliothek, Wohn- und Gewerbeimmobilien, wurden als Konzepte in die Öffentlichkeit gebracht (Roskamm 2010).

Am 26. Mai 2014 wurde von der Senatsverwaltung bestätigt, dass keine Bauvorhaben auf dem Gelände – lange ein Streitpunkt – stattfinden werden, und dass die Fläche als Ganzes der Bevölkerung als Park erhalten bleibt.

Die inneren Wiesenbereiche des Flugplatzgeländes sind aus naturschutzfachlicher Sicht als Habitat von bodenbrütenden Vögeln besonders schützenswert. Seltene Glatthaferwiesen und Sandtrockenrasen gehören zu den wertvollsten Lebensräumen. 368 wildwachsende Pflanzenarten kommen im Park vor (z. B. Gemeine Grasnelke oder Sand-Strohblume). Für überregional stark gefährdete Vogelarten sind Grasland- und Trockenhabitate wichtige Lebensräume (z. B. gefährdete Bodenbrüter wie Steinschmätzer, Wiesenpieper, Brachpieper, Grauammer und Feldlerche).

Das Konzept der Stadt Berlin sieht eine Landschaft vor, „die den Luxus der Weite und die Freiheit des offenen Himmels in den Mittelpunkt rückt und die großen Wiesen bewahrt. Darüber hinaus wird der Park Möglichkeiten und Freiräume für die Entwicklung eines neuen Stadtgefühls bieten. Ein Lebensraum entsteht, der ein neues Natur- und Selbstverständnis der Menschen in der Stadt widerspiegelt" (SSB 2010).

Das Leitbild für den Tempelhofer Park bringt die ökonomischen, ökologischen und sozialen Aufgaben einer nachhaltigen Stadtentwicklung zusammen. Dazu wurden sechs Themen, Wissen und Lernen, saubere Zukunftstechnologie, Sport, Wellness und Gesundheit, Integration der Quartiere, Dialog der Religionen und Bühne des Neuen formuliert. Auch die vielfältigen sozialen und religiösen Nachbarschaften könnten auf dem Tempelhofer Feld einen Ort des Dialogs finden (Kabisch und Haase 2013).

■   **Waldstadt Halle-Silberhöhe – Wald als**
     Chance der Revitalisierung von Stadtteilen
Die Großwohnsiedlung Silberhöhe, im Süden der Stadt Halle/Saale wurde zwischen 1979 und 1989

▣ **Tab. 7.6** Am häufigsten geäußerte Erwartungen der Anwohner und Besucher an die Entwicklung des Tempelhofer Feldes in Berlin, Angaben in Prozent. (Argus GmbH 2009)

Wünsche der Befragten	Bürgerbefragung im Einzugsbereich	Besucherbefragung
Große Bäume	92	83
Bänke zum Erholen und Treffen	91	85
Kleinere geschützte Bereiche für Erholung	90	87
WC-Anlagen	89	90
Kleinteilige Wasserelemente	87	77
Große Rasenflächen zum Liegen und Spielen	85	84
Bereiche mit blühenden Sträuchern	78	71
Besondere Bereiche für den Naturschutz	75	82
Gastronomisches Angebot	75	70
Bewegtes Gelände mit Hügeln und Senken	70	65
Treffpunkte, Kommunikationsbereiche auch zum Picknicken	69	75
Blumenbeete	68	57
Spielflächen für unterschiedliche Altersgruppen	65	72
Möglichkeit der Naturbeobachtung	62	70
Flächen für Freizeitsport	62	66
Natürliche gestaltete Bereiche mit Liegewiesen	60	56

erbaut. Auf einer Fläche von 213 ha wurde Wohnraum für ca. 39.000 Menschen (Stadt Halle 2011) gebaut. Mit ca. 185 Einwohnern pro Hektar war die Silberhöhe 1992 der am dichtesten bebaute Stadtteil Halles. Der Gestaltung der Freiräume, Grünflächen, Spielplätzen und Aufenthaltsbereichen, wurde beim Bau des Stadtteils weniger Bedeutung zugemessen (Breuste und Wiesinger 2013).

Ab 1990 erfolgte hier ein massiver Rückgang der Einwohnerzahl durch Wegzug. Hatte der Stadtteil 1989 noch rund 40.000 Einwohner, so werden nach vorliegenden Wohnungsmarktprognosen im Jahr 2015 nur mehr ca. 10.000 Menschen dort leben. 2011 waren es noch 13.000. Von 15.000 Wohnungen wurden bis 2010 ganze 7200 nach Leerstand abgerissen. Im Jahre 2004 wurde als Entwicklungsperspektive das Integrierte Stadtentwicklungskonzept mit dem Leitbild „Waldstadt Silberhöhe" erarbeitet und beschlossen (Stadt Halle 2007). Der neue Planungsansatz im Rahmen des Stadtentwicklungskonzepts für den Stadtteil Silberhöhe (Geiss et al. 2002) defi-

niert einen „geordneten Rückzug" mit dem Entwicklungsziel einer „Waldstadt Silberhöhe". Dieser Ansatz beinhaltet vor allem die Erhaltung wesentlicher Elemente der Baustruktur und die geplante Entwicklung großer Freiflächen nach Gebäudeabriss. Zur Erreichung dieser übergeordneten Zielsetzungen wurden „Umstrukturierungsbereiche" festgelegt. Bei den Umstrukturierungsflächen handelt es sich um Flächen, auf denen bestehende Wohngebäude abgerissen wurden und Freiraum-Entwicklungspotenziale für eine zukünftige Nachnutzung bestimmt worden sind (Stadt Halle 2007; Breuste und Wiesinger 2013).

Aus Sicht der Stadtentwicklung besteht eine immer noch gute soziale Infrastruktur und Verkehrsanbindung. Besonders die Freiflächen und die Nähe zur Saale-Elster-Auen-Landschaft werden als zunehmend bedeutendes Qualitätsmerkmal für den Stadtteil gesehen.

Durch den sehr großen Freiflächengewinn und die Aufforstungsmaßnahmen auf denselben, soll die Wohnqualität steigen, die Wettbewerbsfähigkeit und

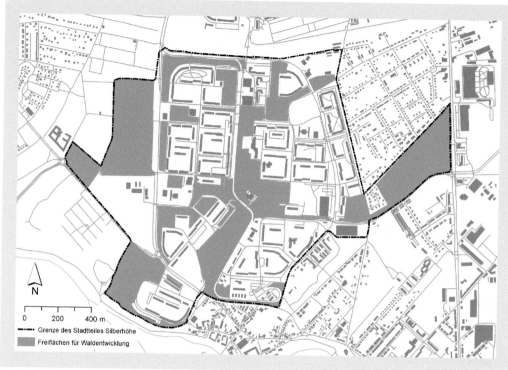

◘ Abb. 7.19 Das Freiflächenpotenzial der Waldstadt Halle-Silberhöhe bis 2025. (Entwurf: J. Breuste, Kartographie: W. Gruber, Quelle: Vollroth et al. 2012)

der ökonomischen Wert des Wohnraums verbessert werden (Stadt Halle 2007, Vollroth et al. 2012). Nahezu 50 % der Wohngebietsfläche sind heute Grünflächen. Von den 213 ha Wohngebietsflächen sind allein 70 ha neu gewonnene Waldflächen. Standen 1992 noch jedem Einwohner ca. 17 m² öffentliche Grünfläche zur Verfügung sind dies 2014 ca. 100 m², also fast sechs Mal mehr Grünflächen. Die Pflege dieser gewaltigen Grünflächen für wenige Einwohner ist allein schon aus finanziellen Gründen für die Stadt Halle unmöglich. Es musste also nach neuen Konzepten gesucht werden (◘ Abb. 7.19 und 7.20).

Das formulierte Leitbild „Waldstadt" ist vorerst eher eine Zukunftsvision, denn eine Realität. Es benennt Wald als zukünftig dominante Grünflächenstruktur, vor allem auf Rückbauflächen. Es will damit den ungewollt entstandenen Freiflächen eine neue Funktion in der Aufwertung des Stadtteils zuweisen und auch bestehende Grünflächen stärker „bewalden" (Stadt Halle 2007).

Das Leitbild der „Waldstadt" impliziert eine qualitative und quantitative Verbesserung der ur-

sprünglich eher offenen Rasen-Abstandsflächen zwischen den Gebäuden. Das Konzept reicht von einem parkartigen Stadtwald im zentralen Grünzug hin zu naturnahen Aufforstungs- und Sukzessionsflächen (Stadt Halle 2007). Insgesamt erfolgte bisher die Pflanzung von 8265 Bäumen (Vollroth et al. 2012).

Derzeit bestehen

— 23 ha Waldflächen mit waldähnlicher Baumdichte von 203 Bäumen/ha,
— 23 ha mit parkähnlicher Baumdichte von 76 Bäume/ha,
— 24 ha Kurzumtriebsplantagen (Pappeln).

Vollroth et al. (2012) bezeichnen dies als Alternative A, als „regenerativer Waldpark", und entwickeln daraus zwei weitere Szenarien, die Wald- und die Parkentwicklung, die als Ziel anzustreben sind.

Welchen Wald wollen nun die Bürger? Was wird besser, was wird schlechter akzeptiert und genutzt? Und warum? Die Einbeziehung der Anwohner in den Waldgestaltungsprozess steht noch völlig aus (Breuste und Wiesinger 2013)!

Abb. 7.20 Urbaner (Park-) Wald im Stadtteil Silberhöhe. (Foto © Breuste 2006)

Biodiversität in der Stadt – Riccarton Bush Christchurch, Neuseeland

Biodiversität in der Stadt wird wissenschaftlich breit diskutiert (z. B. NatureParif 2012). Ihr Nutzen wird immer wieder im Zusammenhang mit Ökosystemdienstleistung (▶ Kap. 5) gesehen. Werner und Zahner (2009) haben dazu eine umfangreiche Bibliographie zusammengestellt.

Wohl nirgendwo sonst ist der Bezug zwischen der urbanen Biodiversität und einem regionalen und nationalen Bewusstsein so groß wie in Neuseeland. *Native* zu sein, bedeutet Identität zu bewahren. Das betrifft auch und nicht zuletzt die einheimische Flora und Fauna. Anders als in vielen anderen Ländern ist deren Bewahrung ein unmittelbares Anliegen der Menschen und führt zu breit angelegten Initiativen und Bürgerbewegungen (Meurk und Hall 2006, Stewart et al. 2004, Ignatieva et al. 2008).

Christchurch ist mit 348.000 Bewohnern (2006) die größte Stadt der neuseeländischen Südinsel. Ab 1850 begann hier die planmäßige Ansiedlung von Kolonisten. 1856 wurde der Siedlung das Stadtrecht verliehen. Die Besiedlung erfolgte in ausgedehnten sumpfigen Tieflands-Waldgebieten, Schwemmland der

Flüsse, die leicht zu besiedeln und hauptsächlich mit Steineibenwäldern (*Podocarpaceae*) bestanden waren. Die Steineibengewächse sind eine Pflanzenfamilie der Koniferen (*Coniferales*), die ihre Verbreitung vorrangig in tropischen und subtropischen Gebirgswäldern und in Küstentiefländern der Südhalbkugel hat. Riccarton Bush (Pūtaringamotu) ist der letzte verbliebene Waldrest der ursprünglich verbreiteten Sumpf-Steineibenwälder der Region. Bereits 1914 erkannte man den Wert des bis dahin in Teilen noch erhaltenen Waldgebietes (ca. 7 ha) und ließ das Land, das der Stadt Christchurch gehörte, durch einen Trust (Riccarton Bush Trust) bewirtschaften, der seit dem jährlich mit öffentlichen Mitteln im Erhalt des Waldes unterstützt wurde (Chilton 1924). Riccarton Bush ist seitdem ein geschützter Waldbestand mitten in der Stadt Christchurch. Charakterbaum des Waldes ist Kahikatea (White Pine, *Dacrycarpus dacrydioides*). Die über 600 Jahre alten, teilweise 60 m hohen Bäume sind die letzten Exemplare des vor etwa 3000 Jahren entstandenen Waldes. Weitere einheimische Baumarten wie Totara (*Podocarpus*

totara), Kowhai (*Sophora microphylla*) und Hinau (*Elaeocarpus dentatus*) bilden die untere Baumschicht.

Das Waldgebiet ist jetzt von einem Schutzzaun umgeben, um vor allem kleine räuberische Säugetiere – Australian Brushtail Possum (*Trichosurus vulpecula*), Beutelsäuger der Ordnung Diprotodontia (um 1900 aus Australien eingeführt), aber auch Igel (ab 1890 eingeführt) und Ratten (ab 1850 eingeführt) – abzuhalten und den seltenen einheimischen bodenbrütenden Vogelbestand zu schützen. 2009 begann der erste Versuch, den Great spotted Kiwi/Roroa (*Apteryx haastii*), eine nur auf der neuseeländischen Südinsel heimische Kiwiart, hier wieder anzusiedeln. Seit 2008 wird versucht, auch eine weitere regionale Baumart Wētā (*Hemideina femorata*) hier wieder heimisch zu machen (**Abb. 7.21**).

Riccarton Bush ist wahrscheinlich das älteste Schutzgebiet Neuseelands. Die Einwohner von Christchurch nutzen das Gelände und den geschützten Wald als Erholungsgebiet und sind sich der herausragenden Bedeutung ihres kleinen Steineibenwaldes sehr bewusst.

(Fortsetzung)

□ **Abb. 7.21** Riccarton Bush Predator Proof Fence, Schutzzaun um den Wald, vor allem gegen Possums (Beutelsäugern der Ordnung Diprotodontia aus dem australischen Raum, errichtet 2000). (Foto © Breuste 2006)

Schlussfolgerungen

Es zeigt sich, dass die Zukunftsstadt generell, in all ihren Teilbereichen, eine sehr umfassende Vorstellung ist (Nachhaltige Stadt), die Ökostadt aber nur einen Teil davon abdecken kann. In erster Linie geht es bei der Ökostadt um eine Stadt, die in einem ausgewogenen Verhältnis mit der Natur steht, und die von der Natur und ihren Prozessen und Strukturen profitiert, ohne sie zu zerstören (Städte in Balance mit der Natur). Damit werden nicht alle Seiten einer Zukunftsstadt (z. B. Verkehr, soziale Stadt, Energieverwendung) behandelt. Selbst in den Bereichen Natur und Stadt werden im Bemühen um ein Konzept oft Schwerpunkte ausgewählt. Dies können Grünflächen und ihr Verbund sein, Gewässer, Gebäudebegrünung sowie auch der Schutz und Erhalt „wertvoller" oder seltener Natur sein. Vorhandene Natur wird oft zu nur wenig berücksichtigt, sondern häufig neu entwickelt. Ökostädte lediglich als technologisches Experimentierfeld (z. B. CO_2-Emission-Reduzierung, Niedrigenergiehäuser, Verkehrstechnologie, Regenwassertechnologe etc.) zu sehen, ist ein zu begrenzter Ansatz. Technische Lösungen dominieren oft soziale Belange. Städte sind zuerst Lebensraum der Menschen, und ihnen darin bessere Lebensbedingungen zu ermöglichen und dabei Natur und ihre Prozesse einzubeziehen, kann ein tragfähiger Ansatz sein. Dabei sollen und müssen die Menschen Mitgestalter sein. Vieles spricht damit für eine Ökostadtentwicklung „von unten". Ökostädte können auf Kriterien aufgebaut werden, deren Erfüllungsgrad zu beurteilen ist. Viele Ökostädte beschränken sich auf einige wenige Kriterien, deren Erfüllung sie optimiert in den Mittelpunkt stellen (z. B. Energie, CO_2-Neutralität etc.). Eine internationale Zertifizierung der Ökostädte könnte die Beurteilung verbessern helfen und reale Ökostadt-Erfolge von Projekten trennen, die lediglich mit dem Öko-Label werben.

Ökostädte sehen in verschiedenen Kultur- und Naturräumen unterschiedlich aus. Die Ökostadt gibt es nicht. Je nach gesellschaftlicher, kultureller und naturräumlicher Problemlage werden Schwerpunkte für Ökostädte unterschiedlich gesetzt werden müssen. Die klimatische Regulierung wird in heißen Wüsten (z. B. Masdar City) eine größere Rolle spielen als in der gemäßigten Klimazone. Aber auch dort wird die Herausforderung sein, Städte an die Klimaänderungen der Zukunft bewusst gestalterisch anzupassen.

Die meisten Ökostädte werden nicht neu gebaut, sondern müssen aus dem Bestand an Baukörpern und Freiräumen in ihrer Funktionalität entwickelt werden. Dies sind weltweit die wichtigsten Bestrebungen.

Abb. 7.22 Ein Beitrag zur Ökostadt von unten: „Individuell-spezielle" Begrünung. Haarlem (Niederlande). (Foto © Breuste 1992)

Sie dokumentieren sich in vielen innovativen Einzelprojekten von Architekten und Planern, aber auch in eingeforderten Bedürfnissen der Stadtbewohner (z. B. nach mehr wohnungsnahem Grünraum, oder Gartenflächen), an deren Realisierung sie sich selbst beteiligen. Die Ökostadt entsteht so „von unten" und im Kleinen neu.

China ist die dynamischste Region der Ökostadtentwicklung, weil die Urbanisierung hier am schnellsten mit Modernisierungsmittel voran geht. Hier könnten von Anfang an ökologische Prinzipien angewendet und internationale Vorbilder geschaffen werden. Vision, technische Machbarkeit, ökonomische Überlegungen und Propaganda führen jedoch auch hier, trotz gewaltiger Investitionen und weitreichender Entscheidungen, nicht immer zu optimalen Ergebnissen und oft auch nicht zu Vorbildern.

Das Verhältnis von Ökostädten zu ihrer Umgebung, wird meist kaum berücksichtigt. Ökostädte können nicht Ökoinseln sein, in denen völlig andere Verhältnisse als in der Umgebung herrschen. Ökostädte sind auch nicht nach einer Programmrealisierung oder ihrem Bau „fertig", sondern entwickeln sich weiter. Dies schließt auch Wachstum und funktionalen Wandel ein. Vor allem aber stehen sie in einem pulsierenden Zusammenhang zu ihrem Stadtumland und bilden mit ihm eine Stadtregion. Die Ökostadt muss also lokal gedacht, global ressourcenschonend entworfen und regional realisiert werden.

Die großen Visionen und die kleinen Schritte zusammen werden es ermöglichen, auf dem Weg zur Ökostadt weiter voran zu kommen (**Abb. 7.22**).

? 1. Welche bedeutenden drei Leitbilder für Zukunftsstädte wurden im 20. Jahrhundert entwickelt?
2. Welches sind die charakteristischen Bestandteile der Gartenstadtidee?
3. Was beinhaltete die Charta von Athen (1933)?
4. Was will die die Neue Charta von Athen (2003) in Bezug auf die Charta von Athen ändern?
5. Was versteht man unter Solar Cities?
6. Worum geht es bei „Low Carbon City"-Projekten?

✓ ANTWORT 1
Die Gartenstadt (Ebenezer Howard), die als Gegenbild zur industriellen Großstadt entstand, die Funktionale Stadt/Ville Radieuse (Le Corbusier), die das Leitbild der Großstadt der technisierten Moderne bildete, und die Nachhaltige Stadt (Nachhaltigkeit als Leitbild der lokalen Entwicklung).

✓ ANTWORT 2
Die physische Neuorganisation sollte mit einer zivilisierteren Stufe sozialer Entwicklung, dem Genossenschaftswesen, verbunden werden. Der Garten als Symbol für bessere, hygienischere Lebensverhältnisse mit „Licht, Luft und Sonne" stand dabei für eine neue Hinwendung zur Natur, die die Stadt mit Grünelementen wiedergeben sollte.

✅ ANTWORT 3

Charta von Athen: Unzureichende biologische und psychologische Bedürfnisbefriedigung der Stadtbewohner, Ungleichgewicht in den Städten durch rücksichtslose Privatinteressen und schwache Kontrolle, räumliche Funktionsteilung von: Wohnen, Arbeiten, Erholung, Bewegung (Verkehr), übergeordnete Verkehrsadern für den Autoverkehr, Mensch als Maß für die Stadtarchitektur, Wohnung als städtebaulicher Grundbausein ("Wohnzeile"), Unterordnung der Privatinteressen im Städtebau unter die Interessen der Gemeinschaft.

✅ ANTWORT 4

Aufhebung der räumlichen Trennung von Wohnen, Arbeiten, Erholung, Bewegung (Verkehr).

✅ ANTWORT 5

Ersatz von fossilen Energieträgern durch ausschließlich Sonnenenergie.

✅ ANTWORT 6

"Kohlenstoff" wird als Synonym für alle Treibhausgase verwendet. Das Hauptaugenmerk liegt auf der Reduzierung dieser Emissionen in den Bereichen Energie, Transport, Infrastruktur und Gebäude.

Literatur

Verwendete Literatur

Archibugi F (1997) The Ecological City and the City Effect. Essays on the Urban Planning Requirements for the Sustainable City. Ashgate, Burlington

Argus GmbH (2009) Wettbewerb Parklandschaft Tempelhof Ergebnisse des Besuchermonitorings 2009 – Bürgerbeteiligung zum Wettbewerbsverfahren 2009

Beatley T (2010) Biophilic Cities: Integrating Nature into Urban Design and Planning. Island Press, Washington

Betker F (2002) Ökologische Stadterneuerung. Ein neues Leitbild der Stadtentwicklung? Mit einer Fallstudie zur kommunalen Planung in Saarbrücken. Alano Verlag, Aachen

Borgström S (2011) Urban shades of green: Current patterns and future prospects of nature conservation in urban landscapes. PhD thesis, Stockholm University

Breuste J (2011) The concept of ecocities and solarCity Linz, Austria, as example for urban ecological development. In: Breuste J, Voigt A, Artmann M (Hrsg) Implementation

of Landscape Ecological Knowledge in European Urban Practice. Laufener Spezialbeiträge. ANL, Laufen, S 19–25

Breuste J, Riepel J (2007) Solarcity Linz/Austria – aEuropean example for urban ecological settlements and its ecological evaluation. In: Warsaw Univ., Faculty of Geography and Regional Studies (Hrsg) The Role of Landscape Studies for Sustainable Development, S 627–640

Breuste J, Wiesinger F (2013) Qualität von Grünzuwachs durch Stadtschrumpfung – Analyse von Vegetationsstruktur, Nutzung und Management von durch Rückbau entstandenen neuen Grünflächen in der Großwohnsiedlung Halle-Silberhöhe. Hallesches Jahrbuch für Geowissenschaften 35:1–26

Breuste J, Riepel J (2008) Development of the EcoCity – Why and where sustainable urban development? In: Singh AL, Fazal S (Hrsg) Urban Environmental Management. BR Publication House, Delhi, S 30–44

Brudny A, Kawtaradse D (1984) "Ökopolis" Umwandlung einer Prognose in ein Projekt. Gesellschaftswissenschaften Moskau 2:210–222

Brudny A, Tikhomirov VN, Kawtaradse DN (Hrsg) (1981) Scientific Centre of Biological Research of USSR. Academy of Sciences and Moscow State University, Pushchino

Bundesministerium für Bildung und Forschung (BBF) (2010) Morgenstadt – Eine Antwort auf den Klimawandel. BBF, Bonn (http://www.bmbf.de/pub/morgenstadt.pdf. Zugegriffen: 31. Dezember 2013)

Bundesministerium für Umwelt, Naturschutz und Reaktorsicherheit (BMU) (1992) Konferenz der Vereinten Nationen für Umwelt und Entwicklung im Juli 1992 in Rio de Janeiro – Dokumente – Agenda 21. BMU, Bonn

Chilton C (1924) Riccarton Bush. A remnant of the Kahikatea swamp forest formerly existing in the neighbourhood of Christchurch, New Zealand. The Canterbury Publishing Co., Ltd, Christchurch

Conrads U (Hrsg) (1981) Programme und Manifeste zur Architektur des 20. Jahrhunderts. Viehweg, Braunschweig

Le Corbusier (1943) La charte d'Athénes. PLON Presses De La Renaissance, Paris

Downton PF (2009) Ecopolis: Architecture and Cities for a Changing Climate. Dordrecht, Collingwood

Eaton R (2003) Die ideale Stadt. Von der Antike bis zur Gegenwart. Nicolaische Verlagsbuchhandlung, Berlin

Ecocities. http://en.wikipedia.org/wiki/Eco-cities. Zugegriffen: 28. Dezember 2013

Ecocity Builders (2013) ecocity. http://www.ecocitybuilders.org/. Zugegriffen: 28. Dezember 2013

EcoDistricts (2013) info@ecodistricts.org

Ecolog Institut für sozial-ökologische Forschung und Bildung GmbH (2013) Nachhaltigkeitsindikatoren für Städte und Gemeinden, Hannover. http://www.indikatoren.ecolog-institut.de/Konzept.htm. Zugegriffen: 28. Dezember 2013

Endlicher W (2012) Einführung in die Stadtökologie. Grundzüge des urbanen Mensch-Umwelt-Systems. Ulmer, Stuttgart

European Council of Town Planners (ECTP), Vereinigung für Stadt-, Regional- und Landesplanung (SRL) (2003) Die Neue Charta von Athen 2003. Vision für die Städte des 21. Jahrhunderts. www.srl.de/dateien/dokumente/de/neue_charta_von_athen_2003. Zugegriffen: 29. Dezember 2013

European Sustainable Cities & Towns Compaign (ESCTC) (2013) European Sustainable Cities. www.sustainablecities.eu. Zugegriffen: 12. Januar 2014

Fraunhofer (2013) Fraunhofer Innovationsnetzwerk – Phase II (2014–2015). Morgenstadt: City insights. Entwicklung und Umsetzung von Systeminnovationen für die Stadt von morgen. Stuttgart. http://www.morgenstadt.de/de/morgenstadt-initiative.html. Zugegriffen: 2. Januar 2014

Friends of the High Line (FHL) (2013) The High Line. http://www.thehighline.org/. Zugegriffen: 2. Januar 2014

Fritsch T (1896) Die Stadt der Zukunft. Fritsch Verlag, Leipzig

Geiss S, Kemper J, Krings-Heckemeier MT (2002) Halle Silberhöhe. In: Deutsches Institut für Urbanistik (Hrsg) Die Soziale Stadt. Eine Erste Bilanz des Bund-Länder-Programms „Stadtteile mit besonderem Entwicklungsbedarf – die soziale Stadt". Difu, Berlin, S 126–137

Gordon D (1990) Green Cities. Ecologically Sound Approaches to Urban Space. Black Rose Books, Montreal

Graedel T (1999) Industrial Ecology and the Ecocity. The Bridge 29(4):10–14

Haberlik C (2001) 50 Klassiker. Architektur des 20. Jahrhunderts. Gerstenberg, Hildesheim

Halle Stadt (2007) ISEK – Integriertes Stadtentwicklungskonzept. Stadtumbaugebiete. Stadt Halle/Saale, Halle, S 75–89 (http://www.halle.de/VeroeffentlichungenBinaries/266/199/br_isek_stadtumbaugebiete_2008.pdf. Zugegriffen: 2. Januar 2014)

Harvey F (2010) Green vision: the search for the ideal eco-city. Financial Times. 9. September. http://www.ft.com › topics › organisations. Zugegriffen: 16. Januar 2016

Hoffjann T (1994) Arbeitsschritte für eine ökologisch orientierte Stadtentwicklung. LOBF-Mitteilungen 2:13–18

Howard E (1898) To-morrow: a peaceful path to social reform. Cambridge Library Collection, London

Howard E (1902) Garden cities of tomorrow. Swan Sonnenscheind & Co., Ltd, London

Ignatieva ME (1987) Composition, analysis and principles of flora formation in a nonindustrial town: Puschino, Moscow Region. PhD thesis, Moscow State University

Ignatieva ME (2000) Ecopolis-towards the holistic city: Lessons in integration from throughout the world. Environmental Management & Design Division, PO Box 84, Lincoln University. https://researcharchive.lincoln.ac.nz/bitstream/10182/57/1/ecopolis.pdf. Zugegriffen: 2. Januar 2014

Ignatieva ME, Meurk C, van Roon M, Simcock R, Stewart G (2008) How to Put Nature into Our Neigbourhoods. Application of Low Impact Urban Design and Development (LIUDD) Principles, with a Biodiversity Focus, for New Zealand Developers and Homeowners. Landcare Research Science Series, Bd 35. Manaaki Whenua Press, Christchurch

Jencks C (1988) Die Sprache der postmodernen Architektur – Entstehung und Entwicklung einer alternativen Tradition. DVA, Stuttgart

Joss S (2010) Eco-Cities – A Global Survey 2009. Part A: Eco-City Profiles. University of Westminster, London (http://www.westminster.ac.uk/ecocities. Zugegriffen: 30. Dezember 2013)

Joss S (2011) Eco-Cities: The Mainstreaming of Urban Sustainability: Key Characteristics and Driving Factors. International Journal of Sustainable Development and Planning 6(3):268–285

Joss S, Tomozeiu D, Cowley R (2011) Eco-Cities – A Global Survey 2011 Eco-City. University of Westminster, London (www.westminster.ac.uk/ecocities, Zugegriffen:: 30. Dezember 2013)

Kabisch N, Haase D (2013) Green justice or just green? Provision of urban green spaces in Berlin, Germany. Landscape and Urban Planning 122(2014):129–139

Kennedy M, Kennedy D (1997) Designing Ecological Settlements. Ecological Planning and Building: Experiences in New Housing and in the Renewal of Existing Housing Quarters in European Countries. Dietrich Reimer Verlag, Berlin

Keul G (Hrsg) (1995) Wohlbefinden in der Stadt. Umwelt- und gesundheitspsychologische Perspektiven. Belz, Weinheim

Krusche P, Althaus D, Gabriel I, Weig-Krusche M (1982) Ökologisches Bauen. Bauverlag GmbH, Wiesbaden/Berlin

Lang S (1952) The ideal city from Plato to Howard. Architectural Review 62:91–101

Le Corbusier (1922) Paris: Eine zeitgenössische Stadt für 3 Millionen Einwohner, Gesamtansicht. Fondacion Le Coubusier, Paris FLC 31.006

Le Corbusier (1935) La Ville radieuse. Boulogne-sur-Seine

Lehmann S (2010) The Principles of Green Urbanism. Transforming the City for Sustainability. Earthscan, London

Lipp R (2010) ElCity – Ein transdiziplinäres Konzept für die Stadt des 21. Jahrhunderts. http://www.leibniz-institut.de/archiv/lipp_26_05_10.pdf. Zugegriffen: 31. Dezember 2013

Lohmann D (2010) Ökostadt im Erdöl-Land. Masdar City in Abu Dhabi. In: Scinexx. Das Wissenschaftsmagazin. http://www.scinexx.de/dossier-507-1.html. Zugegriffen: 31. Dezember 2013

Lötsch B (1994) Kriterien der ökologischen Stadt. In: Morawetz W (Hrsg) Ökologische Grundwerte in Österreich. Modell für Europa?. Verlag der österreichischen Akademie der Wissenschaften, Wien, S 163–191

Meadows DH, Meadows DL, Randers J, Behrens WW III (1972) The Limits to Growth. Universe Books, New York

Meurk CD, Hall GMJ (2006) Options for enhancing forest biodiversity across New Zealand's managed landscapes based on ecosystem modelling and spacial design. New Zealand Journal of Ecology 30:131–146

Ministerium für Umwelt, Raumordnung und Landwirtschaft des Landes Nordrhein-Westfalen (MURL) (1993) Ökologische Stadt der Zukunft: Konzepte und Maßnahmen der Modellstädte. MURL, Düsseldorf

Morus T (2009) Utopia. übersetzt v. H. Kothe. Anaconda, Köln (erstmals erschienen 1516)

Müller C (Hrsg) (2011) Urban Gardening. Über die Rückkehr der Gärten in die Stadt. Oekom Verlag, München

NatureParif (2012) Biodiversity & Urban Planning. A collection of initiatives implemented in French and Europea metropolitan areas. NatureParif, Paris

Office de Tourisme et des Congrés Marseille (2013) Die „Cité radieuse" Le Corbusier. www.marseille-tourisme.com/

al/.../stadt.../die-cite-radieuse-le-corbusier/. Zugegriffen: 27. Dezember 2013

Platon (1989) (erstmals erschienen 380 v. Chr.) Der Staat. Über das Gerechte, 11. Aufl. (übersetzt und erläutert von O Apelt. Hrsg. K Bormann. Einleitung P. Wilpert)

Portland Sustainability Institute (PSI) (2012) Eco-Districts. http://www.pdxinstitute.org/index.php/ecodistricts. Zugegriffen: 1. Februar 2013

Register R (1987) Ecocity Berkeley: Building Cities for a Healthy Future. North Atlantic Books, Berkely

Register R (2006) Ecocities: Rebuilding Cities in Balance with Nature. New Society Pub, Gabriola Island (revised edition)

Register R (2001) Ecocities: Building Cities in Balance with Nature. Berkeley Hills Books, Berkeley

Register R, Peaks B (Hrsg) (1970) Village Wisdom: Future Cities The Third International Ecocity Conference. Ecocity Builders, Berkeley

Roseland M (1997) Dimensions of the Eco-city. Cities 14(4):197–202

Roskamm N (2010) Die Utopie des Nichts – zur Transformation des Tempelhofer Feldes in Berlin. Dérive – Zeitschrift für Stadtforschung 42:4–10

SBA design (2013) Hongqiao Low Carbon Business District. http://www.sba-int.com/. Zugegriffen: 31. Dezember 2013

Senatsverwaltung für Stadtentwicklung Berlin (SSB) (2010) Ideenfreiheit Tempelhof. Auf dem Weg zur Stadt von morgen. www.stadtentwicklung.berlin.de/.../tempelhof/.../ideenfreiheit_tempelhof. Zugegriffen: 4. Januar 2014

Sperling C (Hrsg) (1999) Nachhaltige Stadtentwicklung beginnt im Quartier. Ein Praxis- und Ideenhandbuch für Stadtplaner, Baugemeinschaften, Bürgerinitiativen am Beispiel des sozial-ökologischen Modellstadtteils Freiburg-Vauban. Forum Vauban e. V./ Öko-Institut e. V., Freiburg

Speer A, und Partner (2009) A manifesto for sustainable cities. Think local, act global. Prestel Verlag, München

Stevens C (2013) Sustainable Seattle: From Measuring Progress to Changing the Future. www.sustainableseattle.org; chantal@sustainableseattle.org. Zugegriffen: 31. Dezember 2013

Stewart GH, Ignatieva ME, Meurk CD, Earl RD (2004) The re-emergence of indigenous forest in an urban environment, Christchurch, New Zealand. Urban Forestry – Urban Greening 2:149–158

Su M, Xu L, Chen B, Yang Z (2012) Eco-City Planning Theories and Thoughts. In: Yang Z (Hrsg) Eco-Cities. A Planning Guide. Taylor and Francis, Boca Raton, S, S 3–14

Sustainable Seattle (2013) www.sustainableseattle.org/programs/regional-indicators

Tjallingii SP (1995) Ecopolis. Strategies for Ecologically Sound Urban Development. Backhuys Publishers, Leiden

Treberspurg M, Stadt Linz (2008) solarCity Linz Pichling. Nachhaltige Stadtentwicklung. Springer Verlag, Wien, New York

United Nations Human Settlements Programme (UN-Habitat) (2009) Planning Sustainable Cities: Global Report on Human Settlements 2009. UN-Habitat, London (http://www.unhabitat.org/content.asp?typeid=19&catid=555&cid=5607. Zugegriffen: 16. Januar 2016)

Universitätsstadt Tübingen (2006) ECOCITY Tübingen-Derendingen. Abschlußbericht des EU-Forschungsprojektes ECOCITY-Urban structures for sustainable transport (www.tuebingen.de/Dateien/proj_plan_ECOCITY-Tuebingen_Teil2.pdf). www.tuebingen.de/Dateien/proje_plan_ECOCITY-Tuebingen_Teil1.pdf. Zugegriffen: 30. Dezember 2013

Wang R, Downton R, Douglas I (2011) Towards Ecopolis: new technologies, new philosophies and new developments. In: Douglas I, Goode D, Houck M, Wang R (Hrsg) The Routledge Handbook of Urban Ecology. Routledge Handbooks, London, New York, S 636–651

Werner P, Zahner R (2009) Biologische Vielfalt und Städte. Eine Übersicht und Bibliographie. BfN-Skripten, Bd 245. BfN, Bonn

Wittig R, Breuste J, Finke L, Kleyer M, Rebele F, Reidl K, Schulte W, Werner P (1995) Wie soll die aus ökologischer Sicht ideale Stadt aussehen? – Forderungen der Ökologie an die Stadt der Zukunft. Zeitschrift f Ökologie und Naturschutz 4:157–161

Wittig R, Breuste J, Finke L, Kleyer M, Rebele F, Reidl K, Schulte W, Werner P (2008) What Should an Ideal City Look Like from Ecological View? – Ecological Demands on the Future City. In: Marzluff J, Shulenberger E, Endlicher W, Alberti M, Bradley G, Ryan C, Simon U, Zum Brunen C (Hrsg) Urban Ecology. An International Perspective on the Interaction Between Humans and Nature. Springer, New York, S 691–697

World Commission on Environment and Development (WCED), Hauff V (Hrsg) (1987) Unsere gemeinsame Zukunft. Brundtland-Bericht der Weltkommission für Umwelt und Entwicklung. Eggenkamp, Greven

Yang Z (Hrsg) (2012) Eco-Cities. A Planning Guide. Taylor and Francis, Boca Raton

§§§2DAYDUBAI.COM (2010) Masdar City: Abu Dhabi Green Clean Tech Project. http://www.2daydubai.com/pages/masdar-city.php. Zugegriffen: 31. Dezember 2013

Weiterführende Literatur

Bundesverband Deutscher Gartenfreunde e. V. (BDG) (2012) Mein erstes Mal. Postkartenserie zur Gartenwerbung

v Eyck A (1999) Werke 1944–1999. Birkhäuser, Basel

Portland, City of (2011) We build green cities. http://www.webuildgreencities.com/index.cfm. Zugegriffen: 1. Februar 2013

Prinzessinnengarten (2013) www.prinzessinnengarten.net. Zugegriffen: 31. Dezember 2013

Stadt Halle (2011) Sonderveröffentlichung. Stadtteilkatalog 2010 der Stadt Halle.

Vollrodt S, Frühauf M, Haase D, Strohbach M (2012) Das CO2-Senkenpotential urbaner Gehölze im Kontext postwendezeitlicher Schrumpfungsprozesse. Die Waldstadt-Silberhöhe (Halle/Saale) und deren Beitrag zu einer klimawandelgerechten Stadtentwicklung. Hallesches Jahrbuch für Geowissenschaften 34:71–96

Worum geht es bei Stadtökologie und ihrer Anwendungen in der Stadtentwicklung?

Jürgen Breuste, Dagmar Haase, Stephan Pauleit und Martin Sauerwein

8.1   Es geht um die Stadt der Zukunft! – 246

8.2   Es geht um Stadtstruktur! – 248

8.3   Es geht um die Besonderheit von Stadtökosystemen! – 249

8.4   Es geht um Stadtnatur! – 249

8.5   Es geht um Leistungen der Ökosysteme
für die Menschen in der Stadt! – 250

8.6   Es geht um Resilienz von Stadtökosystemen! – 251

8.7   Es geht um Ökostädte! – 252

Literatur – 253

J. Breuste et al., *Stadtökosysteme,*
DOI 10.1007/978-3-642-55434-6_8, © Springer-Verlag Berlin Heidelberg 2016

8.1 Es geht um die Stadt der Zukunft!

Urbanisierung ist eines der prägenden Phänomene des 21. Jahrhunderts, das alle Regionen der Erde erfasst hat. Bei einer auf über neun Milliarden Menschen anwachsenden Weltbevölkerung, ist auch keine ernsthafte Alternative zur Stadt als menschlichem Habitat zu erkennen. Denn sie ist auch aus einer ökologischen Perspektive die effektivste und effizienteste Organisationsform menschlichen Lebens. Allerdings erzeugen Städte, so wie wir sie kennen, große Umweltbelastungen, von denen nicht nur die Stadtbewohner selber betroffen werden, sondern die globale Auswirkungen haben. Klimawandel, die Ausbeutung fossiler Energieträger und nicht erneuerbarer Rohstoffe, die Übernutzung der natürlichen Ressourcen sowie nicht zuletzt die enorme Problematik der Freisetzung von Abfallstoffen in die Umwelt, die erst langsam in ihrem vollen Umfang erkannt wird, sind an vorderster Stelle zu nennen.

Städte waren niemals ökologisch nachhaltig im engeren Sinne, denn sie sind als offene Systeme auf Importe von Energie und Stoffen aus der umgebenden Umwelt zwingend angewiesen (Elmqvist et al. 2013). Auch die kühnsten Visionen von urbaner Landwirtschaft, die in Hochhaustürmen produziert, und ein radikaler, aber nur sehr schwer durchzusetzender Wandel des menschlichen Konsumverhaltens, werden wohl nicht dazu führen, dass Städte völlig autark werden. Dagegen sprechen die hohe und weiter steigende Konzentration von menschlichen Konsumenten in den Städten und die Intensität von energie- und rohstoffverbrauchenden Wirtschaftsprozessen auf eng begrenzter Fläche. Städte könnten jedoch sehr viel besser organisiert werden, und damit aus ökologischer Sicht effizienter werden, als sie das heute sind.

Wie sollen dann Stadt und Stadtregion der Zukunft aussehen? Es wäre wohl unmöglich, darauf nur eine Antwort zu geben. Städte der Zukunft sollen eine hohe Umwelt- und Lebensqualität aufweisen, gleichzeitig soll der ökologische Fußabdruck so gering wie möglich sein, und sie sollen resilient und anpassungsfähig sein, insbesondere im Hinblick auf den Klimawandel. Was diese Ziele konkret für Städte bedeuten und wie sie zu erreichen sind,

muss für jede Stadt individuell beantwortet werden. München, Leipzig, Shanghai und Daressalam stehen vor jeweils ganz eigenen Herausforderungen. Geht man einmal davon aus, dass große Zerstörungen durch Kriege oder andere Katastrophen ausbleiben, dann wird die europäische Stadt vermutlich auch am Ende des 21. Jahrhunderts rein äußerlich in vielen Bereichen der Stadt ähneln, wie wir sie heute kennen. Ihre Funktionsweise wird sich aber in Folge des gesellschaftlichen Wandels und globaler Umweltveränderungen radikal ändern. Europäische Städte müssen ihren Ressourcenverbrauch drastisch reduzieren. Das Flächenwachstum ist einzudämmen, aber in den kompakten Städten ist durch Konzepte wie das der „doppelten Innentwicklung" (DRL 2006) gleichzeitig eine angemessene und ökologische leistungsfähige Ausstattung mit Stadtnatur als „Grüner Infrastruktur" sicherzustellen und zu entwickeln (Pauleit et al. 2011). Nur so lässt sich die Anpassung an den Klimawandel mit den zunehmenden Überwärmungserscheinungen, Hitzewellen und Starkregenereignissen bewältigen. Nur so lässt sich der angemessene Zugang zur Stadtnatur für die Bürger erreichen.

Kopenhagen hat sich das ambitionierte Ziel gesetzt, bis zum Jahr 2025 klimaneutral zu werden (City of Copenhagen 2012a). Beispielhaft gefördert wird auch der Fahrradverkehr als umweltfreundliches Fortbewegungsmittel (City of Copenhagen 2008). Um die zukünftige Gefährdung von Überschwemmungen durch Starkregenereignisse, wie sie die Stadt am 2. Juli 2011 schmerzhaft erleben musste, zu vermindern, wurde der sogenannte „Wolkenbruchplan" verabschiedet (City of Copenhagen 2012b). Er sieht die großräumige Umgestaltung von Straßenräumen, Plätzen und Grünflächen vor, um die Wasserrückhaltefähigkeit zu erhöhen und so die Kanalisation zu entlasten. Es bleibt aber nicht nur beim Plan, denn erste Projekte werden bereits umgesetzt. Plätze und ganze Stadtquartiere werden umgestaltet, die danach nicht nur besser auf die Anforderungen des Klimawandels vorbereitet sind, sondern die auch lebenswerter sind, weil sich die Freiraumqualität durch mehr und qualitativ hochwertigeres Stadtgrün verbessert hat. Auch die Biodiversität wird durch mehr Bäume und andere Vegetationselemente profitieren.

Kopenhagen kann also als ein Vorbild für die ökologische orientierte Stadtentwicklung dienen.

Kopenhagen ist aber eine ökonomische prosperierende Stadtregion, und Lösungen, die dort entwickelt werden, lassen sich nicht einfach auf andere Städte übertragen, etwa in altindustrialisierten Regionen, die mit wirtschaftlichen Strukturproblemen zu kämpfen haben. Hier sind wiederum besondere Ansätze für die ökologische Stadt der Zukunft zu entwickeln, die auf die dortigen Herausforderungen gezielt eingehen, wie etwa den hohen Anteil an brachgefallenen Flächen. Die Internationale Bauausstellung Emscher-Park hat im Ruhrgebiet von 1989 bis 1999 maßstabsgebend gezeigt, wie der ökologische Umbau dieser Industrieregion in die Wege geleitet werden kann. Im Mittelpunkt stand die Wiederherstellung und Förderung der landschaftlichen und ökologischen Qualität, die als Grundlage für eine umfassendere Erneuerung des Ruhrgebiets begriffen wurde (Minister für Stadtentwicklung, Wohnen und Verkehr des Landes NRW 1997; IBA 1997). Besonders bekannte Beispiele unter vielen anderen sind die Renaturierung der Emscher, die Umgestaltung eines Stahlwerks im Duisburger Norden in einen großen Park und die Sicherung der Zeche Zollverein in Essen als Weltkulturerbe. Vorhandene Brachflächen, auf denen sich artenreiche Lebensgemeinschaften angesiedelt hatten, konnten dabei nicht nur gesichert werden, sondern sie waren die Grundlage für die Gestaltung eines neuen Typus von Freiräumen.

Während diese und andere Projekte modellhaft zeigen, wie sich Ziele der ökologisch orientierten Stadtentwicklung ganz konkret umsetzen lassen, ist diese projektbezogene Strategie auf der anderen Seite auch in die großräumige Betrachtung regionaler Zusammenhänge einzubetten. Das Bild von der scharf abzugrenzenden Stadt hier und dem Land dort, ist heute nicht mehr zutreffend und auch nicht zielführend. Große zusammenhängende Freiräume im Stadtumland können wichtige ökologische Funktionen für die Versorgung der Stadt mit Trinkwasser und Frischluft erfüllen, sie sind für die Erholung und die Produktion von Lebensmitteln bedeutsam. Aber peri-urbane und ländliche Räume müssen für die Bereitstellung dieser Leistungen auch angemessene Gegenleistungen erhalten, um ihre spezifischen Bedürfnisse befriedigen zu können. Stadtentwicklung ist eben nicht nur von der Stadt aus zu denken, sondern auch vom ländlichen Raum aus zu konzipieren (Piorr et al. 2011). Das Bild der Rural-Urbanen Region, die aus miteinander verbundenen städtischen Kernbereichen, peri-urbanen Räumen sowie ländlich geprägten Räumen besteht, mag hierfür eine sinnvolle Grundlage bieten, denn es geht von den Realitäten der heute gegebenen Raumstrukturen aus. Stadtökologie als inter- und transdiziplinärer Ansatz sollte die Möglichkeiten für eine nachhaltigere Entwicklung dieser Rural-Urbanen Regionen erforschen und ihre Umsetzung in Handlungskonzepte unterstützen. Bewerkstelligen wird sich letzteres aber nur lassen, wenn die Politik auch in die Lage versetzt wird, auf der Ebene von Rural-Urbanen Regionen Entscheidungen zu fällen. Gerade hieran mangelt es aber.

Für Shanghai als Beispiel einer Megastadt in einem ökonomischen Schwellenland gelten eigene Herausforderungen, nicht nur wegen ihrer enormen Größe und Bevölkerungsdichte. Aber auch hier werden ökologische Ziele für die Stadtentwicklung als wichtig erkannt, und es werden große Investitionen in die Entwicklung eines städtischen Grünflächensystems vorgenommen (▶ Kap. 4).

Städte wie Daressalam, deren Bevölkerungszahl geradezu explosionsartig steigt, und dies ohne vergleichbares Wirtschaftswachstum, müssen ganz andere Antworten als die Städte der hochindustrialisierten Länder finden. Modelle für die Stadt der Zukunft müssen insbesondere dem Umstand Rechnung tragen, dass 70–80 % der Bevölkerung in ungeplanten Slums leben (URT 2004) und sich daran bei jährlichen Wachstumsraten der Stadtbevölkerung von bis zu 5 % auch in den kommenden Dekaden wohl wenig ändern wird (Di Ruocco et al. 2015). Es kann daher nicht darum gehen, die afrikanische Stadt, so dysfunktional sie gegenwärtig sein mag, durch europäische Stadtmodelle ersetzen zu wollen, sondern ihr zu helfen, sich schrittweise zu einem eigenen Modell zu entwickeln. Prof. J. Schellnhuber, Direktor des Potsdam Instituts für Klimaforschung, etwa schreibt von der Notwendigkeit, in Städten der sich entwickelnden Länder funktionale Slums zu entwickeln (SZ 2015). Diese Forderung mag ernüchternd klingen, aber sie nimmt die Realität zur Kenntnis. Ein besonderes Anliegen muss die Sicherung der Ernährung der Bevölkerung und ihre Versorgung mit Gütern des Grundbedarfs haben. Urbane und peri-urbane Landwirtschaft sollte daher eine Schlüsselrolle für die ökologisch orientierte Stadtentwicklung spielen. Ebenso wichtig ist in diesen Städten die Freihaltung von Flusstälern und anderen Risikozonen von Besiedelung, um wiederkehrende und sich durch den Klimawandel verstärkende Risiken von der wachsenden Bevölkerung abzuwenden.

Betrachtet man diese Herausforderungen für die ökologische orientierte Stadtentwicklung zusammenfassend, dann könnte dies für den Leser frustrierend sein, denn es ergibt sich kein eindeutiges, klares Bild der Stadt der Zukunft aus einer ökologischen Perspektive. Zu vielfältig und unterschiedlich sind die Herausforderungen im Einzelnen und die Voraussetzungen für die Entwicklung von Lösungsansätzen. Die in diesem Buch aufgezeigten theoretischen und methodischen Ansätze der Stadtökologie ermöglichen es aber, sich den großen Herausforderungen der Stadtentwicklung zu nähern und damit Erkenntnisse zu gewinnen, die die Entwicklung jeweils angepasster Problemlösungsstrategien ermöglichen.

8.2   Es geht um Stadtstruktur!

Was ist eine Stadtlandschaft? Ergebnisse von Biotop- und Strukturtypenkartierungen haben gezeigt, dass Städte ein vielfältiges Mosaik unterschiedlicher Bebauungs- und Grünstrukturen mit jeweils eigenen ökologischen Eigenschaften sind (▶ Kap. 2). Sie unterscheiden sich durch ihre Pflanzen- und Tierwelt, Kleinklima und Böden. Flächennutzung und Oberflächenbedeckung, also etwa der Anteil von versiegelten oder vegetationsbedeckten Flächen werden daher auch als ökologische Schlüsselmerkmale bezeichnet (Pauleit und Breuste 2011).

Natürliche Elemente, etwa Flüsse oder Berge sind Wahrzeichen, sie verleihen Städten mit ihrer jeweils einzigartigen Gestalt und der Ausprägung von Flora und Fauna einen besonderen Charakter. Die Stadtentwicklung hat aber meistens die naturräumlichen Bedingungen stark überprägt und der Flächenanteil von Relikten der Natur- und historischen Kulturlandschaft ist gering. Sie sind noch dazu häufig in kleine Flächen fragmentiert. Dennoch spielen sie eine überragende Bedeutung für die Biodiversität, denn es sind gerade diese naturnahen

Lebensräume, in denen sich ein großer Anteil der regionaltypischen und seltenen Arten befindet.

Öffentliche Grünflächen können ebenfalls einen bedeutenden Anteil der städtischen Grünstruktur ausmachen. Die größten Anteile der städtischen Grünflächen befinden sich aber in privater und institutioneller Hand. Damit sind auch die Biodiversität in der Stadt und Ökosystemdienstleistungen wie die Temperaturregulation nachhaltig nur durch eine die gesamte Stadtlandschaft einbeziehende Planung zu sichern. Schon aus diesem Grund kann die ökologisch orientierte Stadtentwicklung nicht auf Untersuchungsansätze verzichten, die die Stadtlandschaft in ihrer Gesamtheit erfassen. Biotop- und Strukturtypenkartierungen in Kombination mit der Erhebung der Oberflächenbedeckung aus Luft- bzw. Satellitenbildaufnahmen oder auch Gradientenanalysen, sind praktikable Ansätze, um die Stadtlandschaft und ihre ökologischen Eigenschaften zu erfassen und zu analysieren.

Da die Stadtplanung die Flächennutzung und Bebauungsstruktur durch Instrumente wie Flächennutzungspläne beeinflussen kann, bilden Ansätze wie Strukturtypenkartierungen auch eine Schnittstelle, um ökologisch relevante Informationen in die Stadtplanung einzubringen. Sie sind eine Grundlage, um für die Stadtentwicklung entscheidende Fragen zu beantworten, etwa nach dem erforderlichen Anteil, der Ausprägung und Verteilung von Grünflächen, um gewünschte Ökosystemdienstleistungen, etwa zur Regulierung des Stadtklimas, zu erbringen.

In Deutschland haben immerhin über 200 Städte eine Biotopkartierung durchgeführt (Werner 2008), flächendeckende floristische oder faunistische Erhebungen sind jedoch bereits eine Seltenheit. Während es möglich ist, die Einwohnerzahl und -dichte europäischer Städte miteinander zu vergleichen, gibt es keine Vergleichszahlen für ökologisch so grundlegende Merkmale wie den Flächenversiegelungsgrad oder den Gesamtanteil der Vegetationsbestände, oder gar noch spezifischer, ihres Baumbestands. In einer globalen Perspektive ist die Datenlage noch begrenzter, einmal abgesehen von Nordamerika und Australien. Südamerikanische, asiatische und ganz besonders afrikanische Städte sind in ökologischer Sicht noch kaum erforscht und die vorgenannten Daten existieren nur für wenige Beispiele.

8.3 Es geht um die Besonderheit von Stadtökosystemen!

Städte sind Ökosysteme, die vom Menschen stark geprägt und gesteuert werden. Stadtökosysteme sind einzigartig in ihrer engen Verflechtung und den Wechselwirkungen (*feedbacks*) zwischen natürlichen und menschgemachten Strukturen; und dadurch auch außerordentlich komplex. Stadtökosysteme zeichnen sich durch kleinräumig variierende, häufig im Vergleich zum Umland extreme biotische und abiotische Faktoren aus (Haase 2011).

Stadtökosysteme besitzen aufgrund der dichten Bebauung und flächenhaften Versiegelung, sowie der Emissionen als Folge von Industrie und Verkehr ein eigenes typisches Stadtklima. In Bezug auf die Landbedeckung, den Baum- und Grünflächenanteil weisen viele Städte einen deutlichen urban-ruralen Gradienten auf. Häufig verwendete Abgrenzungskriterien für Städte oder „das Städtische" sind zum einen der hohe Anteil bebauter bzw. versiegelter Fläche sowie zum anderen die hohe Bevölkerungsdichte als zwei wesentliche Merkmale urbaner Systeme im Vergleich zu ruralen Systemen (Haase 2012, 2014).

Bezüglich ihrer Landnutzung sind Städte und urbane Räume sehr intensiv genutzt, es dominiert eine multifunktionale Nutzung der meisten urbanen Räume, also das kombinierte Vorkommen der Wohnfunktion aber auch der Arbeits-, Verkehrs- und Erholungsfunktion. Entsprechend komplex ist die urbane Landbedeckungsmatrix (Larondelle et al. 2014; ▶ Kap. 2). Indikatoren zur Abbildung der urbanen Landbedeckung bzw. Landnutzung sind europaweite Datensätze wie Corine Land Cover und Urban Atlas, beide von der EEA bereitgestellt (Larondelle et al. 2014).

8.4 Es geht um Stadtnatur!

Die Vielfalt städtischer Natur ist auf den ersten Blick überraschend. In der Stadt finden sich Naturelemente, die außerhalb der Städte selten oder sogar gar nicht vorkommen. Die Ursache dafür sind die besonderen städtischen Lebensraumbedingungen (Temperatur, Feuchte und Wasserhaushalt, Licht, Luftchemismus, Bodenzustand). In die zwischenart-

liche Konkurrenz greift der Mensch durch Nutzung, Pflege und Pflanzung tiefgreifend ein und verursacht ständige Störungen. Neophyten, die mit diesen Bedingungen in Konkurrenz zu einheimischen Arten gut bestehen können, bereichern die Flora zusätzlich und machen Städte hinsichtlich der Artenvielfalt zu lokalen „Hot Spots" der Biodiversität.

Auch für Tiere sind Städte als Lebensräume attraktiv. Ihre Artenzahl in der Stadt ist sogar wesentlich höher als die der Pflanzen (ca. 10-fach, Klausnitzer 1993; Tobias 2011). Bedingt durch den Verlust von Habitaten außerhalb der Städte und durch Attraktivität der Städte als Lebensraum (z. B. Nahrung, fehlende Konkurrenz) besiedeln Wildtiere Städte dauerhaft. Städte sind damit auch Ersatzlebensräume für Arten, die in der intensiv genutzten Agrarlandschaft des Stadtumlandes oft nur noch wenige Lebensraumangebote haben. Besonders über Populationen, Anpassung an den Lebensraum, Ausbreitung und Gefährdung von Wildtieren in der Stadt ist der Kenntnisstand aber noch unzureichend. Sowohl Spezialisten als auch Generalisten und Anpassungsfähige finden in der Stadt neue Lebensräume.

Kleinteiligkeit, wärmere und trockenere Lebensräume und wechselnde Nutzungsintensitäten sind Eigenschaften von Stadtnatur, deren Eigenschaften damit vielfältig und wesentlich durch den Menschen bestimmt sind. Die städtischen Lebensräume sind in ständigem Wandel durch Nutzungsänderungen und Stadtentwicklung begriffen. Stabilität ist eher weniger eine Eigenschaft von Stadtnatur. Auch angesichts des bereits spürbaren Klimawandels ist dies nicht zu erwarten. Städte sind sogar „Vorreiter" des Klimawandels. Hier sind extreme Klimabedingungen (im Vergleich zum Stadtumland) bereits jetzt zu spüren. Der Klimawandel wird für Flora und Fauna neue, weitere zusätzlich Herausforderung bringen. Städte sind die ersten „Experimentierfelder", die zeigen, wie Flora und Fauna auf diese Veränderungen reagieren.

Menschen leben bewusst oder unbewusst in Stadtnatur und mit ihr zusammen. Die Vielfalt städtischer Lebensräume lässt sich in vier einfach zu beschreibenden Naturkategorien („Naturarten" – Kowarik 1993) gliedern. Diese reichen von noch vorhandenen nicht-städtischen „Naturrelikten" bis zur Spontanvegetation auf aufgegebenen

Nutzflächen. Alle haben sie ihre Berechtigung im Naturspektrum der Städte. Ihre Wahrnehmung, Akzeptanz und Nutzung durch die Stadtbewohner ist jedoch durchaus unterschiedlich.

Stadtbäume an Straßen, auf Plätzen und in Stadtwäldern werden von den meisten Stadtbewohnern geschätzt. Sie ermöglichen z. B. ein vielfältiges Angebot an Ökosystemdienstleistungen und benötigen wenig Platz. Eine Stadt ohne Bäume ist schwer vorstellbar und schon gar nicht wünschenswert. Brachflächen führen uns in Sukzessionen neue, oft noch unbekannte Stadtnatur vor, der sich Menschen zuerst noch zaghaft zuwenden, da sie sie nicht kennen, Nutzungsrisiken überbewerten und kulturell geprägt sind, „Ungepflegtes" eher abzulehnen.

Stadtnatur ist weder vorrangig fragil noch zuerst Risikoraum für den Menschen. Stadtbewohner müssen lernen Stadtnatur besser zu verstehen, sie mit diesen Kenntnissen bewusster zu gestalten und ihre Vielfalt als wertvollen und unverzichtbaren Bestandteil unseres Lebensraumes Stadt zu schätzen. Stadtnatur ist nicht nur Erholungsraum und Gegensatz zum bebauten Stadtraum, sondern auch Raum für Naturerlebnisse und -erfahrungen, die alle Stadtbewohner brauchen und besonders Kinder nachfragen und benötigen.

Die Aufgabe, Natur in der Stadt den Menschen in der Stadt näher zu bringen und Stadtnatur neben Erholung zu Lern- und Naturerfahrungsorten werden zu lassen, ist von besonderer Bedeutung. Sie ist Raum für Erholung, Inspiration, Entspannung und Lernen. Dazu bedarf es einer Grünen Infrastruktur, die allen zugänglich ist.

8.5   Es geht um Leistungen der Ökosysteme für die Menschen in der Stadt!

„Urbane Ökosystemdienstleistungen" ist ein verhältnismäßig junges Konzept, Stadtnatur und städtische Ökosysteme zu bewerten (Haase et al. 2014). Ökosystemdienstleistungen sind dabei jene Leistungen der Strukturen und Prozesse von Ökosystemen, welche zum menschlichen Wohlbefinden beitragen.

Ökosystemdienstleistungen in Städten können in vier Typen gegliedert werden: produzierende, regulierende, erholungsfördernde und unterstüt-

zende Leistungen. In der Stadt sind die Regulationsleistungen und die Erholungsfunktion wichtiger gegenüber den Produktionsleistungen (Larondelle et al. 2014). Wichtig allemal sind die sogenannten Basis- oder Unterstützungsleistungen, zu denen die Habitat- und Biodiversitätsfunktion aber auch die Bodenbildung gerechnet werden.

Eine besonders wichtige urbane Ökosystemdienstleistung stellt die Erholungsfunktion dar – sie kann durch die Anzahl, Größe und vor allem die Erreichbarkeit von urbanen Grünflächen durch die Bewohner der Stadt beeinflusst werden (Kabisch und Haase 2014). Zudem spielen Analysen zur Wahrnehmung urbaner Grün- und Wasserinfrastruktur und deren Berücksichtigung in Planungsprozessen eine zunehmend wichtigere Rolle. Allerdings zieht eine Gebietsaufwertung durch neue und hochwertige Grünflächen (zum Beispiel der High Line Park in NYC, das Tempelhofer Feld in Berlin oder der Lene-Voigt-Park in Leipzig) auch schnell und konsequent höhere Grundstückspreise und Mieten nach sich und befördert – zum Teil auch nicht unbeabsichtigt – eine zunehmende soziale und Einkommenssegregation in unseren Städten (Gruehn 2010).

Ebenso von großer Wichtigkeit – vor dem Hintergrund des Klimawandels, der Zunahme von Hitzetagen und Hitzewellen in Städten – ist die lokale Klimaregulation, d. h. die Kühlungsfunktion durch Stadtnatur. Sie kann mit dem Anteil beschatteter und baumbestandener Flächen, der Oberflächentemperatur oder -ausstrahlung, aber auch der Evapotranspiration als Ausdruck latenter Kühlungswärme bestimmt werden (Schwarz et al. 2010).

Zunehmend an Bedeutung gewinnt allerdings auch die urbane Produktionsfunktion im Sinne von urbaner Landwirtschaft im weiteren Sinne: klassische Kleingärten werden ergänzt durch Hinterhofgärtnern, Zwischennutzungen (Lorance Rall und Haase 2011) *community gardens* mit starker sozialer Komponente aber auch Kurzumtriebsplantagen auf Brachen und neuen Former peri-urbaner Landwirtschaft wie z. B. der solidarischen Landwirtschaft oder der Initiative „Ackerhelden" rund um Berlin.

Es gibt grundsätzlich zwei Möglichkeiten, urbane Ökosystemdienstleistungen in Bezug auf ihre Nützlichkeit für den Menschen zu bewerten – monetäre und nicht-monetäre Ansätze. Letztere können quantitativ und qualitativ sein. Allerdings gibt es im Moment weitaus besseres Wissen über das Angebot an Ökosystemdienstleistungen im funktionalen als die Nachfrage im empirischen Sinne.

Zwischen Ökosystemdienstleistungen in der Stadt treten aufgrund der urbanen Multifunktionalität Synergieeffekte als auch *Trade-Offs* (Konflikte) auf (Haase 2012), die eine Abwägung unterschiedlicher Ziele erfordern.

8.6 Es geht um Resilienz von Stadtökosystemen!

Stadtökosysteme sind durch Veränderungen in Energie-, Stoff- und Wasserflüssen gegenüber Störungen und Naturgefahren empfindlich. Entscheidende Faktoren sind die Denaturierung durch Versiegelung und die Abhängigkeit von anderen Ökosystemen der näheren und weiteren Umgebung. Versiegelung kann als ökologische Komplexgröße betrachtet werden, da sie sowohl Energie- als auch Stoff- und Wasserflüsse verändert. Resilienz gegenüber Vulnerabilität zu entwickeln, ist eine wichtige Aufgabe ökologischer Stadtentwicklung. Stadtökosysteme können dazu einen erheblichen Beitrag leisten. Resilienz ist dabei nicht als Beharrungsvermögen zu verstehen, sondern soll im Gegenteil die Wandlungs- und Lernfähigkeit des Ökosystems Stadt erhöhen. Resilienz bezeichnet die Fähigkeit, auf Krisen und Störungen reagierend, ein dynamisches Gleichgewicht aus Selbsterneuerung und Gestaltungsmöglichkeiten anzustreben (Selbstregulation). Bestehende Strukturen müssen, um Resilienz zu gewinnen, in anpassungsfähige Formen überführt werden (Vale und Campanella 2005; Walker et al. 2006; Newman 2010). Städte sind nicht nur als Ganzes verwundbar, sondern unterscheiden sich in der Resilienz ihrer internen Strukturen, ihrer Stadtökosysteme, erheblich. Das Makrosystem Stadt und Stadtregion kann aus Resilienz-Perspektive in Mikrosysteme, z. B. Stadtstrukturen, unterschieden und in die relevanten Untersysteme Wirtschaft, Umwelt, Infrastruktur, *Governance* und Soziales untergliedert werden (Jakubowski 2013). Bestimmte verwundbare Bevölkerungsgruppen sind in ihren Stadtlebensräumen ökolo-

gischen Stressfaktoren oder auch Naturgefahren wie Hitze, Hochwasser, Trockenheit oder Tsunamis ausgesetzt und haben Schwierigkeiten, diese zu bewältigen. Diese Schwierigkeiten resultieren nicht nur aus Mangel an materiellen Ressourcen, sondern weil den Betroffenen die gleichberechtigte Teilhabe und Teilnahme an Wohlstand und Einkommen verwehrt wird und weil sie nicht ausreichend in soziale Netzwerke eingebunden sind (Bohle 2001). Stadtökosysteme sind damit in unterschiedlicher Weise verwundbar oder resilient gegenüber externen Beeinflussungen durch Naturereignisse. Dazu gilt es Konzepte für eine Minderung der Verwundbarkeit zu entwickeln, die auf die Eigenschaften und Leistungen von Stadtökosystemen aufbauen. Die Elbehochwässer 2002, 2006 und 2013 haben gezeigt, dass Verwundbarkeiten von ganz bestimmten Stadtökosystemen, hier die der städtischen Flussauen, durch technische Maßnahmen wie der Erhöhung der Deiche zu einem hohen Grad der Widerstandsfähigkeit (Hochwässer von über 9 m können nun ertragen werden!) führen. Sie zeigen aber auch, dass solche Anpassungen an technische und finanzielle Grenzen stoßen und im Falle ihres Versagens zu noch größeren Schäden führen. Alternativ oder ergänzend sollten sich daher auch Stadtstrukturen und ihre Nutzungen anpassen (▶ Kap. 2), etwa durch die (Wieder-)Schaffung von Retentionsräumen für Hochwasser und durch Entsiegelung, um den Regenwasserabfluss zu vermindern. Diese Maßnahmen fördern Ökosystemdienstleistungen und erhöhen damit die Resilienz. Kompakte Städte in grünen Netzen, Vegetation, insbesondere Bäume eingebunden in städtische Struktur und eine Vernetzung der gebauten Stadt mit dem Umland der Stadtregion können dazu beitragen (*nature-based solutions*). Die Vorstellung der Stadt als nur sozialtechnisches System muss zugunsten der Integration dieser sozial-technischen Systeme in und der dabei entstehenden Stadtökosysteme aufgegeben werden. Diese zu verstehen, ihre Eigenschaften zu nutzen und bewusst zu gestalten und damit zur Erhöhung der Resilienz von Städten beizutragen ist eine wichtige Zukunftsaufgabe der ökologisch orientierten Stadtentwicklung, in die die Bürger als Mitgestalter ihrer städtischen Lebensumwelt aktiv einbezogen werden müssen.

8.7 Es geht um Ökostädte!

Um Ziele anzusteuern, ist es gut, eine Vision als Leitbild zu haben. Das Leitbild Ökostadt oder ähnliche Bezeichnungen geben dabei Orientierung. Dass solche Leitbilder generell hilfreich sind, zeigen die zahlreichen nationalen und internationalen Initiativen zum breiteren Thema „Zukunftsstadt" (*City of Tomorrow*). Die dynamische Stadtentwicklung bedarf Steuerung, um Strukturen herauszubilden, die langfristig stabil, aber auch flexibel genug sind, den zukünftigen Anforderungen zu genügen. Die Zukunftsstadt wird dabei nur selten neu gebaut, sondern muss sich aus den bestehenden Städten entwickeln. Das Leitbild muss an viele, sehr unterschiedliche Voraussetzungen und Anforderungen angepasst werden. Lediglich in China, und in einigen wenigen Beispielen auch anderswo, werden tatsächlich neue Städte gebaut. Hier könnte gezeigt werden, dass Innovationen aufgenommen werden und Ökostädte entstehen.

Die Zukunftsstadt ist generell in all ihren Teilbereichen eine sehr umfassende Vorstellung, Ökostadt (Nachhaltige Stadt etc.) ist ein Teil davon. Ihr Grundprinzip ist es, eine Stadt zu sein, die in einem ausgewogenen Verhältnis mit der Natur steht und die von der Natur und ihren Prozessen und Strukturen profitiert (*nature-based solutions*), ohne sie zu zerstören (Städte in Balance mit der Natur) (Register 1987; Ecocity Builders 2013). Dieses Grundprinzip ist facettenreich und sollte nicht nur in einem Teilbereich angestrebt werden. Oft erfolgt eine selektive Schwerpunktsetzung im Bereich Ökostadt (z. B. Energieverwendung und -effizienz) und andere Bereiche werden völlig vernachlässigt. Das löst das notwendige komplexe Bild auf und lässt „Öko-" als lediglich „Energieeffizienz" erscheinen. Andererseits wird Ökostadt als technologisches Experimentierfeld (z. B. CO_2-Emission-Reduzierung, Niedrigenergiehäuser, Verkehrstechnologie, Regenwassertechnologe etc.) verstanden. Das ist auch ein möglicher Zugang, wenn es letztlich um das Wichtigste geht: Die Menschen in der Stadt. Städte sind zuerst Lebensraum der Menschen. Ihnen bessere Lebensbedingungen in ihnen zu ermöglichen und dabei Natur und ihre Prozesse einzubeziehen kann ein tragfähiger Ansatz sein. Dies schließt ein, dabei die Möglichkeiten der Bewohner anderer Siedlungen auf dieser Erde und zukünftiger Generationen ihre eigenen Bedürfnisse angemessen zu erfüllen, dadurch nicht einzuschränken. Das bedeutet auch die Stadtbewohner als Mitgestalter ihrer Stadtumwelt einzubeziehen, ihre Perspektive vorrangig zu berücksichtigen. Ökostadt kann damit auch als Ökostadtentwicklung „von unten" entstehen. Dieser partizipative Ansatz führt zu beispielhaften kleinen ökologischen Stadtelementen, Stadtteilen, Grünräumen etc. Sie können als Mosaiksteine, die Ökostadtidee weiter voran bringen. Solche innovativen Einzelprojekte beschreiben den Weg zur Ökostadt als Zielidee.

Anders die Ansätze in China. Neue Städte werden mit neuester Technologie und Innovation, häufig in Kooperation mit Architekten westlicher Staaten entworfen, geplant und gebaut. Danach ziehen Menschen dort ein, aber oft stehen viele der Gebäude auch leer. Die Ökostadtidee bleibt eher plakativ auf bestimmte Bereiche (z. B. CO_2-Emission-Reduzierung) reduziert und wenig beispielhaft. Die Realität bleibt hinter ihrem Anspruch zurück. Auch in Europa begann mit der Aalborg Charta 1994 ein Prozess, zukunftsbeständige, nachhaltige Stadtentwicklung zu fördern (ESCTC 2013).

Es zeigt sich, dass es für Ökostädte immer noch keine messbaren Prüfkriterien gibt, die die Teilaspekte im Einzelnen betreffen könnten. Es ist aber dringend notwendig Ökostädte durch Indikatoren dieser Teilaspekte messbar zu überprüfen. Die anzustrebenden Kriterien sind abhängig von gesellschaftlichen, kulturellen und naturräumlichen Problemlagen. Klimaanpassung, Energieeffizienz, Naturintegration (Ökosystemdienstleistungen) sind generell anstrebenswerte Ziele, deren Zielerreichung auch durchaus messbar ist. Die am meisten genannten Gestaltungsbereiche der Ökostädte sind: Energie (besonders Gebäude betreffend), genereller Ressourcenverbrauch, Mobilität, Wasser, Abfall, Freiraum und Grünflächen. Arbeit, Wirtschaft, Soziales/Kultur, Partizipation werden nur selten berücksichtigt. Stadtstruktur und Freiraum, besonders grüne Infrastruktur, müssen eine bedeutende Rolle spielen. Es kommt aber darauf an, ein lebenswertes, funktionstüchtiges und ressourcensparendes Ganzes zu entwickeln.

Ökostädte sind nie „fertig", sondern sollten sich weiter entwickeln können, den neu entwickelten

Stand kann man dann wiederum messen und mit der Ausgangssituation vergleichen.

Ökostädte sollten nicht Ökoinseln sein, sondern Ausgangspunkte für eine ökologische Entwicklung und Einbindung der Umgebung. Sie bilden mit Ihrer Umgebung eine sich innovativ entwickelnde Stadtregion.

Literatur

Verwendete Literatur

Bohle HG (2001) Vulnerability and criticality: Perspectives from social geography. Newsletter of the International Human Dimensions Programme on Global Environmental Change (IHDP) Newsletter Update, 2:1–7

City of Copenhagen (2008) Copenhagen. City of Cyclists. Account 2008. http://www.sfbike.org/download/copenhagen/bicycle_account_2008.pdf. Zugegriffen: 21. Februar 2013

City of Copenhagen (2012a) CPH 2025 Climate Plan. A green, smart and carbon neutral city. http://kk.sites.itera.dk/apps/kk_pub2/pdf/983_jkP0ekKMyD.pdf. Zugegriffen: 3. Juni 2015

City of Copenhagen (2012b) Cloudburst Management Plan 2012. http://en.klimatilpasning.dk/media/665626/cph_-_cloudburst_management_plan.pdf. Zugegriffen: 12. Mai 2015

DRL (Deutscher Rat für Landespflege) (2006) Durch doppelte Innentwicklung Freiraumqualitäten erhalten. Schriftenreihe d. Deutschen Rates für Landespflege, Bd 78., S 5–39

Ecocity Builders (2013) ecocity. http://www.ecocitybuilders.org/. Zugegriffen: 28. Dezember 2013

Elmqvist T, Redman CL, Barthel S, Costanza R (2013) History of Urbanization and the Missing Ecology. In: Elmqvist T, Fragkias M, Goodness J, Güneralp B, Marcotullio J, McDonald RI, Parnell S, Schewenius M, Sendstad M, Seto KC, Wilkinson C (Hrsg) Urbanization, Biodiversity and Ecosystem Services: Challenges and Opportunities. Springer, Dordrecht, S 13–30

European Sustainable Cities & Towns Compaign (ESCTC) (2013) European Sustainable Cities. www.sustainablecities.eu. Zugegriffen: 12. Januar 2014

Gruehn D (2010) Welchen Wert haben Grünflächen für Städte? KOMMUNALtopinform, 2. Aufl. Verlag und Medienhaus Harald Schlecht, Tuttlingen, S 6–7 www.vums.de/UserFiles/Images/Kt/Magazin. Zugegriffen: 27. Juni 2015

Haase D (2011) Urbane Ökosysteme IV-1.1.4. Handbuch der Umweltwissenschaften. Wiley-VCH Verlag, Weinheim

Haase D (2014) The Nature of Urban Land Use and Why It Is a Special Case. In: Seto K, Reenberg A (Hrsg) Rethinking Global Land Use in an Urban Era. Strüngmann Forum Reports, Bd 14. MIT Press, Cambridge, MA (Julia Lupp, series editor)

Haase D (2012) Urbane Ökosystemdienstleistungen – das Beispiel Leipzig. In: Grunewald K, Bastian O (Hrsg) Ökosystemdienstleistungen – Konzept, Methoden und Fallbeispiele. Springer Spektrum Verlag, Heidelberg, S 232–239

IBA (Internationale Bauausstellung Emscher-Park GmbH) (1997) Projekte im Rahmen der Internationalen Bauausstellung Emscher-Park. Stadt Gelsenkirchen, Gelsenkirchen

Jakubowski P (2013) Resilienz – eine zusätzliche Denkfigur für gute Stadtentwicklung. Informationen zur Raumentwicklung 4:371–378

Kabisch N, Haase D (2014) Just green or justice of green? Provision of urban green spaces in Berlin, Germany. Landscape and Urban Planning 122:129–139

Klausnitzer B (1993) Ökologie der Großstadtfauna, 2. Aufl. Gustav Fischer Verlag, Jena, Stuttgart

Kowarik I (1993) Stadtbrachen als Niemandsländer, Naturschutzgebiete oder Gartenkunstwerke der Zukunft? Geobotan Kolloquium 9:3–24

Larondelle N, Haase D, Kabisch N (2014) Diversity of ecosystem services provisioning in European cities. Global Environmental Change 26:119–129

Lorance Rall ED, Haase D (2011) Creative Intervention in a Dynamic City: a Sustainability Assessment of an Interim Use Strategy for Brownfields in Leipzig, Germany. Landscape and Urban Planning 100:189–201

Minister für Stadtentwicklung, Wohnen und Verkehr des Landes NRW (Hrsg) (1997) Internationale Bauausstellung Emscher-Park. Werkstatt für die Zukunft alter Industriegebiete. Memorandum zu Inhalt und Organisation

Newman P (2010) Resilient Cities. In: Cork SJ (Hrsg) Resilience and Transformation: Preparing Australia for Uncertain Futures. CSIRO, Victoria, S 81–98

Pauleit S, Breuste JH (2011) Land use and surface cover as urban ecological indicators. In: Niemelä J (Hrsg) Handbook of Urban Ecology. Oxford University Press, Oxford, S 19–30

Pauleit S, Liu L, Ahern J, Kazmierczak A (2011) Multifunctional green infrastructure planning to promote ecological services in the city. In: Niemelä J (Hrsg) Handbook of Urban Ecology. Oxford University Press, Oxford, S 272–285

Piorr A, Ravetz J, Tosics I (2011) Peri-urbanisation in Europe: Towards a European Policy to sustain Urban-Rural Futures. University of Copenhagen / Academic Books Life Sciences, S 144

Register R (1987) Ecocity Berkeley: Building Cities for a Healthy Future. North Atlantic Books, Berkely

Di Ruocco A, Gasparini P, Weets G (2015) Urbanisation and Climate Change in Africa: Setting the Scene. In: Pauleit S, Coly A, Fohlmeister S, Gasparini P, Jørgensen G, Kabisch S, Kombe WJ, Lindley S, Simonis I, Yeshitela K (Hrsg) Urban Vulnerability and Climate Change in Africa: A Multidisciplinary Approach. Springer, Dordrecht, S 1–36

SZ (2015) Der funktionale Slum. Süddeutsche Zeitung Nr. 94, Freitag, 24. April 2015

Schwarz N, Bauer A, Haase D (2011) Assessing climate impacts of local and regional planning policies – Quantification of impacts for Leipzig (Germany). Environmental Impact Assessment Review 31:97–111

Tobias K (2011) Pflanzen und Tiere in städtischen Lebensräumen. In: Henninger S (Hrsg) Stadtökologie: Bausteine des Ökosystems Stadt. Verlag Ferdinand Schöningh, Paderborn, S 149–174

URT (The United Republic of Tanzania) (2004) National Environmental Management Act. USAID – United States Agency for International Development, Dar es Salaam, Tanzania

Vale LJ, Campanella TJ (2005) The Resilient City: How Modern Cities Recover From Disaster. Oxford University Press, Oxford

Walker B, Salt D, Walter R (2006) Resilience Thinking: Sustaining Ecosystems and People in a Changing World. Island Press, Washington

Werner P (2008) Stadtgestalt und biologische Vielfalt. CONTUREC 3:59–67

Weiterführende Literatur

Larondelle N, Haase D (2013) Urban ecosystem services assessment along a rural-urban gradient: a cross-analysis of European cities. Ecological Indicators 29:179–190

8

Serviceteil

Stichwortverzeichnis – 256

J. Breuste et al., *Stadtökosysteme*,
DOI 10.1007/978-3-642-55434-6, © Springer-Verlag Berlin Heidelberg 2016

Stichwortverzeichnis

A

Aalborg-Charta 216
Aalborg Commitments 218
Apophyt 90
Apozoe 94
Archäophyt 90
Arten- und Biotopschutzprogramm 120
Artenvielfalt 99
Art, hemerochore 90
Art, indigene 90
Avifauna 94

B

bauliche Verdichtung 10
Baum 139
Begrünungsmaßnahme 196
Berlin 235
Besiedlungsvorteil (Tiere) 95
Bevölkerungsdichte 77
Bevölkerungsentwicklung 2
Bevölkerungswachstum 137
Biodiversität 10, 41, 52, 87, 157, 198,
    239, 240, 248
Biodiversität, urbane 92, 122
Biodiversity Network 198
Bioregion 199
Bioregional Plan 198, 199
Biotopkartierung 37, 118
Biotoptyp 38, 39, 41, 42, 43, 44, 45
Blattflächenindex (Leaf Area Index
    LAI) 151
Boden 71, 86, 182
Boden, urbaner 72, 74
Bodenversiegelung 86, 141, 169, 177
Bodenwasserhaushalt 69
Brache 12, 147
Brachfläche 149

C

Charta von Athen 213, 215
Christchurch 239, 240
Cities and Biodiversity Outlook 131
Community Garden 152
Compact City 219
Corridors 51

D

Daressalam 49, 247
Doppelte Innenentwicklung 187
Dresden 174, 188, 189, 209

E

Eco-Cities 218
Ecocity 219
Ecocity Builders 222
Eco-District 229
EcoDistricts 223
Ecological Park 115
Energiebedarf 17
Energie-, Waren- und Stoffströme 18
Erdbeben 175
Erholungsfunktion 144
Evapotranspiration 68, 135, 142

F

Feinstaub 151
Flächeninanspruchnahme 137, 187
Flächenmanagement 7
Flächennutzung 35, 87, 248
Flächennutzungsstruktur 50
Flächennutzung, städtische 10
Flächenstadt 184
Flächenverbrauch 7
Flächenversiegelung 41, 45, 136, 197
Flächenwachstum 7, 246
Fläche, versiegelte 10
Flora 88
Frankfurt/Rhein-Main 197
Freiraum 233
funktionale Stadt 213, 214
Fußabdruck, ökologischer 17, 135, 246

G

Gartenstadt 209
Gärtnern, urbanes 153
Gehölz(anteil) 41, 45, 46, 48
Gemeinschaftsgarten 152
gesellschaftlicher Wandel 15
Gewässerrenaturierung 106
Gewässer, städtisches 103, 105
Gradient 51, 52, 64, 76
Gradientenansatz 54

grüne Infrastruktur 14, 196

grüne Infrastruktur 14, 196
Grünfläche 190, 195, 196, 246, 250
Grünfläche, städtische 138
Grünfläche, urbane 145, 147
Grünlanddeklaration 191
Grünstruktur 50
Grünversorgung 146, 147

H

Habitat 94
Habitatbedingung 86
Haustier 93
Heimtier 93
Heimtierhaltung 93
Hemerobie 90
Hitzewelle 139, 166, 192, 246
Hochwasser 166, 174
Hochwasseranalyse 146
Hochwasserregulation 141
Hochwasserschutz 144

I

ideale Stadt 208
Indikator 133
Infrastruktur 13
Infrastruktur, grüne 14, 196
IPBES (International Science-Policy Plat-
    form on Biodiversity and Ecosystem
    Services) 131

K

Kapstadt 198
Katastrophenmanagement 166
Kleingarten 109, 147, 152, 234
Klima 86
Klimaanpassung 196
Klimaregulation 138
Klimaregulationsfunktion 141
Klimaschutz 18
Klimawandel 18, 135, 139, 176, 178,
    192, 195, 246, 249
Klimawandelanpassung 192
Kohlenstoffspeicherung 135, 154, 155
kompakte Stadt 184
Kopenhagen 246

L

Landnutzung 64, 133
Landnutzungsgradient 77
Landnutzungstyp 135
Landschaft 8, 51
Landschaftsfunktion 130
Landschaftsgradient 51
Landschaftsmaß 51
Landschaft, urbane 76, 79
Landwirtschaft, stadtnahe 153
Landwirtschaft, urbane 152
Lebensqualität, urbane 133
Lebensraum 85, 249
Lebensraum Stadt 64
Lebensraum, städtischer 115
Lebensraum, urbaner 98
Lebensstil 15, 17
lebenswerte Stadt 13
Leipzig 6, 64, 136, 140, 144, 145, 147
Leistung des Ökosystems 250
Leitbild 10, 188, 208, 212, 238
Lissaboner Aktionsplan 216
Lokale Agenda 21 216
Low Carbon City 219
Luftaustauschprozess 65
Luftreinhaltefunktion 151

M

MA/MEA (Millenium Ecosystem Assessment) 131
Manchester 195
Masdar City 228
Megacity 190
Megastadt 2
Metabolismus 16, 18
Milieu, soziales 15
Modell 5, 8, 11, 21, 33, 134, 152, 154, 195
Modellierung 143, 152, 158
Moderne 209, 211, 213, 214, 215
München 4, 6, 9, 11, 34, 40, 41, 44, 45, 94, 120

N

nachhaltige Stadtentwicklung 212
Nachhaltigkeit 214, 216, 224
Nationalpark 121
Natur 97, 119
Naturart 96
nature-based solution 252
Naturereignis 171
Naturgefahr 139, 170, 172

Naturhaushaltsfunktion 130
Naturkatastrophe 171
Naturkontakt 96
natürliches System 22
Naturrisiko 171
Naturschutz 119
Naturschutzziel 119
Neophyt 90
New York 233
Niederschlagsmenge 195

O

Oberflächenabfluss 142, 144
Oberflächenbedeckung 248
Oberflächentemperatur 45, 49, 65, 195
offenes System 169
Öko-Initiative 225
Öko-Label 225
Ökologie 20, 62
ökologische orientierte Stadtentwicklung 248
ökologischer Fußabdruck 17, 135, 246
ökologisches System 36
ökologische Stadtentwicklung 1
ökologisch orientierte Planung 194
ökologisch orientierte Stadtentwicklung 20
Ökopolis 227
Ökostadt 207, 219, 220, 221, 226, 227, 240, 252
Öko-Stadtteil 225
Ökosystem 62
Ökosystemdienstleistung 41, 48, 196, 197, 248, 250
Ökosystemdienstleistung, urbane 130
Ökosystemeigenschaft 64
Ökosystemforschung 19, 20, 62
Ökosystem, Leistung 250
Ökosystem, urbanes 21

P

Park 139, 145, 147, 148, 196
Park-Stadt 111
Patch 51
Peri-urbanisierung 9
physische Struktur 35
Planung, ökologisch orientierte 194

R

Raumgliederung, stadtökologische 37
Raum, urbaner 3, 78
Region 8
Region, resiliente 196
Reliefveränderung 70
resiliente Region 196
resiliente Stadt 18
resiliente Stadtregion 199
Resilienz 165, 181, 251
Resilienz, urbane 165, 180
ressourcenschonende Stadt 14
Ressourcenverbrauch 218, 246
Revitalisierung 236
Rio-Konferenz 216
Risiko 146
Ruderalflure 76

S

Salzburg 191, 192
Schadensfunktion 146
schrumpfende Stadt 181, 182
Schrumpfung 11
Shanghai 2, 6, 16, 111, 112, 185, 190, 247
Sickerwasserrate 142
Slim City 219
Smart City 219
Solar City 229
soziales Milieu 15
soziales System 36
sozial-ökologisches System 63, 64
sozioökonomisches System 22
Spontanvegetation 104
Stadt 2
Stadtbaum 90, 151
Stadtbäume 250
Stadtboden 69
Stadtbrache 113
Stadt der Zukunft 246
Stadtentwicklung 5, 6, 7
Stadtentwicklung, nachhaltige 212
Stadtentwicklung, ökologische 1
Stadtentwicklung, ökologisch orientierte 20, 248
Stadtflora 90
Stadt, funktionale 213, 214
Stadtgarten 106
Stadtgewässer 103, 105
Stadtgrün 188
Stadt, ideale 208
städtische Flächennutzung 10
städtische Grünfläche 138
städtischer Lebensraum 115

städtische Versiegelungsfläche 106
städtische Wärmeinsel 138, 139
Stadtklima 65, 88, 182
Stadt, kompakte 184
Stadtlandschaft 14, 35
Stadt, Lebensraum 64
Stadt, lebenswerte 13
stadtnahe Landwirtschaft 153
Stadtnatur 85, 148, 182, 195, 196, 249
Stadtnaturschutz 118
Stadtökologie 20, 23, 55, 93, 245
Stadtökosystem 23, 24, 61, 62, 63, 65,
   79, 249
Stadtpark 108, 235
Stadtplanung 11, 22, 55, 158
Stadtregion 7, 8, 9, 197
Stadtregion, resiliente 199
Stadt, resiliente und wandlungsfähi-
   ge 18
Stadt, ressourcenschonende 14
Stadt, schrumpfende 181, 182
Stadtstruktur 32, 33, 52, 146, 182, 248
Stadtstrukturtypenkartierung 37
Stadt, wachsende 181, 182
Stadtwald 98, 99, 100
Standortbedingung 86
Standortfaktor 88
Standortfaktor, natürlicher 34
Starkregenereignis 246
Stoffkreislauf 169
Strahlungsbilanz 65, 67
Strahlungs- und Wärmehaushalt 138
Straßenbegleitgrün 190
Strategie 19
Strukturmodell 7
Struktur, physische 35
Strukturtypenkartierung 37, 195
Strukturvielfalt 99
sustainability 216
Sustainable Cities 218
Synergie-Effekt 157
Systematik 75
System, natürliches und sozioökonomi-
   sches 22
System, offenes 169
System, ökologisches und soziales 36
System, sozial-ökologisches 63, 64
System, urbanes 181

T

TEEB (The Economics of Ecosystems and
   Biodiversity) 131
Tiere des städtischen Lebensraums 92
Trade-off-Effekt 157
Tsunami 175

U

Überschwemmung 139, 192
Umwelt 63
Umweltproblem 13
UN-Habitat 2009 217
urbane Biodiversität 92, 122
Urban Ecology 63
urban ecosystem disservice 156
urban ecosystem service 130
urbane Grünfläche 145, 147
urbane Landschaft 76, 79
urbane Landwirtschaft 152
urbane Lebensqualität 133
urbane Ökosystemdienstleistung 130
urbaner Boden 72, 74
urbane Resilienz 165, 180
urbaner Lebensraum 98
urbaner Raum 78
urbaner Wald 12, 147, 239
urbaner Wasserhaushalt 141, 143
urbaner Wasserkörper 138
urbanes Gärtnern 153
urbanes Ökosystem 21
urbanes System 181
urbane Vulnerabilität 168
urban forest 90, 99
Urban Gardening 233
urban heat island 138
Urbanisierung 1, 8

V

Vegetation 88, 90
Vegetationsanteil 45
Verdichtung, bauliche 10
versiegelte Fläche 10
Versiegelung 135, 249
Versiegelungsfläche, städtische 106
Verstädterung 4
Verwundbarkeit 167
Vulkaneruption 175
Vulnerabilität 179
Vulnerabilität, urbane 168

W

wachsende Stadt 181, 182
Wald 52, 94
Waldfläche 238
Waldstadt 236
Wald- und Torfbrand 176
Wald, urbaner 12, 147, 239
Wandel, gesellschaftlicher 15
wandlungsfähige Stadt 18
Wärmebilanz 67
Wärmeinsel 67
Wärmeinsel, städtische 138, 139
Wasserdargebot 141
Wasserhaushalt 68, 86
Wasserhaushaltsmodell 143
Wasserhaushalt, urbaner 141, 143
Wasserkörper, urbaner 138
Wildtier 93

Z

Zero Energy City 219
Zwischennutzung 150, 151
Zwischenstadt 8

Springer

Willkommen zu den Springer Alerts

- Unser Neuerscheinungs-Service für Sie:
  aktuell *** kostenlos *** passgenau *** flexibel

Springer veröffentlicht mehr als 5.500 wissenschaftliche Bücher jährlich in gedruckter Form. Mehr als 2.200 englischsprachige Zeitschriften und mehr als 120.000 eBooks und Referenzwerke sind auf unserer Online Plattform SpringerLink verfügbar. Seit seiner Gründung 1842 arbeitet Springer weltweit mit den hervorragendsten und anerkanntesten Wissenschaftlern zusammen, eine Partnerschaft, die auf Offenheit und gegenseitigem Vertrauen beruht.

Die SpringerAlerts sind der beste Weg, um über Neuentwicklungen im eigenen Fachgebiet auf dem Laufenden zu sein. Sie sind der/die Erste, der/die über neu erschienene Bücher informiert ist oder das Inhaltsverzeichnis des neuesten Zeitschriftenheftes erhält. Unser Service ist kostenlos, schnell und vor allem flexibel. Passen Sie die SpringerAlerts genau an Ihre Interessen und Ihren Bedarf an, um nur diejenigen Information zu erhalten, die Sie wirklich benötigen.

Mehr Infos unter: springer.com/alert

Printed in the United States
By Bookmasters